ASTRONOMIE

Titel des italienischen Originals: »Astronomia«
Einzig berechtigte Übertragung aus dem Italienischen:
Mag. Linda Pölzler und Mag. Norbert Jakober

Redaktion: Valeria Camaschella
Bildredaktion: Centro Iconografico dell' Istituto Geografico De Agostini
Bildnachweis: Archiv IGDA, C. Colombo, ESA, ESO, C. Guaita, R. Mignani, NASA, Astronomisches Observatorium, Brera, SEDS
Illustrationen: D. Festa

Deutsche Erstausgabe

Neuauflage: 2001

Einbandgestaltung: Volkmar Reiter
Satz: Context Type & Sign Pink, St. Veit/Glan
Gesamtherstellung: Gorenjski Tisk, Kranj-Slowenien

WISSENSWERTES · SPORT · TECHNIK

ASTRONOMIE

Ein Führer durch die unendlichen Weiten des Weltalls
Sonnensystem-Sterne-Galaxien

Gianluca Ranzini

VERLEGT BEI
KAISER

Inhaltsverzeichnis

Die Entdeckung des Himmels

Astronomie und Alltagsleben

Die Astronomie ruft bei denen, die sich ihr zum ersten Mal nähern, oft eine gewisse Ehrfurcht hervor, die einerseits auf der scheinbaren Abgehobenheit ihrer Inhalte beruht, andererseits auf der unvorstellbaren Weite des Alls. Die Objekte, die man im Universum antrifft, sind so groß und so weit von der Erde und voneinander entfernt, dass sie die Grenzen unserer gewohnten Wahrnehmung und Vorstellung bei weitem übersteigen. So ist es beispielsweise schon schwierig, sich vorzustellen, wie groß **1 Lichtjahr** ist; dabei nützt es einem noch nicht viel, wenn man weiß, dass es sich um rund **10.000 Mrd. km** handelt: eine Zahl mit 13 Nullen ist nur noch schwer fassbar. Doch die Astronomie ist nun einmal die Wissenschaft der großen Zahlen, da sie sich mit der Gesamtheit dessen befasst, was uns umgibt – mit dem Universum.
Dabei gibt es kaum eine Wissenschaft, die in dem Maße wie die Astronomie auch von Amateuren betrieben wird. Vielleicht liegt das daran, dass diese Wissenschaft viel mit Phänomenen zu tun hat, die uns auch im alltäglichen Leben auf Schritt und Tritt begleiten; der Wechsel von Tag und Nacht, das Kommen und Gehen der Jahreszeiten sowie die verschiedenen Mondphasen sind astronomische Ereignisse, **die unser Leben maßgeblich beeinflussen.** Es gibt darüber hinaus im Universum eine große Zahl von Objekten und Phänomenen, wie etwa die Schwarzen Löcher, die verschiedenen Nebel oder die Quasare, die so faszinierend sind, dass sie durchaus die Aufmerksamkeit einer breiteren Öffentlichkeit auf sich ziehen.
Es ist kein Zufall, dass nahezu jede kleinere Stadt ihren Kreis von Amateurastronomen hat, die sich nicht beruflich, sondern aus rein persönlichem Interesse mit den Himmelsphänomenen auseinander setzen.

Die Rolle der Amateurastronomen

Als Amateurastronomen könnte man jene bezeichnen, die **zwischen** den Berufsastronomen und den bloß Interessierten stehen. Dabei gibt es unter den Amateuren solche, die den Himmel rein um dessen Schönheit willen beobachten, aber auch solche, die auf höchster wissenschaftlicher Ebene arbeiten.
Es ist eine Besonderheit der Astronomie, dass sie auch Liebhabern breiten Raum zur Mitarbeit bietet. Keine andere Wissenschaft ermöglicht es Nichtfachleuten, wichtige Entdeckungen zu machen oder auf andere Weise aktiv zur Weiterentwicklung beizutragen. Es gibt sogar Bereiche innerhalb der Astronomie, die **nahezu ausschließlich den Amateuren vorbehalten sind,** nämlich die Entdeckung von Supernovae, Kometen und Asteroiden sowie das Studium der veränderlichen Sterne. All diese Phänomene sind nicht vorhersehbar und setzen daher eine lange Beobachtungsdauer voraus. Den Berufsastronomen ist es zumeist **nicht möglich,** ihre kostspieligen Instrumente für so lange Zeiträume einem solchen Zweck zu widmen. Man kann es sich nicht leisten, mit einem hochmodernen Teleskop auf Kometenjagd zu gehen – vor allem, weil niemand vorhersagen kann, wann und wo ein Komet auftauchen wird.
Da die Amateurastronomen mittlerweile äußerst zahlreich und über den ganzen Erdball verteilt sind, wird durch ihre Arbeit eine lückenlose und ununterbrochene Beobachtung des Himmels gewährleistet, sodass die Entdeckung von neuen Kometen **fast zwangsläufig** erfolgt. Natürlich erfüllt es jeden Amateur mit einem gewissen Stolz, wenn der von ihm entdeckte Komet, wie es in der Astronomie so üblich ist, nach ihm benannt wird. Das entschädigt zweifellos für die vielen Nächte, die man irgendwo im Freien hinter dem Teleskop verbracht hat.
Wenn ein Amateurastronom einen **mutmaßlichen Kometen** entdeckt hat, meldet er die Beobachtung sofort der IAU, der Internationalen Astronomischen Union

(http://www.iau.org). Das Gleiche passiert im Falle einer Supernova, d. h. der unvorhersehbaren Explosion eines besonders massereichen Sterns, wie sie in allen Galaxien mehr oder weniger regelmäßig vorkommen. Der »Weltrekordhalter«, was die Entdeckung von Supernovae betrifft, ist ein australischer Priester, der seine Freizeit der Himmelsbeobachtung widmet.
Ein Kapitel für sich sind die **so genannten Veränderlichen,** also jene Sterne, die innerhalb kurzer Zeiträume (von wenigen Stunden bis zu einigen Dutzend oder hundert Tagen) ihre Helligkeit deutlich verändern. Solche Sterne während des gesamten Zyklus ihrer Veränderung zu verfolgen, ist eine Arbeit, die viel Zeit und Geduld erfordert und bei der die vielen Amateurastronomen eine besonders wichtige Rolle spielen.
Es gibt Organisationen, die die Beobachtungen der vielen Hobbyastronomen weltweit koordinieren und sie an die professionellen Astronomen weiterleiten, damit diese sie näher untersuchen können. Für die veränderlichen Sterne ist die AAVSO zuständig, die American Association of Variable Stars Observers (http://www.aavso.org).
Eine wichtige Rolle kommt den Amateuren auch bei der Beobachtung von »vorübergehenden Phänomenen« zu, wie sie z. B. in Form von **plötzlichen Lichtblitzen** auf der Mondoberfläche passieren, die bisher noch nicht erklärt werden konnten. Aber auch die Veränderungen an der Oberfläche der großen gasförmigen Planeten unseres Sonnensystems sind ein wichtiges Betätigungsfeld der Amateurastronomen.

Astronomie im Internet

Die Astronomie gehört zu den Wissenschaften, die am stärksten im Internet vertreten sind. Berufsastronomen finden im Internet eine Vielzahl von Daten, die sie für ihre Forschungsarbeit benötigen, hier können sie Informationen austauschen oder gar Teleskope fernsteuern, die sich am anderen Ende der Welt befinden. Aber auch für Astronomieliebhaber ist das Internet eine wertvolle Informationsquelle.
So wie das Internet im Begriff ist, unser Leben nachhaltig zu verändern, drückt es auch einer Wissenschaft wie der Astronomie ihren Stempel auf. Die Informationen wandern in Echtzeit durch das Netz und sind noch dazu frei zugänglich. Die Landung

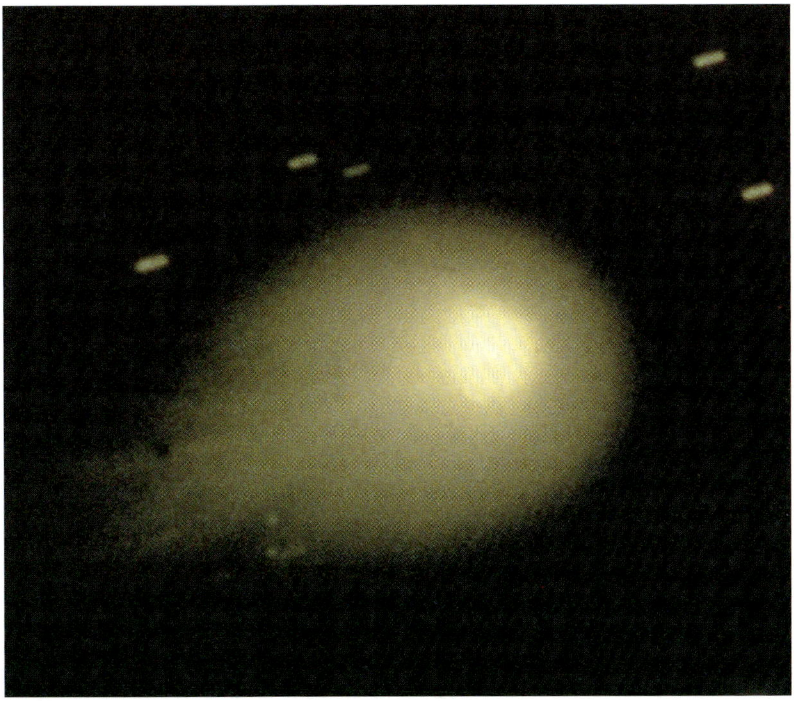

Besonders begehrte Beobachtungsobjekte der Amateurastronomen sind die Kometen (in diesem Fall der Halleysche Komet).

einer interplanetarischen Sonde kann heute direkt mitverfolgt werden, auch wenn sie von den herkömmlichen Kommunikationsmitteln nicht übertragen wird. Auch die Nachricht von der Entdeckung eines Kometen oder einer Supernova breitet sich rasch über den ganzen Erdball aus.
Auf diesen beiden Seiten findet sich eine Auswahl von besonders interessanten Internetadressen zum Thema Astronomie. Die Sites sind in verschiedene Kategorien unterteilt und mit einer kurzen Beschreibung versehen. Es handelt sich zu einem großen Teil um englischsprachige Adressen, wir haben jedoch auch einige interessante deutschsprachige ausgewählt.

INTERNATIONALE ORGANISATIONEN
http://sci.esa.int/
ESA (European Space Agency, Europäische Weltraumorganisation). Bilder von Satelliten, Neues über Weltraumprogramme, Links usw.
http://www.nasa.gov/
NASA (Nationale Luft- und Raumfahrtbehörde der USA). Erforschung des Weltraums, neue Space-Shuttle-Missionen.
http://spaceflight.nasa.gov/
Raumfahrtaktivitäten der NASA, u.a. mit Informationen über die Raumstation ISS.
http://www.hq.eso.org/toc/toc.html
ESO (European Southern Observatory). Die Europäische Südsternwarte in Chile ist eines der wichtigsten Observatorien der Welt.
http://www.seti.org/
SETI (Search for Extraterrestrial Intelligence). Wichtig für alle, die mit Außerirdischen in Kontakt kommen wollen.
http://setiathome.ssl.berkeley.edu/
Das Projekt SETI at home für all jene, die die Außerirdischen von zu Hause aus aufspüren wollen. Wissenschaftliche Daten von den größten Radioteleskopen der Welt.
http://www.planetary.org/
The Planetary Society, eine Organisation, die sich der Erforschung des Sonnensystems und der Suche nach Leben im Universum verschrieben hat.

Oben: Eine protoplanetare Scheibe, vom Weltraumteleskop in der Orion-Region aufgenommen. Unten: Space Shuttle im Einsatz.

ONLINE-ZEITSCHRIFTEN
http://skypub.com/
»Sky & Telescope« – die angesehenste Astronomie-Zeitschrift der Welt. Mit vielen aktuellen Online-Artikeln.

OBSERVATORIEN
http://members.ping.at/sonne/
Planetarium und Uraniasternwarte Wien.

BILDARCHIVE
http://www.phy.mtu.edu/apod/
Astronomy Picture of the Day – jeden Tag ein

neues tolles Bild aus dem Universum.
http://seds.lpl.arizona.edu/
SEDS (Students for the Exploration and Development of Space) – eine amerikanische Site mit vielen Bildern, aktuellen Daten und Links. Hier findet man u. a. alle Objekte des Messier-Katalogs abgebildet.
http://skyview.gsfc.nasa.gov/skyview.html
Skyview – ein virtuelles Observatorium für alle Himmelszonen und auf allen Wellenlängen.
http://www.kunskapsbolaget.com/DAHAP/
Digitales Archiv mit historischen astronomischen Bildern.

INFORMATIONEN UND LINKS
http://www.spacenews.de/
Informationen zu aktuellen Projekten.
http://astronomie-sonnensystem.de/
Informationen zu den neun Planeten.
http://www1.uni-bremen.de/~bhafer/planeten.html
Schöne Fotos der Planeten und andere Bilder aus dem Weltraum.
http://www.gweb.de/space.htm
Informationen über den Weltraum allgemein, Raumstationen, Missionen ...
http://www.raumfahrt.de/
Berichte und Bilder zu vielen Raumfahrt-Ereignissen.
http://asaspace.at
Österreichische Gesellschaft für Weltraumfragen.
http://www.bzn.rt.bw.schule.de/astro/schwarzel.htm
Informationen über Schwarze Löcher.
http://oewf.org/
Österreichisches Weltraum Forum.
http://members.ping.at/astbuero/
Österreichischer Astronomischer Verein

Oben: Mars-Panorama, von der Viking-Sonde aufgenommen.
Unten: Merkur.

TELESKOPE
http://www.stsci.edu/
Offizielle Site des Hubble-Weltraumteleskops, mit den sensationellen Bildern dieses außergewöhnlichen Teleskops.
http://ngst.gsfc.nasa.gov/
»Next Generation Space Telescope« – der künftige Nachfolger des Hubble-Weltraumteleskops.

Archäo-Astronomie

Verwandte Kapitel

Astrologie (Seite 11)

Die Bewegung der Erde (Seite 66)

Der Kalender (Seite 72)

Die Archäo-Astronomie ist aus einem Zusammenwirken verschiedener wissenschaftlicher Disziplinen hervorgegangen – insbesondere der Astronomie und der Archäologie, aber auch der Soziologie, der Physik und der Mathematik. Diese Wissenschaft beschäftigt sich mit der Untersuchung verschiedener Spuren und Überreste prähistorischer Zivilisationen und Gesellschaften, um herauszufinden, welches Wissen diese Menschen über die Astronomie besaßen. Die Archäo-Astronomie gründet sich in erster Linie auf **archäologische Funde** und erst in zweiter Linie auf die Auswertung von geschriebenen Dokumenten.
Solche archäo-astronomischen Untersuchungen sind z. B. an den Pyramiden von Gizeh in Ägypten und den Steinkreisen in England, Schottland, Irland und Frankreich durchgeführt worden, aber auch an den Überresten der präkolumbianischen Zivilisationen und der alten Kulturen Mesopotamiens.

DIE ASTRONOMISCHE BEDEUTUNG PRÄHISTORISCHER BAUWERKE: Die Archäo-Astronomie stützt sich vor allem auf die **Auswertung von architektonischen und archäologischen Funden,** um herauszufinden, ob diesen eine astronomische Bedeutung innewohnt.
So werden diese Bauten auf wichtige Punkte in der Himmelssphäre untersucht, wie etwa die Himmelsrichtungen, die Punkte, an denen die Sonne während der **Äquinoktien** (Tagundnachtgleichen) und **Solstitien** (Sommer- bzw. Wintersonnenwende) auf- und unterging, sowie Sterne, die zur Bauzeit dieser Monumente besonders hell leuchteten.
Als Markierungspunkte wurden entweder die Bauten selbst, Erdhügel oder Löcher im Boden verwendet, in die Pflöcke eingesetzt wurden.
Es stellte sich heraus, dass die Mehrzahl der untersuchten prähistorischen Bauwerke den **Sonnenaufgang und -untergang** genau in den Tagen der Äquinoktien und Solstitien anzeigten. Aber auch andere Sterne schienen für die damaligen Völker von Bedeutung gewesen zu sein. In diesem Fall wurden die entsprechenden Monumente auf die Punkte von Auf- und Untergang bestimmter Sterne ausgerichtet, wie sie sich zu verschiedenen Ereignissen darstellten, die im Jahresablauf dieser Zivilisation von Bedeutung war. Der Grund, warum die Völker der damaligen Zeit solche nach astronomischen Gesichtspunkten ausgerichteten Monumente errichteten, entsprang hauptsächlich dem Bedürfnis, einen **zuverlässigen Kalender** zu erstellen, der ihnen bei der Einteilung ihrer alltäglichen Arbeiten, insbesondere im Ackerbau, helfen sollte. So stellte etwa das **Aufsteigen des Sternes Sirius** unmittelbar vor dem Aufgang der Sonne für die Ägypter einen wichtigen Anhaltspunkt für die Feldarbeit dar.
Das Wissen um Auf- und Untergang verschiedener Sterne am Himmelsgewölbe ermöglichte es den Völkern der damaligen Zeit auch, ihre religiösen Feste und Riten im Kalender zu verankern.

STONEHENGE: Einer der berühmtesten Megalithbauten mit astronomischer Bedeutung ist Stonehenge in England. Es wurde zwischen dem Ende des 3. Jahrtausends und den ersten Jahrhunderten des 2. Jahrtausends v. Chr. errichtet. Heute weiß man, dass es sich dabei um einen heiligen Ort gehandelt hat, zumal er inmitten von Grabstätten angelegt wurde. Man geht heute überwiegend davon aus, dass es sich außerdem um eine **Sternwarte zur Vorhersage von Sonnen- und Mondfinsternissen (Eklipsen)** handelte.

Links: Der Steinkreis von Stonehenge.
Rechts: Die aztekische Sonnenpyramide in Teotihuacán in Mexiko.

Astrologie

Die Astrologie beschäftigt sich mit der Beobachtung der Himmelskörper unseres Sonnensystems und der Sterne, um daraus Schlüsse über die Vergangenheit und die Gegenwart zu ziehen sowie Voraussagen über die Zukunft zu treffen. Die Astrologie wurde in der Antike begründet und ist auch heute noch sehr beliebt. Es kann jedoch nicht Gegenstand dieses Buches sein, die Gründe für diese Beliebtheit zu erforschen, zumal diese eher in der psychischen Struktur des einzelnen Menschen zu suchen sind.

Aus historischer Sicht sind **Astronomie und Astrologie gleichzeitig entstanden** – die Himmelsbeobachtung in der Antike hatte einen starken astrologischen Einschlag. Die genaue Bestimmung des Auf- und Untergangs der Sonne sowie der hellsten Sterne war von großer Bedeutung für den **Ackerbau,** aber auch für **religiöse Riten** (siehe Seite 10). Darüber hinaus wurden nicht vorhersehbare Himmelserscheinungen, wie etwa das Auftauchen eines Kometen, einer **Nova** (siehe Seite 165) oder einer **Supernova** (siehe Seite 168) als göttlicher Eingriff – häufig mit negativen Folgen – interpretiert.

In der Geschichte der Astronomie gibt es mehrere berühmte Astronomen, die gleichzeitig auch Astrologie betrieben, wie etwa **Tycho Brahe** und **Johannes Kepler.** Erst 1666 sprach Colbert, Minister zur Zeit Ludwigs XIV., anlässlich der Gründung der französischen Akademie der Wissenschaften, ein Verbot für Astronomen aus, sich gleichzeitig auch als Astrologen zu betätigen.

ASTROLOGIE UND ASTRONOMIE: Heute sind Astronomie und Astrologie zwei voneinander unabhängige Disziplinen mit einem recht ambivalenten Verhältnis zueinander; so kommt es im **wissenschaftlichen Diskurs** zwischen Astronomen und Astrologen immer wieder zu recht polemischen Tönen. Zur Klarstellung sei gesagt, dass die Astrologie keine exakte Wissenschaft ist, denn es gibt bis heute keine schlüssige physikalische Erklärung, in welcher Weise die Sterne das Leben der Menschen auf der Erde bzw. Vorgänge in der Natur beeinflussen würden. Die einzige Ausnahme bilden die Sonne und der Mond, die aufgrund ihrer **Gravitation** verschiedene Phänomene auf unserem Planeten hervorrufen, wie etwa das der **Gezeiten** (siehe Seite 92) oder aber – im Fall der Sonne – Störungen im Funkverkehr sowie das **Polarlicht** (siehe Seite 77), was vor allem zu Zeiten der höchsten Sonnenaktivität geschieht.

Der Einfluss der Gravitation aller anderen Himmelskörper auf den Menschen ist dagegen **unerheblich;** man könnte ihn mit dem Einfluss vergleichen, den die verschiedenen Gegenstände des alltäglichen Gebrauchs auf uns haben. Darüber hinaus kennen wir bisher keine physikalische Kraft, die eine Wirkung der Himmelskörper auf den Menschen erklären könnte.

Astronomie und Astrologie haben sich auch hinsichtlich der Methoden und des Anspruchs in völlig verschiedene Richtungen bewegt. So ist auch die Art und Weise, wie sich diese beiden Disziplinen innerhalb der Wissenschaften und gegenüber dem breiten Publikum präsentieren, völlig verschieden. Während Astronomen ihre Erkenntnisse und Entdeckungen umgehend veröffentlichen, umgeben die Astrologen sich und ihre Werke gerne mit einer Aura des Geheimnisvollen.

Verwandte Kapitel

Archäo-Astronomie (Seite 10)

Sternbilder (Seite 23)

Die Bewegung der Erde (Seite 66)

Oben: Bild des Universums in Form einer Ikonographie aus dem Mittelalter.
Links: Diese florentinische Miniatur aus dem 15. Jahrhundert zeigt die 12 Tierkreiszeichen.

Galileo Galilei

Verwandte Kapitel

Nikolaus Kopernikus (Seite 14)

Überblick über das Sonnensystem (Seite 44)

Galilei wurde am 15. Februar 1564 in Pisa geboren. Er studierte zwei Jahre Medizin, bevor er sich der Mathematik zuwandte. 1589 erhielt Galilei die Mathematikprofessur der Universität Pisa; 1592 war er Professor an der Universität Padua, wo **Nikolaus Kopernikus** etwa ein Jahrhundert zuvor studiert hatte. Er lernte die Theorie des heliozentrischen Weltbildes kennen und zeigte sich sofort von ihr angetan, nachdem er von **Kepler** ein Exemplar seines Werkes *Mysterium Cosmographicum* erhalten hatte.
Trotz dieser seiner Überzeugung lehrte Galileo seine Studenten weiterhin das ptolemäische Weltbild, während er nach überzeugenden Beweisen für das heliozentrische Weltbild suchte.
1609 erfuhr er, dass der Holländer **Lipperhey** ein **Fernrohr** gebaut hatte, und baute dieses in wenigen Tagen nach. Mit diesem Instrument konnte er erstmals »weit entfernte Dinge so genau sehen, als wären sie ganz nah«. Dieses im Grunde einfache Instrument war der Schlüssel zu einer neuen und unbekannten Welt, mit dem Galilei unzählige **Entdeckungen** machte. So entdeckte er die Mondgebirge, die Sonnenflecken, den Phasenwechsel der Venus und erkannte, dass die Milchstraße aus unzähligen Einzelsternen besteht. Weiters fand er heraus, dass sich in der Nähe des Planeten Jupiter »kleine Sterne« befanden, die ihre Position von einer Nacht auf die andere wechselten, wobei sie von einer Seite der Planetenscheibe auf die andere wanderten. Mit der Entdeckung der vier größten Monde des Jupiter, den so genannten **Mediceischen Gestirnen**, bewies Galilei, dass es Himmelskörper gab, die sich nicht um die Sonne drehten.

DER PROZESS: Am 1. März 1610 veröffentlichte Galilei seine Beobachtungen im *Sidereus Nuncius* und erregte damit großes Aufsehen, da er in seinem Werk das Konzept des ptolemäischen Weltbildes in Frage stellte. Die Kirche reagierte dementsprechend heftig und zitierte Galilei 1616 vor die **Inquisition,** wo er ermahnt wurde, die »Irrlehre« des Kopernikus nicht weiter zu verbreiten. Kopernikus' Werk *De revolutionibus* (siehe Seite 14), das Galilei als Ausgangsbasis für seine Überlegungen gedient hatte, kam auf den Index der verbotenen Bücher.

Oben: Porträt von Galileo Galilei. Rechts: Von Galilei erfundenes Instrument zur Berechnung der Positionen der vier größten Jupitermonde, von ihm »Mediceische Gestirne« genannt.

Daraufhin widmete sich Galilei viele Jahre lang anderen Studien. In dieser Zeit kam es immer wieder zu Meinungsverschiedenheiten mit anderen Wissenschaftlern, was die Frage der **Herkunft der Kometen** betraf. Als 1624 mit Urban VIII. ein Freund Galileis zum Papst gewählt wurde, glaubte dieser, nun seine Ideen wieder öffentlich verbreiten zu können. Am 22. Februar 1632 präsentierte er sein neuestes Werk *Dialog über die beiden hauptsächlichen Weltsysteme, das ptolemäische und das kopernikanische,* das gleichzeitig das Hauptwerk Galileis darstellt. Darin stellte er zwar beide Weltbilder vor, ließ aber keinen Zweifel daran, welches der beiden er für das Richtige hielt.
Am 22. Februar 1633 wurde der bereits über 70-jährige Galilei erneut vor die Inquisition zitiert und musste seinen Thesen öffentlich abschwören. Sein Werk kam auf den Index der verbotenen Bücher. Ende 1633 wurde er, mittlerweile beinahe erblindet, zu unbefristetem Hausarrest auf seine Villa in Arcetri verbannt, wo er in einem Kreis von Schülern 1634 seine *Unterredungen und mathematischen Demonstrationen über zwei neue Wissenszweige, die Mechanik und die Fallgesetze betreffend* verfasste.
Galilei starb am 8. Januar 1642 in Arcetri bei Florenz. Erst unter Papst Johannes Paul II. wurde er von der Kirche als Wissenschaftler und Denker rehabilitiert.

Charles Messier

Charles Messier wurde am 26. Juni 1730 in Badonviller (Lothringen, Frankreich) geboren. Die Familie war kinderreich und wenig begütert, sodass an eine umfassende schulische oder gar universitäre Ausbildung nicht zu denken war.
Die Liebe zur Astronomie wurde in dem jungen Charles möglicherweise durch zwei Ereignisse entfacht bzw. verstärkt – durch den besonders hellen **Kometen** mit sechs Schweifen des Jahres 1744 sowie die Sonnenfinsternis vom 25. Juli 1748. Seine schöne Handschrift sowie sein Zeichentalent verschafften ihm mit 21 Jahren eine Stelle als Kopist bei dem französischen Astronomen **Joseph-Nicholas Delisle.** Eine Landkarte von China war damals seine erste große Arbeit. Messier eignete sich nach und nach das astronomische Wissen seiner Zeit an und stellte regelmäßige Beobachtungen des Sternenhimmels an, über die er genau Buch führte. Außerdem begann er die **Positionen** der verschiedenen Himmelsobjekte zu berechnen. Die Genauigkeit seiner Berechnungen bildete die Grundlage des Erfolges, den er mit seinem später veröffentlichten **Katalog von nebelartigen Objekten** erzielen sollte. Mit dieser Arbeit wollte er vor allem all jenen, die, wie es damals groß in Mode war, nach Kometen suchten, ein Hilfsmittel in die Hand geben, damit sie Kometen von anderen Objekten unterscheiden konnten.
1757 begann Messier mit der Suche nach jenem Kometen, der von **Edmond Halley** studiert worden war und dessen Wiederkehr für 1758 vorhergesagt wurde. Als Grundlage für seine Suche verwendete er die (falschen) Berechnungen von **Delisle,** sodass er viele Nächte lang vergeblich suchte – dabei aber eine ganze Reihe von interessanten kosmischen Objekten entdeckte. Messier fand schließlich auch den gesuchten Kometen, wenngleich diese Beobachtung nicht in die Öffentlichkeit gelangte.
Zwischen 1760 und 1817, dem Jahr seines Todes, entdeckte Messier **19 Kometen,** von denen 13 nie zuvor beobachtet worden waren. Er arbeitete kontinuierlich an seinem Katalog der nebelartigen Objekte – zunächst allein und später zusammen mit seinem Kollegen **Pierre Méchain,** der ab 1780 so wie Messier am Observatorium von Cluny wirkte.

DIE GESCHICHTE DES KATALOGES: Die erste Ausgabe wurde 1774 veröffentlicht, und zwar in den *Memoires de l'Academie* für das Jahr 1771. Damals enthielt er **45 Objekte.** Viele davon waren von Messier entdeckt worden, doch es fanden der Vollständigkeit halber auch Objekte Aufnahme, deren Position bereits von anderen Forschern bestimmt worden war. Eine ergänzte Fassung erschien 1780 in der *Connaissance des Temps.* Damals enthielt der Katalog bereits **68 Objekte,** von denen bereits einige von Pierre Méchain (1744 bis 1804) beigesteuert worden waren. In diesem Band fand sich auch eine Notiz zu den Positionen von M 69 und M 70 sowie der Katalog von nebelartigen Objekten des südlichen Himmels von **de Lacaille** (1713 bis 1762). 1784 erschien schließlich die endgültige Fassung des Kataloges, der nun schon **103 Objekte** enthielt. Es war dies die letzte Fassung, die Messier selbst zusammengestellt hatte.
Nach seinem Tod wurden Messiers Katalog weitere **7 Objekte** hinzugefügt. Das erste dieser Objekte, M 104, wurde 1921 von **Camille Flammarion** in den Katalog aufgenommen, nachdem er die handschriftlichen Notizen von Messier gefunden hatte, die dieser seinem persönlichen Exemplar des Katalogs hinzugefügt hatte. M 105, M 106 und M 107 waren von Messiers Kollegen und Rivalen Pierre Méchain entdeckt worden und wurden erst viel später, 1947, offiziell in den Katalog aufgenommen.
M 108 und M 109 wurden von Messier in dessen Beschreibung von M 97 erwähnt und fanden schließlich 1960 Aufnahme in das große Werk. Das letzte Objekt, M 110, auch als NGC 205 bekannt, ist eine der beiden kleinen Galaxien, die den Andromedanebel begleiten. Sie befand sich bereits auf einer Zeichnung, die Messier 1773 vom Andromedanebel angefertigt hatte, und wurde von **Kenneth Glyn Jones** 1966 in den Katalog aufgenommen.

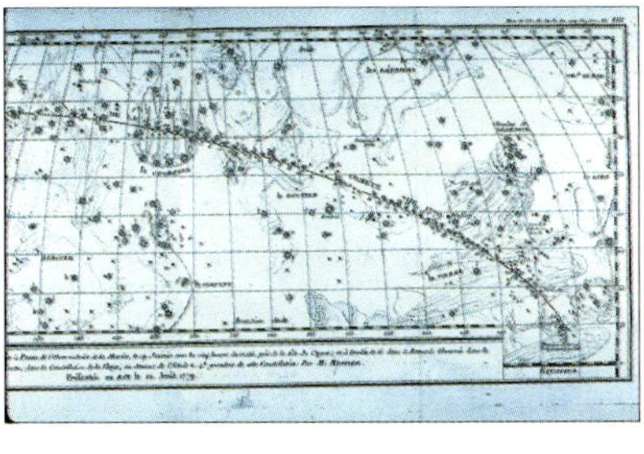

Verwandte Kapitel

Sternatlanten und Sternkataloge (Seite 20)

Der Halleysche Komet (Seite 125)

Oben: Porträt von Charles Messier. Links: Eine von Messier gezeichnete Karte, auf der verschiedene Sternbilder zu sehen sind.

Albert Einstein

Verwandte Kapitel

Die allgemeine Relativitätstheorie (Seite 218)

Die spezielle Relativitätstheorie (Seite 219)

Einstein war ohne Zweifel einer der größten Wissenschaftler des 20. Jahrhunderts. Mit seiner Arbeit hat er die Physik in mancher Hinsicht revolutioniert und einen neuen Blickwinkel auf die Welt, die uns umgibt, eröffnet.
Einstein kam am 14. März 1879 in Ulm zur Welt. Von 1902 bis 1909 arbeitete er als technischer Experte am Patentamt in Bern. Daneben widmete er sich bereits der **theoretischen Physik** und veröffentlichte mehrere bemerkenswerte Arbeiten, die er in seiner Freizeit verfasst hatte, ohne mit den akademischen Kreisen Kontakt zu haben. 1901 nahm er die Schweizer Staatsbürgerschaft an.

DIE DREI GRUNDLEGENDEN ARBEITEN:
Das Jahr 1905 war für Albert Einstein von entscheidender Bedeutung; in diesem Jahr veröffentlichte er gleich drei Arbeiten von größter Tragweite.
Die erste baute auf der Arbeit von **Max Planck** auf, der in den Jahren davor gezeigt hatte, dass elektromagnetische Strahlung nicht kontinuierlich abgegeben wird, sondern »sprunghaft« in so genannten **Quanten.** Davon ausgehend konnte Einstein eine umfassende Erklärung des **Photoeffekts** liefern; dieser besteht darin, dass Elektronen von einem Metall abgegeben werden, auf das elektromagnetische Strahlung auftrifft.
In seiner zweiten bahnbrechenden Arbeit des Jahres 1905 stellte Einstein seine **spezielle Relativitätstheorie** vor. Die dritte Arbeit schließlich beschäftigte sich mit der statistischen Mechanik. Einstein berechnete darin die mittlere Bahn eines mikroskopisch kleinen Teilchens, das zufälligen Zusammenstößen mit Flüssigkeitsmolekülen ausgesetzt ist. Auf diese Weise konnte er die so genannte **Brownsche Bewegung** erklären und damit den letzten Beweis für die Richtigkeit der kinetischen Wärmetheorie liefern.
Nach und nach weitete Einstein seine spezielle Relativitätstheorie aus und sagte bereits 1911 die Ablenkung des Lichts durch große Massen wie der der Sonne voraus. Diese Hypothese wurde anlässlich der totalen Sonnenfinsternis vom 29. Mai 1919 bestätigt – drei Jahre nach der Veröffentlichung der **allgemeinen Relativitätstheorie.**
1922 wurde Einstein der **Nobelpreis für Physik** zuerkannt – interessanterweise jedoch nicht für seine Relativitätstheorie, sondern für seine Arbeiten über den Photoeffekt.

Oben: Foto von Albert Einstein. Rechts: Schematische Darstellung der Präzession des Perihels von Merkur, die durch die allgemeine Relativitätstheorie erklärt werden konnte.

Ab 1928 beschäftigte sich Einstein mit einer einheitlichen **Feldtheorie** – eine Arbeit, die er sein Leben lang verfolgen sollte. Bis heute ist dieses Vorhaben erst teilweise umgesetzt – und zwar mit der Verbindung von Elektromagnetismus und den schwachen Wechselwirkungen.
1933 wanderte Einstein in die USA aus, um der zunehmend antisemitischen Stimmung zu entgehen, die vom nationalsozialistischen Deutschland ausging. 1940 nahm er die amerikanische Staatsbürgerschaft an. Er ließ sich in Princeton nieder, wo er als Professor tätig war und am 16. April 1955 starb.

Stephen Hawking

Stephen Hawking gilt als einer der scharfsichtigsten Denker der Gegenwart auf dem Gebiet der theoretischen Physik. Geboren wurde er am 8. Januar 1942 in Oxford (England), genau 300 Jahre nach dem Tod von Galileo Galilei. Da es in Oxford, wo er Physik studiert hatte, niemanden gab, der sich mit **Kosmologie** beschäftigte, ging er nach Cambridge. Nach einer raschen akademischen Karriere wurde Hawking 1979 zum Lucasian Professor am Trinity College ernannt – ein Lehrstuhl, den einst im 17. Jahrhundert **Newton** innehatte.

Trotz einer schweren Krankheit (amyotrophe Sklerose), die ihn an den Rollstuhl fesselte, unfähig, sich zu bewegen oder zu sprechen, ging Hawking mit Hilfe eines Computers weiter seiner Arbeit nach. Er veröffentlichte mehrere Bücher, die über akademische Kreise hinaus für Aufsehen sorgten (u. a. *Eine kurze Geschichte der Zeit*). Hawking leistete unzählige Beiträge zur Physik, der Astronomie und der Kosmologie. Schwerpunkte seiner Arbeit sind die Erklärung jener physikalischen Phänomene, die im Moment des **Urknalls** herrschten – und zwar nach den Gesichtspunkten der Quantenphysik –, sowie die Erforschung der **Schwarzen Löcher** und der Verformung der Raum-Zeit in ihrer Umgebung.

Zusammen mit **Roger Penrose** konnte er zeigen, dass nach Einsteins allgemeiner Relativitätstheorie sowohl Raum als auch Zeit mit dem Urknall begonnen haben müssen und in den Schwarzen Löchern enden. Dieser Umstand machte es notwendig, eine Verbindung zwischen der allgemeinen Relativitätstheorie und der **Quantenmechanik** herzustellen, der Einstein mit einiger Skepsis gegenüberstand – ohne Grund, wie sich mittlerweile gezeigt hat. So stellt es heute eine der großen Herausforderungen der theoretischen Physik dar, eine **Quantentheorie der Gravitation** zu erarbeiten.

EXPLODIERENDE SCHWARZE LÖCHER: Eines der interessantesten Ergebnisse von Hawkings Arbeit ist die Erkenntnis, dass auch Schwarze Löcher nicht völlig »schwarz« sind, sondern dass auch sie Strahlung abgeben und in der Folge sogar verschwinden bzw. »explodieren« können.

Verwandte Kapitel

Schwarze Löcher (Seite 150)

Kosmologie (Seite 173)

Der Urknall (Seite 175)

Die allgemeine Relativitätstheorie (Seite 218)

Oben: Stephen Hawking.
Links: Schematische Darstellung eines »explodierenden Schwarzen Lochs«:
1) Die Materie- und Antimaterieteilchen löschen sich gegenseitig aus; 2) Die Materie entweicht; 3) Die Antimaterie wird vom Schwarzen Loch verschluckt.

Sternatlanten und Sternkataloge

Verwandte Kapitel

Sternbilder (Seite 23)

Claudius Ptolemäus (Seite 13)

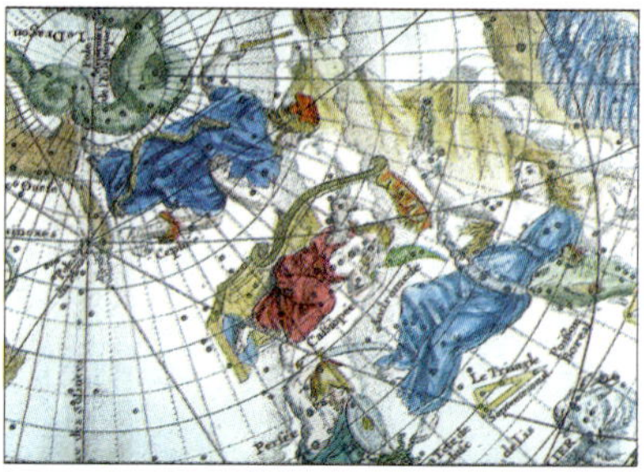

Sternatlanten sind – heute zunehmend digitalisierte – Publikationen, in denen alle Sterne der verschiedenen Himmelsabschnitte bis zu einer bestimmten **Größenklasse** zu finden sind.
Neben den Atlanten gibt es noch **Kataloge,** in denen die Sterne mit ihren Koordinaten aufgeführt sind und wo für jeden Stern die wichtigsten Kenngrößen wie Helligkeit, Spektralklasse, Eigenbewegung usw. angegeben sind. Das Zusammenstellen von Atlanten und Katalogen fällt in den Bereich der **Astrometrie,** jenes Teilgebietes der Astronomie, das sich mit der exakten Messung von Sternörtern beschäftigt.
Zu den berühmtesten Atlanten früherer Zeiten gehören jene von **Johann Bayer** (*Uranometria,* 1603) sowie von **Johannes Hevelius** (*Firmamentum Sobiescanum sive Uranographia,* 1690), der 56 Himmelskarten enthält. Für letzteren Atlas wurden die Positionen der Sterne von Hevelius selbst ermittelt. Die Sternbilder sind so dargestellt, als würde man die Himmelskugel von außen betrachten; verglichen mit dem Anblick, den die Sterne dem irdischen Betrachter bieten, sind sie hier also **umgekehrt** dargestellt.

MODERNE KATALOGE: Zu den modernen Katalogen, in denen die Positionen exakt angegeben sind, zählt der **AGK 3,** der in gewisser Hinsicht die neueste Version einer Arbeit darstellt, die mit anderen Katalogen begonnen wurde, nämlich **BD** (*Bonner Durchmusterung,* 1863) und **CD** (*Cordoba-Durchmusterung,* in den späten 1880er-Jahren erstellt). Weitere wichtige Kataloge sind der *SAO,* der Katalog der Eigenbewegungen des *Smithsonian Astrophysical Observatory,* sowie der neuere **PPM** (*Position and Proper Motion*), in dem 181.731 Sterne der Nordhalbkugel und 197.179 Sterne der Südhalbkugel verzeichnet sind und der zu Beginn der 90er-Jahre fertig gestellt wurde. Sternkataloge sind jedoch stets auf relativ helle Sterne beschränkt; so reicht etwa der PPM bis zu Sternen der 7,5. Größe.
Mit dem Einsatz des Hubble-Weltraumteleskops war die Erstellung eines neuen, verbesserten Katalogs notwendig geworden, um das Teleskop so präzise wie möglich ausrichten zu können. Dieser Katalog, als *Guide Star Catalog* bekannt, wurde durch Digitalisierung des berühmten *Foto-Atlas* von Mount Palomar erstellt. Er enthält rund **19 Millionen Positionen** von Sternen zwischen der 6. und 15. Größe.
Zu erwähnen ist auch der Satellit der ESA (*European Space Agency*) namens **HIPPARCOS,** was für *High Precision Parallax Collecting Satellite* steht, d. h. Satellit für präzise Parallaxenmessung. Der Satellit wurde im August 1989 gestartet und war bis zum 15. August 1993 aktiv. Daraus entstanden zwei Kataloge: der erste, *Hipparcos* genannt, enthält 118.218 Sterne, deren Position auf 2/1000 Bogensekunden genau gemessen wurde. Der zweite Katalog, *Tycho* genannt, enthält 1.058.332 Sterne, deren Position auf 25/1000 Bogensekunden genau angegeben ist. Die Sterne der HIPPARCOS-Kataloge reichen bis zur 11. Größe und stellen die kompletteste und präziseste Himmelskarte dar, die wir zur Zeit zur Verfügung haben.
Unter den nicht professionellen Katalogen ist vor allem der *Sky Atlas* von **Will Tirion** zu erwähnen, der auf einer Reihe von Karten die Positionen von Sternen bis zur 8. Größe darstellt.

Oben: Die Karte des Planisphère celeste septentrional et meridional, *die 1705 in Paris erschien. Die Darstellung ist der des Atlas von Bayer ähnlich.*
Unten: Die Südhalbkugel, dargestellt von Andreas Cellarius in seiner Harmonia Macrocosmica *von 1661.*

Die Himmelskugel

Unsere Augen vermitteln uns ein **stereoskopisches Bild** der Welt, die uns umgibt; d. h., dass wir bis zu einer gewissen Distanz einen Blick für die Tiefe des Raumes haben. Bei Objekten, die einige Kilometer entfernt sind, nimmt diese Fähigkeit jedoch spürbar ab und alles schiebt sich zu einem flachen Bild zusammen. Am Himmel ist für uns keinerlei räumliche Tiefe mehr zu erkennen; Himmelskörper, die unendlich weit voneinander entfernt sind, wie etwa der Mond und irgendein Stern, scheinen für uns **gleich weit** von der Erde entfernt zu sein. Wir nehmen also den Himmel als gigantische Kugel wahr, die sich über uns wölbt und deren Sterne uns alle gleich weit entfernt erscheinen.

Im Mittelpunkt dieser Kugel, die es nur für unser Auge gibt, liegt die **Erde.** An der Innenseite der »Hohlkugel« befinden sich die verschiedenen Himmelsobjekte, die uns den Eindruck vermitteln, als wären sie alle gleich weit von der Erde entfernt.

BEZUGSSYSTEM AM HIMMEL: Eines der ersten Probleme, das sich dem Himmelsbeobachter stellt, besteht darin, sich unter den Sternen zurechtzufinden. Dabei ist es hilfreich, dass die Sterne in **Sternbildern** zusammengefasst sind, an denen man sich orientieren kann. Im Laufe der Jahrhunderte wurden die Sterne von verschiedenen Kulturen immer wieder zu unterschiedlichen Sternbildern zusammengefasst. Daran lässt sich schon erkennen, dass die Grenzen eines bestimmten Sternbildes bis zu einem gewissen Grad willkürlich gezogen werden. Es entstand aus dieser Situation heraus das Bestreben, eine **Sternbild-Definition** zu schaffen, die allgemein anerkannt ist. Und so ging die Internationale Astronomische Union 1930 daran, die Grenzen sowie die Namen der **88 Sternbilder** festzulegen, die am Himmel zu sehen sind.

Verwandte Kapitel

Sternbilder (Seite 23)

Der Tierkreis (Seite 24)

Koordinatensysteme für Erde-Himmel (Seite 64)

Die Bewegung der Erde (Seite 66)

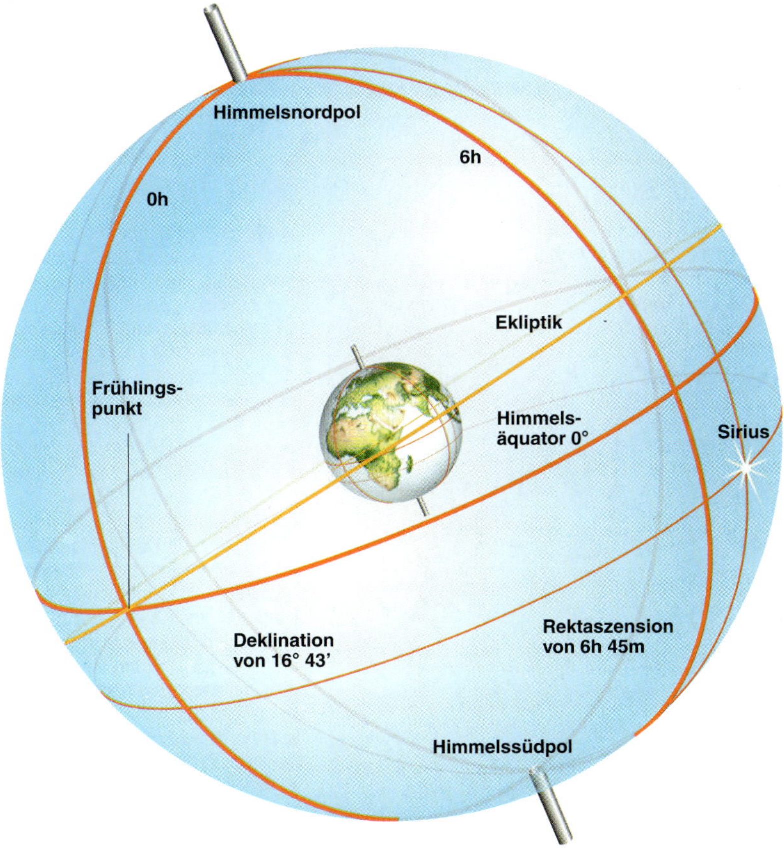

Diese Grafik zeigt die Himmelskugel mit der Erde im Zentrum. Die Kreise werden zur Bestimmung der astronomischen Koordinaten verwendet, der Rektaszension und der Deklination.

Es stellt jedoch kein wirklich präzises System dar, sich nach den Sternbildern zu orientieren. Viel hilfreicher ist da die Verwendung von **Himmelskoordinaten** (siehe Seite 64).

AZIMUT UND HÖHE: Eine praktische Methode, um bestimmte Objekte an der Himmelskugel zu finden, beruht auf den Maßen Azimut und Höhe. Als Höhe bezeichnet man den Winkelabstand eines Sterns vom Horizont. Unter dem Azimut versteht man den Winkel zwischen dem Südpunkt des Horizonts und dem Schnittpunkt des Vertikalkreises durch den Stern mit dem Horizont. Unter dem **Vertikalkreis** versteht man einen Großkreis, der **senkrecht zum Horizont** steht. Die Zählung wird stets von Süd über West vorgenommen. Aus den beiden Werten für Höhe und Azimut erhält man die **Horizontalkoordinaten.** Anhand dieses Koordinatensystems lässt sich ein Objekt leicht am Himmel finden. Es hat jedoch den Nachteil, dass Azimut und Höhe keine absoluten Größen sind, sondern einerseits von der Position des Beobachters auf der Erdoberfläche und andererseits vom Zeitpunkt der Beobachtung abhängen.

BEWEGUNG DER HIMMELSKUGEL: Aufgrund der Drehbewegung der Erde um die eigene Achse dreht sich die Himmelskugel im Laufe einer Nacht scheinbar von Ost nach West. Die Sterne gehen folglich für uns im **Osten** auf, erreichen im Süden ihren höchsten Stand und gehen schließlich im Westen unter (für einen Beobachter auf der Südhalbkugel erfolgt der Höchststand im Norden; wir gehen im Folgenden von der Beobachtung auf der Nordhalbkugel aus).
In südlicher Richtung ist die Bewegung der Sterne deutlicher zu sehen als im Norden. Der **Polarstern** (siehe Seite 171) erscheint uns sogar unveränderlich, da er sich auf der Verlängerung der Erdachse befindet. Alle anderen Sterne vollführen jedoch eine Kreisbewegung um den Polarstern, wobei die Periode der der Erdrotation entspricht, d. h., sie beträgt 24 Stunden. Die Sterne in der Nähe des Polarsterns laufen auf kleinen Bahnen, während die weiter entfernten (im Süden) sich auf großen Kreisbahnen bewegen, die in manchen Fällen nicht zur Gänze über dem Horizont liegen. Dies ist der Grund, warum manche Sterne »untergehen«, um später aufs Neue »aufzugehen«. Erwähnenswert ist auch, dass nicht nur zu verschiedenen Zeiten der Nacht, sondern auch zu verschiedenen Jahreszeiten unterschiedliche Sternbilder am Himmel zu sehen sind.
Der Himmelsabschnitt in der Nähe des Polarsterns ist immer sichtbar – die ganze Nacht und das ganze Jahr über. Hier findet man die so genannten **zirkumpolaren Sternbilder.** Wie groß dieser Bereich ist, hängt von der geographischen Breite des Beobachtungsstandortes ab. Befindet man sich am Nordpol, so gehören alle Sterne diesem zirkumpolaren Bereich an; dies bedeutet, dass man die ganze Nacht und das ganze Jahr über den gleichen Himmelsabschnitt sieht. Am Äquator wiederum gibt es überhaupt keine zirkumpolaren Sterne, sodass man hier – die nötige Geduld vorausgesetzt – irgendwann alle Sterne des Himmels mehr oder weniger hoch über dem Horizont sehen könnte. In den mittleren Breiten ist lediglich jener Abschnitt des Himmels zirkumpolar, der zwischen dem Polarstern und dem nördlichen Horizont liegt.

Dieses Foto mit langer Belichtungszeit zeigt die Drehbewegung der Himmelskugel, in diesem Fall in Richtung Nordpol.

Sternbilder

Sternbilder sind auffällige Anhäufungen hellerer Sterne, die sich zu einprägsamen Figuren zusammenfügen. Die Zahl der international anerkannten Sternbilder beträgt derzeit **88,** wobei jedes einen genau festgelegten Platz in der Himmelssphäre einnimmt. Die Figuren dieser Sternbilder, die aus dem Bereich der Mythologie und Zoologie stammen, haben keinerlei Bedeutung für die Astronomie. Darüber hinaus sind die Sterne, die zu einem Sternbild gehören, in Wirklichkeit oft sehr weit voneinander entfernt und erscheinen nur aus einer bestimmten Perspektive ganz nah beieinander.

URSPRUNG DER STERNBILDER: Die Namen der ältesten Sternbilder stammen von den **Griechen.** Sie waren es, die als erste Aufzeichnungen über verschiedene Sterngruppierungen erstellten. Es gab jedoch bereits vor ihnen Völker in Mesopotamien, die Sternbilder erstellten, welche die Griechen übernahmen (siehe Seite 11).
Erstmals erwähnt wurden Sternbilder im 3. Jahrhundert v. Chr. von **Aratos von Soloi** in seinem Werk *Phainomena* (Himmelserscheinungen), welches Fixsterne und Planeten, aber auch Mythen über die Entstehung von Sternbildern beschreibt. Angeblich sollen die Sternbilder erstmals von den **Akkaden,** einem Volk in Mesopotamien, beschrieben worden sein, das ca. zwei Jahrtausende vor Aratos lebte. Diese Theorie wird durch den Fund von mesopotamischen Tafeln bestätigt, auf denen Sternbilder verzeichnet sind, wie sie Aratos später erwähnte. Die Sternbilder des mesopotamischen Volkes der Akkaden, die sich wahrscheinlich auf Figuren der damaligen Mythologie bezogen, erlangten später auch im griechischen Raum Bedeutung, wo sie allerdings mit Namen und Figuren aus der **klassischen Mythologie** versehen wurden.

HEUTIGE STERNBILDER: Von den 88 heute verwendeten Sternbildern wurden 48 von **Ptolemäus** im 2. Jahrhundert eingeführt. Es handelt sich dabei großteils um Sternbilder in der nördlichen Hemisphäre sowie am Himmelsäquator, also jenen Regionen, die von den geographischen Gebieten aus sichtbar waren, in denen die ersten Zivilisationen entstanden, d. h. rund um das Mittelmeer.
Die südliche Hemisphäre wurde erst viel später erforscht, und zwar nach den großen Schiffsexpeditionen im 16. Jahrhundert. Der Astronom, der für die meisten Neuschaffungen von Sternbildern verantwortlich war, war der französische Abt **Nicolas Luis de Lacaille.** Er schuf 14 neue Sternbilder im 17. Jahrhundert, darunter »Chemischer Ofen«, »Malerstaffelei«, »Bildhauer«, »Mikroskop« und »Fernrohr«.
Vor ihm haben zahlreiche andere Astronomen auch an der nördlichen Hemisphäre neue Sternbilder geschaffen, zu denen u. a. »Taube« und »Einhorn« zählen.

Verwandte Kapitel

Archäo-Astronomie (Seite 10)

Astrologie (Seite 11)

Claudius Ptolemäus (Seite 13)

Sternatlanten und Sternkataloge (Seite 20)

Oben: Hipparchos von Nikaia erstellte den ersten Sternkatalog.
Links: Sternbilder der beiden Himmelshemisphären in einer Darstellung des Atlas Uranographia *von Hevelius (17. Jahrhundert).*

Der Tierkreis (Zodiakus)

Verwandte Kapitel

Die Himmelskugel (Seite 21)

Sternbilder (Seite 23)

Die Bewegung der Erde (Seite 66)

Zu den wichtigsten Sternbildern der Himmelssphäre gehören die 12 Tierkreis-Sternbilder **Widder, Stier, Zwillinge, Krebs, Löwe, Jungfrau, Waage, Skorpion, Schütze, Steinbock, Wassermann** und **Fische.** Die Sternbilder des Tierkreises erhalten ihre Bedeutung durch die Tatsache, dass sie von der Sonne im Laufe eines Jahres durchwandert werden.
Da die Umlaufbahnen der Planeten um die Sonne und jene des Mondes um die Erde kaum von der Ekliptik abweichen (mit Ausnahme des Planeten Pluto), sind alle Himmelskörper unseres Sonnensystems immer in unmittelbarer Nähe des Tierkreises zu finden. Dieser Kreis ist im gleichen Winkel zum Himmelsäquator geneigt wie die Ebene der Ekliptik, nämlich in ca. 23,5°.

DAS 13. STERNBILD: Genau genommen durchquert die Sonne im Dezember ein 13. Sternbild, jenes des **Schlangenträgers,** das jedoch nicht zu den Tierkreis-Sternbildern gezählt wird. Der Grund dafür liegt möglicherweise darin, dass die Anzahl der Tierkreis-Sternbilder, nämlich 12, mit der Anzahl der Monate eines Jahres übereinstimmen. Ein weiterer Grund mag die Tatsache sein, dass bei den **Chaldäern,** jenem Volk, das den Tierkreis ins Leben gerufen hat, die Zahl »12« eine große Bedeutung hatte. Auch die einst anders gezogenen Grenzen des Sternbildes Skorpion, das sich neben dem Schlangenträger befindet, mögen hier eine Rolle gespielt haben. Mit dem Problem dieses 13. Sternbildes im Tierkreis werden einmal mehr die Unterschiede zwischen Astronomie und Astrologie deutlich (siehe Seite 11) – zweier Disziplinen, die einmal eng miteinander verbunden waren und heute völlig getrennte Wege gehen.
Die **Zeitpunkte des Eintritts der Sonne in die verschiedenen Sternbilder** sind folgende: Widder: 19. April, Stier: 14. Mai, Zwillinge: 22. Juni, Krebs: 20. Juli, Löwe: 11. August, Jungfrau: 17. September, Waage: 31. Oktober; Skorpion: 23. November, Schlangenträger: 30. November, Schütze: 18. Dezember, Steinbock: 20. Jänner, Wassermann: 16. Februar und Fische: 12. März.

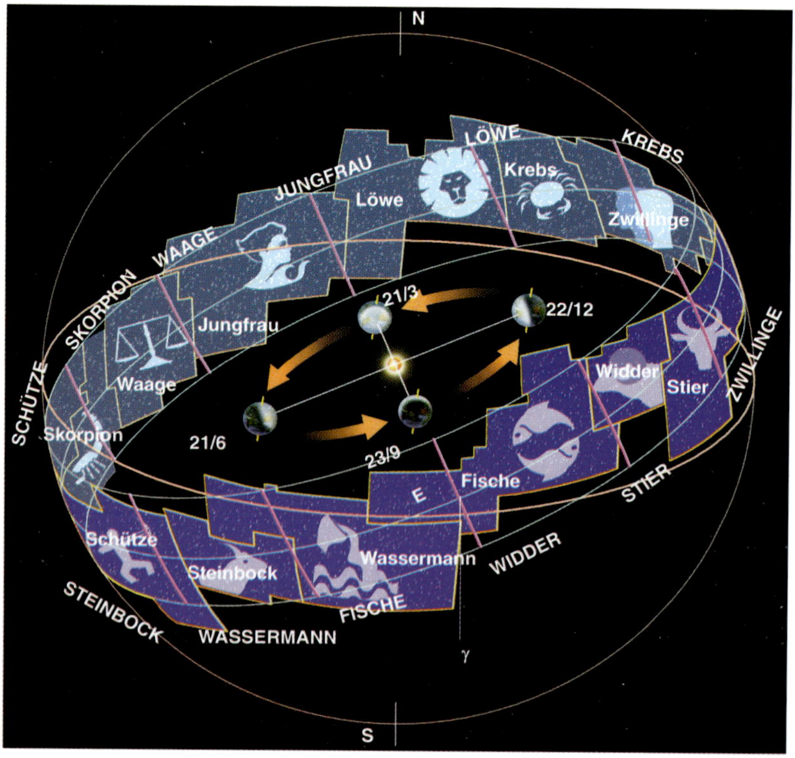

Der Tierkreis von außen gesehen. Vor seinem Hintergrund verlaufen die Bahnen der Sonne, des Mondes und der Planeten. E bedeutet Ekliptik; γ zeigt den Frühlingspunkt an.

Das Teleskop

Das Fernrohr oder Teleskop ist das älteste Instrument, das sich der Mensch zur Beobachtung des Himmels geschaffen hat. Die optischen Grundlagen für die Konstruktion von Fernrohren gehen auf das 13. Jahrhundert zurück; so sprach etwa bereits 1267 **Roger Bacon** vom Prinzip der Lichtbrechung durch Linsen. Als Erfinder des Fernrohrs wird dennoch der holländische Optiker **Hans Lipperhey** angesehen, der sein erstes Gerät 1608 konstruierte. Der erste Forscher, der das Fernrohr systematisch in seiner Arbeit einsetzte, war **Galileo Galilei** (siehe Seite 16). Er verwendete ein ganz bestimmtes Modell, das auch heute noch nach ihm benannt ist.

Der wichtigste Teil eines Fernrohrs ist das **Objektiv,** das im Wesentlichen zwei Funktionen hat: zum einen sammelt es das Licht der beobachteten Objekte, zum anderen leitet es dieses Licht zum Brennpunkt des Teleskops weiter. Zu diesem Zweck können zwei verschiedene Arten von Objektiven verwendet werden, sodass man grundsätzlich zwei Typen von Teleskopen unterscheidet, die **Refraktoren** und die **Reflektoren.**

Verwandte Kapitel

Teleskop-Spiegel (Seite 28)

Die Montierung des Teleskops (Seite 29)

Zubehör für Teleskope (Seite 30)

Neue Teleskop-Technologien (Seite 44)

DER REFRAKTOR: Zur Lichtaufnahme dient bei den Refraktoren eine Linse, die die einfallenden parallelen Lichtstrahlen bündelt und in einem bestimmten Punkt der Symmetrieachse oder optischen Achse sammelt, dem so genannten **Brennpunkt.** Die ersten Teleskope waren ausnahmslos Refraktoren. Eine der wichtigsten Kenngrößen eines Fernrohrs ist der Abstand zwischen Objektiv und Brennpunkt, den man als **Brennweite** bezeichnet. Entscheidend für die Größe der Brennweite ist die Form der Linse (sphärisch, parabolisch usw.). Das Verhältnis zwischen der Brennweite F und dem Objektivdurchmesser D nennt man **Öffnungsverhältnis.** Neben dem Objektiv verfügen Refraktoren noch über ein Linsensystem, das **Okular,** das zur Vergrößerung des Bildes dient. Das Verhältnis zwischen der Brennweite F des Teleskops und dem Abstand f zwischen Brennpunkt und Okular bestimmt, wie stark die Vergrößerung des Bildes ausfällt. Beim so genannten **galileischen Fernrohr** wird als Okular eine Zerstreuungslinse verwendet, die zwischen Objektiv und Brennpunkt liegt. Beim **keplerschen Fernrohr** hingegen wird die Vergrößerung durch eine Sammellinse erreicht, die hinter dem Brennpunkt liegt.

Der Einsatz von Refraktoren birgt jedoch einige Probleme, allen voran das der **chromatischen Aberration** (siehe Seite 32). Es handelt sich dabei um eine Farbabweichung, deren Ursache in der Brechung des Lichts durch das Objektiv liegt. Das Problem kann teilweise kompensiert werden, indem man speziell geformte Linsen einsetzt oder für eine möglichst große Brennweite sorgt. Aus diesem Grund waren die ersten Refraktoren sehr lang. Es verbietet sich jedoch aus rein technischen Gründen, besonders große Linsen zu verwenden; diese würden sich nämlich unter ihrem eigenen Gewicht verformen und so eine **Verzerrung** des Bildes bewirken. Aus diesem Grund sind Refraktoren stets auf eine gewisse Größe beschränkt. Der

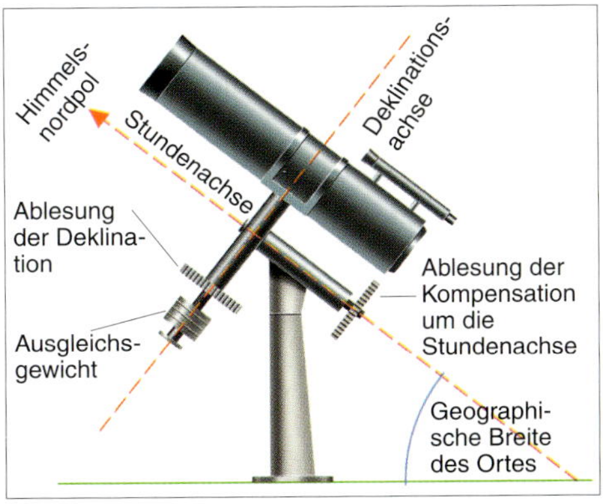

Oben: Der 5-m-Reflektor von Mount Palomar. Links: Schematische Darstellung der Äquatorialmontierung.

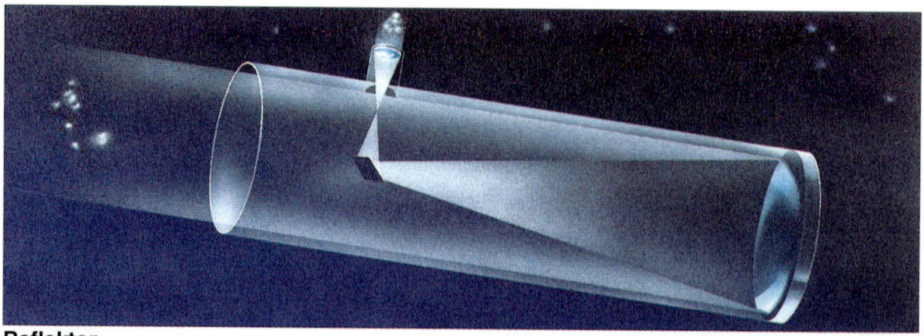

Reflektor

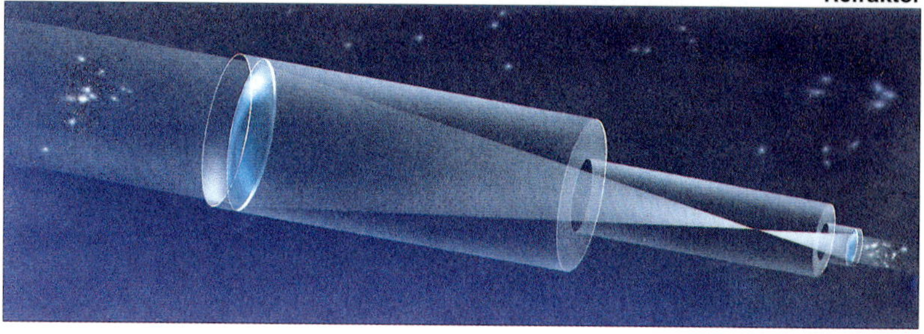

Refraktor

Schematische Darstellung der Optik eines Spiegelteleskops bzw. eines Refraktors.

größte Refraktor, der zur Zeit in Betrieb ist, steht im Observatorium von Yerkes (Wisconsin) und verfügt über ein Objektiv von ca. 1 m Durchmesser.

DER REFLEKTOR: Aus den oben erwähnten Gründen verwendet man in der Astronomie heute großteils Reflektoren. Bei diesen **Spiegelteleskopen,** wie sie auch genannt werden, wird das Licht nicht mit Hilfe einer Linse, sondern mit einem **Hohlspiegel** aufgenommen. Da hier keine Brechung, sondern eine Reflexion des einfallenden Lichts erfolgt, kommt es auch nicht zu einer chromatischen Aberration. Außerdem kann beim Reflektor auch auf der Rückseite des Spiegels eine **Stützvorrichtung** angebracht werden, sodass Spiegelteleskope bei weitem größer gebaut werden können als Refraktoren.
Bei den einfacheren Modellen wird das Licht vom Hauptspiegel aufgenommen und im so genannten **Primärfokus** gesammelt. In den meisten Fällen wird das Licht jedoch vom Hauptspiegel auf einen kleinen gewölbten Fangspiegel geworfen, von wo es direkt oder über kleine Sekundärspiegel zum Okular gelangt. Je nach Lage und Form dieser Umlenkspiegel weisen Spiegelteleskope unterschiedliche optische Eigenschaften auf. Wenn man beispielsweise jenes Teleskop betrachtet, das zwischen 1663 und 1668 zuerst von **Gregory** und später von **Newton** entworfen wurde, so wird hier das Licht über einen Umlenkspiegel seitlich aus dem Rohr heraus zum so genannten **Newton-Fokus** geführt. Diese Konstruktion wird vor allem bei kleineren Teleskopen häufig eingesetzt. Für größere Modelle eignet es sich nicht so gut, weil die Anbringung der wissenschaftlichen Instrumente am Brennpunkt das Gleichgewicht des Teleskops stören würde.
Viel öfter wird deshalb in der professionellen Astronomie das **Cassegrain-Teleskop** eingesetzt, das 1672 entworfen wurde. In diesem Fall wird das Licht vom Hauptspiegel gesammelt und dann von einem **konvexen Sekundärspiegel,** auch **Fangspiegel** genannt, in der optischen Achse zurückgeworfen und durch ein Loch in der Mitte des Außenspiegels nach außen geführt. Dieses System bietet eine Reihe von Vorteilen: zum einen kommt man auch bei einem relativ kurzen Rohr zu einer großen Brennweite. Außerdem können die wissenschaftlichen Instrumente entlang der optischen Achse angebracht werden, was für das Gleichgewicht des Teleskops von Vorteil ist.
So wie der Newton-Fokus liegt auch der **Coudé-** oder **Ellbogenfokus** außerhalb des Teleskops. Dieses System verfügt über einen **hyperbolischen Sekundärspiegel** und zwei parallele ebene Spiegel, die um 45° gegen die optische Achse geneigt sind. Das Schema des Coudé-Systems ist zwar etwas komplizierter als das der zuvor besprochenen Systeme – dafür bietet es den großen Vorteil, dass das Licht immer an denselben Punkt gelenkt wird, egal wohin das Teleskop zeigt. Es gibt somit keine Größenbeschränkungen bei den verwendeten optischen Labors, da diese unabhängig vom Teleskop aufgestellt werden können. Schließlich ist auch noch der **Nasmith-Fokus** zu erwähnen, der

dem Coudé-System sehr ähnlich ist, sich von diesem aber dadurch unterscheidet, dass er nur einen ebenen Spiegel verwendet.

WICHTIGE PARAMETER: Die beiden Parameter, die über die Qualität eines Teleskops entscheiden, sind die so genannte **Grenzgröße,** d. h. die Helligkeit eines Sterns, der mit dem Teleskop gerade noch erfasst werden kann, und das **Auflösungsvermögen,** d. h. der geringste Winkelabstand zweier punktförmiger Lichtquellen, die mit dem Fernrohr gerade noch getrennt bzw. aufgelöst werden können.
In einer sternklaren, mondlosen Nacht kann man, wenn keine störenden künstlichen Lichtquellen in der Nähe sind, mit freiem Auge nur Sterne beobachten, die von 6. Größe oder heller sind. Wenn man ein herkömmliches Amateurteleskop zu Hilfe nimmt, lassen sich auch Sterne der 12. Größe beobachten. Mit einem professionellen Teleskop von 5 bis 8 m Durchmesser kann man sogar noch lichtschwächere Sterne bis hin zur 22. Größe erkennen. Die Lichtmenge, die von einem Teleskop aufgenommen werden kann, hängt von der Öffnung ab, also der Größe der Oberfläche, die zum Sammeln des Lichts vorhanden ist. Die gesammelte Lichtmenge ist dabei proportional zum Quadrat des Durchmessers des Teleskopobjektivs.
Was das Auflösungsvermögen betrifft, so liegt das des menschlichen Auges bei etwa 23 Bogensekunden, während man schon mit einem 15-cm-Teleskop auf ca. 0,9 Bogensekunden kommt. Daraus folgt, dass wir mit einem Teleskop nicht nur viel lichtschwächere Objekte erkennen können als mit freiem Auge, sondern auch viel kleinere Details.

DIE ASTRONOMISCHE FOTOGRAFIE: Die ersten Teleskope waren für die rein **visuelle Beobachtung** ausgelegt; der Astronom begnügte sich damit, die jeweiligen Objekte durch das Okular zu betrachten, wobei das auftreffende Licht ausschließlich vom menschlichen Auge aufgenommen wurde. In diesem Fall hing die Grenzgröße vor allem von der Größe der Linse bzw. des Spiegels ab. Bei moderneren Teleskopen wird das menschliche Auge durch technische Hilfsmittel ersetzt, wie etwa von **Fotoplatten** oder komplizierten **elektronischen Detektoren.** Diese sind im Gegensatz zum Auge in der Lage, das Licht über längere Zeiträume zu sammeln und dadurch viel lichtschwächere Objekte wahrzunehmen. Die Grenzgröße hängt in diesem Fall also auch von der **Dauer der Beobachtung** ab; es können auf diese Weise bisweilen sogar Sterne der 28. Größe beobachtet werden. Solche technischen Hilfsmittel steigern nicht nur die Leistung eines Teleskops, sie bieten darüber hinaus die Möglichkeit, die Ergebnisse der Beobachtung zu speichern (meist in digitaler Form) und sie einer eingehenden Analyse zu unterziehen.

Oben: Diese Zeichnung zeigt die Kuppel, die das Hale-Teleskop von Mount Palomar beherbergt. Links: Der größte Refraktor der Welt (102 cm) an der Yerkes-Sternwarte in Williamsbay (Wisconsin, USA).

Teleskopspiegel

Verwandte Kapitel

Das Teleskop (Seite 25)
Die Montierung des Teleskops (Seite 29)
Zubehör für Teleskope (Seite 30)
Neue Teleskoptechnologien (Seite 34)

Der Spiegel ist wohl der empfindlichste Teil eines Teleskops. Die Herstellung verlangt daher höchste Präzision, denn es dürfen keine Fehler oder Unebenheiten auftreten, die größer als 1/10.000 mm sind.
Hergestellt werden Teleskopspiegel aus Glas, heutzutage aber auch zunehmend aus **Keramikmischungen,** die den Vorteil bieten, dass sie sich bei Temperaturschwankungen nicht verformen. Um die Spiegeloberfläche so gut reflektierend wie möglich zu machen, wird sie mit einer hauchdünnen **Aluminium-** oder **Silberschicht** überzogen, die regelmäßig erneuert werden muss.

DIE HERSTELLUNG DES SPIEGELS: Für einen Spiegel mit einem Durchmesser von mehreren Metern benötigt man einige Tonnen Glas. Zunächst wird die Gussform hergestellt, damit man das Glas so gießen kann, dass es mehr oder weniger die Form des fertigen Spiegels annimmt. Diese Form wird nun mit Glasstücken gefüllt und kommt in den Ofen. Der **Gussvorgang** geht bei fast 1200 °C vor sich. Während des gesamten Prozesses dreht sich die Form ständig, und zwar so, dass das Material genau die gewünschte konkave Form annimmt. Auf diese Weise erhält man ein Gebilde, das dem fertigen Spiegel so nahe wie möglich kommt, wodurch man sich eine lange und mühsame Bearbeitung erspart.
Auch während der Abkühlung von 1180 °C auf Zimmertemperatur wird dafür gesorgt, dass sich die Form langsam weiterdreht. Es dauert vier bis sechs Monate, bis man den Ofen öffnen und die Oberfläche des Spiegels in Augenschein nehmen kann. Durch die anschließende Bearbeitung erhält der Spiegel schließlich die gewünschten optischen Eigenschaften.

Oben: Ein Techniker mitten in einem 8-m-Spiegel während der Bearbeitungsphase. Unten: Das Keck-Teleskop.

EXTREM DÜNNE SPIEGEL: Da es zur eingehenden Beobachtung der Himmelskörper notwendig ist, diesen auf ihrem Weg über den Himmel zu folgen, dürfen die Spiegel nicht allzu schwer sein, da sie sich sonst aufgrund ihres eigenen Gewichts allmählich verformen würden. Aus diesem Grund gab es bis vor rund 10 Jahren keine Spiegel, die größer als 5 bis 6 m waren, wie jene von Mount Palomar in Kalifornien bzw. im Kaukasus (Russland). Das Problem wurde dadurch gelöst, dass man **besonders dünne Spiegel** herzustellen begann, deren Stärke bei einem Durchmesser von 5 bis 8 m nur wenige Dtzd. cm beträgt und deren Form mit Hilfe von Computern berechnet wird. Solche Spiegel, wie sie in den 90er-Jahren hergestellt wurden, erreichen Durchmesser von 8 m und darüber.

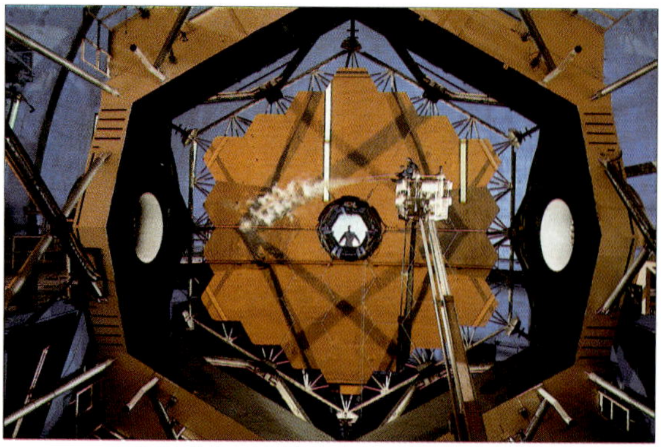

Eine Alternative zur Verwendung von Spiegeln aus einem Stück besteht im Einsatz von zusammengesetzten Spiegeln; ein besonders gelungenes Beispiel für diese Technik sind die beiden **Keck-Teleskope** auf dem hawaiianischen Vulkan Mauna Kea. Die beiden Teleskope haben eine Öffnung von je 10,8 m und sind aus 36 sechseckigen Teilen gefertigt, die jeweils kleiner als 2 m sind (*Segmented-Mirror*-Technik). Auf diese Weise bleibt die Herstellung relativ einfach, während man andererseits den Effekt einer großen Oberfläche erhält.

Die Montierung des Teleskops

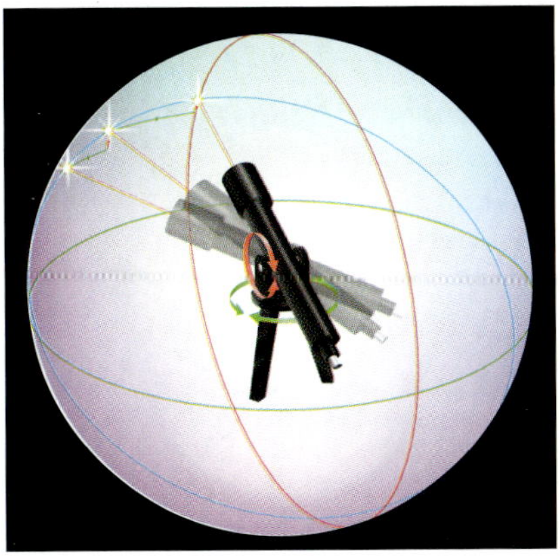

Im Gegensatz zu Teleskopen, die in der Erdumlaufbahn eingesetzt werden, brauchen Teleskope auf der Erdoberfläche eine entsprechende Tragekonstruktion, d. h., sie müssen um zwei zueinander senkrechte Achsen drehbar gelagert sein. Eine möglichst **stabile Montierung** ist nicht nur für professionelle, sondern auch für kleine Teleskope unerlässlich, um diese exakt auf bestimmte Punkte am Himmel richten zu können und somit Beobachtungen von wissenschaftlichem Wert durchzuführen. Eine stabile Montierung ist auch deshalb notwendig, um das Teleskop den Himmelsobjekten nachführen zu können, die, durch die Erdrotation bedingt, scheinbar über den Himmel wandern.

Es sind grundsätzlich zwei Typen von Montierungen gebräuchlich, die **Äquatorial-** und die **Azimutalmontierung.**

Verwandte Kapitel

Die Himmelskugel (Seite 21)

Das Teleskop (Seite 25)

Koordinatensysteme für Erde – Himmel (Seite 64)

ÄQUATORIALMONTIERUNG: Diese Art der Montierung ist sowohl bei Amateur- als auch bei professionellen Teleskopen die bei weitem verbreitetste. Dabei ist das Fernrohr um die parallel zur Erdachse gerichtete **Stundenachse** und die senkrecht dazu stehende **Deklinationsachse** gelagert.
Um die Erdrotation bzw. die tägliche Bewegung des Himmelsgewölbes zu kompensieren, dreht man dieses Teleskop einfach um die Stundenachse. Der enorme Vorteil, der darin besteht, dass man ein bestimmtes Objekt allein durch Drehung um eine Achse verfolgen kann, war auch der Grund, dass man für sehr lange Zeit so gut wie alle größeren Teleskope mit einer Äquatorialmontierung versah. Beispiele für die Äquatorialmontierung sind die deutsche, die englische, die Knie- und die Gabelmontierung.
Der einzige Nachteil der Äquatorialmontierung liegt darin, dass die Basis parallel zur Erdachse gerichtet sein muss und deshalb nur für eine bestimmte geographische Breite geeignet ist.

AZIMUTALMONTIERUNG: Dieser Typ der Montierung ist vom Konzept her einfacher als die Äquatorialmontierung und beruht auf dem **astronomischen Horizont-Koordinatensystem.** Auch die azimutale Montierung erlaubt zwei Bewegungsrichtungen: eine Achse weist zum Zenit, die andere liegt in der Horizontebene des Beobachtungsortes. Verändert werden dabei folglich Azimut und Höhe. Um einem Objekt zu folgen, ist bei dieser Form der Montierung eine Drehung um beide Achsen notwendig.
Dieser Nachteil der Azimutalmontierung konnte in den letzten Jahren überwunden werden, indem man eine immer präzisere Steuerung mit Hilfe von Computern entwickelte. Aus diesem Grund sind heute die meisten modernen Hochleistungsteleskope mit dieser Montierung ausgestattet.

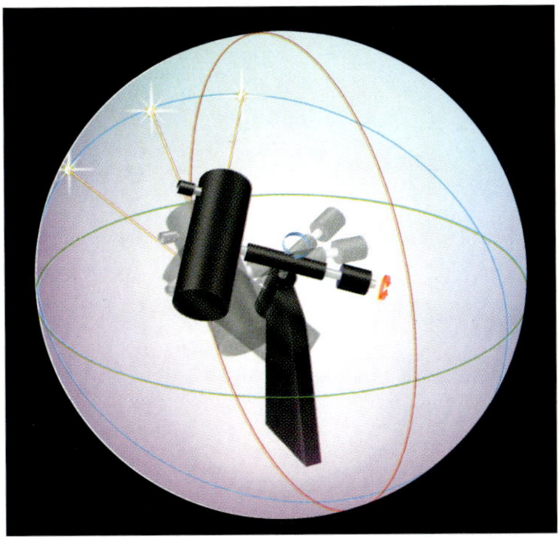

Die beiden grundlegenden Montierungstypen: die Azimutalmontierung (oben) und die Äquatorialmontierung (links).

Zubehör für Teleskope

Verwandte Kapitel

Das Teleskop (Seite 25)

Optische Aberrationen (Seite 32)

Die Bewegung der Erde (Seite 66)

Um mit einem Fernrohr gute Ergebnisse erzielen zu können, braucht man auch als Amateurastronom einiges Zubehör:

STATIV: Zunächst einmal sollte man, um gezielte Himmelsbeobachtungen durchführen zu können, das Fernrohr auf ein stabiles Stativ stützen, das möglichst aus Metall sein sollte. Dadurch werden **etwaige Erschütterungen** gedämpft. Das Stativ ist für jeden Sternbeobachter absolut unerlässlich.

SUCHER: Jedes Fernrohr, dessen Durchmesser größer als 10 cm ist, sollte mit einem Sucherfernrohr ausgerüstet sein, d. h. mit einem kleinen Fernrohr, das zum Ausrichten auf den gewünschten Himmelskörper dient. Wenn man nämlich ein Fernrohr mit großer Brennweite verwendet, ist das **Gesichtsfeld** stets ziemlich eingeschränkt; so beträgt der Durchmesser des Gesichtsfeldes bei einem klassischen 114/900-Amateurteleskop, das mit einem 20-mm-Okular ausgestattet ist, ca. 0,5°. Wenn man kein computergesteuertes Teleskop zur Verfügung hat, ist es deshalb oft nicht so leicht, das Gerät auf das gewünschte Gebiet auszurichten. Das Sucherfernrohr, das parallel zum eigentlichen Fernrohr ausgerichtet ist, verfügt über ein viel größeres Gesichtsfeld und macht es somit leichter, den betreffenden Himmelskörper ins Visier zu nehmen.

STUNDENANTRIEB: Da sich die Erde im Laufe von 24 Stunden einmal von West nach Ost um die eigene Achse dreht, haben wir den Eindruck, dass sich das Himmelsgewölbe in der entgegengesetzten Richtung, also von Ost nach West, bewegt. Aus diesem Grund wandert ein Objekt, das man im Visier hat, langsam aus dem Zentrum des Gesichtsfeldes – und das umso schneller, je stärker vergrößert die Abbildung ist. Aus diesem Grund ist es notwendig, den Himmelskörpern gleichsam zu folgen. Wenn die Achse des Teleskops parallel zur Erdachse ausgerichtet ist, erfolgt die Nachführung des Teleskops dadurch, dass man es in der **Rektaszension** bewegt. Um das Fernrohr nicht von Hand nachführen zu müssen, gibt es kleine **Motoren,** die an der Montierung angebracht werden und die dafür sorgen, dass das Gerät im Einklang mit der Erdrotation bewegt wird, sodass das beobachtete Objekt stets im Zentrum des Gesichtsfeldes bleibt.

OKULARE: Das Okular ist eine Linse, die für die **Vergrößerung des Bildes** sorgt. Wie stark diese Vergrößerung ausfällt, hängt vom Verhältnis zwischen der Brennweite des Objektivs und der des Okulars ab. Wenn man nun die Okulare wechselt, erhält man verschieden starke Vergrößerungen; je kleiner die Brennweite des Okulars, umso stärker die Vergrößerung.
Es gibt verschiedene Arten von Okularen, die sich durch die Zahl und Art ihrer Linsen voneinander unterscheiden. Die einfachsten Okulare sind das **Huygens-** und das **Ramsden-Okular,** die nur aus zwei Linsen bestehen. Eine Weiterentwicklung des Ramsden-Okulars ist das **Kellner-Okular** mit drei Linsen. Auf einem höheren Niveau sind die so genannten **orthoskopischen Okulare** angesiedelt, wie etwa das **Plössl-** oder das **König-Okular,** die frei von Verzeichnungen sind (siehe Seite 40). Sehr bekannt sind auch die **Erfle-Okulare** mit fünf bis sechs Linsen, die ein großes Gesichtsfeld ermöglichen.

Oben: Farbfilter für die astronomische Beobachtung. Rechts: Ein Leitrohr, das auf einem Refraktor montiert ist und an dem seinerseits ein kleiner Sucher angebracht ist.

FILTER: Wenn man die Sonne beobachten will, ist ein entsprechender Filter in Form von Abblendgläsern unerlässlich. Aus Sicherheitsgründen sollte man keine Filter verwenden, die am Okular angebracht werden, sondern nur solche, die man am Objektiv befestigt.
Farbfilter sind für die Beobachtung bestimmter Objekte sehr nützlich, beispielsweise von Planeten oder Nebeln, weil sich damit der Kontrast erhöhen lässt und bestimmte Wellenlängen eliminieren lassen.

CCD

In den vergangenen 15 Jahren wurden in der astronomischen Fotografie die herkömmlichen Fotoplatten zunehmend durch hoch lichtempfindliche Empfänger, so genannte **Halbleiterdetektoren,** ersetzt. Diese *Charge Coupled Devices* (CCD), was so viel bedeutet wie »ladungsgekoppelte Bauelemente«, wurden vor ca. 25 Jahren von **Boyle** und **Smith** entwickelt, zwei Forschern aus den berühmten Bell-Labors. Das Aufkommen dieser Detektoren erfolgte gleichzeitig mit dem Einsatz von Computern zur Analyse von astronomischen Daten. Die Bilder werden bei diesem Verfahren digital gespeichert, sodass es u. a. möglich ist, getrennt aufgenommene Einzelbilder mit Hilfe des Computers zu einem neuen Bild zu verarbeiten.

Verwandte Kapitel

Das Teleskop (Seite 25)

Zubehör für Teleskope (Seite 30)

WIE CCD FUNKTIONIERT: Man kann sich einen solchen CCD-Detektor als ein Mosaik vorstellen, das sich aus einer Vielzahl von kleinen fotoempfindlichen Halbleiterelementen, den **Pixel** (*picture elements*), zusammensetzt. Wenn nun das Licht auf die Siliziumschicht fällt, auf denen die Pixel angebracht sind, so werden durch die auftreffenden Photonen aufgrund des so genannten **Photoeffekts** Elektronen ausgelöst. Nach Belichtungsende werden die gesammelten Elektronen in spezielle Speicherzellen transportiert. Die daraus gewonnene Information wird digitalisiert und im Computer zu einem optischen Bild zusammengesetzt. Entscheidend dabei ist die Möglichkeit, die Ladungen durch entsprechende Schaltung Zeile für Zeile an den Bildrand zu schieben und dort auszulesen.

TECHNISCHE MERKMALE: Die Oberfläche des CCD-Siliziumchips besteht, wie gesagt, aus einem Raster aus einzelnen Pixel, deren Zahl und Größe über die Bildauflösung entscheidet. Die ersten CCD-Detektoren bestanden noch aus einer eher geringen Anzahl von relativ großen Pixel. Moderne wissenschaftliche Detektoren hingegen verfügen bereits über 2048 x 2048 Pixel, deren **Größe** zwischen 10 und 30 Mikrometer liegt. Der derzeit größte CCD-Detektor, mit dem in den Philips-Forschungslabors experimentiert wird, besteht gar aus 7000 x 9000 Pixel, deren Größe je 12 Mikrometer beträgt. Es wird jedoch bereits an noch größeren Detektoren gearbeitet.
Die **Auflösung** eines CCD-Detektors hängt vom Winkel (in Bogensekunden) ab, der sich durch die Projektion des einzelnen Pixel auf die Himmelskugel ergibt. Je kleiner das Pixel, umso größer die Auflösung, die man damit erreicht. Kam man vor 15 Jahren noch auf eine Auflösung von einer knappen Bogensekunde, so konnte man diesen Wert in den darauf folgenden 10 Jahren um das 100fache steigern. Die Pixel der *Faint Objekt Camera* des Hubble-Weltraumteleskops erreichen bereits einen Wert von 14/1000 Bogensekunden. Angesichts der immer geringer werdenden Kosten der CCD-Detektoren sowie ihrer immer einfacheren Handhabung werden diese Geräte heute zunehmend auch von Amateurastronomen eingesetzt.

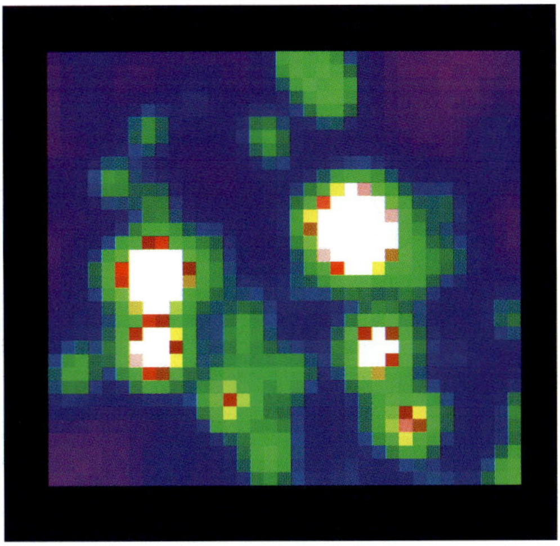

Oben: CCD-Detektor.
Links: Astronomische Aufnahme mit Hilfe eines CCD-Detektors. Sehr gut sind hier die Pixel zu sehen.

Optische Aberrationen

Verwandte Kapitel

Das Teleskop
(Seite 25)

Zubehör für Teleskope
(Seite 30)

Verschiedene optische Hilfsmittel (Spiegel oder Linsen), die in Instrumente zur Beobachtung des Himmels oder auf der Erde eingebaut werden (Feldstecher oder Fernrohre), neigen zu bestimmten Bildfehlern, die man als optische Aberrationen bezeichnet.
Es gibt verschiedene Arten solcher Aberrationen: sphärische und chromatische Aberrationen, Koma, Astigmatismus, Bildfeldwölbung und Verzeichnung.

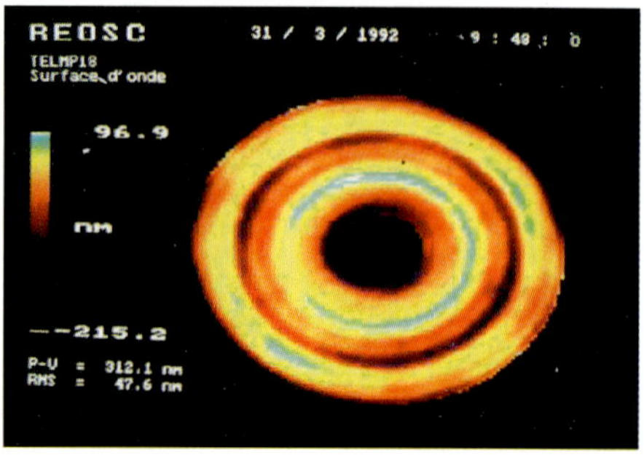

SPHÄRISCHE ABERRATION (Öffnungsfehler): Ein sphärischer Spiegel, d. h. ein Spiegel, dessen Oberfläche einen Teil einer Kugel darstellt, verhält sich so, als bestünde er aus vielen konzentrischen Ringen von verschiedenem Radius und deshalb auch **unterschiedlicher Brennweite.** Jeder dieser Ringe reflektiert einen Teil des aufgefangenen Lichts und vereint die Strahlen in einem eigenen Brennpunkt. Somit haben die äußeren Zonen einer Linse oder eines Kugelspiegels eine kürzere Brennweite als die mittleren Zonen, was zu einer unscharfen Abbildung führt.
Der Grad der sphärischen Aberration hängt von der Brennweite des Fernrohrs ab und ist umso kleiner, je größer die Brennweite ist. Wie schon **John Dollond** im 18. Jahrhundert erkannte, kann der Öffnungsfehler korrigiert werden, indem man eine Kombination zweier Linsen verwendet, einer Sammel- und einer Zerstreuungslinse. Diese Methode wird bei vielen optischen Instrumenten unserer Zeit, wie Fotokameras oder Mikroskopen, angewendet, wobei für einen noch besseren Ausgleich des Fehlers oft noch zusätzliche Linsen eingesetzt werden. Bei den Teleskopen hat der Reflektor heutzutage vielfach den Refraktor verdrängt, sodass man mit Hilfe eines Parabolspiegels anstatt des Kugelspiegels dieses Problem umgeht.

CHROMATISCHE ABERRATION (Farbfehler): Diese Art des Abbildungsfehlers ergibt sich aus der Tatsache, dass der **Brechungsindex** von Glas von der Wellenlänge abhängt. Wenn nun das Licht eines Sterns auf die Linse eines Teleskops auftrifft, so verhält sich diese bis zu einem gewissen Grad wie ein Prisma, das das Licht in seine Spektralfarben zerlegt. Die Strahlen der verschiedenen Farben weisen unterschiedliche Brennpunkte auf, wodurch das Bild sich verändert – insbesondere an den Rändern des Gesichtsfeldes.
Dollond entdeckte, dass sich auch die chromatische Aberration eliminieren lässt, indem man zwei Linsen mit **unterschiedlichem Brechungsindex** verwendet **(Achromat).** Wenn man Beobachtungen mit Hilfe eines Refraktors durchführt, so sollte die Korrektur vor allem im Gelb-Grün-Bereich erfolgen, da das menschliche Auge hier besonders empfindlich ist. Wird der Refraktor jedoch für die Fotografie eingesetzt, so muss die Korrektur vor allem im Grün-Blau-Bereich ansetzen. Durch den Einsatz von Drei-Linsen-Systemen erhält man ein fotografisch und visuell korrigiertes

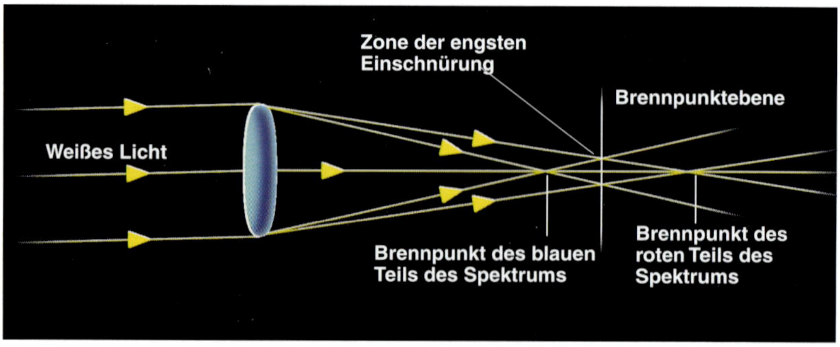

Oben: Ein Spiegel wird einem Test unterzogen. Die verschiedenen Farben stellen inhomogene Zonen der Optik dar. Unten: Schematische Darstellung der chromatischen Aberration.

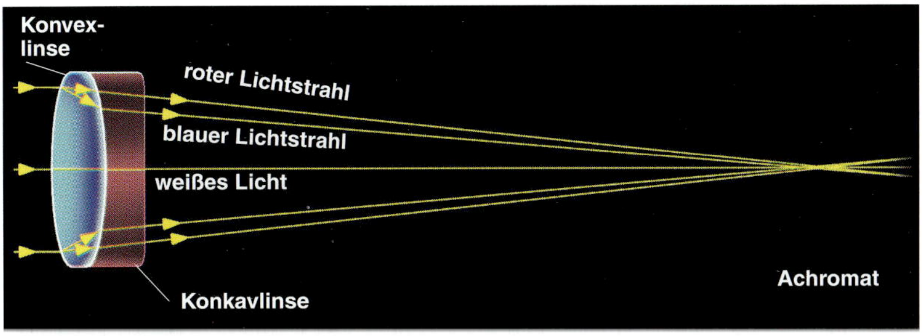

Objektiv und kann somit beiden Anforderungen gerecht werden. Spiegelteleskope sind frei von solchen Farbfehlern.

KOMA: Wenn man, um die sphärische Aberration zu vermeiden, einen Parabolspiegel verwendet, so muss man mit einem anderen Bildfehler rechnen – mit der Koma. Dieser Fehler tritt bei einem gegen die Achse geneigten Strahlengang auf und wirkt sich so aus, dass die Bilder punktförmiger Objekte, wie es Sterne sind, kometenförmig abgebildet werden. Die Ursache dafür liegt in der **unterschiedlichen Vereinigung von Strahlen,** die außerhalb der Achse parallel verlaufen. Die Koma ist direkt proportional zum Einfallswinkel des Lichts und zum Spiegeldurchmesser und indirekt proportional zur Brennweite.
Mit Hilfe von Linsenkombinationen lässt sich auch die Koma korrigieren. Mit Hilfe von bestimmten optischen Systemen, den so genannten **aplanatischen Linsen**, können sowohl die sphärische und chromatische Aberration als auch die Koma weitgehend korrigiert werden.

ASTIGMATISMUS: Dieser Bildfehler kommt daher, dass für Lichtstrahlen, die gegen die optische Achse, also schief einfallen, das Objektiv kein **Kreis** ist, sondern eine **Ellipse.** Aus diesem Grund kommt es nicht zu einer Abbildung in einem Punkt, sondern zu zwei kleinen, voneinander entfernt liegenden geraden Strichen. Außerhalb dieser Geraden bilden sich ovale Scheibchen.
Das Ausmaß dieses Bildfehlers ist direkt proportional zum Quadrat des Winkels, mit dem das Licht einfällt. Je größer hingegen die Brennweite, umso geringer der Astigmatismus.

Oben: Korrektur der chromatischen Aberration durch Kombination zweier Linsen.
Unten: Verschiedene Abbildungsfehler, mit Hilfe des Very Large Telescope dargestellt.

BILDFELDWÖLBUNG: Korrigiert man den Astigmatismus durch Kombination verschiedener Linsen, so kann dadurch ein anderer Abbildungsfehler entstehen – die Bildfeldwölbung. Diese ergibt sich daraus, dass parallele Lichtbündel, die gegen die Achse geneigt sind, nicht in einer Ebene abgebildet werden. Aus diesem Grund ist das Bild auf einer ebenen Bildfläche nicht scharf. Auch die Bildfeldwölbung ist direkt proportional zum Einfallswinkel des Lichts und umgekehrt proportional zur Brennweite.

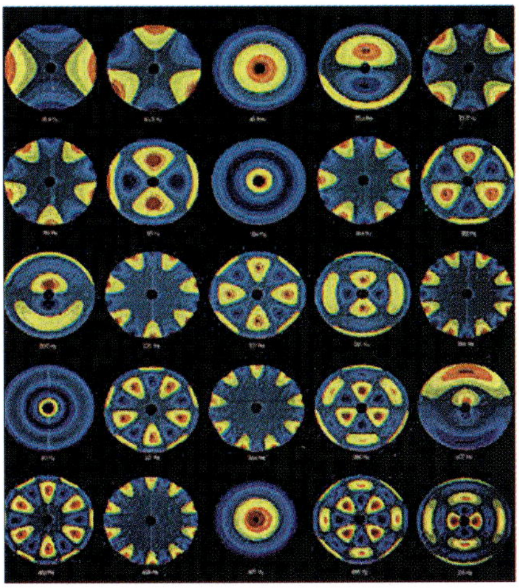

VERZEICHNUNG: Dieser Fehler besteht darin, dass asymmetrische Objekte zu einem Abbildungsmaßstab neigen, der von der Neigung des Strahlenbündels zur optischen Achse abhängt. Aus diesem Grund können bei ansonsten scharfem Bild **tonnenförmige** oder **kissenförmige** Verzeichnungen auftreten.

VIGNETTIERUNG: Dabei handelt es sich um keine Aberration im eigentlichen Sinn, sondern um einen Mangel, der das optische System insgesamt betrifft. Die **Vignettierung** oder **Abschattung** stellt ein Abfallen der Bildhelligkeit zum Bildrand hin dar, deren Ursache in einem Teil des optischen Systems, z. B. dem Sekundärspiegel, zu suchen ist.

Neue Teleskoptechnologien

Verwandte Kapitel

Das Teleskop (Seite 25)

Teleskopspiegel (Seite 28)

Ab der Mitte der 80er-Jahre begann man bei der Konstruktion von Teleskopen auf **neue Technologien** zu setzen, die weitaus leistungsfähigere Geräte hervorzubringen vermochten, als man sie bis dahin kannte. 40 Jahre lang hatte es keine wesentliche Weiterentwicklung im Bau von Teleskopen gegeben – vor allem aufgrund der Probleme, die sich bei der Konstruktion von mehr als 5 m großen Spiegeln ergaben. Vor allem galt es zu vermeiden, dass sich der Spiegel aufgrund seiner Größe verformte. Eine Lösung des Problems begann sich erst durch den Einsatz von besonders leistungsstarken **Computern** abzuzeichnen.

AKTIVE OPTIK: Auf dem Gebiet der Optik war der Wendepunkt die Einführung der aktiven Optik. Heute werden extrem dünne Spiegel hergestellt, die aufgrund ihres Gewichts dazu neigen, **sich zu verformen.** Es ist jedoch nicht mehr so, dass der Spiegel nur auf der Tragekonstruktion ruht – er ist vielmehr mit einem Unterstützungssystem verbunden, mit dessen Hilfe jede Durchbiegung des Spiegels sofort korrigiert werden kann.
Die einzelnen Elemente des Systems sind mit einem Computer verbunden, der jede Verformung am Spiegel sofort registriert und entscheidet, welcher Druck ausgeübt werden muss, um den Spiegel wieder in die optimale Form zu bringen. Es wird also stets ein Gegendruck erzeugt, der jedwede gravitationsbedingte Verformung sofort ausgleicht. So verfügt beispielsweise das italienische **Galileo-Teleskop** auf den Kanarischen Inseln über nicht weniger als 78 solcher Korrekturelemente – und das bei einem Durchmesser von 3,5 m.
Besonders bemerkenswert ist in dieser Hinsicht die jüngste Generation von Teleskopen, wie sie 1998 mit dem ersten der vier VLT (*Very Large Telescope*) der Europäischen Südsternwarte in Chile aus der Taufe gehoben wurde: Für einen Spiegel von 8 m Durchmesser werden hier nicht weniger als 150 solcher Elemente eingesetzt; bei dem japanischen **Subaru-Teleskop** sind gar 264 Korrekturelemente am Werk.

Oben: Bauphase eines der Gebäude, in denen das VLT untergebracht ist. Unten: Schematische Darstellung der aktiven Optik.

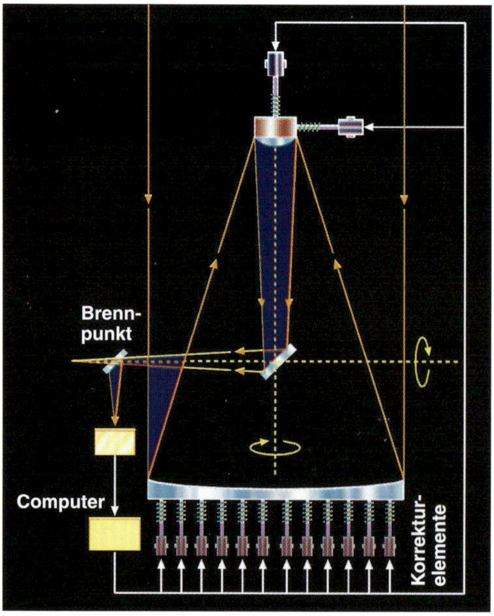

ADAPTIVE OPTIK: Eine andere Technologie, die dieser Tage eine rasche Entwicklung erfährt, zielt darauf ab, jene Beeinträchtigungen der Abbildung zu eliminieren oder zu verringern, die durch **atmosphärische Einflüsse** hervorgerufen werden.
Dies wird mit Hilfe eines kleinen Spiegels erreicht, der vor den Brennpunkt des Teleskops gesetzt wird. Dieser Spiegel wird nun je nach den Daten, die von einem Computer geliefert werden, so verformt, dass er die atmosphärischen Störungen ausgleicht. Dabei vergleicht der Computer das Bild eines bestimmten Sterns mit dem Idealbild und berechnet daraus die Korrekturen, die vorzunehmen sind.
Das äußerst komplexe optische System muss imstande sein, binnen Hundertstelsekunden zu reagieren, um die jeweiligen atmosphärischen Störungen sofort ausgleichen zu können.

Das Hubble-Weltraumteleskop

Die Idee eines Weltraumteleskops wurde von dem deutschen Raketeningenieur **Hermann Oberth** (1894 bis 1989) geboren. Oberth wies auf die Vorteile hin, die ein Teleskop mit sich bringen würde, das außerhalb der Erdatmosphäre stationiert wäre; die schwachen Lichtstrahlen, die von den Sternen zu uns gelangen, werden nämlich durch den Staub, den Wasserdampf und die Luftströmungen der Atmosphäre beeinträchtigt, was den Astronomen daran hindert, ein klares Bild vom Weltall zu erhalten. 1962 sprach sich eine Gruppe im Rahmen der Amerikanischen Akademie der Wissenschaften für den Bau eines solchen Weltraumteleskops aus – doch es sollte ein weiteres Jahrzehnt vergehen, ehe die NASA mit konkreten Planungsarbeiten begann. 1975 wurde die Europäische Weltraumorganisation ESA in das Projekt miteinbezogen. Drei Jahre später bewilligte der Amerikanische Kongress die Finanzierung und das Projekt nahm langsam konkrete Formen an. Man einigte sich auf den Namen »Hubble-Weltraumteleskop« – zu Ehren von **Edwin Hubble,** dem Wegbereiter der modernen Kosmologie.

Das Hubble-Teleskop ist bei einem Gesamtgewicht von 11 t insgesamt 13,3 m lang und 12 m breit und kostete ca. 250 Mio. Dollar.

Verwandte Kapitel

Das Teleskop (Seite 25)

Astronomische Satelliten (Seite 41)

DER START: Der Spiegel von einem Durchmesser von 2,4 m wurde 1981 fertig gestellt. Die Tests der wissenschaftlichen Instrumente begannen 1983, und zwei Jahre später war auch das Gehäuse so weit, welches das Teleskop beherbergen würde. Der Start mit einem Space Shuttle sollte ein weiteres Jahr danach erfolgen, musste aber aufgrund der Explosion der Raumfähre Challenger im Januar 1986 verschoben werden. Am 25. April 1990 wurde das Weltraumteleskop schließlich von der Raumfähre Discovery in ca. 600 km Höhe in die Erdumlaufbahn gebracht.

Nur einen Monat später stellte sich heraus, dass das Teleskop nur unscharfe Bilder lieferte. Schuld daran war ein Öffnungsfehler am Hauptspiegel, eine so genannte **sphärische Aberration** (siehe Seite 32). In den folgenden Monaten versuchte man, die vom Hubble-Teleskop übermittelten Daten mittels Computer so zu bearbeiten, dass die Unschärfe wettgemacht würde – doch die Bilder, die man dadurch erhielt, waren nur unwesentlich besser als jene, die die leistungsstärksten Teleskope auf der Erde zu liefern im Stande waren. Und so wurde im Dezember 1993 eine Space Shuttle-Mission gestartet, in deren Verlauf der Fehler durch die Installation zusätzlicher Spiegel korrigiert werden konnte. Seit damals konnte das Teleskop seiner Aufgabe mehr als gerecht werden.

Dank seiner Position außerhalb der Atmosphäre ist Hubble das mächtigste Instrument, das dem Menschen je zur Himmelsbeobachtung zur Verfügung stand. Dementsprechend tief sind die Einblicke ins All, die das Teleskop immer wieder ermöglicht; so wurden u. a. neu entstehende Planetensysteme **entdeckt,** aber auch Hinweise auf das Vorhandensein von enormen Schwarzen Löchern im Zentrum mancher Galaxien.

Das Hubble-Teleskop soll noch bis mindestens 2005 im Einsatz bleiben; bis dahin soll bereits ein würdiger Nachfolger in Gestalt eines neues Weltraumteleskops zur Verfügung stehen.

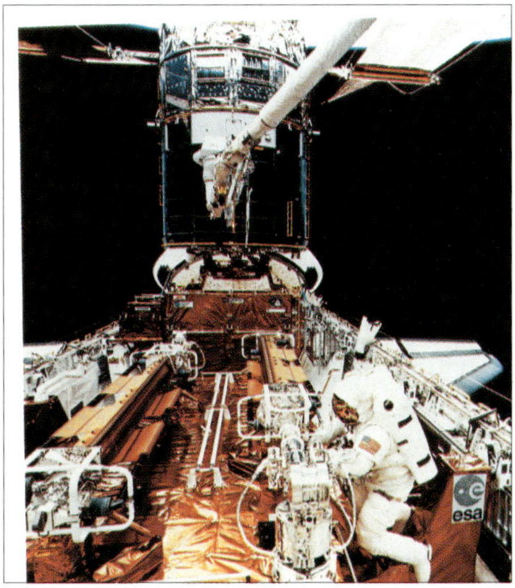

Oben: Das Hubble-Weltraumteleskop. Unten: Reparaturarbeiten am Weltraumteleskop in der Erdumlaufbahn.

Der Feldstecher

Verwandte Kapitel

Das Teleskop (Seite 25)

Zubehör für Teleskope (Seite 30)

Wenn man sich als Amateur der Beobachtung des nächtlichen Himmels widmen will, so ist als Einstieg der Feldstecher ein durchaus geeignetes Hilfsmittel. Manch einer wird überrascht sein, welch gute Ergebnisse man mit einem Feldstecher bereits erzielen kann. Außerdem hat die Anschaffung eines solchen Gerätes den Vorteil, dass man es – wenn die Begeisterung für die Himmelsbeobachtung wieder nachlassen sollte – auch für Beobachtungen auf der Erde nutzen kann.

WIE EIN FELDSTECHER FUNKTIONIERT: Es handelt sich bei diesem Gerät im Prinzip um zwei kleine Fernrohre – eines für jedes Auge –, die parallel montiert sind. Die einfachsten Ferngläser, wie z. B. das Opernglas, verfügen über zwei galileische Fernrohre, die jeweils aus zwei Linsen bestehen: die erste davon, das Objektiv, ist eine Sammellinse, die zweite, das Okular, eine Zerstreuungslinse. Der Feldstecher liefert ein aufrechtes Bild – im Gegensatz zum astronomischen Fernrohr, von dem man ein umgekehrtes Bild erhält.

Gern verwendet wird das so genannte **Prismenglas.** Hier sind jeweils zwei Reflexionsprismen in den Strahlengang zwischen Objektiv und Okular eingebaut. Das Prismenglas hat den Vorteil, dass das Bild durch die beiden Reflexionen aufgerichtet wird, ohne dass dazu zusätzliche Linsen notwendig wären, wie das beim herkömmlichen Feldstecher der Fall ist. Prismengläser sind sehr handlich gebaut und liefern ein sehr gutes räumliches Bild, d. h. sie vermitteln auch auf große Entfernungen ein Gefühl für die Tiefe des Raumes. Ein weiterer großer Vorteil ist das **große Gesichtsfeld,** das man mit einem Feldstecher abdeckt.

Man findet heute im Handel eine Vielzahl von Modellen, die in Preis und Leistung recht unterschiedlich sind. Als Orientierungshilfe sei gesagt, dass sich die Eigenschaften eines Feldstechers vor allem durch zwei Werte ausdrücken lassen – den für die **Vergrößerung des Bildes** sowie den Wert für die Öffnung, d. h. den **Objektivdurchmesser** in Millimeter. Zu astronomischen Zwecken sind etwa Modelle mit den Werten 8 x 40, 7 x 50 oder 10 x 50 sehr gut geeignet. Es gibt auch größere Feldstecher (z. B. 20 x 80), die sehr teuer sind, aber dafür auch ausgezeichnete Ergebnisse liefern.

Wer einen Feldstecher für astronomische Beobachtungen einsetzt, sollte, um kein verschwommenes Bild zu erhalten, für eine entsprechende Stütze seines Instruments sorgen. Am einfachsten ist es, einen Feldstecherhalter zu verwenden, der sich auf ein Fotostativ schrauben lässt.

WAS MAN BEOBACHTEN KANN: Mit dem Feldstecher lassen sich die verschiedensten Himmelskörper beobachten. Besonders naheliegend ist die Beobachtung solcher Objekte, die sich über ein relativ großes Gesichtsfeld erstrecken, wie etwa Sternhaufen, Kometen oder Mondkrater. Mit ein wenig Übung wird man auch die vier galileischen Jupitermonde verfolgen können, und mit Hilfe einer **Himmelskarte** sollte sogar der Uranus zu finden sein. Aufgrund seiner Vielseitigkeit und Handlichkeit ist der Feldstecher auch ein brauchbares Werkzeug, wenn es darum geht, die Größenklasse von veränderlichen Sternen zu ermitteln oder Jagd auf Kometen zu machen.

Oben: Das Large Binocular Telescope, der größte »Feldstecher« der Welt.
Rechts: Ein herkömmlicher Feldstecher für astronomische Zwecke.

Astronomische Observatorien

Lange vor der Erfindung des Teleskops (1608) bauten alte Kulturen spezielle Gebäude, um von dort aus Sonne, Mond und Sterne zu beobachten. **Stonehenge,** 12 km nördlich von Salisbury (England) gelegen, ist schon ca. 4000 Jahre alt und wird übereinstimmend als eine der ältesten bekannten Sternwarten angesehen.
Die älteste noch erhaltene Sternwarte ist das **Chomsung Dae** in Kyongju (Korea), ein einfacher bienenstockartiger Steinbau mit einer Öffnung oben im Dach, durch die man den Himmel beobachten konnte – ganz ähnlich, wie dies auch bei einem modernen Observatorium der Fall ist.
Schon lange vor der Erfindung des Teleskops berechneten die Astronomen die Positionen von Sternen und verfolgten den Lauf der Planeten. Die ersten astronomischen Instrumente, mit denen Sterne und Planeten anvisiert bzw. ihre Standorte bestimmt werden konnten, waren die **Sextanten** und **Quadranten.** Auf der Insel Ven vor der dänischen Küste errichtete der dänische Astronom **Tycho Brahe** (siehe Seite 15) eine der ersten großen Sternwarten.
1608 richtete **Galileo Galilei** (siehe Seite 16) sein einfaches Fernrohr zum Himmel empor und veränderte damit die Astronomie für immer. In den folgenden Jahrhunderten wurden immer bessere Fernrohre entwickelt; heutzutage sind die Observatorien bereits mit enormen Teleskopen und einer Reihe von **elektronischen Hilfsmitteln** bzw. Computern ausgerüstet, um die Teleskope zu steuern und die Beobachtungen zu analysieren.

DIE WAHL DES STANDORTS: Moderne Teleskope sind äußerst kostspielig – man muss mit Kosten in Milliardenhöhe rechnen. Ein derart teures Instrument muss natürlich möglichst gut genützt werden. Deshalb sind allein für die Wahl des richtigen Standortes jahrelange Studien nötig, die vor allem die **klimatischen** und die **geologischen Bedingungen** betreffen. Man will genau ermitteln, wie viele sternklare Nächte im Jahr zu erwarten sind, wie hoch die mittlere Feuchtigkeit und wie klar der Himmel ist. Genauso wichtig ist die **Stabilität des Bodens** bzw. das **Erdbebenrisiko** der Orte, die in Betracht gezogen werden. Darüber hinaus darf der Standort einer Sternwarte nicht durch die Lichter von nahe gelegenen Ballungszentren gestört werden (siehe Seite 83).
In unserer modernen Zeit der dichten Besiedlung, wo möglichst jedes Fleckchen Boden genutzt wird, gibt es nicht mehr viele Orte, die diese Anforderungen erfüllen. Aus diesem Grund findet man den Großteil der leistungsstärksten Teleskope auf **einige wenige große Observatorien** verteilt. Die wichtigsten Sternwarten stehen heute in den chilenischen Anden (La Silla, Cerro Tololo, Las Campanas), auf den Kanarischen Inseln (Roque de los Muchachos), auf den Vulkanen Hawaiis (Mauna Kea) sowie in einigen abgelegenen Gegenden der USA und Australiens.
An diesen Orten befindet sich der Beobachter hoch über den dichtesten Schichten der Atmosphäre.

Verwandte Kapitel

Das Teleskop
(Seite 25)

Neue Teleskoptechnologien
(Seite 34)

Oben: Die altehrwürdige Sternwarte von Greenwich. Unten: Blick auf das Observatorium von Roque de los Muchachos auf den Kanarischen Inseln.

Hier gibt es kaum Staub, Wasserdampf oder Luftströmungen, die die Sicht auf die Himmelskörper stören würden. Auf dem Mauna Kea in Hawaii steht die höchstgelegene optische Sternwarte der Welt; sie befindet sich in 4205 m Höhe auf einem erloschenen Vulkan.

Dank verschiedener internationaler Übereinkommen können jene Länder, die über keine geeigneten Standorte verfügen, bestehende Sternwarten in anderen Ländern für ihre Beobachtungen nützen. So befinden sich auf der Sternwarte von Roque de los Muchachos auf den Kanarischen Inseln Teleskope von insgesamt sieben Ländern. Da der Bau großer Teleskope, wie gesagt, sehr kostspielig ist, kommt es nicht selten vor, dass mehrere Länder gemeinsam ein solches leistungsstarkes Instrument entwickeln. Das größte derzeit in Bau befindliche Teleskop ist das ***Very Large Telescope*** auf der Europäischen Südsternwarte (*European Southern Observatory*). Dieses in Chile gelegene Teleskop besteht eigentlich aus vier Teleskopen mit Durchmessern von je 8,2 m, von denen zwei bereits in Betrieb sind.

DIE GEBÄUDE DER OBSERVATORIEN: Die Umgebung eines Teleskops muss sich durch große Stabilität auszeichnen. So können z. B. große Temperaturunterschiede die Form des Spiegels beeinträchtigen, während sich starke Luftströmungen nachteilig auf die Klarheit der Abbildung auswirken. Früher wurden Sternwarten oft unter freiem Himmel gebaut, während andere in Gebäuden untergebracht waren, deren Dach sich schiebetürartig zur Himmelsbeobachtung öffnen ließ.

Ab dem 19. Jahrhundert wurden Sternwarten oft mit **Kuppeldächern** ausgestattet, um die Teleskope zu schützen. Die Kuppel war bisweilen drehbar und konnte einen Spalt weit geöffnet werden. Heute sind die Gebäude, die das Teleskop beherbergen, kleiner und niedriger als früher, weil die Teleskope in **Azimutalmontierung** (siehe Seite 29) nicht mehr den Platz einer Kuppel benötigen. Um die Stabilität zu erhöhen, wird oft das gesamte Gebäude zusammen mit dem Teleskop gedreht.

DER BERUF DES ASTRONOMEN: Wenn Astronomen früher ihren Beobachtungen nachgingen, blickten sie stets selbst durch das Fernrohr. Heute wird diese Arbeit zumeist von verschiedenen **Hilfsmitteln** übernommen, die am Teleskop installiert sind. Der Astronom sitzt währenddessen im Kontrollraum am Computer und entscheidet vor allem, wohin das Gerät gerichtet wird, welche Hilfsmittel oder Filter eingesetzt werden und welche Bilder aufgenommen werden sollen. Einige Geräte der Europäischen Südsternwarte in Chile können von der Zentrale der Europäischen Südsternwarte aus gesteuert werden, die sich in Garching bei München befindet. Das Personal in Chile bereitet alles vor, damit die entsprechenden Beobachtungen durchgeführt werden können.

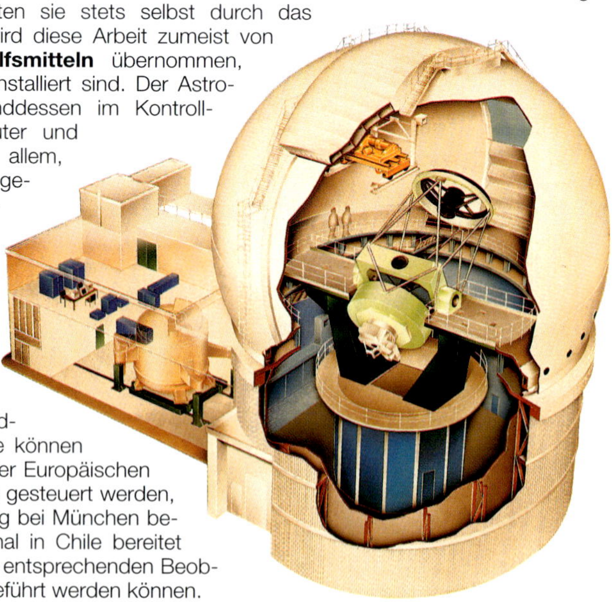

Oben: Das Teleskop Keck I im Observatorium auf dem Mauna Kea, Hawaii.
Rechts: Ein Blick ins Innere des Gebäudes, in dem das englische W.-Herschel-Teleskop auf den Kanarischen Inseln steht.

Die Sonnenuhr

Zu den ältesten Methoden der Zeitmessung gehört die Verwendung einer Sonnenuhr, bei der das Verstreichen der Stunden durch die scheinbare Bewegung der Sonne am Himmel angezeigt wird.

WIE DIE SONNENUHR FUNKTIONIERT: Das Funktionieren der Sonnenuhr beruht auf der Tatsache, dass sich die Position der Sonne am Himmel ständig verändert – eine Tatsache, die bekanntlich durch die Rotation der Erde bedingt ist. Mit dieser »Wanderung« der Sonne verändern sich auch die Schatten, die ihr Licht wirft, im gleichen Rhythmus. Man kann sich deshalb zur Zeitmessung sehr gut an solchen Schatten orientieren.
Die Sonnenuhr besteht zunächst einmal aus einem Schattenstab, auch **Gnomon** genannt, der einen Schatten auf das Zifferblatt wirft, wo man mit Hilfe entsprechender Markierungslinien die Zeit ablesen kann. Es versteht sich von selbst, dass eine Sonnenuhr nur die **Ortszeit** anzeigen kann, die von der geographischen Länge des jeweiligen Ortes abhängt. Diese Zeit stimmt im Allgemeinen nicht mit dem überein, was eine Uhr anzeigt, da man sich hier der Einfachheit halber an gewisse Zeitzonen hält.

DAS ABLESEN DER UHRZEIT: Es ist mitunter relativ schwierig, die Uhrzeit von einer Sonnenuhr abzulesen, da es nämlich verschiedene Typen solcher Uhren gibt. Zunächst einmal kommt es darauf an, ob der Schattenstab parallel zur Erdachse steht oder nicht; dies ist dann der Fall, wenn der Winkel zwischen dem Stab und der Horizontalen gleich der geographischen Breite des Ortes ist. Wenn diese Voraussetzung gegeben ist, richtet sich die Uhrzeit danach, wo der **Schatten des Stabes** auf das Zifferblatt fällt, so als hätte man es mit dem Zeiger einer herkömmlichen Uhr zu tun. Ist dies jedoch nicht der Fall, kommt es darauf an, wo das Ende des Schattens liegt, das meist durch ein Loch am Ende des Gnomons markiert ist.
Dementsprechend können auch die Linien, die die Stunden anzeigen, auf verschiedene Weise gezogen sein. Bei einer Sonnenuhr, wo der Schattenstab **parallel zur Erdachse** liegt, laufen diese Linien in dem Punkt zusammen, wo der Stab befestigt ist. Hat der Stab nicht dieselbe Richtung wie die Erdachse, können die Linien auf unterschiedliche Weise gezogen sein. Laufen die Linien in einem Punkt zusammen, so zeigt das Ende des Schattens die Uhrzeit an. Es kann jedoch auch sein, dass die Linien nicht in einem Punkt zusammenlaufen; in diesem Fall erhält man die Uhrzeit anhand der Zeitspanne, die seit dem Sonnenuntergang oder dem Sonnenaufgang verstrichen ist.
Bei vielen Sonnenuhren findet man eine Linie in Form einer länglichen Acht, die sich oft in der Nähe der Linie befindet, die den Mittag anzeigt. Diese so genannte **Lemniskate** oder **Analemma** ermöglicht es, den **mittleren Mittag** zu bestimmen – also nicht den Moment des **wahren Mittags,** sondern den Moment einer **theoretischen Tagesmitte,** die eingeführt wurde, um die Schwankungen in der Tageslänge auszugleichen, die durch die Unregelmäßigkeiten der Erdumlaufbahn bedingt sind. Der mittlere Mittag ist durch die Position des Schattenendes auf der Lemniskate markiert.

Verwandte Kapitel

Die Bewegung der Erde (Seite 66)

Die Zeitgleichung (Seite 73)

Oben: Eine Sonnenuhr, die im Inneren einer Halbkugel angelegt ist. Unten: Diese Sonnenuhr steht in Crespano del Grappa in Venetien (Italien).

Das Planetarium

Verwandte Kapitel

Die Bewegung der Erde (Seite 66)

Ein ausgezeichnetes Hilfsmittel, um die grundlegenden Bewegungen der Himmelskörper verstehen zu lernen, die sich im Laufe der Stunden, Tage und Jahre vollziehen, ist das Planetarium. Hier hat man die Möglichkeit, einen naturgetreuen, wenn auch künstlichen Sternenhimmel zu beobachten. Das Planetarium besteht im Wesentlichen aus einer **Projektionskuppel,** auf die der Sternenhimmel projiziert wird.

DIE ERFINDUNG DES PLANETARIUMS: Erste Versuche, den Sternenhimmel darzustellen, wurden schon in der Antike unternommen. Das erste moderne Planetarium wurde 1923 in Jena errichtet. Es war der Ingenieur **Walter Bauersfeld,** damals Direktor der Firma Zeiss, der den Plan dafür erstellte. In diesem Planetarium wurde zum ersten Mal der Sternenhimmel auf eine Kuppel projiziert und die Bewegungen der Himmelskörper dargestellt. Dieses Modell wurde ständig weiterentwickelt, bis man auch in der Lage war, die **Planetenbahnen** darzustellen. Seit damals wurden immer präzisere Darstellungen in den Planetarien verwirklicht.
In Deutschland stehen die größten Planetarien in Hamburg, Wolfsburg, Mannheim, München, Münster, Cottbus, Berlin, Halle, Jena und Stuttgart. In Österreich sind die Planetarien von Wien und Klagenfurt, in der Schweiz die in Zürich und Luzern zu erwähnen.

WIE EIN PLANETARIUM FUNKTIONIERT: Wie bereits erwähnt, beruht das Planetarium auf einer Projektion des Sternenhimmels auf die Innenfläche einer Kuppel. Im Inneren eines Gehäuses mit zahlreichen kleinen Löchern befindet sich eine Lichtquelle, deren feine Lichtstrahlen über verschiedene Linsen auf die Innenfläche der Kuppel treffen, wo sie den Großteil der Sterne darstellen, die wir am Himmel sehen können. Daneben gibt es einige Dutzend weitere Projektoren, die die hellsten Sterne in ihren jeweiligen Farben darstellen. Weitere kleinere Projektoren werfen das Abbild der Sonne, des Mondes und der Planeten an die Kuppel – und zwar an ihren **tatsächlichen Positionen.** Mit Hilfe **entsprechender Motoren** wird eine Bewegung um verschiedene Achsen vollführt, sodass die stündliche Bewegung der Himmelskugel sowie die scheinbare **jährliche Wanderung** der Sonne durch die Sternbilder simuliert werden kann. Außerdem kann die Veränderung des Himmels über der jeweiligen geographischen Breite des Beobachters nachgestellt werden. Schließlich kann im Planetarium auch das Phänomen der **Präzession der Äquinoktien** entsprechend dargestellt werden, wobei in wenigen Minuten Tausende von Jahren abgespult werden können.

Oben: Ein klassischer Projektor eines Planetariums. Unten: Das Planetarium in Wien.

Die Projektionskuppel kann von unterschiedlichem Durchmesser sein: Die größten Planetarien verfügen über Kuppeln in der Größenordnung von 20 m und fassen ca. 300 Besucher. Die kleinsten Planetarien hingegen kommen mit Kuppeln von 3 bis 4 m aus. Heutzutage sind Planetarien oft mit zusätzlichen Projektionssystemen ausgestattet, die die Himmelsbeobachtung zum **Multimedia-Ereignis** machen.

Astronomie-Satelliten

In der Astronomie ist ein Satellit ein Körper, der um einen größeren Körper kreist. Aus diesem Grund spricht man auch im Falle der Planetenmonde von Satelliten. An dieser Stelle wollen wir uns jedoch ausschließlich mit den künstlichen Satelliten beschäftigen, die zu astronomischen Zwecken um die Erde wandern.

ELEKTROMAGNETISCHE STRAHLUNG: Der Großteil der Himmelskörper, die wir kennen, teilt sich uns durch elektromagnetische Strahlung verschiedener Art mit. Die Eigenschaften der Strahlung, wie etwa Wellenlänge und Energie, sind durch die physikalischen Bedingungen des Körpers bestimmt, der sie aussendet. Aus diesem Grund gibt es Strahlungsquellen (wie die Sterne), die vorwiegend Strahlung im sichtbaren Bereich des **elektromagnetischen Spektrums** emittieren (siehe Seite 201), solche, die – wie Pulsare und Radiogalaxien – Radiowellen aussenden, und wieder andere, die – wie Supernovae, aktive galaktische Kerne, Pulsare – energiereiche Röntgen- oder Gammastrahlen abgeben. Es gibt eine Reihe von Körpern, die Strahlung von verschiedener Wellenlänge aussenden; in diesem Fall ist es wichtig, herauszufinden, mit welchen Strahlungstypen man es zu tun hat, um die Strahlungsquelle näher erforschen zu können.
Solche Arbeiten lassen sich oftmals von der Erdoberfläche aus nicht bewerkstelligen; die Erde ist nämlich von einer Hülle, der **Atmosphäre,** umgeben, die auf gewisse elektromagnetische Strahlung wie ein Filter wirkt. So ist die Atmosphäre beispielsweise **durchlässig** für Radiowellen und sichtbares Licht, während sie energiereiche Strahlung, wie ultraviolette Strahlung, Röntgen- und Gammastrahlung weitgehend **absorbiert.** Deshalb werden entsprechende Untersuchungen heute zumeist mit Hilfe von Satelliten durchgeführt.

TAUSENDE SATELLITEN: Es ist unmöglich, alle Satelliten aufzulisten, die je im Dienste der Astronomie im Einsatz waren bzw. es heute noch sind. Ab 1957, als die damalige Sowjetunion den ersten **Sputnik-**Satelliten ins All schickte, wurden Tausende von Satelliten – zunächst u. a. in Form von Ballonsatelliten – gestartet, und zwar zu völlig unterschiedlichen Zwecken: Neben astronomischen Beobachtungen sind auch militärische Erkundungen, Umweltforschung und Satelliten im Dienste der Telekommunikation von Bedeutung.
Zu den wichtigsten astronomischen Satelliten zählen IRAS, ISO, COBE, EUVE, Einstein, SAX und ROSAT. Heute gibt es bereits Satelliten, die sich ganz auf bestimmte Wellenlängen des elektromagnetischen Spektrums konzentrieren und die große Datenmengen zur Erde schicken. Weitere Informationen über jenen Teil der Astronomie, der sich mit den Wellenlängen außerhalb des sichtbaren Bereichs beschäftigt, findet man in den Kapiteln »Nichtoptische Astronomie« (siehe Seite 211) und »Radioastronomie« (siehe Seite 214).

Verwandte Kapitel

Nicht-optische Astronomie (Seite 211)

Elektromagnetisches Spektrum (Seite 201)

Oben: Der Satellit für Infrarot-Astronomie IRAS.
Links: Der Satellit Sputnik 1, der zur Erforschung der Atmosphäre abgeschickt wurde.

Die Raumfähre

Verwandte Kapitel

Astronomie-Satelliten
(Seite 41)

Raumsonden
(Seite 43)

Die amerikanische Raumfähre Space Shuttle stellt ein Mittelding zwischen einer Rakete, einem Raumschiff und einem Flugzeug dar. Es handelt sich um ein in jeder Hinsicht außergewöhnliches und überaus vielseitiges Luftfahrzeug.
Der erste Start eines Space Shuttle, der Columbia, erfolgte am 12. April 1981. Der Ursprung der Raumfähre geht jedoch auf das Jahr 1970 zurück, als die NASA noch mit ihren Apollo-Missionen Erfolge feierte, in deren Verlauf die ersten Menschen zum Mond befördert wurden. Da die damals eingesetzten Raketen nur einmal verwendet werden konnten, begann man sich ernsthaft mit dem Bau eines wiederverwendbaren Raumschiffs zu befassen. Das heutige Space Shuttle-System besteht aus einem **Orbiter,** der das eigentliche Luftfahrzeug darstellt, einem Außentank sowie zwei Feststoffraketen **(Booster).** Nur der Tank kann nur einmal eingesetzt werden – doch man bemüht sich zur Zeit, auch diesen Teil wiederverwendbar zu gestalten.

DAS SPACE SHUTTLE UNTERWEGS: Im Augenblick des Starts, der im Kennedy Space Center in Florida erfolgt, wird die Raumfähre von den drei Haupttriebwerken und den beiden Feststoffraketen mit einem Gesamtschub von über 3000 Tonnen emporgeschraubt. Nach 2 Minuten werden in einer Höhe von 50 km die beiden Booster vom Shuttle abgetrennt und kehren, von Fallschirmen gebremst, zur Erde zurück, um großteils wiederverwendet zu werden.
Etwa 9 Minuten nach dem Start ist der Außentank leer, worauf er ebenfalls abgetrennt wird und ins Meer stürzt. Nach einem zweiminütigen Gleitflug werden die beiden Triebwerke für das Manövrieren in der Umlaufbahn gezündet, worauf das Shuttle eine Geschwindigkeit von ca. 28.000 km/h erreicht. So gelangt die Raumfähre nach kaum mehr als **10 Minuten** in die Umlaufbahn, die für gewöhnlich in einer Höhe von 275 km liegt. Nach vollendeter Mission, die etwas mehr als eine Woche dauern kann, bereitet sich die Raumfähre auf die Rückkehr vor. Erneut werden die Manövriertriebwerke gestartet, die das Shuttle beim Sinkflug bremsen. Ca. 45 Minuten später kehrt die Raumfähre mit 25facher Schallgeschwindigkeit in die Erdatmosphäre zurück. Das Shuttle wird zwar durch die Reibung mit den Luftmolekülen gebremst, wobei aber auch eine enorme **Reibungswärme** entsteht; so erreicht die Oberfläche der Raumfähre Temperaturen von über 1500 °C. Um einer so extremen Hitze standzuhalten, ist das Raumfahrzeug mit speziellen Keramikkacheln beschichtet, die wie ein Hitzeschild wirken. Zuletzt werden noch einige Bögen geflogen, um die Geschwindigkeit weiter zu verringern, ehe die Raumfähre mit rund 350 km/h die Landepiste des Kennedy Space Center anfliegt.

Oben: Astronauten bei der Arbeit im Frachtraum der Raumfähre.
Rechts: Start des Space Shuttle.

DIE FLOTTE: Heute gibt es eine richtiggehende Flotte von Raumfähren, die regelmäßig zwischen Erde und Weltraum unterwegs sind. Dabei werden u. a. Satelliten in die Umlaufbahn befördert oder Sonden zur Erforschung von Planeten transportiert; eine weitere Aufgabe besteht darin, **Raumlabors** in die Umlaufbahn zu bringen, in denen Experimente verschiedener Art durchgeführt werden, für die die Schwerelosigkeit eine Voraussetzung ist – Bedingungen also, wie man sie auf der Erde nicht vorfindet. Zur Zeit werden die Raumfähren des Öfteren dazu eingesetzt, um Module zu befördern, die zur ISS, der Internationalen Raumstation, zusammengesetzt werden.

Raumsonden

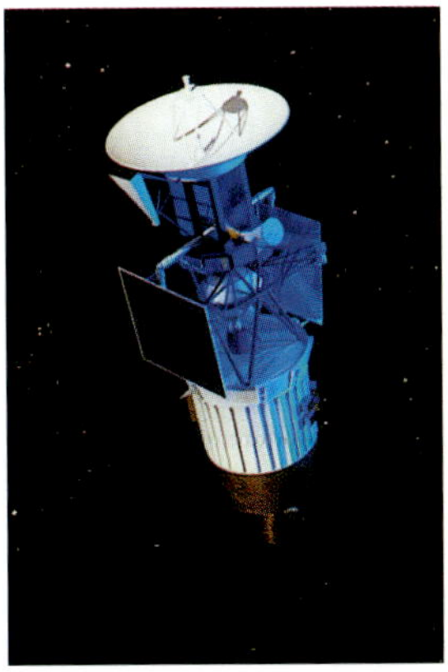

Die Sonden, die während der vergangenen 40 Jahre vom Menschen in den Weltraum geschickt wurden, haben – mit Ausnahme von Pluto – bereits alle Planeten des Sonnensystems besucht. Jeder Start einer Sonde vollzieht sich in mehreren Phasen. Der erste Schritt besteht in der Planung bzw. Festlegung der Ziele, die mit der Mission erreicht werden sollen, und der dazu erforderlichen Hilfsmittel und Instrumente. Sind die entsprechenden Entscheidungen getroffen, geht es an die konkrete Planung und den Bau der Sonde, ehe nach entsprechenden Tests der Start erfolgt.
Oftmals nützen Sonden, die in die äußeren Bereiche des Sonnensystems vordringen, die Gravitation der Planeten, um Energie zu sparen. So wird etwa als Raumflugbahn zwischen zwei Planeten oft eine diese Planeten tangierende Halbellipse gewählt – eine Bahn, die man als **Hohmann-Übergang** bezeichnet. Sehr oft werden ganze Serien von Missionen geplant, wie dies bei den amerikanischen Sonden namens **Mariner** und den sowjetischen Sonden namens **Venera** der Fall war. Letztere begannen im Februar 1961 mit Venera 1 und endeten im Juni 1983 mit Venera 15.

Verwandte Kapitel

Merkur (Seite 52)
Venus (Seite 55)
Mars (Seite 98)
Jupiter (Seite 104)
Saturn (Seite 108)

DIE WICHTIGSTEN MISSIONEN: Es ist unmöglich, hier alle Sonden aufzuzählen, die bereits ins Sonnensystem geschickt wurden. Wir beschränken uns deshalb darauf, die wichtigsten und erfolgreichsten Missionen zu nennen:
Pioneer 10 und **11:** Diese Sonden, 1972 bzw. 1973 gestartet, erreichten die Planeten Jupiter und Saturn und lieferten Nahaufnahmen dieser Planeten und des Ringsystems von Saturn.
Mariner 10: 1973 gestartet; die bisher einzige Sonde, die zum Merkur geschickt wurde. Eine neue Sonde zur Erforschung dieses Planeten ist für die nächsten Jahre geplant.
Viking 1 und **2:** Diese Sonden brachen 1975 zum Mars auf, wo sie auch landen konnten. Sie führten verschiedene biologische Experimente durch, um nach Spuren von Leben auf dem Roten Planeten zu suchen. Die Resultate waren zwar negativ, lassen jedoch noch keine endgültigen Schlüsse zu.
Voyager 1 und **2:** Diese 1977 gestarteten Zwillingssonden sind aus der Geschichte der Erforschung des Weltraums nicht wegzudenken. Nachdem sie Jupiter und Saturn sowie deren Monde besucht hatten, flog Voyager 2 zu Uranus und Neptun weiter. Diese beiden Planeten wurden damals zum ersten Mal besucht.
Venera 14: 1981 gestartet, mit geglückter Landung auf der Venus.
Giotto: 1985 gestartet – die bislang einzige Sonde, die sich dem Kern eines Kometen genähert hat, in diesem Fall dem des Halleyschen Kometen.
Magellan: Diese 1989 gestartete Sonde lieferte eine Radarkarte der Venusoberfläche.
Clementine: 1994 gestartet, lieferte diese Sonde über eine Million Nahaufnahmen des Mondes – von Ultraviolett- bis hin zu Infrarotbildern.
Mars Pathfinder: im Dezember 1996 gestartet und im Juli des darauf folgenden Jahres beim Mars angelangt. Diese Sonde lieferte großartige Bilder vom Marsboden; mit Hilfe des Landevehikels **Sojourner** wurde das Gelände rund um den Landeplatz untersucht.
Mars Global Surveyor: im November 1996 gestartet und im September 1997 in der Marsumlaufbahn angelangt. Die Sonde ist immer noch in Betrieb und erstellt eine Karte der Marsoberfläche.

Oben: Die Sonde Magellan, die die Venus erforschte. Links: Die Sonde Cassini, die zum Saturn unterwegs ist, wo sie im Jahr 2004 ankommen soll.

Überblick über das Sonnensystem

Verwandte Kapitel

Claudius Ptolemäus (Seite 13)
Nikolaus Kopernikus (Seite 14)
Die Planetoiden (Seite 102)
Die Kometen (Seite 122)

Das Sonnensystem ist jenes Planetensystem, in dem sich auch die Erde befindet. In seinem Zentrum liegt die Sonne, ein Stern von mittlerer Größe und Leuchtkraft, um den neun Planeten kreisen: Merkur, Venus, Erde, Mars, Jupiter, Saturn, Uranus, Neptun und Pluto. Darüber hinaus gibt es in unserem Sonnensystem mehrere Dutzend Trabanten oder Monde, die um die Planeten kreisen, sowie andere Himmelskörper, wie Asteroiden und Kometen. Schließlich findet man im Sonnensystem auch den so genannten interplanetaren Staub.

ENTSTEHUNG DES SONNENSYSTEMS: Die erste Hypothese über die Entstehung unseres Planetensystems stellte der deutsche Philosoph **Immanuel Kant** (1724 bis 1804) auf. Er ging davon aus, dass sich die Planeten aus einer Wolke aus Gas und Staub gebildet hätten, die um die Sonne kreiste. 1796 entwickelte der französische Astronom **Pierre Simone de Laplace** (1749 bis 1827) Kants Theorie weiter, wobei er jedoch annahm, dass die Sonne eine Reihe von gasförmigen Ringen ausstieß, die sich in der Folge zu Planeten verdichteten.

Heute geht man davon aus, dass am Anfang der so genannte **solare Nebel** war – eine riesige Wolke aus Gas und Staub. Infolge eines äußeren Einflusses, möglicherweise der Explosion einer Supernova, begann die Wolke aufgrund ihrer eigenen Masse in sich zusammenzufallen. In der Folge bildete sich in ihrem Zentrum die Sonne, die eine so hohe Temperatur erreichte, dass in ihrem Inneren Kernfusionsprozesse in Gang gesetzt wurden, die den Stern seither im Gleichgewicht halten. Rund um die Sonne bildeten sich unförmige Körper, deren Größe sich zwischen wenigen Kilometern und einigen hundert Kilometern bewegte. Diese unregelmäßigen Materieballungen nennt man **Planetesimale.**

Im Laufe von mehreren zehntausend Jahren wuchsen die Planetesimale kontinuierlich an und entwickelten sich zu so genannten **Protoplaneten,** deren Durchmesser sich zwischen 100 und 500 km bewegte. Man nimmt an, dass die so genannten erdähnlichen oder terrestrischen Planeten Merkur, Venus, Erde und Mars etwa 100 Mio. Jahre ge-

braucht haben, um durch die stetige Anziehung kleinerer Materieteile zu ihrer heutigen Größe anzuwachsen.

DIE ERDÄHNLICHEN UND DIE GROSSEN PLANETEN: Die Planeten unseres Sonnensystems lassen sich in zwei Gruppen einteilen: die erdähnlichen oder **terrestrischen** (Merkur, Venus, Erde und Mars) und die großen oder **jupiterähnlichen** Planeten (Jupiter, Saturn, Uranus und Neptun). Einzig der Planet Pluto passt in keine dieser beiden Gruppen, da er wahrscheinlich nicht aus dem Solarnebel, sondern dem sonnenfernen **Edgeworth-Kuiper-Gürtel** (siehe Seite 120) entstanden ist.
Die terrestrischen oder erdähnlichen Planeten verdanken diese Bezeichnung der Tatsache, dass sie relativ ähnliche Merkmale wie die Erde aufweisen. Sie sind wahrscheinlich in einer Region des Sonnennebels entstanden, wo aufgrund der Nähe zur Sonne und der damit einhergehenden hohen Temperaturen die Existenz von leichten und flüchtigen Gasen wie Wasserstoff und Helium nicht möglich war. Diese Planeten haben eine feste Oberfläche und mit zunehmender Entfernung zur Sonne eine abnehmende Dichte (Merkur: 5,46 g/cm³; Mars: 3,92 g/cm³).
Die großen Planeten werden bisweilen auch jupiterähnliche Planeten genannt, weil sie ähnlich wie Jupiter aufgebaut sind. Sie weisen eine Dichte von nur rund 1 g/cm³ auf; jene des Saturns ist sogar noch geringer, sodass dieser Planet auf dem Wasser schwimmen würde. Da die großen Planeten in einiger Entfernung zur Sonne entstanden sind, war es ihnen möglich, riesige gasförmige Hüllen zu bilden, die einen relativ kleinen festen Kern umschließen. Sie bestehen hauptsächlich aus Wasserstoff und Helium.

KLEINERE HIMMELSKÖRPER: Nicht aus allen Planetesimalen sind große Planeten entstanden; manche felsige und metallhaltige Körper wurden zu so genannten **Asteroiden** oder **Planetoiden.** Andere wiederum sind uns als **Kometen** bekannt, deren Kern aus Eis, Gestein und Staub besteht. Man geht heute davon aus, dass die Kometen vor allem in zwei Regionen zu finden sind, im so genannten **Edgeworth-Kuiper-Gürtel** in der Nähe des Planeten **Pluto** und in der **Oortschen Wolke** (siehe Seite 126) am äußersten Rand unseres Sonnensystems.

Diese Darstellung der Planeten unseres Sonnensystems ermöglicht einen direkten Vergleich ihrer Größe.

Die Sonne

Verwandte Kapitel

Die Bildung der Elemente (Seite 207)

Die Neutrinos (Seite 216)

Die Sonne ist der zentrale Stern unseres Sonnensystems. Obwohl sie für unser Planetensystem von großer Bedeutung ist, handelt es sich, verglichen mit anderen Sternen im Weltall, um einen Stern von eher **durchschnittlicher** Größe und Helligkeit. Die Sonne ist eine riesige Kugel aus Gas (hauptsächlich Wasserstoff und Helium), die sich in verschiedene Schichten unterteilen lässt.
Aufgrund von theoretischen Modellen sowie von Beobachtungen geht man heute davon aus, dass im Zentrum ein **Kern** liegt, wo durch Kernfusion Wasserstoff in Helium umgewandelt wird. Dieser Kern ist von der **Strahlungszone** und der **Konvektionszone** umgeben. Die äußeren Schichten werden durch die **Photosphäre**, die **Chromosphäre** und die **Korona** gebildet.

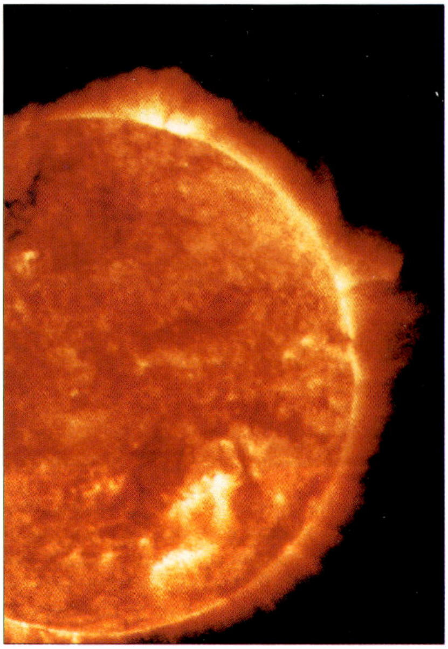

DER KERN: Obwohl sich der Kern der Sonne der Beobachtung entzieht, weiß man dennoch ziemlich genau über die Vorgänge im Inneren Bescheid. Im Kern herrschen extrem hohe Temperturen und Druckverhältnisse (15 Mio. Grad bei einem Druck von 100 g/cm³). Aufgrund dieser Bedingungen kommt es zur **Kernfusion,** in der Wasserstoff in Helium umgewandelt wird. Bei diesem Vorgang werden riesige Mengen von Energie frei. So werden in jeder Sekunde 4 Mio. t Materie in Energie umgewandelt.
Die bei der Kernfusion produzierte Energie verhindert, dass die Sonne aufgrund ihrer Masse in sich zusammenfällt. Somit befindet sich unser Stern seit ca. 4,5 Mrd. Jahren im **Gleichgewicht** zwischen diesen beiden Kräften. Man geht davon aus, dass die Menge des im Kern vorhandenen Wasserstoffs ausreicht, um die Sonne ungefähr noch einmal so lange stabil zu halten.
Die einzigen durch die Kernfusion gebildeten Teilchen, die die Sonne ohne weitere Wechselwirkung mit der umgebenden Materie verlassen, sind die so genannten **Neutrinos** (siehe Seite 216). Mit ihrer Hilfe lassen sich deshalb Informationen »aus erster Hand« über die Vorgänge im Inneren der Sonne gewinnen.

Oben: Abbildung der Sonne mittels Röntgenstrahlen. Rechts: Granulation der Photosphäre.

DIE STRAHLUNGSZONE: Durch die Kernreaktionen im Inneren der Sonne werden hauptsächlich **Gammastrahlen** produziert, die sofort an die Oberfläche dringen würden, wenn nicht weitere Schichten den Kern umschließen würden. Die Gammastrahlen werden von der nächstäußeren Sphäre, der so genannten Strahlungszone, absorbiert. Ihren Namen hat diese Zone, weil die Photonen sich dort mittels Strahlung verbreiten.
Diese Absorptions- und Emissionsprozesse wiederholen sich so oft, dass die in Form von Gammastrahlung emittierte Energie mehrere Millionen Jahre braucht, um an die

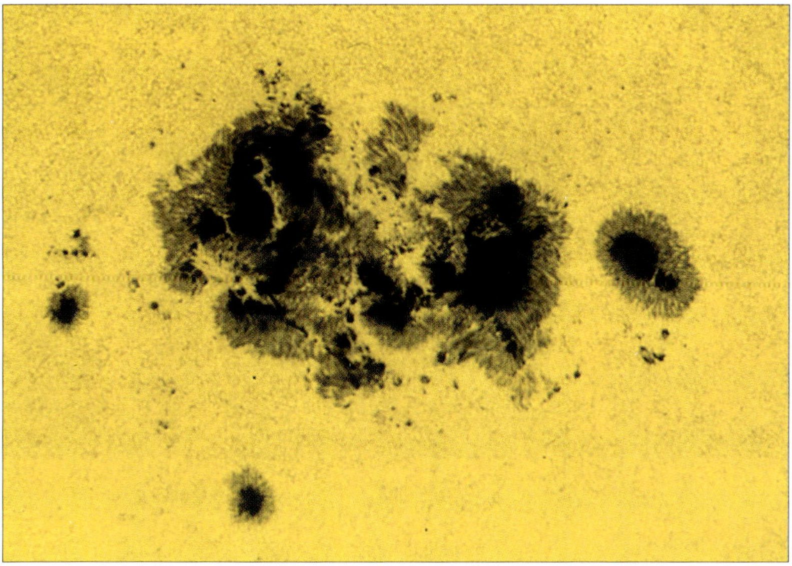

Sonnenoberfläche zu gelangen. Das bedeutet, dass das Licht, das auf der Erde eintrifft, von einer Energie stammt, die vor **Millionen von Jahren** im Inneren der Sonne produziert worden ist.

DIE KONVEKTIONSZONE: Durch ständigen und heftigen Zusammenprall verlieren die Gammastrahlen ständig an Energie, sodass diese schließlich gleich hoch wie die Wärmeenergie der solaren Materie in dieser Zone ist. Unter diesen Bedingungen können die so genannten **Konvektionsprozesse** stattfinden. In dieser Konvektionszone wird das Gas durch die nach oben dringende Strahlung erwärmt und dehnt sich dadurch aus, sodass es an die Oberfläche hochsteigt und die absorbierte Energie wieder abgibt. Durch die dadurch eintretende **Abkühlung** und **Verdichtung** sinkt Gas schließlich wieder ab und der Zyklus beginnt von neuem. Dieser Vorgang wird als Konvektion bezeichnet.

PHOTOSPHÄRE UND SONNENFLECKEN: Die äußersten Schichten der Sonne werden von der Photosphäre und der Chromosphäre gebildet. Die Photosphäre, die als einzige Schicht auch sichtbar ist, hat eine Stärke von ca. 500 km und weist eine Temperatur von ca. 5700 °C auf. Sie ist nicht gleichmäßig hell, sondern setzt sich aus vielen kleinen Granula zusammen, die einem ständigen Wandel unterworfen sind.

In der Photosphäre gibt es Regionen, die etwas dunkler sind und in denen die Temperatur mit ca. 4000 °C unter den 5700 °C der übrigen Oberfläche liegt. Es handelt sich dabei um so genannte Sonnenflecken, die durch Magnetfelder erzeugt werden. Sie wurden bereits in der Antike beobachtet, ohne dass jedoch ihre Wirkungsweise bekannt war.

Oben: Aufnahme einer Gruppe von Sonnenflecken. Links: Die unterschiedliche Rotation der Sonne.

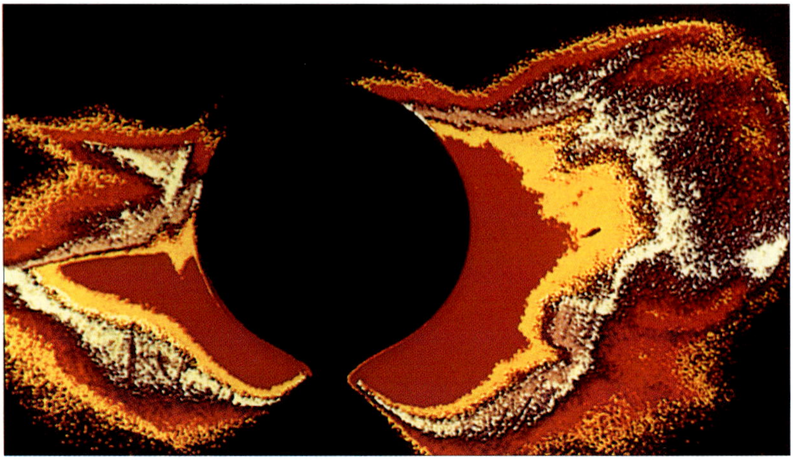

Diese Abbildung, die die verschiedenen Helligkeitsstufen der Korona in unterschiedlichen Farben zeigt, wurde aus dem Weltraum aufgenommen.

Im Mittelalter war es **Galileo Galilei** (siehe Seite 16), der die Sonnenflecken »wiederentdeckte«. Die Beobachtung der Sonnenflecken führte unter anderem dazu, dass das aristotelisch-ptolemäische Weltbild angezweifelt wurde, da nach diesem Modell die Sterne als »vollkommene Körper« galten. Systematische Beobachtungen des Phänomens der Sonnenflecken wurden ab 1750 angestellt.

DIE SONNENFLECKEN: Die Sonnenflecken erscheinen etwas dunkler als ihre Umgebung, da sie vergleichsweise kühler sind. Der Kern des Sonnenflecks, **Umbra** genannt, ist von der **Penumbra** (Halbschatten) umgeben. Die Temperatur in der Umbra beträgt rund 4000 °C (das sind bis zu 1700 °C kühler als in der Photosphäre), während in der Penumbra Temperaturen von über 5000 °C herrschen. Außerdem liegt die Helligkeit der Umbra bei etwa 32%, die der Penumbra bei 80% der umgebenden Photosphäre. Die niedrigeren Temperaturen im Inneren der Sonnenflecken sind auf die riesigen **Magnetfelder** in diesen Regionen zurückzuführen, die von **George Ellery Hale** 1908 entdeckt wurden. Die Magnetfelder behindern die Konvektion, sodass die Sonnenenergie an diesen Stellen nicht nach außen dringen kann.
Die Sonnenflecken können Ausmaße von 7000 bis 50.000 km erreichen und sind sogar mit bloßem Auge sichtbar, was jedoch nur unter Zuhilfenahme von entsprechenden Filtern geschehen sollte. Diese Flecken können einzeln auftreten, meist aber findet man sie in Gruppen. Für die Bewegung der Sonnenflecken auf der Sonnenoberfläche ist von Bedeutung, dass die Rotation der Sonne aufgrund ihrer gasförmigen Struktur mit unterschiedlicher Geschwindigkeit erfolgt. Die Rotationsperiode beträgt am Äquator 27 Tage, an den Polen jedoch 31 Tage.

DER SONNENFLECKENZYKLUS: Seit dem 18. Jahrhundert ist bekannt, dass die Sonnenaktivität, und damit das Auftreten und die Häufigkeit von Sonnenflecken, einem regelmäßigen Zyklus folgen. Im Laufe dieses Zyklus nimmt die Häufigkeit der Sonnenflecken beständig zu, bis sie ein so genanntes **Maximum** erreicht hat. Danach nimmt ihre Häufigkeit bis zum Ausgangspunkt, dem so genannten **Minimum,** wieder ab. Die durchschnittliche Dauer eines solchen Zyklus beträgt 11,07 Jahre; ein Zyklus kann aber auch zwischen 7 und 15 Jahre dauern.
Im Minimum des Zyklus kann es vorkommen, dass tage-, ja sogar wochenlang keine Sonnenflecken zu sehen sind, während im Maximum ein bis zwei Dutzend Sonnenfleckengruppen registriert werden können. Das nächste Maximum wird für den Beginn des Jahres 2001 erwartet.
In der Geschichte sind uns Aufzeichnungen über sehr unregelmäßige Sonnenfleckenperioden von mitunter sehr langer Dauer bekannt. Die jüngste außergewöhnlich lange Periode, wo praktisch keine Sonnenflecken gesichtet wurden, ist das so genannte **Maundner Minimum,** welches 1630 begann und 75 Jahre dauerte.

PROTUBERANZEN UND FLARES: Ein ebenfalls häufig auftretendes Phänomen sind jene hellen **Lichtausbrüche,** die mit dem englischen Ausdruck *flare* (= helles, flackerndes Licht) bezeichnet werden. Diese erscheinen meist in unmittelbarer Nähe von Sonnenflecken und bedecken relativ große Regionen. Ein solcher Lichtausbruch kann zwischen einigen Minuten und einigen Stunden dauern. Die Phase, wo am meisten Energie ausgestoßen wird, ist auch gleichzeitig die hellste und dauert nur wenige Minuten an. Diesem heftigen Lichtausbruch geht ein wachsender Ausstoß von Röntgenstrahlen, UV-Strahlen und den so genannten Hα-Linien des Wasserstoffs, voran. Neben diesen Emissionen werden auch große Menge von Radiowellen erzeugt, die auf der Erde mühelos empfangen werden können. Ein weiteres auffälliges Phänomen an der Sonnenoberfläche sind die **Protuberanzen,** die sich allerdings weniger heftig bemerkbar machen. Es handelt sich dabei um vergleichsweise kühlere Gaswolken in der heißen Korona, die bis über 100.000 km emporsteigen können. Dabei bilden sie oft spektakuläre Bögen, die den Linien des Magnetfeldes der Sonne folgen. Die Dauer solcher Protuberanzen kann zwischen mehreren Minuten und einigen Tagen betragen.

DIE SONNE

Durchmesser am Äquator: 1.392.000 km
Rotationsperiode (am Äquator): 27d
Masse (Erde = 1): 332.946
Volumen (Erde = 1): 1.303.600
Mittlere Dichte: 1,41 g/cm^3
Dichte im Kern: ca. 100 g/cm^3
Oberflächentemperatur: 5770 °C
Temperatur im Kern: 14.000.000 °C
Gravitation an der Oberfläche (Erde = 1): 27,9
Helligkeit: 3,86 x 10^{26} Watt
Umlaufzeit um das Zentrum der Galaxis: 225 Mio. Jahre

CHROMOSPHÄRE UND KORONA: An die Photosphäre schließt die Chromosphäre an, wo Temperaturen von bis zu 10.000 °C herrschen. Bei einer totalen Sonnenfinsternis ist die Chromosphäre als rötliche Sichel oder Ring erkennbar. Wenn man das Licht, das von der Chromosphäre produziert wird, mit adäquaten Instrumenten betrachtet, sieht man flammenähnliche Gebilde an der Oberfläche, die 1000 km dick und über 10.000 km hoch werden können. Diese so genannten **Spikulen** sind Gaseruptionen, die meist nur wenige Minuten andauern.
Die äußerste Schicht der Sonne wird von der Korona gebildet, in der der Wasserstoff bereits extrem dünn ist, wo aber Temperaturen von über 1 Mio. Grad herrschen.
Die Form der Korona variiert entsprechend des 11-jährigen Sonnenfleckenzyklus. Während sie im Maximum ein symmetrisches Äußeres zeigt, ist sie im Minimum nur am Äquator zu erkennen. Die Korona konnte früher nur während einer totalen Sonnenfinsternis beobachtet werden; heute behilft man sich mit zu diesem Zweck mit so genannten **Koronografen.** Das Gas der Korona hat keine sehr hohe Leuchtkraft, gibt aber beträchtliche Energiemengen in Form von Röntgenstrahlen ab, die mit entsprechenden Teleskopen wahrgenommen werden können.

DER SONNENWIND: Die Sonne emittiert große Mengen an geladenen Teilchen, die wie ein unablässiger Strom von der Sonne fortgetragen werden. Dieser Materiestrom wird Sonnenwind genannt und besteht aus Protonen, Elektronen und einer kleinen Beimengung von schweren Ionen. In der Umgebung der Erde erreicht der Sonnenwind eine Geschwindigkeit von ca. 500 km/s und hat eine Dichte von lediglich ca. 10 Teilchen pro cm^3, wobei die Dichte aber auch bis zum 10fachen ansteigen kann.
Der Sonnenwind strömt nicht unendlich in den Raum hinaus, sondern verliert seine kinetische Energie, weil die Teilchen früher oder später in Kontakt mit dem interplanetaren Gas kommen. Wenn die **elektrisch geladenen Teilchen** des Sonnenwinds in die äußeren Schichten der Erdatmosphäre eindringen, kommt es zu einem spektakulären Naturschauspiel, dem **Polarlicht** (siehe Seite 77). Dieses entsteht dadurch, dass die Teilchen des Sonnenwinds mit den Atomen der Lufthülle zusammentreffen und diese zum Leuchten anregen.

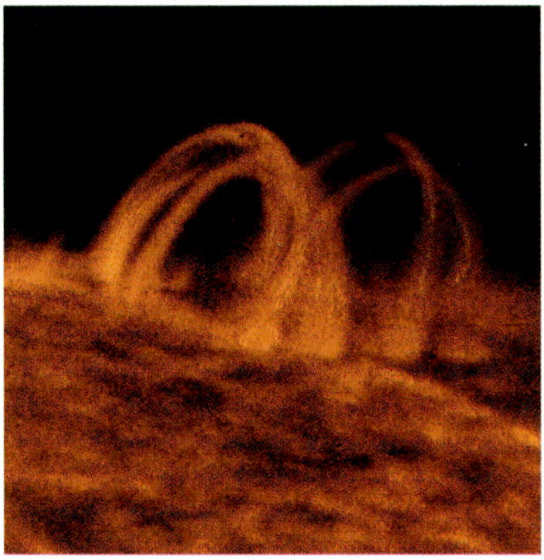

Die bogenförmigen Protuberanzen der Sonne folgen den Linien des Magnetfeldes.

Merkur

Verwandte Kapitel

Überblick über das Sonnensystem (Seite 44)

Die Keplerschen Gesetze (Seite 46)

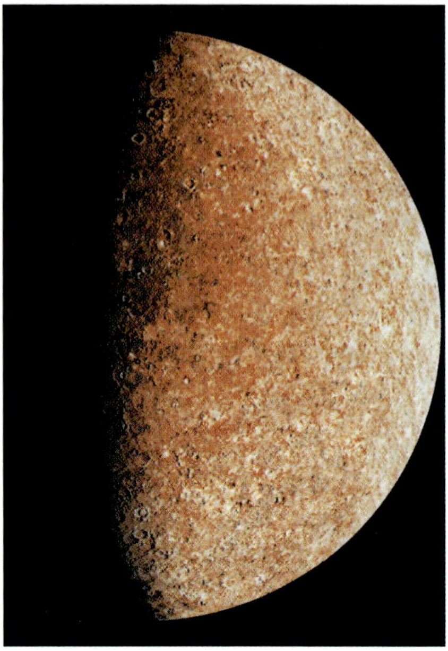

Merkur ist der kleinste unter den erdähnlichen Planeten und erreicht von allen die höchste Umlaufgeschwindigkeit. Er hat keinen Mond und ist der sonnennächste Planet. Der Großteil der Informationen, die wir über Merkur besitzen, ist uns über die Raumsonde Mariner 10 übermittelt worden, die bislang als einzige diesen Planeten erforscht hat.

DIE OBERFLÄCHE DES MERKURS: Durch die von Mariner 10 übermittelten Bilder wissen wir, dass die Oberfläche des Merkurs dicht von **Kratern** übersät ist. Obwohl Merkur eine große Ähnlichkeit mit unserem Mond aufweist, so gibt es dennoch einige Unterschiede. Weite Regionen des Planeten sind mit unzähligen Kratern bedeckt, ähnlich wie die Hochebenen unseres Mondes. Darüber hinaus lassen die Bilder auch weite Ebenen ohne Erhebungen erkennen, wo es nur vereinzelt Krater gibt. Diese erinnern an die »Meere« auf unserem Mond. Inmitten des sehr hügeligen und von Kratern übersäten Gebiets erstrecken sich aber auch **ausgedehnte ebene Flächen,** die nahezu völlig glatt sind. Diese Ebenen sind wahrscheinlich aus geschmolzenem Gestein entstanden, das einst aus dem Inneren des Planeten emporgestiegen ist. Eine Besonderheit des Merkurs sind die zahlreichen Klüfte, die seine Oberfläche oft mehrere hundert Kilometer lang durchziehen und zwischen einigen hundert und 3000 m hoch sein können. Sie dürften aufgrund von tektonischen Veränderungen in der Planetenkruste entstanden sein, die sich nach der Entstehung des Planeten infolge von Abkühlung vollzogen haben.

AUFBAU DES PLANETEN: Vor der Erforschung des Planeten durch Mariner 10 ging man davon aus, dass Merkur zu klein sei, um ein **Magnetfeld** zu besitzen. Die Überraschung war daher groß, als sich dies als Irrtum herausstellte, wenngleich das Magnetfeld des Merkurs 100-mal schwächer ist als das der Erde.

Mit den Daten der Raumsonde hatten die Astronomen die Möglichkeit, den geologischen Aufbau des Merkurs zu studieren. Demnach wird die äußerste Schicht von einer **Kruste** und einem **Gesteinsmantel** gebildet, die beide relativ dünn sind und aus Silikaten bestehen. Merkurs mittlere Dichte ist außergewöhnlich hoch und entspricht mit 5,43 g/cm^3 der Dichte der Erde. Aufgrund dieser hohen Dichte gehen die Wissenschaftler davon aus, dass etwa 70% der Masse des Merkurs aus einem großen **Eisenkern** besteht, der drei Viertel des ge-

Oben: Eine Aufnahme des Merkurs aus nächster Nähe.
Rechts: Die Phasen des Merkurs.

samten Planeten einnimmt. Dies erklärt auch die Existenz des Magnetfeldes, obwohl noch nicht restlos geklärt ist, wie es sich gebildet hat. Man vermutet, dass das schwere metallische Gestein im Kern des Planeten die Wirkung eines Dynamos hat, wie dies übrigens auch bei der Erde der Fall ist. Allerdings gilt es bei Experten als eher unwahrscheinlich, dass Merkur bereits seit seiner Entstehung einen so großen Kern besitzt. Einer Theorie zufolge hat Merkur einen Großteil seines Gesteinsmantels ganz zu Beginn der Entstehung des Sonnensystems durch einen heftigen **Zusammenprall** mit einem anderen Himmelskörper eingebüßt.

DIE UMLAUFBAHN DES MERKURS: Merkur umkreist die Sonne in einer mittleren Entfernung von 58 Mio. km. Sein Umlauf folgt dabei einer stark **exzentrischen Bahn.** Das bedeutet, dass sich die Sonne nicht im Zentrum seiner elliptischen Umlaufbahn befindet, wobei ihre Entfernung vom Zentrum das 0,205fache der halben Hauptachse der Ellipse ausmacht. Daraus folgt, dass die Entfernung des Merkurs von der Sonne während seines Umlaufs sehr stark variiert, und zwar um bis zu 24 Mio. km.

Die Umlaufgeschwindigkeit des Planeten beträgt ca. 48 km/s, ändert sich aber stark je nach der Entfernung von der Sonne. Wenn er sich im Aphel befindet, bewegt sich Merkur mit einer Geschwindigkeit von 38,7 km/s, ist er im Perihel, so erreicht er bis zu 56,6 km/s.

Die Ebene, auf der die Umlaufbahn von Merkur liegt, ist gegenüber der Ekliptik um 7° geneigt. Wenn die Bahn des Planeten also zwischen Sonne und Erde hindurchführt, befindet er sich in der Regel nördlich oder südlich der Sonne. Nur in seltenen Fällen, etwa 13-mal pro Jahrhundert, wandert der Planet von der Erde aus gesehen vor der Sonne vorbei. Ein solches Ereignis bezeichnet man als **Durchgang** (siehe Seite 59).

DIE PHASEN DES MERKURS: Weil Merkur sich zwischen Erde und Sonne befindet, weist er ähnliche Phasen wie unser Mond auf. Wenn er unserem Planeten am nächsten ist, zeigt er sich in Form einer schmalen Sichel; wenn er die maximale Entfernung von der Erde erreicht hat, ist mehr als die Hälfte seiner Oberfläche beleuchtet. In seiner »Vollmondphase« ist Merkur zu nahe der Sonne, um am Himmel beobachtet werden zu können. Mit bloßem Auge am besten sichtbar ist er, wenn er sich in maximaler **Elongation,** d. h. im größten Winkelabstand von der Sonne, befindet. Während Merkur seine verschiedenen Phasen durchläuft, erscheint er dem Beobachter **unterschiedlich groß.** Das ist darauf zurückzuführen, dass die Entfernung des Planeten zur Erde tatsächlich sehr unterschiedlich ist.

Oben: Ein Ausschnitt der Oberfläche des Merkurs.
Links: Die Raumsonde Mariner 10 auf Annäherungsflug zum Merkur.

TAG UND NACHT AUF DEM MERKUR: Merkur dreht sich äußerst langsam um die eigene Achse, und zwar nur eineinhalb Mal während eines Umlaufs um die Sonne. Aufgrund dieser **langsamen Bewegung** entspricht ein einziger Tag-Nacht-Zyklus nicht weniger als zwei Merkurjahren, das sind 176 irdische Tage.

Außerdem ist aufgrund der langsamen Rotation jeweils eine Halbkugel des Merkurs über einen sehr langen Zeitraum der Sonne

zugewandt. Das bewirkt, dass der Gegensatz zwischen Tag und Nacht größer ist als auf jedem anderen Planeten. Während die Temperaturen auf der der Sonne abgewandten Seite bis zu 180 °C herabsinken, können sie auf der Sonnenseite des Merkurs am Nachmittag auf bis zu 430 °C steigen.
Auf dem Merkur gibt es keine **Jahreszeiten,** wie wir sie auf der Erde kennen, und zwar deshalb nicht, weil die Rotationsachse des Planeten praktisch im rechten Winkel zur Ebene seiner Umlaufbahn steht. Dieser Umstand bringt es mit sich, dass manche Gebiete an den Polen niemals von der Sonne beschienen werden. Mit Hilfe des Radioteleskops von Arecibo (Puerto Rico) konnten die charakteristischen Reflexionen des Eises in diesen dunklen Polarzonen beobachtet werden. Die **Eisschicht** dürfte einige Meter dick und mit Staub bedeckt sein.

Von Merkur aus gesehen erscheint die Sonne um vieles größer als von der Erde aus.

DIE MISSON MARINER 10: Am 3. November 1973 wurde die unbemannte Raumsonde Mariner 10 ausgeschickt, um zuerst den Planeten Venus und dann Merkur zu erkunden. Dabei bediente man sich erstmals des **Schleudereffekts der Gravitation,** d. h., man nützte den Schub, den die Anziehungskraft der Venus der Sonde verlieh, um sie zum Merkur weiterfliegen zu lassen.
Im Februar 1974 erreichte die Sonde zuerst die Venus und flog dann mit Hilfe des erwähnten Schleudereffekts zum Merkur weiter. Im März 1974 trat sie in einer Entfernung von 703 km in die Umlaufbahn dieses Planeten ein. Im Laufe der Mission wurde etwa die Hälfte der Oberfläche des Merkurs systematisch fotografiert. Danach trat die Sonde in eine Umlaufbahn um die Sonne ein, um anschließend noch zweimal die Wege des Merkurs zu kreuzen, und zwar im September 1974 (in einer Höhe von 5000 km über dem Südpol) und im März 1975 (in einer Höhe von 350 km über der nördlichen Halbkugel).

BEOBACHTUNG DES PLANETEN: Obwohl Merkur genauso hell wie die hellsten Sterne strahlt, ist er von allen mit freiem Auge beobachtbaren Planeten der am **schwersten zu erkennende.** Der Grund dafür ist, dass seine Umlaufbahn extrem nahe an der Sonne vorbeiführt, von der er nie mehr als 28° abweicht. Ob wir Merkur leicht oder schwer am Himmel beobachten können, hängt davon ab, auf welchem Breitengrad wir uns befinden. Mit Hilfe eines Teleskops kann man Merkur am leichtesten in der Nähe des Äquators sehen, wo die Dämmerung sehr kurz andauert und der Planet im Kontrast zum dunklen Himmel gut zu erkennen ist. Bei einer höheren Breite als 50° erscheint Merkur am **Abendhimmel** immer **sehr tief über dem Horizont.**
Wenn sich Merkur östlich der Sonne befindet, kann er gleich nach Sonnenuntergang für kurze Zeit in westlicher Richtung knapp über dem Horizont beobachtet werden. Wenn er westlich der Sonne steht, ist er vor Sonnenaufgang am östlichen Horizont zu erkennen. Während seine Phasen sogar mit einem Teleskop mittlerer Leistungskraft beobachtet werden können, ist seine Oberflächenstruktur nur mit einem starken Teleskop zu erkennen.

MERKUR

Mittlere Entfernung von der Sonne: 57,9 Mio. km (min. 45,9; max. 69,7)
Äquatordurchmeser: 4878 km
Mittlere Umlaufgeschwindigkeit um die Sonne: 47,87 km/s
Rotationsdauer (in Erdtagen): 58d 16h
Umlaufzeit (in Erdtagen): 88
Zahl der bekannten Monde: keine
Masse (Erdmasse = 1): 0,055
Volumen (Erdmasse = 1): 0,056
Mittlere Dichte: 5,43 g/cm³
Tiefste Temperatur an der Oberfläche: -170 °C
Höchste Temperatur an der Oberfläche: +400 °C
Neigung der Achse: 0°
Neigung der Umlaufbahn zur Ekliptik: 7°
Druck an der Oberfläche (Erde = 1): 10^{-15}
Atmosphäre: praktisch keine (Spuren von Helium, Natrium, Sauerstoff und anderen Elementen)

Venus

Die Venus ist nach Merkur der sonnennächste Planet und gleichzeitig unserer Erde am nächsten. Venus ist nach der Sonne und dem Mond der hellste für uns sichtbare Himmelskörper und zeigt sich stets zur **Morgen- und Abenddämmerung.**
Venus ist von allen Planeten des Sonnensystems derjenige, der in Größe und Aufbau der Erde am ähnlichsten ist. Man geht davon aus, dass beide zur gleichen Zeit und an ähnlichen Stellen im Sonnensystem entstanden sind, weshalb die Venus auch häufig als unser »Zwillingsplanet« bezeichnet wird. Trotz dieser Ähnlichkeit ist es dennoch sehr unwahrscheinlich, dass bald ein Astronaut seinen Fuß auf diesen Planeten setzen wird, denn die extrem hohen Temperaturen sowie die Zusammensetzung der Atmosphäre, die den Planeten umhüllt, stellen für den Menschen äußerst lebensfeindliche Bedingungen dar und machen daher jeden – auch noch so kurzen – Aufenthalt auf der Venus unmöglich.

DIE VENUS IN FRÜHEREN EPOCHEN: Durch ihre Nähe zur Sonne zeigt sich die Venus stets entweder kurz vor Sonnenaufgang oder kurz nach Sonnenuntergang.
In der Antike kannte man dieses Phänomen zwar bereits, doch dachte man, dass es sich dabei um zwei verschiedene Himmelskörper handelte, die man **Hesperos** (Abendstern) und **Luzifer** (Morgenstern) nannte.
Im 17. Jahrhundert war es **Galileo Galilei,** der als Erster die Phasen der Venus durch sein Fernrohr beobachtete. Damit widerlegte er das ptolemäische Weltbild, wonach die Venus eine fixe Position zwischen Sonne und Erde einnehme, was mit den von ihm nachgewiesenen Venusphasen nicht in Einklang stand.
Die ersten Forscher, die die Venus durch das Teleskop betrachteten, glaubten, auf diesem Planeten hohe Berge zu erkennen, die sich jedoch später als atmosphärische Turbulenzen herausstellten. Aufgrund ihrer undurchdringlich dichten Atmosphäre bleibt uns die Oberfläche der Venus auch im Teleskop verborgen.

ROTATION UND UMLAUFBAHN: Ein besonderes Charakteristikum der Venus ist, dass sie – als einziger Planet neben Uranus – sich in einer Ost-West-Bewegung, also von links nach rechts, um die eigene Achse dreht. Im Allgemeinen drehen sich die Planeten nämlich stets in die gleiche Richtung um die eigene Achse, in die sie um die Sonne wandern, also von West nach Ost bzw. von rechts nach links. Diese entgegengesetzte Rotation der Venus wird als rückläufige oder **retrograde Rotation** bezeichnet.

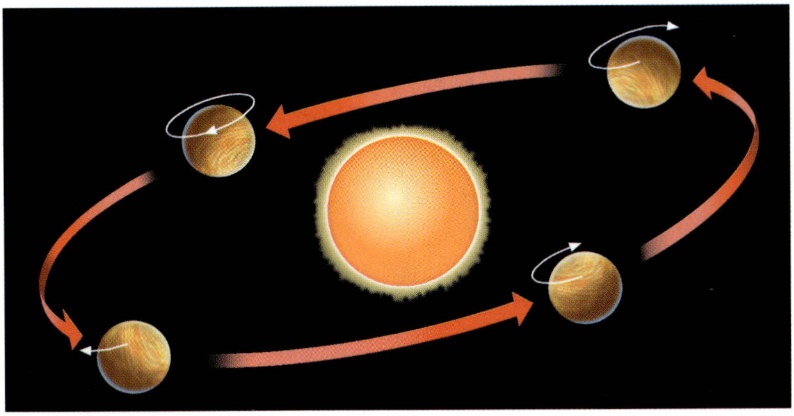

Verwandte Kapitel

Überblick über das Sonnensystem (Seite 44)

Die Keplerschen Gesetze (Seite 46)

Oben: Karte des Planeten Venus. Links: Diese Abbildung verdeutlicht die rückläufige Rotation der Venus.

Die Venus weist eine extrem langsame Rotation auf – sie ist sogar noch langsamer als ihre Umlaufgeschwindigkeit um die Sonne. So benötigt dieser Planet 243 Tage, um sich einmal um seine Achse zu drehen, jedoch nur 225, um einmal in einer fast vollkommenen Kreisbewegung um die Sonne zu wandern. Während also auf der Erde die Rotationsbewegung für den Wechsel von Tag und Nacht verantwortlich ist, hängt auf der Venus der Zeitraum, in der die Sonne über dem Horizont zu sehen ist, von der Dauer des Umlaufs um unseren zentralen Stern ab.

VENUSSONDEN: Die erste Sonde, die zu einem Planeten geschickt werden sollte, war **Sputnik 7** 1961. Sie explodierte jedoch bereits in der Erdatmosphäre. In der Folge gab es viele Fehlschläge, aber auch einige bemerkenswerte Erfolge, besonders durch die sowjetischen **Venera-** und die amerikanischen **Mariner-**Missionen. Mit Mariner 2 gelang es zum ersten Mal, dass eine Sonde nahe an einem anderen Planeten vorbeiflog.
In den 60er-Jahren entwickelte sich in der Raumfahrt ein regelrechter Wettlauf zwischen der Sowjetunion und den Vereinigten Staaten, und die Venus wurde dabei ein bevorzugtes Ziel, einerseits, weil sie unserer Erde sehr nahe ist und andererseits, weil diesen Planeten stets ein gewisses Mysterium umgab, das man unbedingt als Erster lüften wollte. Die erste Landung auf der Venus gelang der Sowjetunion dann 1970 mit ihrer Venera 7-Mission. Dabei konnten noch 23 Minuten lang Daten zur Erde gesendet werden. Ab der zweiten Hälfte der 70er-Jahre verfügte man auch über die technischen Möglichkeiten, um die Venusoberfläche fotografisch festzuhalten.

Oben: Diese Illustration zeigt die Pioneer-Sonde auf ihrem Anflug zur Venus.
Rechts: Die dichte Atmosphäre des Planeten.

Zu Beginn der 80er-Jahre konstruierte die Sowjetunion die letzten Modelle der Venera-Serie, die auch **Vega 1** und **Vega 2** genannt wurden. Diese waren zwar zur Erforschung des Halley-Kometen bestimmt, auf ihrem Vorbeiflug an der Venus wurde jedoch mit Hilfe eines Ballons, der bis auf 50 km sank, auch die Venusatmosphäre erforscht.
Nach dem Erfolg ihrer Mariner-Missionen schickten die Amerikaner 1978 gleich zwei Sonden, nämlich **Pioneer-Venus 1** und **2** los, um eine Radarkartierung des Planeten vorzunehmen. Dies geschah in einer mittleren Entfernung von 100.000 km.

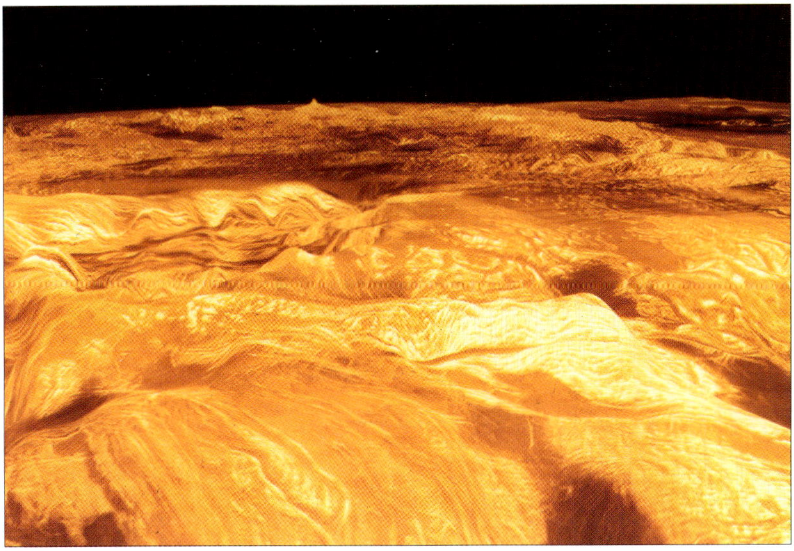

Jene Sonde, die die bisher genaueste Radarkartierung lieferte, ist **Magellan,** die zu Beginn der 90er-Jahre 97% der Venusoberfläche mittels Radarabtastung kartographisch festhielt. Aufgrund dieser neuen Daten weiß man heute, dass es auf der Venus bis zu 11.000 m hohe Berge gibt.

IM INNEREN DER VENUS: Aufgrund der vorhandenen Daten geht man davon aus, dass die Venus – genau wie die Erde – aus einer **Kruste,** einem **Mantel** und einem **Eisenkern** besteht. Die Stärke der einzelnen Schichten wird auf 3200 km (Kern), 2800 km (Mantel) bzw. 20 km (Kruste) geschätzt. Obwohl also ein metallischer Kern vorhanden sein dürfte, hat die Venus kein nennenswertes Magnetfeld, was auf ihre extrem langsame Rotation zurückzuführen sein dürfte, die keinen Dynamoeffekt ermöglicht.
Anstatt eines Magnetfeldes ist jedoch eine Ionosphäre vorhanden, die durch den Sonnenwind aufgebaut und genährt wird.

DIE ATMOSPHÄRE: 96,5% der Venusatmosphäre wird von Kohlendioxid gebildet. Die weiteren Gase, die zusammen nur 3,5% ausmachen, sind Stickstoff, Sauerstoff (in Spuren), Kohlenmonoxid, Argon, Schwefelsäure und Wasserstoff.
Auch auf der Erde könnte früher eine ähnliche Atmosphäre geherrscht haben, während heute auf unserem Planeten das Kohlendioxid hauptsächlich in Kalkgestein eingelagert ist. Da die Substanzen, aus denen die Venusatmosphäre besteht, sehr schwer sind, herrscht am Boden ein ungleich größerer Druck als auf der Erde. Er beträgt etwa 90 bis 95 bar, was das 90- bis 100fache des entsprechenden Drucks auf unserem Planeten ausmacht.
Würde ein irdischer Astronaut die Venus betreten, so würde er von dem **extrem hohen Druck** augenblicklich zerdrückt werden. Doch auch bei anderen Druckverhältnissen könnte der Mensch in dieser lebensfeindlichen Kohlendioxid-Atmosphäre nicht bestehen.
Die hohe Dichte und die Gaszusammensetzung der Atmosphäre auf der Venus bewirken einen ausgeprägten **Treibhauseffekt,** der dadurch entsteht, dass die vom Boden abgegebene Wärme die Kohlendioxid-Atmosphäre nicht durchdringen kann, was zu Temperaturen von über 470 °C führt.
Aufgrund der von den Sonden übermittelten Daten wissen wir, dass es auf der Venus **Radiowellen**

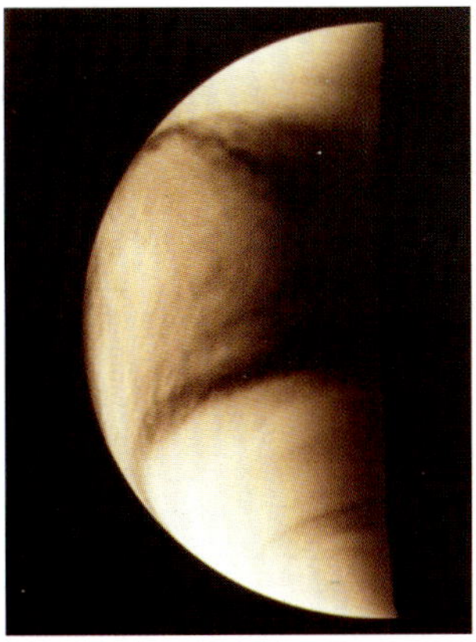

Oben: Diese Rekonstruktion, die sich auf Daten der Magellan-Sonde stützte, zeigt einen Ausschnitt der Venusoberfläche. Links: Venusatmosphäre.

VENUS

Mittlere Entfernung zur Sonne: 108,2 Mio. km (min. 107,4; max. 109)
Äquatordurchmesser: 12.103 km
Mittlere Umlaufgeschwindigkeit um die Sonne: 35,03 km/s
Rotationsperiode: 243d 0h 14m (rückläufige Rotation)
Umlaufzeit: 224,70d
Zahl der bekannten Monde: keine
Masse (Erde = 1): 0,815
Volumen (Erde = 1): 0,857
Mittlere Dichte: 5,25 g/cm^3
Oberflächentemperatur: ca. 470 °C
Neigung der Achse: 177°3'
Neigung der Umlaufbahn gegenüber der Ekliptik: 3°,4
Oberflächendruck (Erde = 1): 90
Atmosphäre: Kohlendioxid (96,5%), Stickstoff (3,5%), Spuren von Sauerstoff und anderen Elementen

gibt, die von elektrischen Entladungen stammen. Dies ist ein Beweis dafür, dass es auch auf der Venus gewitterartige Entladungen gibt, die jedoch viel stärker und viel häufiger auftreten als auf der Erde.
Durch Raumsonden wurde festgestellt, dass auf der Venus ein konstanter **starker Wind** in etwa 50 km Höhe bläst und dass der obere Teil der Venusatmosphäre in retrograder Richtung in nur vier Tagen um den Planeten rotiert, während, wie bereits erwähnt, eine komplette Rotation am Boden 243 Tage dauert. Weiters wissen wir, dass mit zunehmender Höhe die Temperatur auf der Venus stetig absinkt, sodass in einer Höhe von 100 km nur noch Temperaturen von –90 °C herrschen.

DIE OBERFLÄCHE: Kurz nach der Entstehung des Planeten gab es wahrscheinlich Ozeane, doch mit der Zeit wurde die Sonnenstrahlung unseres damals noch jungen Zentralgestirns immer stärker, sodass diese Meere verdampften und Kohlendioxid aus den Gesteinen freigesetzt wurde und in die Atmosphäre gelangte. Damit begann ein immer wiederkehrender Zyklus: mit zunehmendem Treibhauseffekt stiegen auch die Temperaturen immer mehr an, wodurch auch die **Verdampfung** immer weiter voranschritt. Schließlich war das ganze Wasser an der Venusoberfläche verdampft und ein Großteil des Kohlendioxids drang in die Atmosphäre.
Die Oberfläche der Venus ist von felsiger Wüstenlandschaft geprägt, die in gelbliches Licht getaucht ist und in der braune und orange Farbtöne vorherrschen. Da es keine Meere und daher auch keinen Meeresspiegel gibt, musste man das Nullniveau mit Hilfe des Planetenradius bestimmen, um festzustellen, wie hoch die einzelnen Erhebungen auf der Venus sind. Man stellte fest, dass ein großer Teil der Venusoberfläche flach ist (60%) und es nur wenige Gebirge (ca. 24%) gibt. Ein noch kleinerer Teil (16%) liegt unterhalb des Nullniveaus, wo sich in prähistorischer Zeit wahrscheinlich die Meere befunden haben.
Dank verschiedener Sonden, vor allem Magellan, wissen wir, dass es auf der Venus **aktive Vulkane** gibt. Mittels Radarabtastung wurden Vulkane und erst kürzlich abgekühlte Lavaströme entdeckt. Dieses Magma wird jedoch durch die dichte Atmosphäre rasch erodiert, sodass eine Schicht von Eisensulfiden entsteht, welche die Radarstrahlen gut reflektiert.
Die Zusammensetzung des Felsgesteins auf der Venus lässt sich mit den Basaltfelsen auf der Erde vergleichen, wenngleich die Morphologie wie Krater, Vulkane und Einschlagskrater auf eine äußerst wechselhafte geologische Entstehungsgeschichte schließen lässt.
Auf der Venus gibt es zwei Regionen, die man als Kontinente bezeichnen könnte, da sie sich oberhalb des mittleren Höhenniveaus befinden. Diese beiden Hochländer, **Ishtar Terra** und **Aphrodite Terra,** liegen auf der Nordhalbkugel bzw. am Äquator.
Ishtar Terra ist etwas kleiner als die Vereinigten Staaten und besitzt den mit 11.000 m höchsten Gebirgszug des Planeten, **Maxwell Montes** genannt.
Aphrodite Terra ist etwas größer als Afrika; in diesem Gebiet erhebt sich der **Maat Mons,** ein 8000 m hoher Vulkan, der von Lavaströmen umgeben ist – ein weiterer Beweis für die vulkanischen Aktivitäten auf der Venus.
Auf diesem »Kontinent« erstrecken sich auch ausgedehnte 2 bis 4 km tiefe Canyons von mehreren hundert Kilometern Länge und einer Breite von bis zu 280 km.

Diese Abbildung zeigt einen Vulkan, umgeben von Lavaströmen.

Durchgänge von Merkur und Venus

Da die Umlaufbahnen von Merkur und Venus um die Sonne innerhalb der Erdbahn liegen, kommt es mitunter vor, dass diese beiden Planeten genau durch die Visierlinie Erde–Sonne gehen. Bei diesem Phänomen, den so genannten Durchgängen oder Vorübergängen, handelt es sich um eine Art **Teilfinsternis,** bei der nur ein kleiner Fleck der Sonne verdunkelt wird; so macht etwa der scheinbare Durchmesser des Merkurs nur ca. 1/194 von dem der Sonne aus.
Es war **Edmond Halley,** der als Erster erkannte, dass man die Durchgänge zur Bestimmung der Entfernung zur Sonne heranziehen kann. Wenngleich die Methode dazu relativ kompliziert war, gelang es doch, anhand der Venus-Durchgänge von 1761 und 1769 einen brauchbaren Wert für die Distanz zwischen Erde und Sonne zu ermitteln.

MERKUR-DURCHGÄNGE: Da die Bahnebene des Merkurs nicht mit der Ekliptik zusammenfällt, sondern um ca. 7° zu ihr geneigt ist, gibt es in jedem Jahrhundert durchschnittlich nur 13 Vorübergänge dieses Planeten. In den meisten Fällen geht Merkur »oberhalb« oder »unterhalb« der Sonne vorüber. Läge seine Umlaufbahn in der Ekliptik, könnten wir jedes Jahr drei Merkur-Durchgänge erleben. Wie bei einer herkömmlichen Finsternis, an der der Mond beteiligt ist, kommt es zu einem Durchgang nur dann, wenn der Planet sich zu dem Zeitpunkt, da er sich zwischen Sonne und Erde schiebt, in der Nähe von einem der Schnittpunkte seiner Bahn mit der Ekliptik befindet. Da der Merkur diese so genannten **Knoten** am 8. Mai und am 10. November erreicht, ereignen sich Vorübergänge immer im Bereich dieser Tage.
Beim Durchgang im November befindet sich Merkur im Perihel und präsentiert sich als Scheibe von 10'. Im Mai hingegen steht der Planet in der Nähe des Aphels und weist einen scheinbaren Durchmesser von 12' auf. Dennoch ist die Wahrscheinlichkeit eines Vorübergangs im November etwa doppelt so groß wie im Mai. Während sich Durchgänge im November in Intervallen von 7, 13 und 33 Jahren ereignen, kommt dieses Ereignis im Mai nur alle 13 bzw. 33 Jahre vor. Der letzte Merkur-Durchgang erfolgte am 14. November 1999; der nächste ist am 7. Mai 2003 zu erwarten.

VENUS-DURCHGÄNGE: Da die Umlaufbahn der Venus deutlich weiter ist als jene des Merkurs, kommen Durchgänge bei diesem Planeten naturgemäß seltener vor. Sie ereignen sich durchschnittlich **zweimal im Jahrhundert** und treten dabei paarweise im Abstand von ca. 8 Jahren auf. Seit der Erfindung des Teleskops konnten Venus-Durchgänge erst sechsmal beobachtet werden, und zwar in den Jahren 1631, 1639, 1761, 1769, 1874 und 1882. Venus-Vorübergänge sind immer nur Anfang Dezember und Anfang Juni möglich, wenn einer der Knoten der Umlaufbahn zwischen Sonne und Erde liegt. Die Periode liegt bei 8 und 121,5 bzw. bei 8 und 105,5 Jahren. Die nächsten Durchgänge finden am 8. Juni 2004 sowie am 6. Juni 2012 statt.
Ebenso wie eine Sonnenfinsternis ist auch ein Durchgang eines Planeten ein lokales Phänomen, das nur von einem begrenzten Gebiet der Erde aus beobachtet werden kann; so wird man beispielsweise den Venus-Durchgang im Jahr 2004 von Kanada und den USA aus mitverfolgen können, wobei der scheinbare Durchmesser des Planeten 61' betragen wird.

Verwandte Kapitel

Die Keplerschen Gesetze (Seite 46)
Finsternisse (Seite 94)
Bedeckungen (Seite 97

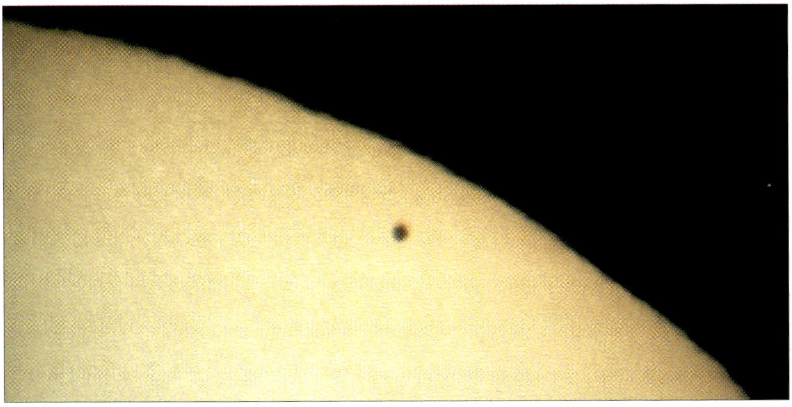

Wie diese Aufnahme eines Merkur-Durchgangs zeigt, erscheint der Planet vor der Sonne geradezu winzig.

Die Erde

Verwandte Kapitel

Überblick über das Sonnensystem (Seite 44)

Die Keplerschen Gesetze (Seite 46)

Die Erde ist jener Planet, auf dem der Mensch angesiedelt ist. Sie ist, von der Sonne aus gesehen, der dritte Planet und vom Zentralgestirn durchschnittlich 149,6 Mio. km entfernt. Da die Umlaufbahn jedoch nicht völlig kreisförmig, sondern leicht elliptisch ist, variiert die Entfernung zur Sonne von 147,1 Mio. km am sonnennächsten Punkt, der Anfang Januar erreicht wird, bis zu 152,1 Mio. km am sonnenfernsten Punkt, den die Erde sechs Monate später erreicht.

DER URSPRUNG DER ERDE: Die Erde ist gemeinsam mit der Sonne, den anderen acht Planeten und deren Monden sowie einer Vielzahl von Asteroiden, Kometen und Meteoren aus einer riesigen Wolke aus Gas und Staub entstanden, dem so genannten **Sonnennebel.** Im Zentrum dieser Wolke bildete sich die Sonne, deren damals schon sehr hohe Temperaturen dazu führten, dass in jenem Bereich, wo die Erde entstand, ein Großteil der flüchtigen Stoffe wie Wasserstoff und Helium im Raum verdampften. In den sonnenferneren kühleren Gebieten hingegen kondensierten diese Stoffe und trugen so zur Bildung der großen, überwiegend aus Gas bestehenden Planeten bei.

Die Gravitationskraft bewirkte, dass sich immer mehr Materie aus dem Sonnennebel auf der im Entstehen begriffenen Erde ansammelte. Aufgrund der hohen Temperaturen befand sich die Erde noch im geschmolzenen Zustand, sodass die spezifisch schwereren Bestandteile wie Eisen und Nickel zum Mittelpunkt absanken, während die leichteren Silikate, die später maßgeblich zum Aufbau der Gesteine beitragen sollten, an der Oberfläche blieben. Man bezeichnet diesen Prozess der Trennung der Materie durch Dichteunterschiede als **Differentiation.**

Nachdem die Differentiation abgeschlossen war, sank die Temperatur der Erde allmählich ab, sodass sich die Materie verfestigen konnte. Da die Erdoberfläche weder so heiß war

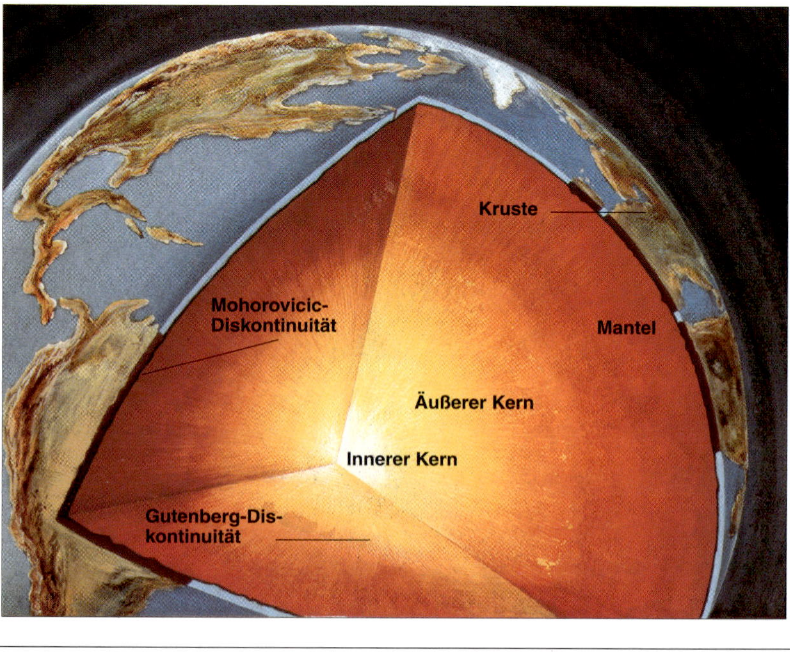

Oben: Die Erde, vom Weltraum aus gesehen.
Rechts: Der innere Aufbau unseres Planeten.

wie die Venus noch so kalt wie der Mars, konnte sich auf ihr Wasser in flüssigem Zustand halten. Heute geht man davon aus, dass die Temperatur im Erdkern rund 6200 °C beträgt, was einerseits durch radioaktive Zerfallsprozesse bedingt ist, die Wärme produzieren, andererseits durch die isolierende Wirkung der über dem Kern liegenden Schicht, dem Erdmantel. Dadurch, dass die Gesamtmenge des radioaktiven Materials durch die ständigen Zerfallsprozesse kontinuierlich abnimmt, kühlt das Erdinnere allmählich ab.

DAS INNERE DER ERDE: Der Kern der Erde, der von schweren Elementen wie Nickel und Eisen gebildet wird, lässt sich in zwei Schichten unterteilen – in den **inneren Kern,** der aus festen Metallen aufgebaut ist und einen Radius von 1300 km hat, sowie den flüssigen **äußeren Kern,** dessen Radius 2200 km beträgt. Der Erdkern wird durch eine markante Unstetigkeit in der Dichte, die **Gutenberg-Diskontinuität**, vom darüber liegenden **Erdmantel** getrennt; bei diesem handelt es sich um eine 2900 km dicke Gesteinsschicht, die sich ihrerseits in zwei Zonen unterteilen lässt – den starren **unteren Mantel** und den eher plastischen **oberen Mantel.** Der Großteil des oberen Mantels wird zusammen mit der darüber liegenden **Erdkruste** als **Lithosphäre** bezeichnet. Die Erdkruste weist unter dem Meeresboden eine Stärke von ca. 10 km auf, während sie unter dem Festland zwischen 30 und 70 km dick ist. Die Grenze zwischen Kruste und Mantel wird von der **Mohorovicic-Diskontinuität** gebildet.
Die Lithosphäre besteht aus verschiedenen größeren und kleineren Platten, die wie die Teile eines riesigen Puzzles aneinander grenzen, zwischen denen jedoch ein gewisser Bewegungsspielraum besteht. Diese Platten gleiten auf dem heißen, fließfähigen Material, der so genannten **Asthenosphäre,** dahin. Gemäß der Plattentektonik sind jene Bereiche, in denen die Platten einander berühren, durch eine gewisse Instabilität gekennzeichnet, die zu Erdbeben und Vulkanismus führen kann.

DAS MAGNETFELD: Man geht heute davon aus, dass das Magnetfeld der Erde von elektrischen Stromsystemen im Erdkern herrührt, die es mit Hilfe der Erdrotation in der Art eines Dynamos erzeugen und aufrechterhalten. Die Wirksamkeit des Erdmagnetfeldes beginnt bei etwa 100 km Höhe und reicht bis zu einer Entfernung von etwa 50.000 km. Diese so genannte **Magnetosphäre** schützt die Erde vor dem Einfluss des **Sonnenwindes,** also jener elektrisch geladenen Teilchen, die von der Sonne zur Erde gelangen. Diese Teilchen sind auch für die spektakulären Leuchterscheinungen des **Polarlichts** verantwortlich.
Aus der Analyse von Gesteinsproben vom Meeresgrund kann man schließen, dass sich das Magnetfeld im Laufe der Erdgeschichte – und zwar in Abständen von ca. 100.000 Jahren – immer wieder umgepolt hat. Man kennt bislang weder die Ursache für diese **Umpolungen,** noch weiß man, ob sie sich spontan oder im Laufe mehrerer Jahre vollziehen.

ERDBEBEN UND VULKANISMUS: Das Zusammentreffen zweier Platten kann zu einer Druckerhöhung sowie zu einem Anstauen von Deformationsenergie führen, die ruckartig in Form von oft

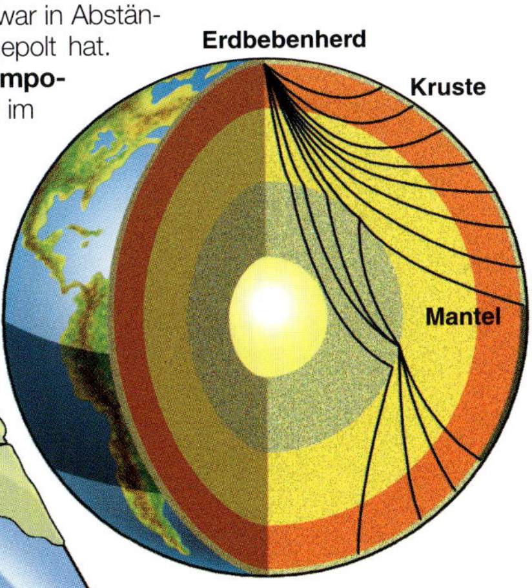

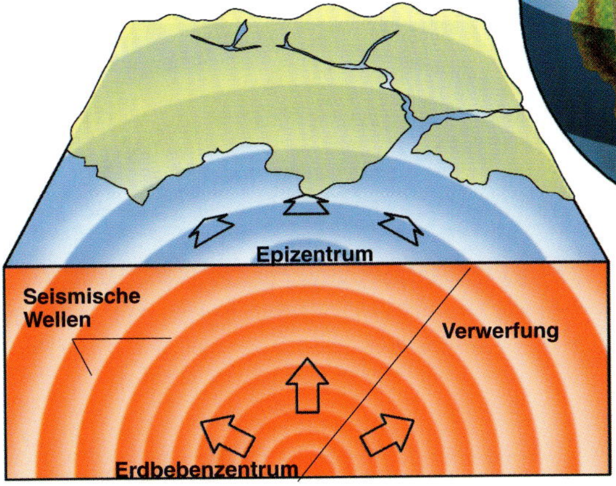

Die Ausbreitung der seismischen Wellen, deren Erforschung uns viel über den inneren Bau der Erde verrät.

Spektakulärer Ausbruch des Ätna.

recht heftigen Erschütterungen der Erdkruste freigesetzt werden kann. Bei allen Schäden, die durch Erdbeben verursacht werden können, hat man durch das Studium der **seismischen Wellen,** mit denen sich die Erschütterung ausbreitet, wichtige Erkenntnisse über den inneren Aufbau unseres Planeten gewinnen können.

Wenn zwei Platten auseinander driften, so bilden sich Klüfte und Spalten, aus denen basaltisches Magma aus dem Erdmantel aufsteigt. Dieses flüssige Material verfestigt sich und trägt so zur Bildung von neuer Erdkruste bei. Wenn zwei Platten aufeinander treffen, kann es zu zwei verschiedenen Phänomenen kommen: handelt es sich um zwei kontinentale Platten, also zwei Platten von gleicher Dichte, so wird das Gestein an den Rändern komprimiert, gefaltet und gehoben – es kommt zur Bildung eines **Faltengebirges,** wie etwa des Himalaya. Trifft aber eine kontinentale auf eine ozeanische Platte, so schiebt sich die schwerere ozeanische unter die leichtere kontinentale Platte. Letztere wird komprimiert, was zur Bildung eines **Küstengebirgszuges** mit ausgeprägtem Vulkanismus führt – ein Phänomen, das durch die Aufschmelzung der ozeanischen Platte bedingt ist. Aus solchen Prozessen sind etwa die Gebirgszüge an den Pazifikküsten des amerikanischen Kontinents hervorgegangen.

DIE ATMOSPHÄRE: Die Erde ist von einer Lufthülle, der Atmosphäre, umgeben, die in ihrer heutigen Zusammensetzung für das Leben auf unserem Planeten unerlässlich ist. Sie enthält etwa 77% Stickstoff, 21% Sauerstoff, 1% Wasserdampf, 0,93% Argon und 0,03% Kohlendioxid; in vernachlässigbaren Größenordnungen sind noch andere Gase vorhanden, wie z. B. Neon, Helium, Krypton, Xenon, Wasserstoff, Ozon, Schwefeldioxid, Ammoniak und Kohlenmonoxid.

Die Atmosphäre, die durch die Schwerkraft an die Erde gebunden ist, wird in verschiedene Schichten unterteilt. Die unterste Schicht, **Troposphäre** genannt, erstreckt sich über 10 bis 15 km; sie ist jener Bereich, in dem das Wetter auf unserem Planeten seinen Ursprung hat. Mit zunehmender Höhe werden in dieser Zone Temperaturen von –40 bis –50 °C erreicht. Über der Troposphäre liegt bis zu einer Höhe von 60 km die **Stratosphäre,** in der sich unter Einwirkung des UV-Lichts aus dem Sauerstoff der Luft Ozon bildet. Dieses Ozon absorbiert einen Großteil der schädlichen ultravioletten Strahlung und ist somit für den Schutz des Lebens auf der Erde unerlässlich. Da die Ozonschicht von der Sonne erwärmt wird, herrscht im oberen Teil der Stratosphäre eine Temperatur von bis zu 15 °C. Über der Stratosphäre erstreckt sich bis in eine Höhe von ca. 500 km die **Ionosphäre.** Diese Schicht reflektiert die von der Erde ausgesandten Radiowellen, insbesondere die Kurzwellen, und ermöglicht so den Weltempfang. In dieser Zone bilden sich die so genannten leuchtenden **Nachtwolken,** und zwar durch Kondensation des Wasserdampfes an Staubteilchen, wodurch sich kleine Eiskügelchen bilden. Die Ionosphäre wird ihrerseits in die **Mesosphäre** (60 bis 85 km) und die **Thermosphäre** (bis 200 km) unterteilt. Die Mesosphäre ist im unteren Bereich wärmer und kühlt mit zunehmender Höhe auf bis zu –90 °C ab. Über der Ionosphäre liegt die **Exosphäre,** wo nur noch sehr spärlich Moleküle vorhanden sind und die schließlich in den leeren Raum übergeht.

ENTWICKLUNG DER ATMOSPHÄRE: Die Erdatmosphäre enthielt früher einen viel geringeren Sauerstoffanteil, sodass sich in jener Zeit niemals die Vielfalt an tierischem Leben hätte entwickeln können, wie wir sie heute vorfinden. Die Atmosphäre bestand damals vor allem aus Gasen wie Wasserstoff, Ammoniak und Methan, weiters aus Kohlendioxid, Stickstoff und Wasserdampf. Ein Großteil dieser Stoffe verschwand mit der Zeit im Raum und wurde von Gasen aus dem Erdinneren ersetzt, insbesondere Kohlendioxid, Wasserdampf und Schwefeldioxid.

DAS LEBEN AUF DER ERDE: Zwei Drittel der Erdoberfläche sind von Wasser bedeckt, das ebenso wie das Festland und die untersten Schichten der Atmosphäre von Leben erfüllt ist. Über die Frage, wie das Leben auf unserem Planeten entstanden ist, wird immer noch heftig diskutiert – fest steht nur, dass das Auftauchen des Lebens nur mit dem Vorhandensein von Wasser in flüssigem Zustand denkbar erscheint.
Eine gewisse Einigkeit herrscht auch darüber, dass einst auf der Erde heftige elektrische Stürme tobten, die zu **chemischen Reaktionen** zwischen den Gasen der Atmosphäre führten. Daraus dürften einfache organische Moleküle wie die **Aminosäuren** hervorgegangen sein, die ihrerseits die **Proteine** aufbauen, womit die Basis für die ersten primitiven Lebensformen gelegt war. Diese organischen Moleküle lagerten sich im Meer ab, wo sie weiteren chemischen Reaktionen ausgesetzt waren. Im Laufe dieser Entwicklung bildeten sich nach mehr als einer Milliarde Jahre die ersten einfachen Strukturen, die im Stande waren, sich zu vermehren, d. h. die ersten **primitiven Zellen.**
Die pflanzlichen Zellen nutzten das vorhandene Kohlendioxid zur Herstellung der Stoffe, von denen sie sich ernährten, so wie dies die Pflanzen auch heute noch machen. Dieser Vorgang, die **Photosynthese,** war für die weitere Entwicklung des Lebens auf der Erde von fundamentaler Bedeutung, weil dabei quasi als Nebenprodukt **Sauerstoff** freigesetzt wurde, der im Laufe von Milliarden Jahren die Zusammensetzung der Atmosphäre veränderte. Dadurch konnten sich auch tierische Lebensformen entwickeln, für die ein gewisser Sauerstoffgehalt in der Luft absolut lebensnotwendig ist. Während der folgenden Jahrmillionen hat sich schließlich jene Vielfalt an Lebewesen entwickelt, die heute auf der Erde zu finden ist.
Die Erde ist immer noch der einzige uns bekannte Planet, auf dem Leben entstanden ist. Es ist jedoch anzunehmen, dass es auch in anderen Sonnensystemen unserer Milchstraße und in fernen Galaxien Planeten wie die Erde gibt. Ob sich auch dort Leben entwickelt hat – das ist eine Frage, die sich heute weder mit Ja noch mit Nein beantworten lässt.

DIE ERDE

Mittlere Entfernung von der Sonne: 149,6 Mio. km (min. 147,1; max. 152,1)
Durchmesser am Äquator: 12.756 km
Mittlere Umlaufgeschwindigkeit um die Sonne: 29,79 km/s
Rotationsperiode: 23h 56m 4s
Umlaufzeit um die Sonne: 365d 6h 9m 10s
Monde: 1
Masse: $5{,}976 \times 10^{24}$ kg
Volumen: $1{,}084 \times 10^{12}$ km^3
Mittlere Dichte: 5,517 g/cm^3
Mittlere Oberflächentemperatur: 22 °C
Temperatur des Kerns: 6200 °C
Neigung der Achse: 23° 27'
Atmosphäre: Stickstoff 77%, Sauerstoff 21%, Argon 1%, andere Gase 1%

Ein Wirbelsturm, aus der Erdumlaufbahn fotografiert.

Koordinatensysteme Erde–Himmel

Verwandte Kapitel

Die Himmelskugel (Seite 21)

Die Bewegung der Erde (Seite 66)

Die Aberration (Seite 74)

Die GPS-Satelliten umkreisen unseren Planeten und liefern so jederzeit präzise Positionsangaben für jeden Punkt auf der Erdoberfläche.

Eine exakte Ortsbestimmung ist sowohl für das Leben auf der Erde als auch für die Beobachtung des Himmels unerlässlich. Zu diesem Zweck wurden geeignete Koordinatensysteme eingeführt.

GEOGRAPHISCHE KOORDINATEN: Zur Bestimmung einer bestimmten Position auf der Erdoberfläche verwendet man ein Gradnetz, dessen Ausgangsbasis die Erdachse darstellt. Diese weist zumindest für einen Zeitraum von mehreren Jahrzehnten immer in die gleiche Richtung.
Senkrecht zur Rotationsachse der Erde wird ein imaginärer Kreis gezogen, dessen Ebene durch den Mittelpunkt der Erde geht – der **Äquator.** Parallel zum Äquator zieht man weitere Kreise, die als **Breitenkreise** bezeichnet werden. Senkrecht zu diesen verlaufen die **Meridiane** oder **Längenkreise,** die durch die beiden Pole führen.
Auf diese Weise kann jeder Punkt auf der Erdoberfläche mit zwei Werten eindeutig bestimmt werden – seiner **geographischen Länge und Breite.** Die Breite ist jener Winkel, den der Radius des Punktes zum Erdmittelpunkt mit der Äquatorebene bildet. Gemessen wird in Grad, Winkelminuten und Winkelsekunden. Je nachdem, ob sich der Punkt auf der Nord- oder Südhalbkugel befindet, spricht man von nördlicher oder südlicher Breite.
Die geographische Länge wiederum ist der Winkel, den die Meridianebene des Punktes mit der Ebene des **Nullmeridians** bildet; aus historischen Gründen wird als Nullmeridian jener Meridian verwendet, der durch die **Sternwarte von Greenwich** bei London führt. Auch die geographische Länge wird in Grad, Minuten und Sekunden angegeben. Während sich die Breite leicht mit Hilfe der Sterne ermitteln lässt, braucht man zur Bestimmung der Länge ein Instrument zur Zeitmessung. Man spricht von östlicher Länge, wenn der betreffende Punkt sich östlich von Greenwich befindet, und von westlicher Länge, wenn der Punkt westlich davon liegt.
Heutzutage lässt sich die Position eines Punktes auf der Erdoberfläche mit größter Präzision durch das **GPS** (*Global Positioning System*)**-Satellitensystem** ermitteln.

DIE HIMMELSKUGEL: Auch zur Bestimmung von bestimmten Punkten am Himmel wird ein Koordinatensystem verwendet. Dazu stellt man sich den Himmel als eine Kugel vor, die die Erde umgibt und deren Mittelpunkt mit dem Erdmittelpunkt zusammenfällt. Auf diese Weise werden alle Punkte am Himmel durch zwei **sphärische Koordinaten** angegeben, so als befänden sie sich alle in der gleichen Entfernung von der Erde.
Dementsprechend wird die Verlängerung der Erdachse nach Norden als **Himmelsnordpol** bezeichnet, während die Verlängerung nach Süden den **Himmelssüdpol** ergibt. In der Mitte zwischen den beiden Polen befindet sich der **Himmelsäquator.**
Auch in diesem System kann man sich Breitenkreise und Me-

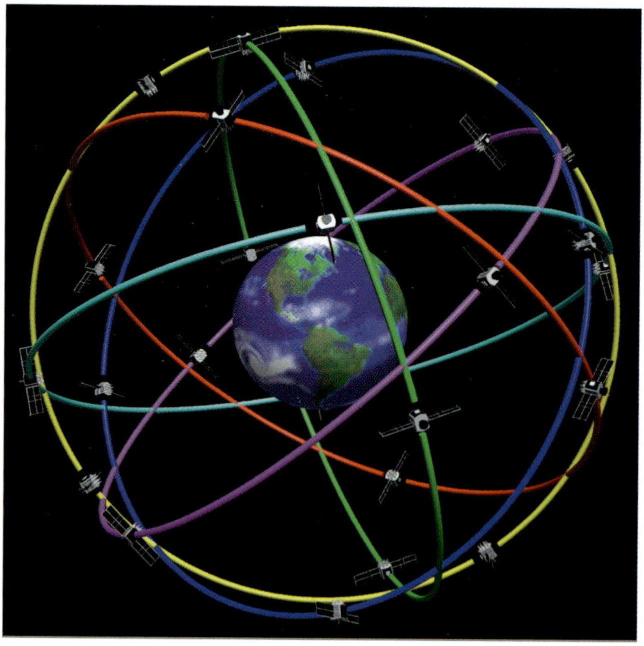

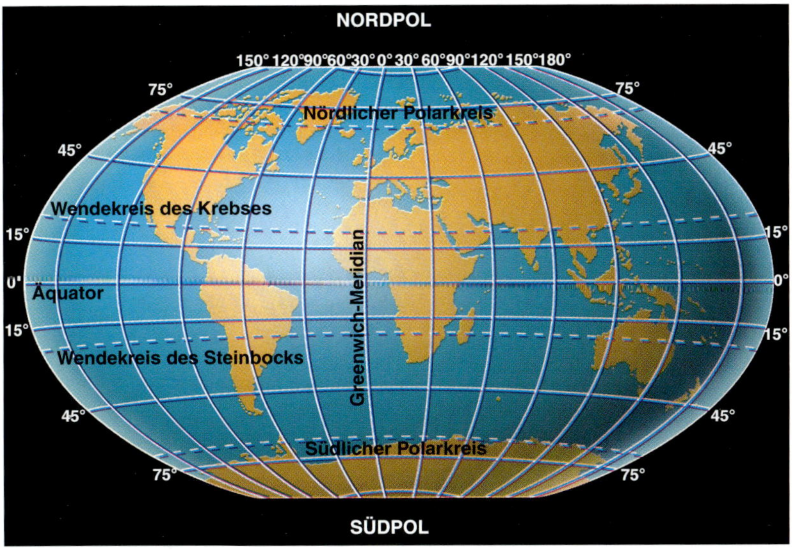

Das Koordinatensystem aus Meridianen und Breitenkreisen.

ridiane vorstellen, die parallel bzw. senkrecht zum Himmelsäquator verlaufen. Da die Breite so wie auf der Erde vom Äquator aus nach Norden und Süden gemessen wird, spricht man von einem **Äquatorialsystem.**

Die »Breite« des Sterns wird in diesem System als **Deklination** bezeichnet. Sie gibt an, welchen Winkelabstand ein Stern zum Himmelsäquator aufweist. Die Deklination wird in Grad, Minuten und Sekunden gemessen und mit einem positiven oder negativen Vorzeichen versehen, um zu kennzeichnen, ob der Stern nördliche (plus) bzw. südliche Deklination (minus) hat.

Die »Länge« eines Sterns wird als **Rektaszension** bezeichnet. Sie kann ebenfalls in Grad, Minuten und Sekunden gemessen werden, wird jedoch zumeist in Zeiteinheiten, also Stunden, Minuten und Sekunden angegeben. Dies hängt damit zusammen, dass die Länge eines Sterns in jedem Augenblick eine andere ist. Sie wächst in 24 Stunden von 0° auf 360° an und verändert sich somit pro Stunde um 15°. Wenn sich also zwei Sterne in der Rektaszension um eine Stunde unterscheiden, so bedeutet dies, dass sie im Abstand von einer Stunde einen bestimmten Meridian durchlaufen.

DIE ÄQUINOKTIALPUNKTE: Im Gegensatz zu den »Himmelsbreitenkreisen« ist die Bestimmung der Meridiane nicht ganz so einfach. Man hätte erwarten können, dass der **Nullmeridian** der Erde, der durch die Sternwarte von Greenwich verläuft, als Ausgangsbasis für den Himmelsmeridian dienen würde. Durch die Rotationsbewegung der Erde würde sich dieser jedoch im Laufe von 24 Stunden ständig verschieben, was nicht mit der Forderung nach fixen Koordinaten für ein Himmelsobjekt im Einklang stünde. Man benötigt deshalb einen Ausgangspunkt, der möglichst lange fix bleibt.

Um einen solchen zu finden, muss man einen Blick auf die Umlaufbahn der Erde werfen; sie bewirkt nämlich, dass die Sonne Tag für Tag ihre Position am Himmel entlang der Ekliptik verändert. Dabei verläuft ein Teil ihrer Bahn oberhalb des Himmelsäquators, ein Teil darunter. Die beiden Schnittpunkte zwischen der Ekliptik und dem Himmelsäquator sind die Äquinoktialpunkte. Der **Frühlingspunkt,** auch Widderpunkt genannt, wird dabei als Ausgangspunkt für die Rektaszension angenommen. Der Himmelsmeridian, der durch diesen Punkt verläuft, wird **Äquinoktialkolur** genannt.

Es ist dabei jedoch zu erwähnen, dass sich die Koordinaten der Himmelskörper aufgrund der Präzession der Äquinoktien mit der Zeit ändern, wenn auch nur sehr langsam. Um diesem Nachteil abzuhelfen, müssen die Himmelsatlanten immer wieder aktualisiert werden, im Allgemeinen alle 50 Jahre. So beziehen sich die aktuellen Atlanten auf das Jahr 2000, während jene, die zuvor in Gebrauch waren, vom Jahr 1950 ausgingen.

Die Bewegung der Erde

Verwandte Kapitel

Der Tierkreis (Seite 24)
Der Tag (Seite 70)
Das Jahr (Seite 71)
Der Kalender (Seite 72)

Wie die übrigen Planeten des Sonnensystems bewegt sich die Erde in zweierlei Weise im Raum: Sie dreht sich einerseits um die eigene Achse und läuft andererseits auf einer Umlaufbahn um die Sonne. Dazu kommen noch verschiedene Bewegungen von geringerer Bedeutung.
Diese gleichmäßigen Bewegungen haben es dem Menschen seit jeher ermöglicht, die Zeit zu messen.

DIE ROTATIONSBEWEGUNG: Unser Planet dreht sich von West nach Ost um die eigene Achse, also um jene imaginäre Gerade, die durch die beiden Pole verläuft. Dies bedeutet, dass die Pole konstant bleiben und nicht an der Rotationsbewegung teilhaben, während alle anderen Punkte der Erde sich mit gleichförmiger Geschwindigkeit bewegen, die umso größer ist, je näher der Ort dem Äquator ist und je weiter er von der Rotationsachse entfernt liegt. Am Äquator ist die **Rotationsgeschwindigkeit** am größten; sie beträgt hier 1670 km/h, während sie an den Polen, wie gesagt, gleich null ist.
Die offensichtlichste Konsequenz, die die Rotationsbewegung mit sich bringt, ist der **Wechsel von Tag und Nacht,** der dadurch bedingt ist, dass jeweils nur eine Seite der Erde der Sonne zugewandt ist.
Aus demselben Grund scheint sich auch der nächtliche Himmel zu drehen – und zwar in der entgegengesetzten Richtung wie die Erde, also von Ost nach West. Diese Bewegung der Sterne kann jedoch noch nicht als Beweis für die Erdrotation angesehen werden, da auch eine tatsächliche Bewegung der Himmelskugel um eine feststehende Erde uns dasselbe Bild liefern würde. Der unwiderlegliche Beweis für die Rotation der Erde wurde 1851 von **Foucault** mit seinem berühmten Pendelexperiment geliefert. Auf der Rotationsbewegung der Erde beruht die Zeiteinteilung in Tage (siehe Seite 70).

Der Winkel, den die Erdachse mit der Senkrechten auf die Ekliptik einschließt, ändert sich mit der Zeit, wenn auch nur geringfügig.

DIE UMLAUFBEWEGUNG: Die zweite fundamentale Bewegung der Erde im Raum ist die Umlaufbewegung um die Sonne. Die Erde bewegt sich entlang einer elliptischen Bahn, die in einer Ebene liegt, welche als **Ekliptik** bezeichnet wird. Der Name bezieht sich auf die Tatsache, dass es nur in der Nähe dieser Ebene zu Finsternissen (Eklipsen) kommen kann.
Die mittlere Entfernung Erde–Sonne, die in der Astronomie als Maßeinheit für Entfernungen im Sonnensystem verwendet wird (AE, **Astronomische Einheit**), liegt bei ca. 149,6 Mio. km. Die mittlere Geschwindigkeit, mit der die Erde ihrer Bahn folgt, beträgt etwa 107.000 km/h.

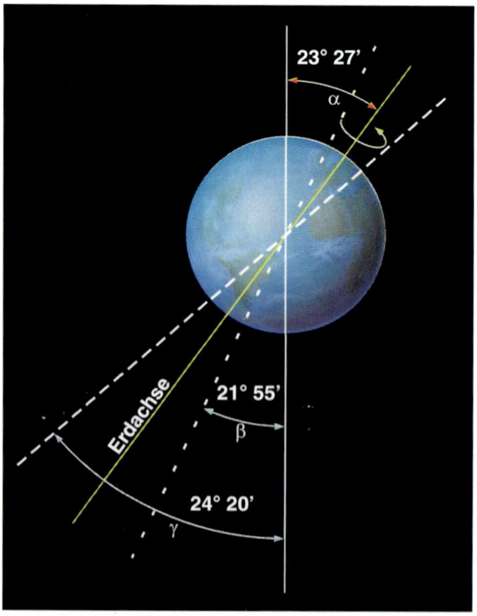

Der Winkel zwischen der Erdachse und der Ebene der Ekliptik liegt bei 66° 33' und bleibt während des Umlaufs konstant. Für einen Beobachter auf der Erde bewirkt die Umlaufbewegung eine scheinbare Bewegung der Sonne auf der Ekliptik vor dem Hintergrund der Sterne und des **Tierkreises** (siehe Seite 24).
Die Umlaufbewegung der Erde sorgt zusammen mit der Tatsache, dass die Rotationsachse stets konstant zur Ekliptik geneigt bleibt, dafür, dass es auf unserem Planeten zu einem **Wechsel der Jahreszeiten** kommt. Auf ihrer Bahn um die Sonne erreicht die Erde im Januar ihren sonnennächsten Punkt (Perihel) und im Juli den sonnenfernsten Punkt

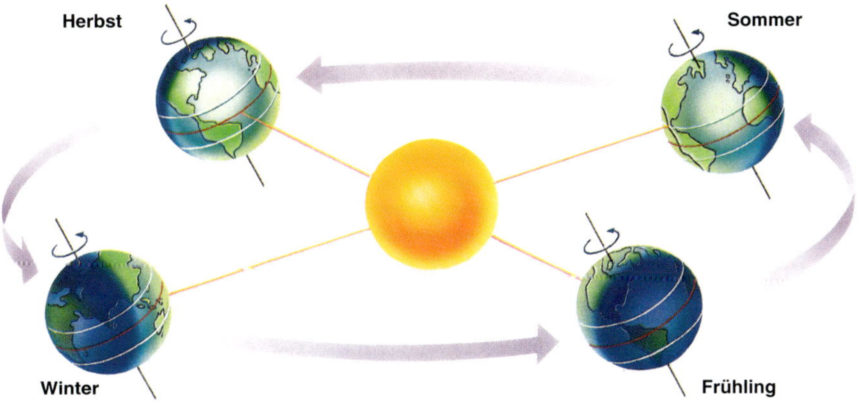

Die Umlaufbewegung der Erde bewirkt den Wechsel der Jahreszeiten.

(Aphel). Der Wechsel der Jahreszeiten wird also nicht durch die wechselnde Distanz zur Sonne hervorgerufen, sondern durch den unterschiedlichen Winkel, in dem die Sonnenstrahlen auf die Erdoberfläche auftreffen, sowie durch die unterschiedliche Ausleuchtung der beiden Erdhalbkugeln. Je höher die Sonne am Horizont steht, umso stärker kann sie die Erdoberfläche erwärmen.
Sommer bedeutet nichts anderes, als dass die Sonne ihren Höchststand über dem Horizont erreicht. Dadurch ist auch der scheinbare Bogen, den die Sonne am Himmel beschreibt, besonders weit, wodurch es an dem betreffenden Ort lange Tag ist. Im Winter hingegen wandert die Sonne besonders niedrig über den Horizont hinweg, die Sonnenstrahlen fallen schräg ein und die Tage sind besonders kurz.

DIE JAHRESZEITEN: Die Ebene der Ekliptik schneidet die Ebene des Himmelsäquators, welcher bekanntlich die Projektion des Erdäquators auf die Himmelskugel darstellt, in einem Winkel von 23° 27'. Auf der Schnittlinie der beiden Ebenen liegen die **Äquinoktialpunkte** – der **Frühlingspunkt** oder Widderpunkt und der **Herbstpunkt** oder Waagepunkt.
Der Frühlingspunkt entspricht jener Position, die die Sonne auf ihrer scheinbaren Bahn entlang der Ekliptik am 21. März einnimmt, während der Herbstpunkt am 23. September erreicht wird. Am 21. März überschreitet die Sonne den Himmelsäquator von Süd nach Nord, und für die Bewohner der Nordhalbkugel beginnt damit der Frühling. Am 23. September überschreitet die Sonne den Äquator in südlicher Richtung, was im Norden den Herbstbeginn einläutet.
An diesen beiden Tagen sind Tag und Nacht gleich lang, d. h., an jedem Punkt der Erde ist es 12 Stunden hell und 12 Stunden dunkel. Und nur an diesen beiden Tagen beleuchtet die Sonne den Nordpol und den Südpol gleichermaßen.
Senkrecht zur Äquinoktiallinie liegt die Linie der beiden Sonnenwendepunkte. Am 21. Juni, der **Sommersonnenwende,** befindet sich die Sonne 23° 27' nördlich des Äquators und steht zu Mittag im Zenit jener Orte, die sich auf dem Wendekreis des Krebses befinden. Am 21. Dezember, der **Wintersonnenwende,** befindet sich die Sonne in 23° 27' südlicher Breite und steht über dem Wendekreis des Steinbocks im Zenit.

DIE PRÄZESSION: Neben den beiden bereits beschriebenen Bewegungen vollführt die Erde noch weitere, weniger maßgebliche Bewegungen, die sich in viel größeren Zeiträumen vollziehen. Hier ist vor allem die Präzession zu nennen.
Entdeckt wurde die Präzession von **Hipparch** im 2. Jahrhundert v. Chr. Es handelt sich dabei um eine sehr langsame Bewegung der Erdachse, deren Neigung zur Ekliptik zwar stets gleich bleibt, die jedoch ihre Richtung mit der Zeit ändert und dabei einen Kegel beschreibt.
Verursacht wird die Präzession durch die **Anziehung,** die Sonne und Mond auf den Äquatorwulst der Erde ausüben. Unser Planet ist nämlich nicht völlig rund, sondern an den Polen leicht abgeplattet. Die Erde, die um ihre eigene Achse rotiert, widersetzt sich dieser Anziehung. Infolge all dieser Kräfte vollführt die Erdachse, die senkrecht

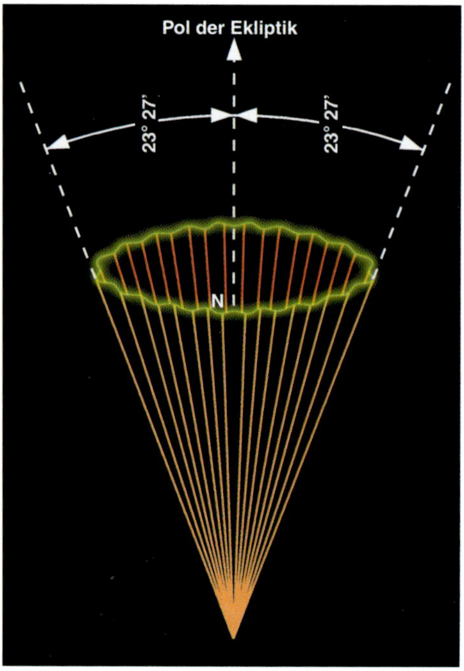

zum Äquator steht, eine kreiselartige Bewegung. Im Laufe der Zeit beschreibt die Erdachse somit einen **Doppelkegel,** dessen Spitze im Erdmittelpunkt liegt. Ca. alle 26.000 Jahre hat die Erdachse wieder dieselbe Ausrichtung im Raum.

Die Konsequenzen dieser Bewegung sind zwar nicht sehr offensichtlich – astronomisch gesehen sind sie jedoch durchaus von Bedeutung. So verschieben sich infolge der Präzession die wichtigsten Bezugspunkte auf der Himmelskugel – die Pole, die Äquinoktialpunkte und die Sonnenwendepunkte. Der Polarstern, der heute den Himmelsnordpol darstellt, wird irgendwann in der Zukunft nicht mehr in dieser Position sein. Der Nordpol vollführt eine Drehbewegung an der Himmelskugel, sodass er z. B. 14.000 n. Chr. in der Nähe des Sterns Vega im Sternbild Leier liegen wird. Da die Erdachse stets senkrecht zum Himmelsäquator steht, verschiebt sich durch die Veränderung in der Ausrichtung der Achse auch die Äquatorebene, die dabei jedoch stets denselben Winkel zur Ekliptik beibehält.

Bei der Nutation handelt sich um geringfügige Schwankungen der Erdachse innerhalb ihrer Präzessionsbewegung.

KONSEQUENZEN DER PRÄZESSION: Der Frühlingspunkt, also einer der Schnittpunkte zwischen der Ebene des Himmelsäquators und der Ekliptik, verändert sich, wie schon erwähnt, ebenfalls im Laufe der Zeit. Er wandert auf der Ekliptik rückwärts, d. h. gegen die jährliche Bewegung der Sonne. Die **Verschiebung des Frühlingspunkts** hat zwei Konsequenzen – und zwar einerseits für die Himmelskoordinaten, andererseits für die Sternbilder des Tierkreises.

Der **Frühlingspunkt** ist jener Punkt, anhand dessen die Rektaszension im Koordinatensystem gemessen wird (siehe Seite 64). Die Tatsache, dass sich der Frühlingspunkt verändert, hat zur Folge, dass auch die Koordinaten immer wieder aktualisiert werden müssen, d. h., die Rektaszension eines Sterns nimmt ständig zu. Man kann sich jedoch auch mit der Konvention behelfen, dass die Koordinaten der Himmelskörper zu einem bestimmten Zeitpunkt angegeben werden, z. B. 1950 oder 2000.

Die Bezeichnung Widderpunkt, die für den Frühlingspunkt ebenfalls gebräuchlich ist, kommt daher, dass er sich in der Antike im Sternbild Widder befunden hatte. Heute liegt er jedoch aufgrund der Präzession bereits im Sternbild Fische. Desgleichen fallen die 12 Tierkreiszeichen und die Tierkreis-Sternbilder nicht mehr zusammen. So befindet sich heute beispielsweise die Sonne vom 21. Februar bis zum 21. März nicht mehr im Zeichen der Fische, wie das vor 2000 Jahren der Fall gewesen war. Aufgrund der Präzession steht die Sonne in dieser Zeit mittlerweile im Zeichen des Wassermanns.

NUTATION: Die Präzessionsbewegung aufgrund der Anziehung durch Sonne und Mond wird als **Lunisolar-Präzession** bezeichnet. Da es dabei, genau gesagt, um die Anziehung der beiden Himmelskörper auf den Äquatorwulst der Erde geht, verliert sich der Beitrag des Mondes zu diesem Effekt, wenn dieser sich in der Äquatorebene befindet. Bei der Berechnung des jeweiligen Beitrages zur Präzession spielen auch noch andere Faktoren eine Rolle, wie zum Beispiel, dass die Distanz von Sonne und Mond zur Erde im Laufe der Zeit variiert, sodass sich auch die ausgeübte Anziehung **verändert.** All diese Umstände **beeinträchtigen** die einfache kegelförmige Bewegung.

Es kommt somit zur Präzession eine weitere Bewegung, die Nutation, hinzu, die in geringfügigen periodischen Schwankungen der Erdachse besteht. Somit ergibt sich aus der kegelförmigen Bewegung der Präzession und den Schwankungen der Nutation eine Bewegung entlang eines Doppelkegels, der in Form einer Wellenlinie beschrieben wird. Der wahre Himmelspol beschreibt somit eine Nutationsellipse um den mittleren Pol, deren große Achse 9,21 Bogensekunden beträgt. Die Periode der Nutation liegt bei 18,6 Jahren.

ANDERE BEWEGUNGEN: Neben den bisher beschriebenen Bewegungen vollführt die Erde auch noch andere, insbesondere jene, die durch die Anziehung der verschiedenen Körper des Sonnensystems verursacht werden. Diese wirken sich nämlich direkt auf die Erdumlaufbahn aus, die dadurch in wechselndem Maße »zusammengedrückt« wird, wobei die Periode 92.000 Jahre beträgt.
Auch der Neigungswinkel der Erdachse verändert sich mit der Zeit, wenn auch nur sehr wenig. Mit einer Periode von 41.000 Jahren bewegt er sich im Bereich zwischen 24° 20' und 21° 55'. Heute liegt dieser Winkel bei 23° 27'.
Präzession, Variation der Exzentrizität der Umlaufbahn sowie Änderung des Neigungswinkels wirken sich auf Klima und Jahreszeiten aus, weil sie eine Änderung in der **Ausleuchtung** der beiden Halbkugeln unseres Planeten hervorrufen. Es scheint heute erwiesen zu sein, dass diese verschiedenen geringfügigeren Bewegungen mit den Perioden der **Eiszeiten** zu tun haben, von denen unser Planet heimgesucht wurde. Dabei bleibt die Sonnenenergie, die insgesamt auf der Erdoberfläche auftrifft, mehr oder minder gleich groß – was sich verändert, ist die **Verteilung.**
Die Erde bewegt sich also zusammen mit dem Sonnensystem im Raum, das sich mit einer Geschwindigkeit von ca. 70.000 km/h in Richtung des Sternbildes Herkules bewegt. Darüber hinaus hat die Erde Anteil an der Rotationsbewegung innerhalb unserer Galaxis; dabei vollführt sie ebenfalls zusammen mit dem Sonnensystem in ca. 200 Mio. Jahren eine annähernde **Kreisbewegung** um das galaktische Zentrum, und zwar mit einer Geschwindigkeit von 980.000 km/h.
Doch auch unsere Galaxis steht nicht still; sie bewegt sich vielmehr mit einer Geschwindigkeit von 950.000 km/h im Raum.

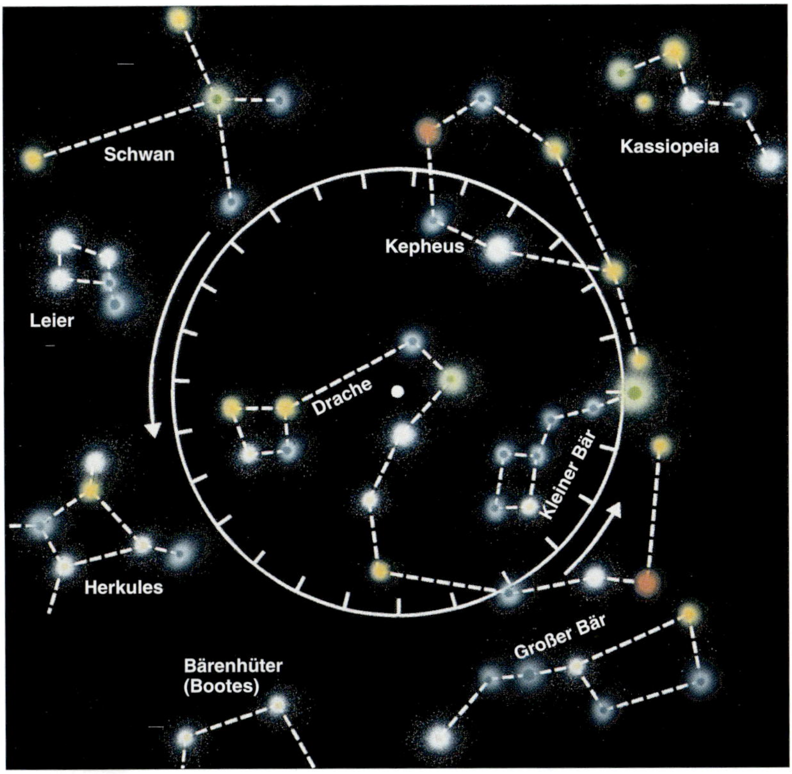

Aufgrund der Präzession wandert der Himmelsnordpol durch verschiedene Sternbilder. Er kehrt ca. alle 26.000 Jahre in die gleiche Position zurück.

Der Tag

Verwandte Kapitel

Die Bewegung der Erde (Seite 66)
Das Jahr (Seite 71)
Der Kalender (Seite 72)

Die fundamentale Einheit der Zeitmessung ist der Tag, dessen Länge mit 86.400 Sekunden festgelegt ist. Die Länge einer Sekunde wiederum wird anhand der Periodendauer der elektromagnetischen Strahlung des **Cäsium-Isotops** festgelegt.
Der Tag ist direkt mit der Rotationsbewegung der Erde um die eigene Achse verbunden. Dennoch ist die Definition des Tages auf der Basis dieser Bewegung nicht ganz eindeutig.

STERNTAG UND SONNENTAG: Der Sterntag ist als jene Zeit definiert, die die Erde für eine vollständige Rotation benötigt. Gemessen wird er anhand weit entfernter Sterne, die als Fixsterne angenommen werden und von denen man annehmen kann, dass die Lichtstrahlen parallel einfallen. Der Sterntag hat eine Länge von 23 Stunden 56 Minuten und 4 Sekunden. Der Sterntag ist also die Zeit, die die Erde tatsächlich für eine Umdrehung braucht.
Wählt man jedoch anstatt der weit entfernten Sterne die **Sonne** als Bezugspunkt, so dauert der Tag etwas länger, nämlich 24 Stunden; man spricht deshalb vom Sonnentag. Es handelt sich dabei um jene Zeit, die zwischen zwei Durchgängen der Sonne durch den Meridian eines bestimmten Ortes verstreicht.
Die Differenz von ca. **4 Minuten** zwischen Stern- und Sonnentag kommt daher, dass die Erde sich nicht nur um die eigene Achse dreht, sondern gleichzeitig auch um die Sonne wandert; der Weg, den die Erde in 24 Stunden zurücklegt, ist angesichts der Entfernung Erde–Sonne nicht zu vernachlässigen. Nachdem die Erde eine vollständige Umdrehung vollführt hat, muss sie sich noch einmal um ca. 1° drehen, bis die Sonne – von der neuen Position des Planeten aus gesehen – wieder den gleichen Meridian durchläuft. Dieses zusätzliche Winkelgrad macht in etwa 4 Minuten aus.

DER MITTLERE SONNENTAG: Die 24 Stunden des Sonnentages sind in Wirklichkeit nur ein Mittelwert, da die wahre Dauer variiert. Ein Grund dafür liegt darin, dass die Erde in Sonnennähe schneller auf ihrer Bahn wandert als in größerer Entfernung von der Sonne. Aus diesem Grund wurde der mittlere Sonnentag eingeführt, der genau und unveränderlich 24 Stunden beträgt.
Außerdem weiß man heute, dass die Rotationsperiode der Erde immer länger wird; verantwortlich dafür sind die vom Mond ausgelösten **Gezeiten.** Die **Verlangsamung** beträgt etwa 2/1000 Sekunden pro Jahrhundert; dies bedeutet, dass ein Tag des Jahres 2000 im Durchschnitt um 2/1000 Sekunden länger ist als ein Tag des Jahres 1900.

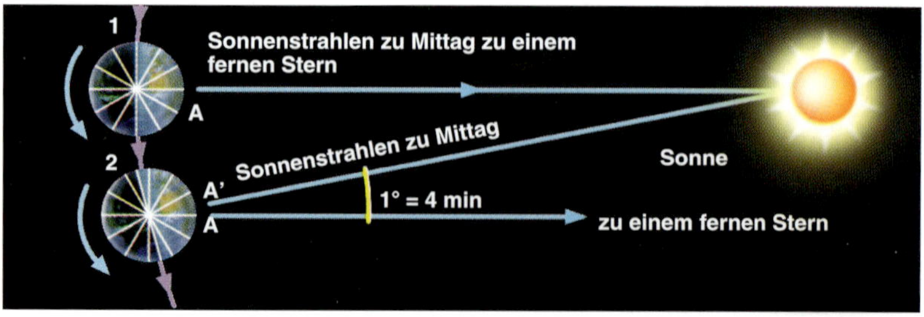

Oben: Die Trennlinie zwischen Tag und Nacht, vom Mond aus gesehen.
Rechts: Die Differenz zwischen Stern- und Sonnentag.

Das Jahr

Die Definition des Jahres, einer weiteren fundamentalen Einheit der Zeitmessung, ist keine ganz einfache Sache und hängt von dem Bezugssystem ab, das man wählt.

SIDERISCHES JAHR UND TROPISCHES JAHR: Das Jahr ist jener Zeitraum, den unser Planet benötigt, um einen Umlauf um die Sonne zu vollenden. Die Dauer dieses Zeitraums ist jedoch unterschiedlich, je nachdem, ob man ihn in Bezug auf einen weit entfernten Stern oder auf die Sonne misst.
Im ersten Fall spricht man vom **siderischen Jahr,** das eine Dauer von 365 Tagen 6 Stunden 9 Minuten und 10 Sekunden hat. Wenn wir jedoch die Zeit messen, die während eines Umlaufs von Frühlingspunkt zu Frühlingspunkt verstreicht, so spricht man vom **tropischen Jahr**, das eine Dauer von 365 Tagen 5 Stunden 48 Minuten und 46 Sekunden hat. Die Differenz von ca. 20 Minuten zwischen siderischem und tropischem Jahr kommt daher, dass der Frühlingspunkt am Himmel wandert. Aus diesem Grund genügt es, dass die Erde etwas weniger als einen ganzen Umlauf vollführt, damit die Sonne auf ihrer scheinbaren Bahn zwischen den Sternen wieder an den Frühlingspunkt zurückkehrt. Das tropische Jahr regelt unser Leben, da es in Übereinstimmung mit den Jahreszeiten steht.

ANDERE DEFINITIONEN DES JAHRES: Das **anomalistische Jahr** ist als Zeitspanne des Umlaufs von Perihel zu Perihel festgelegt. Es dauert 365 Tage 6 Stunden 13 Minuten und 53 Sekunden, also ca. 25 Minuten länger als das tropische Jahr.
Das **Bessel-Sonnenjahr** ist der Zeitraum zwischen zwei aufeinander folgenden Durchgängen der Sonne durch den Frühlingspunkt.
Das **Kalenderjahr** hat 365 oder 366 Tage, je nachdem ob es ein Schaltjahr ist oder nicht.
Das **julianische Jahr** hat 365 Tage und 6 Stunden. Es handelt sich dabei um die mittlere Jahresdauer von vier aufeinander folgenden Jahren, von denen eines ein Schaltjahr ist.

Verwandte Kapitel

Die Bewegung der Erde (Seite 66)

Der Tag (Seite 70)

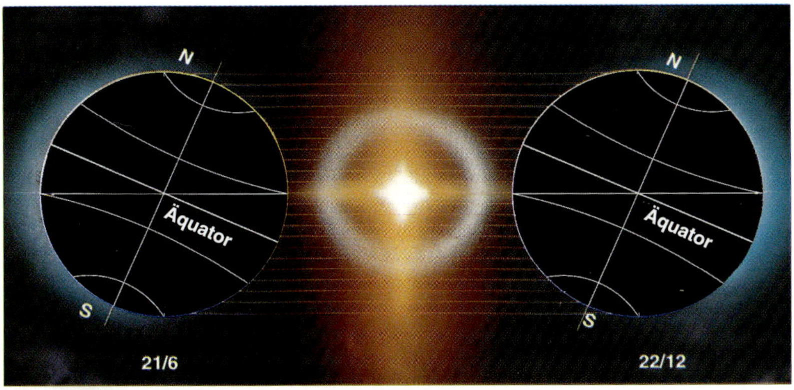

Oben: Abbildung der Erde, durch deren Umlaufbewegung um die Sonne sich das Jahr definieren lässt.
Links: Diese Darstellung zeigt, wie die Sonnenstrahlen zu den beiden Sonnenwenden auf die Erde auftreffen.

Der Kalender

Verwandte Kapitel

Die Bewegung der Erde (Seite 66)

Der Tag (Seite 70)

Das Jahr (Seite 71)

Der Kalender ist ein System der Zeiteinteilung und wurde eingeführt, um die Länge der Jahreszeiten festzulegen und damit die Feldarbeit besser einteilen zu können.
Wir unterscheiden grundsätzlich drei Arten von Kalendern: Man orientierte sich entweder am **Sonnenzyklus,** nach dem unser heutiger Kalender erstellt ist, nach dem **Mondzyklus** (in islamischen Ländern) oder nach dem **lunisolaren System,** wie dies beim jüdischen Kalender der Fall ist, der Merkmale beider Systeme aufweist.

DER RÖMISCHE KALENDER: Nach dem römischen Kalender hatte ein Sonnenjahr 304 Tage. Es bestand aus 10 Monaten, die 30 bzw. 31 Tage dauerten. Die Griechen führten das so genannte **Lunisolarjahr** ein, das sich sowohl auf das Mondjahr als auch auf das Sonnenjahr stützte. Dieser Kalender setzte sich aus 12 Monaten zusammen, wobei 6 aus 29 Tagen und 6 aus 30 Tagen bestanden. Die Länge des Jahres betrug somit 354 Tage. In regelmäßigen Abständen wurde ein zusätzlicher so genannter **Schaltmonat** eingefügt, um die Differenz von 11 Tagen auszugleichen, die sich daraus ergab, dass man sowohl den Wechsel der Mondphasen als auch den natürlichen Ablauf der Jahreszeiten berücksichtigte, was zu unterschiedlichen Jahreslängen führte. Dieser Schaltmonat wurde alle zwei Jahre eingefügt und hatte eine Dauer von 22 bzw. 23 Tagen.
Um die etwas umständlich gehandhabten Schaltregeln zu reformieren, beabsichtigte **Julius Caesar** 46 v. Chr. einen neuen Kalender einzuführen. Zu diesem Zweck zog er den ägyptischen Astronomen und Mathematiker **Sosigenes** bei und ging vom lunisolaren System auf das Sonnenjahr über. Nach dem **Julianischen Kalender** wurde die Jahreslänge mit 365 Tagen fixiert und in 12 Monate unterteilt, die ihrerseits aus 30 bzw. 31 Tagen bestehen sollten. Eine Ausnahme bildete der Februar, der nur 28 bzw. alle vier Jahre 29 Tage haben sollte. Durch diese Schaltregel hatte das Julianische Jahr eine Länge von 365,25 mittleren Sonnentagen. Weil jedoch die Dauer des Jahres in Wirklichkeit etwas kürzer ist (ein so genanntes tropisches Jahr hat eine Länge von 365,2422 mittleren Sonnentagen), ergab sich am Ende des 5. Jahrhunderts ein **Rückstand von ca. 10 Tagen.**
Papst Gregor XIII. reformierte den Kalender im 16. Jahrhundert abermals und korrigierte die Differenz gegenüber dem tropischen Jahr, indem er eine neue Schaltregel einführte, wonach all jene Sekulärjahre keine Schaltjahre sein sollten, deren Zahlenwert nicht durch 400 teilbar ist; so waren z. B. 1800 und 1900 keine Schaltjahre, 2000 hingegen schon. Der **Gregorianische Kalender,** der bei uns heute noch in Gebrauch ist, beseitigte auch die seit der Zeit Julius Caesars angewachsene Differenz von 10 Tagen. Der Papst verfügte **per Dekret** im Jahr 1582, dass auf den 4. Oktober der 15. Oktober zu folgen hatte. Dadurch fiel das Äquinoktium (Tagundnachtgleiche) im Frühling wieder auf den 21. März, wie dies anfangs auch beim Julianischen Kalender der Fall gewesen war. Nach dem Gregorianischen Kalender hat das Jahr also 365,2425 Tage, sodass sich nur alle 3333 Jahre eine Abweichung vom tropischen Jahr von einem Tag ergibt.

Oben: Babylonische Tafel.
Unten: Die »piedra del sol«, der aztekische Kalender, der im anthropologischen Museum von Mexico City zu sehen ist.

Da es sich als unmöglich herausstellte, eine ganzzahlige Zeitmessung in Tagen, Wochen und Jahren zu errechnen, die sowohl den Mondphasen als auch dem Jahreszyklus der Sonne Rechnung trug, und da es von großer Bedeutung war, die Äquinoktien und Solstitien möglichst **unverändert** zu halten, beschloss man, die Kalenderplanung nach dem Lunisolarjahr zugunsten des Solarjahrs aufzugeben.
Dass der Mond einst zur Kalenderberechnung herangezogen wurde, zeigt die Länge unseres heutigen **Monats,** der ungefähr einer Mondphase entspricht, sowie unserer heutigen **Woche,** die in etwa einer Mondphase entspricht.

Die Zeitgleichung

Wann genau erfolgt der Durchgang der Sonne durch den Ortsmeridian? Und was für ein Zusammenhang besteht zwischen diesem Kulminationspunkt und der angezeigten Uhrzeit?

Um diese Fragen zu beantworten, zieht man das **Analemma** zu Rate, ein Diagramm in Form einer Acht, mit dem man drei Größen in Beziehung setzen kann: das Datum, die Deklination der Sonne (d. h. ihre nördliche oder südliche Entfernung vom Himmelsäquator) und die so genannte **Zeitgleichung.** Bei Letzterer handelt es sich um die (in Minuten ausgedrückte) **Differenz zwischen mittlerer und wahrer Sonnenzeit.**

Im Laufe ihrer täglichen Wanderung von Ost nach West geht die Sonne durch den jeweiligen **Ortsmeridian.** Für einen Beobachter, der sich in einer bestimmten Zeitzone befindet, ist es dann Mittag, wenn die Sonne den Meridian erreicht. Dieses Ereignis entspricht jedoch in Wirklichkeit nur viermal im Jahr dem Mittag, wie die Uhr ihn anzeigt – ca. am 16. April, am 14. Juni, am 1. September und am 25. Dezember. An allen anderen Tagen erreicht die Sonne den Meridian etwas früher oder später, wobei die maximale Abweichung 16,3 Minuten früher (um den 3. November) bzw. 14,3 Minuten später (um den 12. Februar) beträgt.

ZWEI ENTSCHEIDENDE FAKTOREN: Die Umlaufbewegung der Erde hat zur Folge, dass die Sonne sich jeden Tag um ca. 1° auf der Ekliptik nach Osten bewegt. Wäre die Bahn der Erde vollkommen kreisförmig und ihre Rotationsachse senkrecht zur Bahnebene, so würde die Bewegung der Sonne entlang des Himmelsäquators verlaufen und im Jahreslauf keine Schwankungen zeigen. Dadurch jedoch, dass die Erdbahn elliptisch ist, kommt die Erde der Sonne im Januar relativ nahe. Diese Nähe bewirkt, dass die Erde sich im Januar schneller bewegt als im Juli, dem Monat, in dem der Planet am weitesten von der Sonne entfernt ist. Durch die Änderung der Umlaufgeschwindigkeit der Erde ändert sich auch die scheinbare Geschwindigkeit der Sonne auf der Ekliptik, was wiederum zur bereits beschriebenen Zeitgleichung führt.

Ein zweiter wichtiger Faktor für die Zeitgleichung ist die Neigung der Erdachse, durch die sich die Erde je nach Jahreszeit einmal nördlich und dann wieder südlich des Himmelsäquators befindet. Im Frühlings- und Herbstpunkt bewegt sich die Sonne in einem größeren Winkel zum Himmelsäquator, während sie in den Sonnenwendepunkten parallel zum Äquator wandert.

Die für die wahre Sonnenzeit benötigte Rektaszension wird nicht auf der Ekliptik, sondern auf dem gegen diese um 23,5° geneigten Äquator gemessen. Dieser Projektionseffekt bewirkt bestimmte **Unregelmäßigkeiten** der wahren Sonne, so dass man eine mittlere Sonne festlegte, die gleichmäßig dem Äquator folgt.

Wenn man die **tägliche Lage der Sonne** zum Meridian in dem Moment betrachtet, in dem die Uhr Mittag anzeigt, so erkennt man, dass sich die Sonne einmal östlich und einmal westlich des Meridians befindet. Die Änderung dieser Abweichung im Verlauf der Nord-Süd-Bewegung der Sonne entlang der Ekliptik beschreibt eine Figur, die die Form einer Acht hat, also ein Analemma.

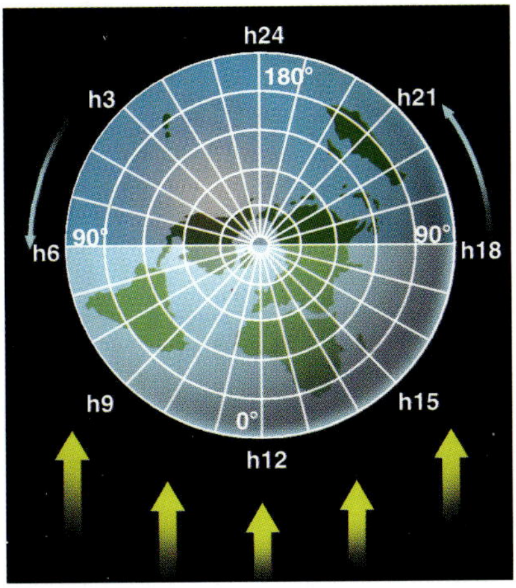

Verwandte Kapitel

Die Bewegung der Erde (Seite 66)

Der Kalender (Seite 72)

Oben: Das Analemma, das die Sonne im Laufe des Jahres am Himmel beschreibt. Das Foto setzt sich aus Aufnahmen zusammen, die im Abstand von einer Woche immer zur gleichen Zeit gemacht wurden. Links: Das System der Zeitzonen.

Die Aberration

Verwandte Kapitel

Die Bewegung der Erde (Seite 66)

Entfernungsmessung (Seite 204)

Unter Aberration versteht man die Tatsache, dass man einen Stern, den man mit dem Fernrohr beobachtet, nicht dort sieht, wo er sich tatsächlich befindet.
Entdeckt wurde dieses Phänomen 1727 von dem englischen Astronomen **James Bradley** (1692–1762). Während er mit der Messung von Sternpositionen beschäftigt war, bemerkte Bradley, dass die Sterne sich mit einer Periode zu bewegen scheinen, die genau einem siderischen Jahr entspricht. Wie diese Bewegung aussah, schien von der Position des Sterns am Himmelsgewölbe abzuhängen.

URSACHE UND AUSWIRKUNGEN: Die Aberration wird durch die Umlaufbewegung der Erde um die Sonne verursacht. Wenn man einen Stern mit dem Fernrohr beobachtet, so braucht das von ihm ausgehende Licht eine gewisse Zeit, um das Fernrohr zu durchqueren. Während dieser kurzen Zeit bleibt die Erde jedoch nicht stehen, sondern wandert weiter, da sie sich immerhin mit einer mittleren Geschwindigkeit von 29,8 km/s um die Sonne bewegt, was etwa 1/1000 der Lichtgeschwindigkeit ausmacht. Es kommt daher zu einem Zusammenwirken zwischen der Geschwindigkeit des ankommenden Lichtsignals und der Bewegung des Beobachters. Daraus ergibt sich eine scheinbare Veränderung der Sternposition. Um diesem Phänomen Rechnung zu tragen, muss der Astronom sein Fernrohr ein wenig nach vorn, d. h. in **Richtung der Erdbewegung,** halten.
Beobachtet man einen Stern, der exakt an einem der Pole der Ekliptik liegt, d. h. in einer Richtung, die senkrecht auf der Ebene der **Erdumlaufbahn** steht, so folgt die scheinbare Verschiebung einer **Kreisbahn.** Liegt ein Stern in der Ebene der **Ekliptik,** so ist diese Verschiebung geradlinig. In allen anderen Fällen handelt es sich um eine **Ellipse.**
Der Neigungswinkel dieses Aberrations-Effekts beträgt genau 20'47"; diesen Wert bezeichnet man als Aberrationskonstante. Die Existenz dieses Phänomens war einer der ersten Beweise für die Tatsache, dass die Erde sich um die Sonne dreht, da im umgekehrten Falle keine Aberration auftreten würde.

DIE TÄGLICHE ABERRATION: Neben der soeben erwähnten jährlichen Aberration gibt es auch noch eine Aberration, die durch die **Rotationsbewegung** der Erde verursacht wird und die deshalb als tägliche Aberration bezeichnet wird. Der Wert dafür hängt von der geographischen Breite des Beobachters ab und stellt mit einem Maximum von 0,32" am Äquator eine vernachlässigbare Größe dar.

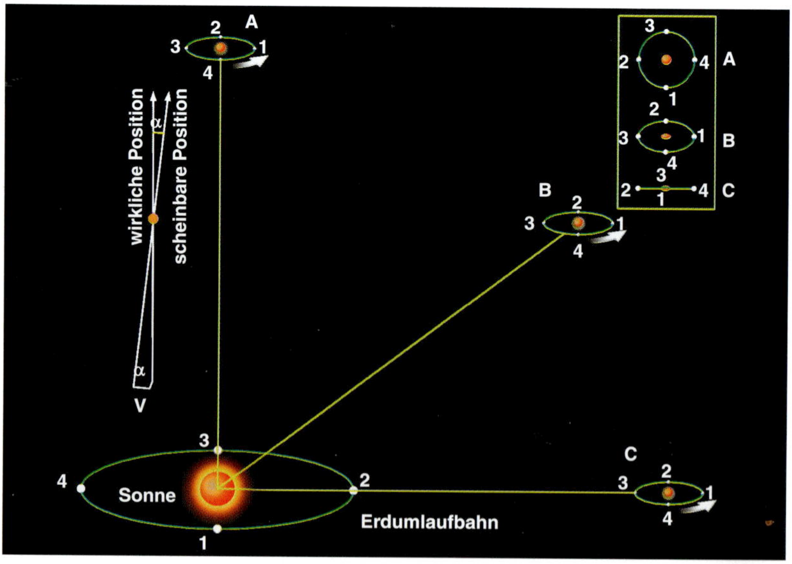

Oben: James Bradley.
Rechts: Diese schematische Darstellung zeigt, wie sich ein Stern aufgrund der Aberration scheinbar im Laufe eines Jahres bewegt: auf einer kreisförmigen Bahn, wenn der Stern am Pol der Ekliptik steht (A), auf einer Geraden, wenn der Stern in der Ekliptik liegt (C) bzw. auf einer Ellipse in allen übrigen Fällen.

Atmosphärische Phänomene

Viele der Phänomene, die wir am Himmel sehen, spielen sich nur wenige Kilometer über uns in der Atmosphäre ab. Dies gilt z. B. für das **Polarlicht** oder für die **Halos,** die die hellsten Sterne umgeben – Erscheinungen, die sich durch ein auffallendes Farbenspiel auszeichnen.
Erst mit dem Aufkommen der modernen Astronomie konnte man diese Phänomene zuordnen, über deren Ursache man sich schon in der Antike Gedanken machte. Es ist sehr schwierig, die Entfernung einer Erscheinung am Himmel zu bestimmen, und so ging es den Forschern der Antike immer wieder darum, zu erkennen, ob bestimmte Phänomene am Himmel sich im Bereich der »himmlischen Regionen« oder in der »sublunaren Sphäre« abspielten. So waren es nicht wenige, die die Kometen für Ausdünstungen der Erde hielten. Mit der Weiterentwicklung der Forschungsinstrumente konnte man schließlich zweifelsfrei die astronomischen Phänomene von den atmosphärischen trennen. Dennoch sind auch Letztere durchaus interessant und einer näheren Betrachtung wert.

Verwandte Kapitel

Das Polarlicht (Seite 77)

Von künstlichem Licht überstrahlt (Seite 83)

REGENBOGEN UND HALO: Die vielleicht auffälligsten derartigen Phänomene sind Regenbögen und schillernde Halos rund um Sonne und Mond. Es handelt sich dabei um Lichterscheinungen, die durch Brechung bzw. Spiegelung des Sonnen- oder Mondlichts an feinen **Eiskristallen** oder Wassertröpfchen verursacht werden, die mehr oder weniger hoch in der Atmosphäre schweben.
Diese Phänomene lassen sich durch das Verhalten des Lichts erklären, wenn es ein transparentes Medium, wie z. B. einen Wassertropfen, einen Eiskristall oder ein Stück Glas, durchdringt. Zunächst ist zu sagen, dass ein Lichtstrahl, der von einem Medium in ein anderes von verschiedener Dichte eindringt, abgelenkt wird; wir haben es mit einer **Lichtbrechung** zu tun. Wenn das Licht auf ein Medium von höherer Dichte trifft, wird es teilweise reflektiert. Gelangt es jedoch von einem dichteren in ein weniger dichtes Medium, kann es passieren, dass der gesamte Strahl **reflektiert** wird, d. h., dass er nicht in das weniger dichte Medium eindringen kann. In diesem Fall spricht man von einer **Totalreflexion.** Beim Phänomen der Brechung des Lichts ist zu erwähnen, dass manche **Frequenzen** stärker abgelenkt werden als andere; der Lichtstrahl wird also **zerstreut.** Dies geschieht etwa, wenn Licht auf ein Prisma trifft und in seine **Spektralfarben** zerlegt wird.
Wenn wir nun wieder zu den atmosphärischen Phänomenen zurückkehren, so kann man sagen, dass das Sonnenlicht, wenn es z. B. auf einen Wassertropfen trifft, genau die gleichen Prozesse durchmacht. So trifft etwa bei einem **Regenbogen** das Sonnenlicht auf die Regentropfen und wird in der Folge gebrochen und gleichzeitig in die Spektralfarben, also die Regenbogenfarben, zerlegt; der Lichtstrahl bewegt sich auf einem komplexen Weg durch den Tropfen und tritt in mehr oder minder der glei-

Oben: Ein Mond-Halo.
Links: Regenbogen.

chen Richtung wieder aus, aus der er eingedrungen war, wenn auch in die verschiedenen Farben seines Spektrums zerlegt. Dass es zu einem Regenbogen kommt, liegt daran, dass sich die gebrochenen und reflektierten Strahlen nur in einem ganz bestimmten Winkel zusammenfügen können. Die Tatsache, dass das Licht auch eine Totalreflexion durchmacht, zeigt sich auch daran, dass man einen Regenbogen nur sehen kann, wenn man die Sonne im Rücken und eine Wand von Regentropfen vor sich hat. Bisweilen sieht man auch zwei Regenbögen, wobei der zweite größer und mit umgekehrten Farben auftritt. In diesem Fall sehen wir Lichtstrahlen, die **zwei Reflexionen** im Inneren der Wassertropfen erfahren haben.
Auch ein **Halo** stellt ein Phänomen dar, bei dem das Licht von Sonne oder Mond reflektiert oder gebrochen und zerstreut wird. In diesem Fall bildet sich jedoch eine Art Hof rund um Sonne oder Mond, der nur an ganz bestimmten Positionen auftreten kann, und zwar an 22° oder 46° des Himmelskörpers, der den Halo hervorruft.

DER GRÜNE STRAHL: Diese sehr seltene atmosphärische Erscheinung ist auf die Dispersion der in der Atmosphäre gebrochenen Sonnenstrahlen zurückzuführen. Die **grüne Lichterscheinung** kann bei Sonnenauf- und -untergang auftreten und dauert nur ca. 2 bis 3 Sekunden. Dabei wird das Bild der Sonne im kurzwelligen Bereich des sichtbaren Spektrums stärker hervorgehoben als im langwelligen (roten) Teil, was zu dem kurzen intensiven grünen Leuchten führt.

Oben: Grüner Strahl, bei Sonnenuntergang aufgenommen. Unten: Diese Illustration stellt das Phänomen der Nebensonnen dar.

LICHTSÄULE UND NEBENSONNEN: In der Zeit um Sonnenaufgang und -untergang kann man bisweilen einen stark leuchtenden weißen Streifen über dem Punkt erkennen, wo die Sonne im Begriff ist, aufzugehen, bzw. untergegangen ist. Dieses Phänomen der Lichtsäule wird durch **winzige Eiskristalle** verursacht, die in der Atmosphäre schweben und das Sonnenlicht reflektieren. Um Lichtsäulen sehen zu können, ist es nötig, dass die Kristalle parallel zum Horizont in der Luft schweben. Ebenfalls durch Eiskristalle werden die so genannten Nebensonnen hervorgerufen, **zwei leuchtende Flecken** mit einem nach außen gerichteten leuchtenden Schweif beiderseits der Sonne.

ZODIAKALLICHT: Dabei handelt es sich um eine schwache Erhellung des Himmels über der Auf- bzw. Untergangsstelle der Sonne. Das Zodiakallicht entsteht nicht in der Erdatmosphäre, sondern beruht auf der Streuung von Sonnenlicht an **interplanetarem Gas** und **Staub,** die die Sonne in Form einer Wolke umgeben, welche in der Ekliptik liegt. Besonders hell ist das Zodiakallicht an dem der Sonne gegenüberliegenden Punkt; man spricht dabei vom **Gegenschein.**

Das Polarlicht

Eines der faszinierendsten Phänomene am Himmel ist mit Sicherheit das Polarlicht. Es handelt sich um eine **Leuchterscheinung** am Nachthimmel, die mit einer gewissen Regelmäßigkeit in der Umgebung der Pole zu sehen ist. Polarlichter können als Bänder, Kronen oder diffuse Erhellungen auftreten. Intensität, Farbe und Struktur variieren oft in schneller Folge, was sich in Flackern und unregelmäßigen Bewegungen der Erscheinungen bemerkbar macht.

Verwandte Kapitel

Atmosphärische Phänomene
(Seite 75)

URSACHE UND AUSWIRKUNGEN: Das Polarlicht wird durch **elektrisch geladene Teilchen** verursacht, die von der Sonne abgegeben werden (Elektronen, Protonen und Alpha-Teilchen) und mit einer Geschwindigkeit von ca. 500 km/s unterwegs sind, bis sie nach etwas mehr als drei Tagen die Erde erreichen. Hier werden sie zwar vom Magnetfeld der Erde abgelenkt – ein Teil von ihnen gelangt aber dennoch in Polnähe in die Atmosphäre und trifft mit den Atomen und Molekülen der Lufthülle zusammen, die dadurch zum Leuchten angeregt werden. Infolge des Zusammenpralls der Teilchen mit den Atomen und Molekülen des Sauerstoffs und anderer Elemente werden Letztere ionisiert. Zu dem charakteristischen Leuchten kommt es, wenn die **Rekombination** der Ionen und Elektronen einsetzt.
Polarlichter treten zumeist in einer Höhe von ca. 100 km auf und können umso besser beobachtet werden, je näher man sich den Polen befindet. Der Grund dafür liegt darin, dass die geladenen Teilchen hier leichter dem **Erdmagnetfeld** entwischen können. Manchmal jedoch, wenn das Polarlicht besonders intensiv leuchtet, kann es auch in mittleren Breiten zu sehen sein.
Häufigkeit und Intensität der Polarlichter hängen mit dem elfjährigen **Zyklus der Sonne** zusammen (siehe Seite 48); befindet sich die Sonne in einer Phase erhöhter Aktivität, treten Polarlichter häufiger auf als in Zeiten geringer Aktivität.
Während eines Polarlichts kommt es in der **Ionosphäre,** also der atmosphärischen Schicht zwischen 60 und 500 km Höhe, zu verschiedenen Phänomenen, wie der Emission von Röntgenstrahlen oder der Bildung von elektrischen Strömen. Die Energie, die im Zuge eines Polarlichts emittiert wird, liegt viel mehr im nicht-sichtbaren Bereich des elektromagnetischen Spektrums als im sichtbaren.
Dasselbe Phänomen wie beim Polarlicht tritt auch fern der Pole als schwaches **Himmelsleuchten** auf, das nur schwer zu beobachten ist. Dennoch ist der Himmel auch in den dunkelsten mondlosen Nächten nicht völlig dunkel; man kann vielmehr einen diffusen, sehr schwachen rötlichen Schimmer erkennen. Die Ursache für diesen Lichtschimmer ist dieselbe wie die des Polarlichts. Dass das Phänomen fern der Pole um so viel schwächer zu erkennen ist, liegt daran, dass hier viel weniger Teilchen in die Atmosphäre eindringen.

Die beiden Bilder zeigen zwei besonders eindrucksvolle Polarlichter. Das obere wurde von einem Space Shuttle aus aufgenommen.

Meteore

Verwandte Kapitel

Meteoriten (Seite 80)

Planetoiden (Seite 102)

Kometen (Seite 122)

Im Sonnensystem bewegt sich eine beträchtliche Menge an fester Materie, die in ganz unterschiedlichen Formen und Größen auftreten kann. Die größten derartigen Körper sind die **Planetoiden** oder **Asteroiden** (siehe Seite 102), die sich zum überwiegenden Teil in einem Gürtel zwischen den Planeten Mars und Jupiter befinden. Manche derartige Körper tauchen auch in der Nähe der Erde auf; wenn sie gar auf Kollisionskurs mit unserem Planeten gelangen, bezeichnet man sie als **Meteoride.** Tritt ein solcher Meteorit in die Erdatmosphäre ein, so kommt es zu einer Leuchterscheinung, die als **Meteor** oder **Sternschnuppe** bekannt ist. Durch die Reibungswärme verglühen Meteoride zumeist in etwa 100 km Höhe zu Asche. Manchmal jedoch verglühen größere Körper nicht zur Gänze und fallen als Meteoriten zur Erde. Auch wenn sie – mit freiem Auge beobachet – am Himmel oft wie Sterne erscheinen, handelt es sich bei den Meteoriden zumeist nur um **Teilchen von kosmischem Staub.**

WIE SICH EIN METEOR BILDET: Wie können kleinste Staubkörner, deren Größe sich zwischen 1 und 10 mm bewegt, eine dermaßen helle Leuchtspur hervorrufen? Dazu ist zu sagen, dass man nicht die aufgeheizten Staubteilchen sieht, sondern die Spur, die diese zurücklassen. Sobald ein Meteorit in die Erdatmosphäre eintritt, heizt er sich durch die Reibung mit den immer dichteren Schichten zunehmend auf. Dabei wird die Bewegungsenergie des Körpers in **Wärmeenergie** umgewandelt, die auch auf die Moleküle und Atome der Atmosphäre übergeht. Diese werden ionisiert, d. h., sie verlieren teilweise ihre Elektronen und werden dadurch zum Leuchten angeregt. Dieses Licht ist bisweilen auch über große Entfernungen zu sehen. Die Vereinigung der unterschiedlich geladenen **Ionen** und **Elektronen** dauert eine gewisse Zeit, sodass man die **Leuchtspur** für mehrere Sekunden, in seltenen Fällen sogar mehrere Minuten verfolgen kann, wobei sich zur Beobachtung die Verwendung eines Feldstechers empfiehlt.

In manchen Fällen kann der Schweif eines Meteors eine beträchtliche Helligkeit erreichen und selbst die hellsten Sterne und Planeten bei weitem überstrahlen. Solche Körper, Feuerbälle oder **Bolide** genannt, können oft weite Strecken am Himmel zurücklegen und sich dabei in mehrere Bruchstücke aufsplittern. Auch größere Meteore spalten sich bisweilen in mehrere Bruchstücke auf, die dann als Meteoriten zur Erde fallen und – wenn man Glück hat – irgendwo auf einer Wiese oder einem Acker aufgesammelt werden können.

Oben: Die Leuchtspur eines Feuerballs.
Unten: Die Spuren eines Meteorstroms, die sich vom Radianten her ausbreiten.

METEORSCHAUER BZW. -STRÖME: In manchen Nächten ist die Zahl der Meteore, die man beobachten kann, besonders hoch. Dies kommt daher, dass die Erde auf ihrer Umlaufbahn um die Sonne die Bahn gewisser **Kometen** kreuzt. Diese geben ständig Staubteilchen an ihre Umgebung ab; so ist etwa auch der Schweif eines Kometen aus

Gas und verdünnter Materie zusammengesetzt. Innerhalb des Sonnensystems gibt es Milliarden von Meteoriden, die sich als Auflösungsprodukte von Kometen entlang von schlauchartigen Räumen bewegen. Wenn nun die Erde einen solchen **Teilchenschlauch** durchquert, kommt es zu häufigen Zusammenstößen, d. h. die Zahl der Meteore nimmt zu. Dies ist die Ursache für die verschiedenen Meteorströme, die stets zu bestimmten Zeiten im Jahr auftreten. So ist beispielsweise der berühmte **Meteorstrom der Perseiden,** der scheinbar aus dem Sternbild Perseus stammt, immer zwischen dem 20. Juli und dem 19. August zu sehen. Die größte Meteorhäufigkeit ist um den 11. August zu beobachten. Weitere wichtige Ströme sind die **Quadrantiden** (zwischen 1. und 4. Januar), die **Orioniden** (15. bis 25. Oktober), die **Leoniden** (11. bis 20. November) und die **Geminiden** (6. bis 16. Dezember).
Solche Meteorströme sind in manchen Nächten so dicht, dass für einen Zeitraum von einer knappen Stunde pro Minute Dutzende Meteore auftauchen können. Besonders berühmt wurde in dieser Hinsicht der große **Sternschnuppenfall** des Leonidenstroms im Jahr 1966.
Neben den Meteoren, die sich in solchen Strömen bewegen, gibt es auch solche, die keinem Strom angehören. Es handelt sich dabei um Staubteilchen, die nicht aus einem Teilchenschlauch stammen, wie ihn Kometen bilden, sondern aus jenem Material, aus dem das Sonnensystem selbst hervorgegangen ist.

DER RADIANT: Wenn die Erde in eine Staubwolke eintritt und sich so ein Meteorstrom bildet, so entsteht der perspektivische Effekt, dass die Sternschnuppen alle vom gleichen Punkt herzukommen scheinen, dem so genannten **Radianten.** In Wirklichkeit bewegen sich die verglühenden Teilchen auf parallelen Bahnen, doch durch die große Distanz des Beobachters enden diese Bahnen scheinbar alle in einem Punkt. Das Sternbild, in dem dieser Ausstrahlungspunkt liegt, gibt dem Meteorstrom auch seinen Namen; dementsprechend liegt der Radiant der **Perseiden** im Sternbild Perseus. Die Position des Radianten ist kein Hinweis darauf, wo die Meteore am häufigsten auftreten, sondern nur dafür, aus welcher Richtung sie zu kommen scheinen.

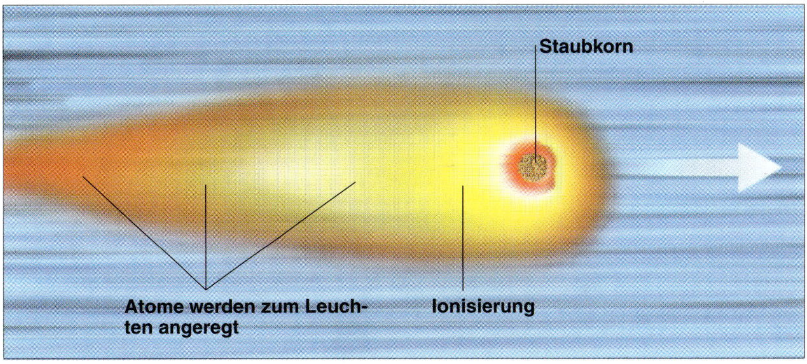

Oben: Leuchtspuren von Meteoren, mit langer Belichtungszeit aufgenommen.
Links: Der Vorgang des Leuchtens eines Meteors, grafisch dargestellt.

Meteoriten

Verwandte Kapitel

Meteore (Seite 78)
Meteoritenkrater (Seite 82)
Planetoiden (Seite 102)

Auf ihrer Wanderung um die Sonne kreuzt die Erde immer wieder die Bahnen kleinerer Himmelskörper, die von völlig unterschiedlicher Form und Größe sein können. Diese Körper, **Meteoride** genannt, verglühen zumeist beim Eintritt in die Erdatmosphäre aufgrund der dabei entstehenden Reibungswärme. Ist ihre Masse größer als einige Gramm, nennt man solche Objekte auch Feuerbälle oder **Bolide.** Größere Meteoride verglühen manchmal nicht vollständig und fallen dann als Meteoriten zur Erde.
Im Laufe der 4,5 Mrd. Jahre der Erdgeschichte wurde unser Planet bereits von einer Unmenge von Meteoriten bombardiert, insbesondere während der ersten Jahrmilliarde. Heute ist dieser Beschuss zum Glück weitaus weniger intensiv; der Großteil des Materials, der Tag für Tag niedergeht (mehrere Tonnen), landet als **Staub** auf der Erde. Dennoch kommt es immer wieder vor, dass auch Meteoriten zur Erde fallen.

ERSTE THEORIEN: Es gibt eine Reihe von Überlieferungen – auch aus der Antike –, die von niedergehenden Meteoriten sprechen. Damals wusste man über die Herkunft dieser Körper noch nicht Bescheid. Obwohl sie offensichtlich vom Himmel fielen, war es keineswegs klar, dass sie von außerhalb der Erde kamen. Bis zum Ende des 18. Jahrhunderts gab es zwei Theorien zur Herkunft der Meteoriten. Die erste Theorie besagte, dass diese Körper durch außergewöhnlich starke **Luftwirbel** hochgeschleudert würden, um dann auf die Erde zurückzustürzen. Der zweite Ansatz ging davon aus, dass die Meteoriten durch **vulkanische Kanäle** emporgeschleudert würden, die in kürzester Zeit entstünden und danach wieder verschwinden würden.
1794 vertrat der deutsche Physiker **Ernst Chladni** zum ersten Mal, dass es sich um Objekte aus dem **interplanetaren Raum** handle. Demgegenüber vertrat der französische Astronom **Laplace** die Ansicht, dass diese Körper vom Mond herkämen, zumal man damals glaubte, dass es auf unserem Satelliten aktive Vulkane gäbe.
Nach und nach stellte man fest, dass die Meteoriten – obwohl sie an weit voneinander entfernten Plätzen gefunden wurden – einen einheitlichen Aufbau zeigten, der sich vom irdischen Gestein unterschied. Als im 1801 der erste Planetoid entdeckt wurde und wenig später weitere Entdeckungen folgten, begann man zu erkennen, dass die Meteoriten von den kleineren Körpern des Sonnensystems stammen mussten, insbesondere von den Planetoiden.
Die Meteoriten gehören genauso wie die Planetoiden zu den ältesten Körpern des Sonnensystems. Ihre Erforschung ist insofern von großer Bedeutung, als wir dadurch mehr über die Bedingungen erfahren, die während der Bildung unseres Planetensystems herrschten.

Viele Meteoriten sind hunderte Millionen Jahre älter als die Gesteine auf der Erde.

KLASSIFIZIERUNG: Heute werden die Meteoriten nach ihrer chemischen Zusammensetzung in **zwei große Grup-**

pen, die Stein- und die Eisenmeteoriten, unterteilt. Die **Eisenmeteoriten** machen etwa 30% aller gefundenen Meteoriten aus. Sie bestehen größtenteils aus Eisen-Nickel-Legierungen, wobei die beiden Elemente in unterschiedlichen Anteilen vorkommen können. Zwei Untergruppen sind die Meteoriten aus **Kamazit** mit bis zu 8% Nickel und jene aus **Taenit** mit bis zu 50% Nickel. Wenn man einen Eisenmeteoriten zerteilt und schleift und die Schlifffläche mit einer Säure ätzt, treten Scharen von feinen Linien zutage, die so genannten **Widmannstättenschen Figuren,** benannt nach ihrem Entdecker, dem Grafen **Alois von Widmannstätten** (1808). Diese Figuren bilden sich im Zuge der langsamen Abkühlung der verschiedenen Legierungen, je nachdem, wie hoch der Nickelanteil ist.

Außer Eisen und Nickel enthalten diese Meteoriten noch verschiedene Minerale, die auf der Erde nicht vorkommen, wie z. B. Troilit, ein Eisensulfid. Eisenmeteoriten sind in der Regel sehr dunkel, fast schwarz, was darauf hinweist, dass es sich um die Überbleibsel von verglühten Körpern handelt. An der Luft nehmen sie jedoch rasch einen rötlichen oder gelblich braunen Farbton an.

Die zweite große Gruppe wird von den **Steinmeteoriten** gebildet, die rund 65% aller Meteoriten ausmachen. Sie weisen große Ähnlichkeit mit irdischen Gesteinen auf, da sie großteils aus Silikaten aufgebaut sind. Man unterteilt sie in zwei große Gruppen, die **Chondrite** und die **Achondrite,** je nachdem, ob Silikatkügelchen (so genannte **Chondrulen**) vorhanden sind oder nicht.

Erwähnenswert sind schließlich noch jene Meteoriten, die zu gleichen Teilen aus Eisen-Nickel-Legierungen und Silikaten aufgebaut sind und die nur etwa 5% aller Meteoriten ausmachen. Man unterteilt sie in die **Pallasite** und die **Mesosiderite,** die sich in ihrer inneren Struktur und der mineralogischen Zusammensetzung unterscheiden. Sie haben ein schwammartiges Aussehen, wobei das Metall die Silikatkügelchen umschließt.

Oben: Eisenmeteorit.
Unten: Chondrit, gefunden in der Antarktis.

METEORITENFUNDE: Bei der Einteilung der Meteoriten ist zunächst von Bedeutung, ob er beim Aufprall auf der Erdoberfläche beobachtet oder später gefunden wurde. Nur etwa ein Drittel der Meteoriten, die in Museen oder Sammlungen aufbewahrt werden, wurden beim Fall beobachtet; alle übrigen wurden irgendwann nach dem Aufprall gefunden. Zu den interessantesten Orten für »Meteoritenjäger« gehören die nordafrikanischen Wüstengebiete und die Antarktis. Dort gibt es große ebene Flächen, die die Suche naturgemäß begünstigen. Meteoriten werden nach den Orten benannt, an denen sie gefunden wurden; so stammt beispielsweise der Meteorit **Allende** aus der gleichnamigen Region im mexikanischen Bundesstaat Chihuahua.

Meteoritenkrater

Verwandte Kapitel

Meteore
(Seite 78)
Meteoriten
(Seite 80)
Planetoiden
(Seite 102)

Wenn ein Meteorit auf die Oberfläche der Erde oder eines anderen Festkörpers des Sonnensystems auftrifft, bildet sich ein **Einschlagskrater.** Auf der Erde findet man Krater von verschiedener Größe, wobei der Durchmesser von wenigen Millimetern bis zu mehreren hundert Kilometern reichen kann. Die Form des Kraters hängt von verschiedenen Faktoren ab, insbesondere von der Beschaffenheit der Erdoberfläche am Einschlagsort, den physikalischen und kinetischen Eigenschaften des auftreffenden Körpers sowie den geologischen und witterungsbedingten Veränderungen nach dem Einschlag.

KRATER AUF DER ERDE: Verglichen mit anderen Körpern des Sonnensystems sind die Einschlagskrater auf der Erde nicht allzu dicht gesät. Vor allem der Mond sowie der Merkur weisen deutlich mehr Krater auf. Warum es auf der Erde relativ wenige Krater gibt, hat zwei Gründe: zum einen liegt es an der dichten Atmosphäre unseres Planeten sowie den verschiedenen Wetterphänomenen, durch die die Krater über geologische Zeiträume hinweg bis zur Unkenntlichkeit verwittern; zum anderen kommt es durch vulkanische und tektonische Aktivität immer wieder zu einer Erneuerung des Bodens.
Zu den bemerkenswertesten Kratern auf der Erde gehört zweifelsohne der **Arizona-Krater,** der hervorragend erhalten ist. Bei einem Durchmesser von 1300 m ist der Krater nicht weniger als 175 m tief. Der Kraterrand erhebt sich 50 m über das Niveau der Umgebung. Entdeckt wurde dieser Krater 1891, und man geht heute davon aus, dass er vor etwa 50.000 Jahren entstanden ist. In seiner Umgebung wurde eine beträchtliche Menge von meteoritischem Material gefunden, aus dem man schließt, dass es sich um einen 10.000 Tonnen schweren Eisenmeteoriten gehandelt haben muss, der hier niederging und beim Aufprall großteils zerstört wurde.
Ein weiterer beachtlicher Krater ist jener von **Wolfe Creek** in Australien, der einen Durchmesser von ca. einem 1 km aufweist. Dieser Krater, der ebenfalls sehr gut erhalten ist, dürfte vor etwa 300.000 Jahren entstanden sein.
Seit der Mensch die Möglichkeit hat, die Erde mit Hilfe von Satelliten zu beobachten, werden immer mehr Krater entdeckt, die zum Teil unter dem Meer, dem Eis oder der Vegetation verborgen sind.

METEORITENKRATER UND DINOSAURIER: Manche Wissenschaftler vertreten die Ansicht, dass das Aussterben der Dinosaurier durch den Einschlag eines Meteoriten vor rund 65 Mio. Jahren verursacht worden sei. Durch diesen Einschlag, so wird angenommen, könnte sich das Klima dramatisch verändert und damit diese Tiere für lange Zeit ihrer Nahrung beraubt haben. Der entsprechende Krater soll jener auf der Halbinsel **Yucatan** in Mexiko sein, dessen Entstehung mit dem Verschwinden der Dinosaurier am Ende der Kreidezeit zusammenfällt. Viele Paläontologen sind jedoch der Ansicht, dass ein solcher Meteoriteneinschlag lediglich eine Nebenursache für das Aussterben der Tiere sein könne. Die wahren Ursachen, so wird gesagt, seien viel komplexer und würden mit den damaligen Veränderungen der Vegetation zusammenhängen.

Der Arizona-Krater in der Wüste von Arizona, USA.

Von künstlichem Licht überstrahlt

Die Beobachtung des Sternenhimmels wird heutzutage stark durch **künstliche Lichtquellen** wie z. B. Straßenbeleuchtung oder Leuchtreklame beeinträchtigt. Deshalb ist es heute in der Stadt kaum noch möglich, den Himmel zu beobachten; man muss sich zu diesem Zweck schon an einen möglichst abgelegenen Ort zurückziehen, im günstigsten Fall auf einen Berg. Für die Menschen in der Antike, aber auch für die, die noch vor einem Jahrhundert gelebt haben, war die Situation völlig anders.

EIN PROBLEM UNSERER ZEIT: Die professionelle Astronomie ist heute stark von dem Problem der künstlichen Lichtquellen beeinträchtigt. Besonders jene Sternwarten, die bis zur Mitte des 20. Jahrhunderts errichtet wurden, leiden unter der ständigen Ausdehnung der städtischen Siedlungen in ihrer Nähe; vor einigen Jahrzehnten konnte man noch nicht ahnen, welche Ausmaße diese Beeinträchtigung einmal annehmen würde.
Heute ist es bereits so weit, dass manche Sternwarten nicht mehr benutzbar sind. So hat etwa das Observatorium am **Mount Wilson** durch die Nähe der Großstadt Los Angeles mittlerweile stark an Bedeutung verloren. Glücklicherweise ist die Sache beim Observatorium am **Mount Palomar** etwas anders, das nur rund 70 km von der kalifornischen Stadt San Diego entfernt liegt. Dort wurden schon 1981 per Gesetz entsprechende Lampen eingeführt, die noch dazu um 23 Uhr abgeschaltet werden müssen.
Aber nicht nur die professionellen Astronomen leiden unter der Beeinträchtigung durch künstliche Lichtquellen; sie haben wenigstens die Möglichkeit, sich an entlegene Orte zurückzuziehen, wo der Sternenhimmel noch nicht von künstlichem Licht überstrahlt wird. Ein anderer Weg besteht darin, die Beobachtungsinstrumente in die **Erdumlaufbahn** zu schicken, wo es keine Beeinträchtigung mehr gibt. Solche Möglichkeiten stehen den Amateurastronomen jedoch nicht offen, insbesondere wenn sie ihre Himmelsbeobachtungen von einer Stadt aus machen. Kann man bei idealen Bedingungen noch Sterne der 6,5. Größe sehen, so reduziert sich das in einer Stadt auf Sterne der 2,5. Größe. Dies bedeutet, dass man nur noch wenige Dutzend Sterne erkennen kann.

LÖSUNGSANSÄTZE: Das Problem der künstlichen Lichtquellen könnte zum Teil gemindert werden, indem man geeignete Leuchtkörper verwendet; die beste Lösung scheinen in diesem Zusammenhang Natriumdampf-Niederdrucklampen zu sein, die nur Licht von zwei bestimmten **Wellenlängen** aussenden, nämlich 5890 und 5896 Ångström. Dies bedeutet, dass der Astronom die Beeinträchtigung, die von solchen Lichtquellen ausgeht, gezielt ausschalten kann, indem er entsprechende **Filter** einsetzt, die genau diese Wellenlängen eliminieren.
Schließlich sei noch erwähnt, dass es durchaus auch wirtschaftlich gesehen von Vorteil wäre, wenn man effizienter und gezielter mit den Lichtquellen umgehen würde. Berechnungen zufolge könnte in den modernen Industrieländern auch in der öffentlichen Beleuchtung einiges rationalisiert werden, wodurch man **Kosten in Milliardenhöhe** einsparen könnte.

Verwandte Kapitel

Astronomische Observatorien (Seite 37)

Große Städte sind nachts von einem wahren Lichtmantel zugedeckt, der jede Himmelsbeobachtung unmöglich macht.

Kosmische Strahlung

Verwandte Kapitel

Nicht-optische Astronomie (Seite 211)

Neutrinos (Seite 216)

Die Erforschung der kosmischen Strahlung spielt sich im Grenzbereich von Astrophysik, Kernphysik und Elementarteilchenphysik ab. Man versteht unter der kosmischen Strahlung all jene **Teilchen,** die aus dem **Weltraum** zu uns gelangen und den Raum rund um die Erde ausfüllen. Es handelt sich dabei um sehr energiereiche Teilchen; ihre Energie beträgt rund das 1000fache der Teilchen im Teilchenbeschleuniger.

ENTDECKUNG DER KOSMISCHEN STRAHLUNG: Schon zu Beginn des 20. Jahrhunderts kam die Hypothese auf, dass es eine Art Teilchenstrahlung außerirdischen Ursprungs geben müsse. Der erste Schritt dazu erfolgte 1900, als man feststellte, dass die Luft, die eigentlich ein perfekter Isolator sein sollte, eine gewisse **Restleitfähigkeit** aufweist.
Anfänglich dachte man, dass die Ursache eine Strahlung sei, die von radioaktiven Substanzen kommt, wie sie in der Erdkruste vorhanden sind; immerhin hatte der französische Physiker **Henry Becquerel** 1896 die natürliche Radioaktivität entdeckt. Diese Annahme erwies sich jedoch bald als nicht haltbar. Es zeigte sich nämlich, dass die **Ionisierung der Atmosphäre** mit der Höhe zunimmt, zumindest bis zu einer bestimmten Höhe, und dass folglich die irdische Radioaktivität höchstens eine untergeordnete Rolle in dem beobachteten Phänomen spielen kann. Es war **V. F. Hess,** der 1912 im Zuge von Ballonflügen feststellte, dass die Restleitfähigkeit der Luft mit der Höhe zunimmt. Als Ursache nahm er eine von außen kommende ionisierende Strahlung an, die er **Höhenstrahlung** nannte. Heute wird diese Erscheinung als **kosmische Strahlung** bezeichnet.

EIGENSCHAFTEN DER KOSMISCHEN STRAHLUNG: Der Erste, der eine Hypothese zur Herkunft der kosmischen Strahlung aufstellte, war der amerikanische Physiker **Robert Millikan.** Er ging davon aus, dass es sich um energiereiche Photonen, genauer gesagt, um Gammastrahlen, handle, die von der Atmosphäre absorbiert werden. Millikan vermutete, dass diese Photonen aus Kernfusionsprozessen entstünden, die in interstellaren Gasen vor sich gehen – eine Theorie, die sich rasch als nicht haltbar herausstellte. 1929 zeigten die deutschen Wissenschaftler **Bethe** und **Kolhörster,** dass es sich bei der kosmischen Strahlung um eine elektrisch geladene Teilchenstrahlung handelt. Nachfolgende Experimente, die vom Engländer **Patrick M. Blackett** und dem Italiener **Giuseppe Occhialini** durchgeführt wurden, ergaben, dass die kosmische Strahlung eine sekundäre Strahlung erzeugen kann. Es zeigte sich, dass solche Wechselwirkungen auch in den äußeren Schichten der Atmosphäre stattfinden und dass es grundsätzlich zwei Arten von kosmischer Strahlung gibt: eine **primäre** und eine **sekundäre** Strahlung.

Diese grafische Darstellung zeigt die Wechselwirkung zwischen einem Proton der kosmischen Strahlung und einem Atomkern der Atmosphäre, wobei sekundäre Teilchen entstehen.

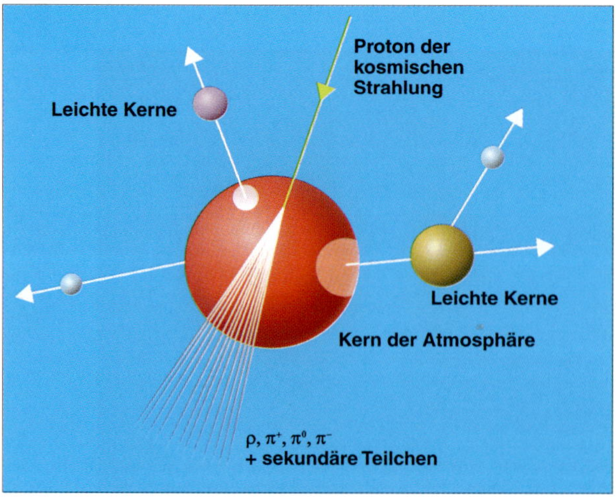

PRIMÄRE KOSMISCHE STRAHLUNG: Nachdem es sich bei der kosmischen Strahlung großteils um geladene Teilchen handelt, wird ihre Verteilung durch das Magnetfeld der Erde beeinflusst. Die Teilchen werden vom Magnetfeld eingefangen und pendeln längs der Feldlinien zwischen den geomagnetischen Polen hin und her. Auf diese Weise bilden sie so genannte Strahlungsgürtel **(Van-Allen-Strahlungsgürtel),** wo die Dichte der geladenen Teilchen besonders hoch ist. Aus der Erforschung des Verhaltens der kosmischen

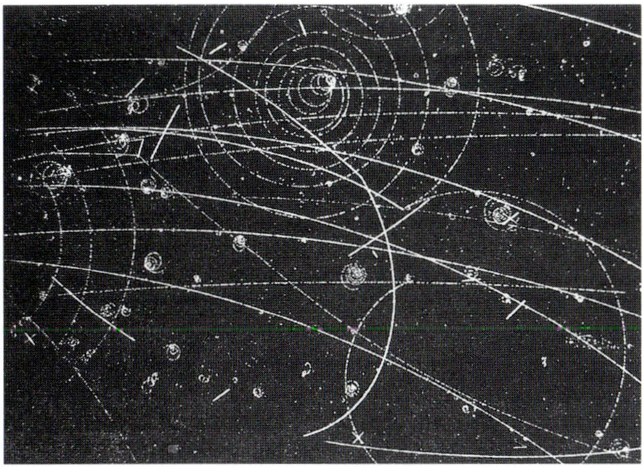

Strahlung im Inneren des Erdmagnetfeldes konnte man schließen, dass die primäre kosmische Strahlung größtenteils aus positiv geladenen Teilchen besteht, insbesondere aus **Protonen** (rund 87%), **Atomkernen** (von Wasserstoff und Helium bis hin zu schwereren Kernen) und **Positronen;** einen geringeren Anteil bilden Elektronen und Gammastrahlen.

SEKUNDÄRE KOSMISCHE STRAHLUNG: Während die Strahlung die Atmosphäre durchquert, wird die primäre Strahlung allmählich absorbiert und es bildet sich infolge von Kernreaktionen mit den Luftmolekülen die sekundäre kosmische Strahlung.

In Seehöhe findet man keine Spuren der primären kosmischen Strahlung mehr, sondern nur noch sekundäre Strahlung. Wenn ein Teilchen der primären Strahlung, z. B. ein Proton, auf einen Atomkern der Atmosphäre trifft, werden weitere Kerne gebildet, die oft ebenfalls radioaktiv sind; darüber hinaus entstehen Teilchen wie die **Myonen** und **Mesonen,** die in sehr kurzer Zeit zerfallen und dabei Elektronen, Positronen, Neutrinos sowie Gammastrahlen, also Energie, hinterlassen.

HERKUNFT DER KOSMISCHEN STRAHLUNG: Der **Ursprung** der kosmischen Strahlung stellt ein auch heute noch ungelöstes Rätsel dar. Vor allem ist man unschlüssig, ob sie aus unserer Galaxis stammt oder ob es auch außergalaktische Quellen gibt und das Universum von einem gleichmäßigen Strom solcher Teilchen durchdrungen ist.

Das Hauptproblem dabei besteht darin, dass man die Richtung, aus der die kosmische Strahlung kommt, nicht mit Sicherheit bestimmen kann und deshalb ihre Quellen unbekannt bleiben. Wie gesagt, wird nur ein geringer Teil dieser Strahlung von **Gammastrahlen** gebildet; der Großteil besteht aus elektrisch geladenen Teilchen, die auf das Vorhandensein von Magnetfeldern unserer Galaxis sowie der Himmelskörper reagieren, denen sie sich nähern. Auf diese Weise werden die Teilchen immer wieder **abgelenkt,** sodass es unmöglich ist, die Richtung ihrer Herkunft zu bestimmen.

Man weiß, dass es sowohl innerhalb als auch außerhalb unserer Galaxis Körper gibt, wie z. B. die **aktive galaktische Kerne** (siehe Seite 195) oder die **Pulsare** (siehe Seite 148), wo sich Phänomene ereignen, die zur Emission von energiereichen Teilchen führen. Aus diesem Grund hat es einiges für sich, anzunehmen, dass die Quellen der kosmischen Strahlung teilweise innerhalb und teilweise außerhalb unserer Galaxis liegen.

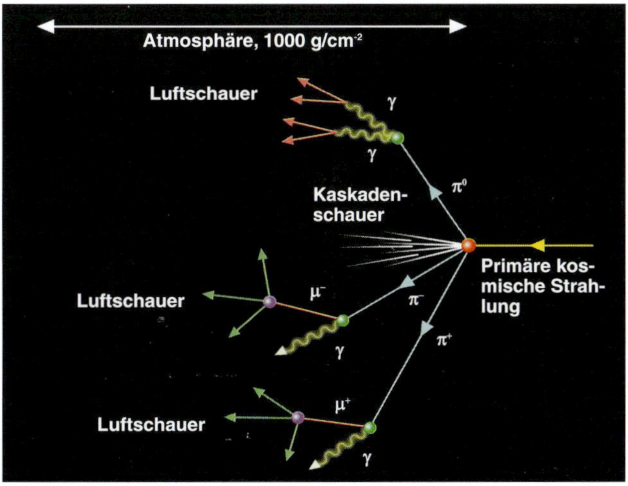

Oben: Spuren von geladenen Teilchen im Detektor. Unten: Schematische Darstellung des Ursprungs der sekundären kosmischen Strahlung in den höheren Schichten der Atmosphäre.

Der Mond

Verwandte Kapitel

Die Mondphasen (Seite 90)
Die Gezeiten (Seite 92)
Finsternisse (Seite 94)
Bedeckungen (Seite 97)

Der Mond ist der **natürliche Satellit der Erde** und gleichzeitig der Himmelskörper, der uns von allen am nächsten liegt. Er ist nicht nur für Astronomen von großer Bedeutung, sondern übte seit jeher auf viele Menschen eine besondere Faszination aus.
Unser Begleiter am Himmel ist wissenschaftlich gesehen ein felsiger Körper mit einem Durchmesser von 3476 km, also einem Viertel des Erddurchmessers. Er ist unserem Planeten so nah, dass man schon mit einem Fernglas Details der Mondoberfläche erkennen kann. Aufgrund der unterschiedlichen Beleuchtung durch die Sonne zeigt sich uns der Mond während seiner Wanderung um die Erde Nacht für Nacht in leicht veränderter Größe – ein Phänomen, das als **Mondphasen** bezeichnet wird.

GESCHICHTE DER MONDBEOBACHTUNG: In der Antike betrachtete man den Mond als nächstgelegenen unter den Himmelskörpern, die sich – so dachte man – um die Erde drehen. **Kopernikus** (siehe Seite 14) sah ihn bereits als festen Begleiter der Erde an, der gemeinsam mit unserem Planeten um die Sonne wandert. Aufgrund seiner geringen Entfernung zur Erde waren die allgemeinen Merkmale der Mondoberfläche schon sehr früh bekannt; ebenso wusste man, dass die Mondphasen auf die unterschiedliche Ausleuchtung durch die Sonne zurückzuführen sind. Es war **Galileo Galilei,** der die Kenntnisse des Menschen über die Mondoberfläche einen entscheidenden Schritt voranbrachte, indem er die dort vorhandenen Strukturen in Meere, Gebirge und Krater unterteilte. Aus der Länge der Schatten schloss Galilei, dass es auf dem Mond höhere Berge als auf der Erde geben müsste. Dies entspricht zwar nicht ganz den Tatsachen, doch Galileis Beobachtungen bestärkten jedenfalls die damals vorherrschende Auffassung einer **grundsätzlichen Ähnlichkeit** zwischen Erde und Mond, was das Interesse an diesem Himmelskörper weiter verstärkte.
Zur Frage, wie sich die **Oberflächenstrukturen** auf dem Mond gebildet haben könnten, bildeten sich zwei unterschiedliche Theorien heraus: Während die erste davon ausging, dass die Ursache in **vulkanischer Aktivität** liege, wurde in der zweiten Hypothese die Ansicht vertreten, dass Meere und Krater durch **Einschläge von Meteoriten und Planetoiden** verursacht worden seien. Drei Jahrhunderte lang dauerte dieser Disput an, bis durch den Einsatz von Sonden sowie durch bemannte Missionen ans Licht kam, dass zumindest für den Großteil der Strukturen der Mondoberfläche die zweite Theorie Gültigkeit hat.
1651 veröffentlichte der italienische Astronom **Giovanni Riccioli** eine detaillierte **Mondkarte,** in der er die meisten Strukturen der uns zugewandten Mondseite mit Namen versah. Diese Kartierung fand große Beachtung und ist heute noch in Verwendung. Zu den Monderscheinungen, die diesem Astronomen

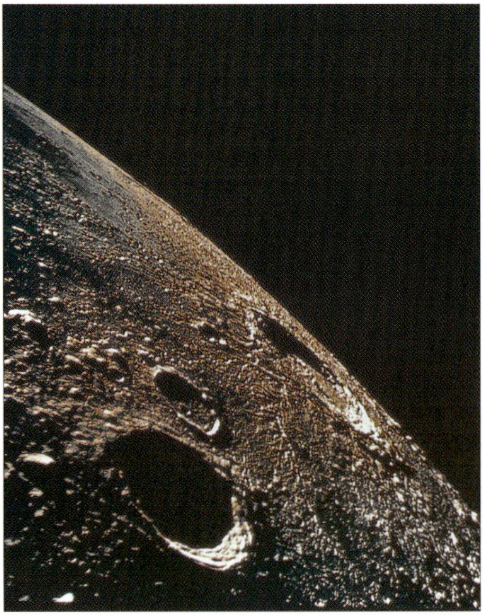

Auch mit freiem Auge sind die Strukuren des Mondes, wie Terrae *und* Maria, *zu erkennen.*

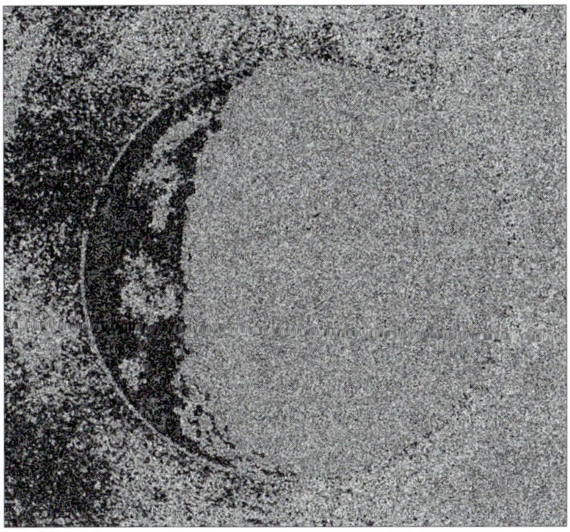

ihren Namen verdanken, zählen u. a. das Heitere Meer, das Ruhige Meer, der Stürmische Ozean sowie die Krater Kopernikus und Tycho. Galileo Galilei wurde aufgrund der Ablehnung seiner Lehren durch die Kirche nur mit einem kleinen Krater von 15 km Durchmesser bedacht. Als man später auch die erdabgewandte Seite des Mondes zu erfassen begann, wurden immer mehr Persönlichkeiten aus allen möglichen Bereichen auf der Mondkarte verewigt.

DIE MONDOBERFLÄCHE: Die Oberfläche unseres Begleiters gleicht einer Wüstenlandschaft auf der Erde und ist durch lockeres, staubiges Material, den so genannten **Regolith,** geprägt. In diesen Mondstaub sind Gesteinsbrocken verschiedener Größe eingebettet. Die Mondoberfläche ist durch Unebenheiten gekennzeichnet und von Kratern verschiedenster Größe übersät, die oft nur wenige Zentimeter messen. Die Hügel und Berge des Mondes ragen in einen **schwarzen Himmel,** an dem auch tagsüber Sterne stehen – ein Phänomen, das durch das Fehlen einer Atmosphäre bedingt ist. Über dem Mond sind deshalb am Tag Sonne und Sterne gleichermaßen am Himmel zu sehen.

Es sind vor allem zwei großräumige Strukturen, die die Oberfläche des Mondes prägen – die **Meere,** die oft mit dem lateinischen Wort *Mare* (Mehrzahl: *Maria*) bezeichnet werden, und die *Terrae.* Bei den Meeren handelt es sich um Gebiete, die unterhalb des mittleren Mondniveaus liegen. Die meisten dieser Beckenlandschaften liegen auf der Mondseite, die der Erde zugewandt ist. In diesen Gebieten sind nur wenige **Krater** zu finden, sodass die Oberfläche hier vergleichsweise eben ist. Außerdem sind die Meere dunkler als die umgebenden Regionen. Im Vergleich zu den anderen Mondstrukturen sind die Meere eher spät entstanden, und zwar vor etwa 3,8 bis 3,3 Mrd. Jahren. Als Ursache ihrer Entstehung wird heute vulkanische Aktivität, d. h. riesige Lavaströme, vermutet.

Bei den *Terrae* (Einzahl: *Terra*) handelt es sich um Regionen, die auf oder über dem mittleren Mondniveau liegen. Sie sind heller als die Meere und zeichnen sich durch eine Vielzahl von Kratern in unterschiedlichster Größe aus, die einander teilweise auch überlagern. Durch die Untersuchung der einzelnen Schichten der Oberfläche (**Stratigraphie**) gewinnt man wertvolle Einblicke in die geologische Vergangenheit des Mondes. Neben den vergleichsweise jüngeren Kratern, die von hellen Strahlen aus ausgeworfenem Material umgeben sind, findet man etwa auch ältere Krater, die von Lava aus dem Inneren ausgefüllt wurden, und schließlich auch Strukturen, die bereits während der Entstehung des Mondes gebildet wurden.

Die Mondoberfläche weist auch **Gebirgsketten** auf, die bis zu 6000 m hoch werden. Die Berge sind nicht gleichmäßig verteilt, sondern treten vorwiegend rund um die Meere auf. Die allerhöchsten Erhebungen findet man jedoch in einer höher gelegenen Region am Südpol.

Oben: Eine der ersten Zeichnungen des Mondes, von Galilei angefertigt.
Links: Das Meer »Zentralbucht« (Sinus Medii) *inmitten der erdzugewandten Seite des Mondes.*

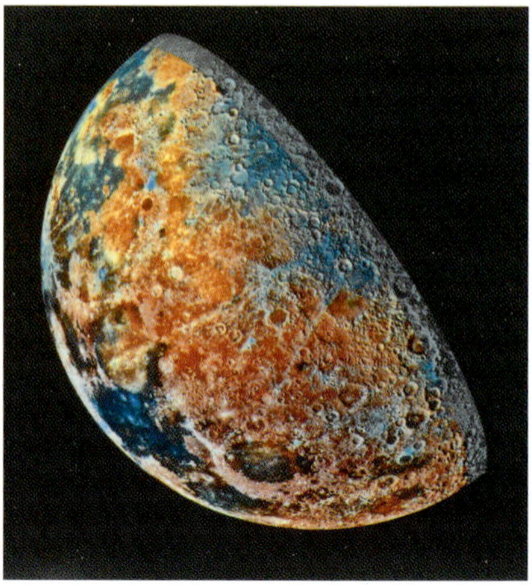

Wie bereits erwähnt, sind die Krater und Meeresbecken größtenteils durch Meteoriteneinschlag entstanden. Der Einschlag von größeren Meteoriten muss so heftig gewesen sein, dass dadurch aus dem Inneren **Lava** hochstieg und den Krater auffüllte oder überflutete. Rund um manche jüngeren Krater sind noch die **Strahlen** zu sehen, die infolge des Aufpralls durch ausgeworfenes Material gebildet wurden. Da der Mond über keine Atmosphäre verfügt und es auch keine nennenswerte geologische Aktivität gibt, bleiben die unzähligen Krater der Mondoberfläche auch über lange Zeiträume hinweg erhalten.

VULKANISCHE AKTIVITÄT UND ERDBEBEN: Bei den Gesteinsproben, die von Astronauten in der Nähe der Meere gesammelt wurden, handelt es sich großteils um **Basalt** – ein Gestein, das auch in den vulkanischen Becken auf der Erde anzutreffen ist. Man geht deshalb davon aus, dass der Basalt auf dem Mond ebenfalls vulkanischen Ursprungs ist. Eine neuere Theorie besagt, dass es auf dem Mond von Beginn an eine gewisse vulkanische Aktivität gab. Während man früher der Ansicht war, dass nur während der ersten **1,5 Mrd. Jahre** der Geschichte des Mondes ein Vulkanismus auftrat, gibt es heute Hinweise darauf, dass auch vor **900 Mio. Jahren** noch derartige Phänomene stattgefunden haben müssen.

Oben: Mosaikartige Rekonstruktion eines Teils der Mondoberfläche, aus 53 Einzelbildern angefertigt. Unten: Das Mondfahrzeug, das die Astronauten während der Apollo-17-Mission verwendeten.

Im Zuge der Apollo-Missionen haben die Astronauten an verschiedenen Plätzen des Mondes **Seismographen** installiert, mit deren Hilfe man in den folgenden Jahren wichtige Aufschlüsse über seismische Bewegungen im Mondinneren gewann. Dabei stellte sich heraus, dass auf dem Mond verschiedene Arten von **Beben** vorkommen, die entweder auf äußere oder innere Ursachen zurückzuführen sind. Bei den Beben, die durch innere Ursachen hervorgerufen werden, unterscheidet man zwei Typen, die **Oberflächen-** und die **Tiefherdbeben.** Die Oberflächenbeben entstehen in einer Tiefe zwischen 50 und 300 km innerhalb des Mondmantels. Die dabei frei werdende Energie ist Millionen Mal geringer als bei entsprechenden Beben auf der Erde. Diese seismischen Bewegungen dürften durch abwechselnde Ausdehnung und Kontraktion des Mondes verursacht worden sein, wie sie durch die radioaktive Erwärmung eines Teils des Kerns bzw. die Abkühlung der äußeren Schichten bewirkt werden kann. Die in größeren Tiefen entstehenden Beben haben ihren Herd in rund 1000 km Tiefe. Sie treten viel häufiger auf als die Oberflächenbeben, setzen aber bedeutend weniger Energie frei. Einer vielbeachteten Theorie zufolge besteht ein enger Zusammenhang zwischen den Tiefherdbeben und den **Gezeitenkräften** der Erde. Dafür spricht auch der zyklische Rhythmus ihres Auftretens und dessen Beziehung zum Mondumlauf um die Erde.

DAS INNERE DES MONDES: Der innere Aufbau des Mondes gleicht zwar jenem der Erde – die Proportionen der einzelnen Bestandteile sind jedoch unterschiedlich. Der **Eisenkern** ist sehr klein und misst nur ca. 700 km. Der darüber liegende **Mantel** nimmt einen Großteil des Mondvolumens ein, während die **Kruste** von unterschiedlicher Stärke ist; sie ist auf der erdabgewandten

Seite an die 100 km dick, erreicht aber auf der der Erde zugewandten Seite nur rund 60 km. Dies erklärt auch die unterschiedliche Struktur der beiden Mondhälften; während die erdabgewandte Seite von Kratern bedeckt ist und nur wenige Meere aufweist, sind die *Maria* auf der uns zugewandten Seite in großer Zahl zu finden. Dies erklärt sich aus der unterschiedlichen Krustenstärke, da die Lava in Bereichen mit dünnerer Kruste leichter aus dem Mantel aufsteigen konnte, um die Meere zu bilden.

DER MOND

Mittlere Entfernung zur Erde: 384.000 km (min. 356.000 km, max. 407.000 km)
Durchmeser: 3476 km
Mittlere Umlaufgeschwindigkeit: 1 km/s
Rotationsperiode: 27d 7h 43m 12s
Siderische Umlaufzeit: 27d 7h 43m 12s
Synodische Umlaufzeit: 29d 12h 44m 3s
Masse: 7,35 10^{22} kg
Dichte: 3,35 g/cm^3
Atmosphäre: keine

DIE UMLAUFBAHN DES MONDES: Der Mond vollführt in genau 27,3 Tagen einen vollständigen Umlauf um die Erde. Nach dieser Zeit steht er wieder an der gleichen Stelle am Fixsternhimmel, sodass man diese Zeitspanne einen **siderischen Monat** nennt. Da sich die Erde jedoch gleichzeitig auch um die Sonne dreht, dauert die Zeit zwischen zwei **Mondphasen** etwas länger, nämlich 29,5 Tage **(synodischer Monat).** Der Mond braucht also nach einem Umlauf um die Erde noch zusätzliche zwei Tage, um wieder in der gleichen Phase zu erscheinen.
Die **Mondumlaufbahn** ist stark elliptisch, weshalb die Entfernung zu unserem Planeten sich spürbar verändert, und zwar von 356.000 km im **Perigäum** bis zu 407.000 km im **Apogäum.** Dementsprechend verändert sich auch der scheinbare Durchmesser des Mondes, d. h., unser Trabant erscheint uns mit freiem Augen in manchen Nächten deutlich größer als in anderen.
Aufgrund der Erdanziehungskraft dreht sich der Mond in 27,3 Tagen einmal um die eigene Achse, also in genau der Zeit, die er für einen Umlauf um die Erde braucht. Folglich ist immer dieselbe Seite des Mondes uns zugewandt. Erwähnenswert ist dabei, dass wir sogar etwas mehr als die Hälfte des Mondes sehen können. Da die Ebene der Mondumlaufbahn um ca. 5° gegen die Ekliptik geneigt ist und die Mondachse nicht ganz senkrecht auf der Mondumlaufbahn steht, können wir bis ca. 6,5° über die Pole hinaus sehen – ein Phänomen, das als **Libration** bezeichnet wird. Auch in der Länge ist eine Libration zu verzeichnen, die durch die Ungleichförmigkeit der Bewegung je nach der Erdentfernung bedingt ist. Aus diesem Grund pendelt der Mond um eine mittlere Lage, sodass wir insgesamt etwa 59% seiner Oberfläche beobachten können.

DIE ERKUNDUNG DES MONDES: Als der Mensch begann, den Weltraum näher zu erforschen, war der Mond aufgrund seiner Nähe natürlich eines der bevorzugten Ziele. Der Wettlauf zwischen den USA und der UdSSR um die Vorherrschaft im Weltraum ließ die beiden Supermächte unerhörte Anstrengungen unternehmen, um als Erste auf dem Mond zu landen. Nach mehreren Misserfolgen gelang es der Sowjetunion schließlich, mit ihren **Luna**-Sonden die Mondoberfläche zu fotografieren sowie – ab Luna 15 – auch auf ihr zu landen und Gesteinsproben zur Erde zurückzubringen. Es waren jedoch die Amerikaner, denen schließlich mit dem **Apollo**-Projekt die Landung des ersten Menschen auf dem Mond gelang. Bereits zuvor hatten sie mit ihren bemannten **Gemini**-Kapseln den Mond umkreist, um den günstigsten Landeplatz zu finden.
Zwischen 1969 und 1972 erreichten insgesamt sechs Apollo-Kapseln den Mond. Die erste Landung erfolgte am 20. Juli 1969, als im Rahmen der Apollo-11-Mission die Astronauten **Neil Armstrong** und **Buzz Aldrin** das Stille Meer betraten. Dieser erste Mondspaziergang, auf dem sie vor allem Gesteinsproben sammelten, dauerte knapp 2 Stunden.

Die Astronauten der Apollo-15-Mission steigen von der Mondlandefähre in den Jeep um.

Die Mondphasen

Verwandte Kapitel

Der Mond
(Seite 86)

Die Gezeiten
(Seite 92)

Finsternisse
(Seite 94)

Eines der Phänomene, die besonders gut zu beobachten sind, besteht darin, dass der Mond während eines Monats ständig seine Lichtgestalt verändert. So zeigt er sich uns bisweilen voll ausgeleuchtet, in anderen Nächten als mehr oder weniger schmale Sichel, bis er schließlich für kurze Zeit gar nicht mehr zu sehen ist. Der Zyklus der Mondphasen hat eine Periode von genau 29 Tagen, 12 Stunden und 44 Minuten. Dieser so genannte **synodische Monat** stellt die Zeitspanne dar, nach der der Mond wieder dieselbe Phase erreicht hat.

DER ZYKLUS DER MONDPHASEN: Es ist **Neumond,** wenn sich unser Trabant auf seinem Umlauf um die Erde zwischen unserem Planeten und der Sonne befindet. Obwohl er nur sehr selten genau auf einer Linie mit unserem Zentralgestirn und der Erde liegt, wie dies bei einer Finsternis der Fall ist, so können wir unseren Satelliten doch bei Neumond von der Erde aus nicht sehen. In dieser Zeit wird die **erdabgewandte Seite** des Mondes von der Sonne beleuchtet. Die Zeit, die seit dem letzten Neumond vergangen ist, wird als **Mondalter** bezeichnet.

Während der Mond seiner Umlaufbahn um die Erde folgt, verändert er auch seine Position am Fixsternhimmel. Diese Bewegung ist leicht zu beobachten, da der Mond im Laufe von 24 Stunden seine Position jeweils um 12° verschiebt. Im günstigsten Fall ist der **zunehmende Mond** schon 24 Stunden nach dem Neumond als schmale Sichel zu erkennen. Da sich unser Satellit aufgrund der Umlaufbewegung von West nach Ost bewegt, erscheint die Mondsichel östlich der Sonne, sodass der günstigste Zeitpunkt der Beobachtung gleich nach Sonnenuntergang ist.

In den folgenden Nächten vergrößert sich der Winkelabstand zwischen Mond und Sonne und gleichzeitig auch der von der Sonne beleuchtete Teil der Mondoberfläche. Nach etwa einer Woche beträgt der Winkel zwischen Sonne und Mond bereits 90°, d. h. das **erste Viertel** der Mondphase ist vollendet. In dieser Zeit befindet sich der Mond bei Sonnenuntergang im Süden und ist in der ersten Hälfte der Nacht zu sehen.

Nach einer weiteren Woche befindet sich der Mond in Opposition zur Sonne, d. h., der Längenunterschied zwischen Sonne und Mond beträgt 180°. In dieser Konstellation steht die Erde zwischen Sonne und Mond, der uns nun voll erscheint, d. h., er ist für uns vollkommen ausgeleuchtet. Der **Vollmond** geht genau dann auf, wenn die Sonne untergeht, und ist die ganze Nacht bis Sonnenaufgang zu sehen.

Nach der Vollmondphase nimmt der Mond allmählich wieder ab und erreicht das **letzte Viertel,** wobei er immer später am nächtlichen Himmel auftaucht. In den Tagen vor Neumond ist unser Satellit nur noch kurz vor Sonnenaufgang in östlicher Richtung als schmale Sichel zu sehen.

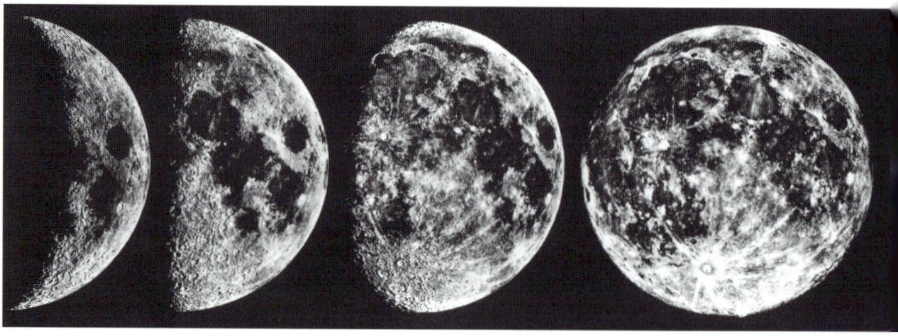

Oben: Zunehmender Mond. Rechts: Die Mondphasen, in mehreren Schritten dargestellt.

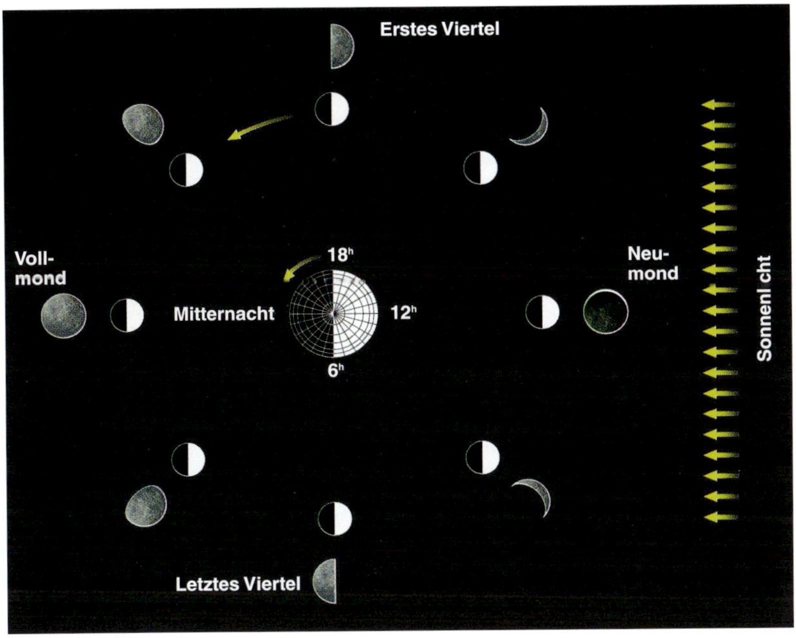

Links: Schematische Darstellung des Zyklus der Mondphasen.

DIE POSITION DES MONDES AM HIMMEL: Wie erwähnt, verändert der Mond im Laufe seiner verschiedenen Phasen auch seine Position am Fixsternhimmel. Wenn man ihn über mehrere Tage hinweg immer zur gleichen Stunde beobachtet, wird man feststellen, dass er aufgrund seiner Umlaufbewegung jedes Mal **50 Minuten** später auf- und untergeht als in der Nacht zuvor.

Interessant ist auch, dass der Mond zu verschiedenen Jahreszeiten in ein und derselben Mondphase **verschieden hoch** über dem Horizont zu sehen ist. Im Sommer zeigt er sich bei Vollmond relativ niedrig über dem südlichen Horizont, während er im Winter nahezu den Zenit erreicht. Die Erklärung dieses Phänomens ist in der Neigung zwischen der Ekliptik und der Ebene der Umlaufbahn des Mondes zu suchen.

Wie gesagt, steht der Mond bei Vollmond von der Erde aus gesehen in Opposition zur Sonne. Wenn die Sonne zur Wintersonnenwende niedrig steht, erreicht der Mond auf der gegenüberliegenden Seite des Himmels seinen höchsten Stand; umgekehrt erreicht die Sonne zur Sommersonnenwende ihre größte Höhe, während der Mond zu dieser Zeit besonders niedrig steht.

Erwähnenswert ist auch, dass der **günstigste Moment zur Beobachtung** der verschiedenen Strukturen der Mondoberfläche nicht, wie man meinen könnte, die Vollmondphase ist. Bei Vollmond ist der Mond nämlich völlig gleichmäßig von der Sonne ausgeleuchtet, sodass kaum Kontraste zu erkennen sind. Bei zunehmendem und abnehmendem Mond kann man jedoch die unterschiedlichen Strukturen besonders gut entlang der Grenze zwischen dem beleuchteten und dem unbeleuchteten Gebiet, dem so genannten **Terminator,** beobachten. Die langen Schatten in diesen Regionen heben Gebirge und Beckenlandschaften hervor, sodass wir ein »dreidimensionales« Bild unseres Satelliten erhalten.

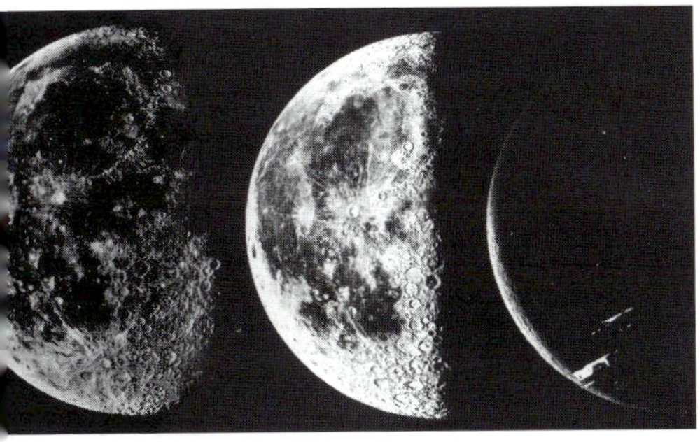

Schließlich sei noch erwähnt, dass das Phänomen der Phasen nicht nur beim Mond, sondern auch bei jenen Planeten des Sonnensystems zu beobachten ist, deren Bahn der Sonne näher ist als die der Erde, also **Merkur** und **Venus.**

Die Gezeiten

Verwandte Kapitel

Der Mond (Seite 86)

Die Mondphasen (Seit 90)

Das periodische Heben und Absinken des Meeresspiegels, ein Phänomen, das gemeinhin als »Gezeiten« bekannt ist, wird durch die **Anziehungskraft** verursacht, die der Mond auf die Erde ausübt. In geringerem Maße trägt auch die Anziehungskraft der Sonne zu den Gezeiten bei. Dieses **Phänomen der Gezeiten,** wie es zwischen Mond und Erde auftritt, ist kein Sonderfall, sondern ist im Gegenteil sehr oft zwischen zwei relativ nahen Himmelskörpern zu beobachten.

DIE GEZEITEN DES MONDES: Es gibt verschiedene Theorien zur Erklärung des Gezeitenphänomens, die davon ausgehen, dass die Erde zur Gänze von Wasser bedeckt ist. Naturgemäß drückt sich die Gezeitenwirkung auf die Wasseroberfläche besonders stark aus. Dementsprechend **steigt das Wasser in zwei Bereichen** besonders an, und zwar zum einen auf der Seite, die dem Mond zugewandt ist, und zum anderen auf der dem Mond abgewandten Seite. In beiden Fällen haben wir es mit einer **Flut** zu tun.
Während das Ansteigen des Wassers auf der dem Mond zugewandten Seite sich leicht durch die Anziehungskraft des Mondes erklären lässt, ist das Phänomen auf der entgegengesetzten Seite nicht ganz so leicht nachzuvollziehen. Die Erklärung liegt darin, dass die **Gravitationskraft mit der Entfernung abnimmt;** genauer gesagt, ist sie umgekehrt porportional zum Quadrat der Entfernung. Dementsprechend übt der Mond auf den mondnahen Bereich der Erde die größte Gravitationskraft aus, während diese Kraft auf der entgegengesetzten Seite am geringsten ist. Dies bedeutet, dass die mondabgewandte Seite der Erde am wenigsten von unserem Satelliten angezogen wird und das Wasser hier aufgrund der Fliehkraft verhältnismäßig hoch steht.

Unten und folgende Seite unten: Aufgrund der Umlaufbewegung des Mondes verschieben sich die von den Gezeiten betroffenen Punkte auf der Erdoberfläche.

PERIODEN DER GEZEITEN: Die Perioden der Gezeiten sind einerseits durch die **Rotationsbewegung der Erde** bedingt, die eine Periode von 24 Stunden aufweist, und andererseits durch die **Umlaufbewegung des Mondes** um die Erde, die ca. 28 Tage dauert.
Zur näheren Erörterung wollen wir uns einen Punkt des Meeres bei Flut vorstellen, der sich auf der dem Mond zugewandten Seite befindet. Da die Erde sich um die eigene Achse dreht, sinkt der Wasserspiegel zunehmend, bis es nach etwa 6 Stunden zur **Ebbe** kommt. Nach weiteren 6 Stunden kommt es zu einer neuerlichen Flut, da dieser Punkt jetzt auf der mondabgewandten Seite liegt. 12 Stunden nach der ersten Ebbe stellt sich erneut eine Ebbe ein. Im Ablauf von 24 Stunden haben wir somit **zweimal Ebbe und zweimal Flut.**

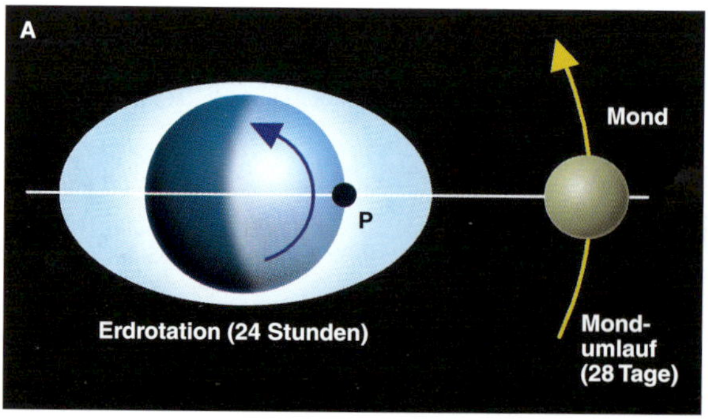

Da die Flut stets auf der Linie Mond–Erde liegt, kann man sagen, dass sie dem Mond auf seinem Umlauf folgt. Dies hat zur Folge, dass die Gezeiten jeden Tag etwa 50 Minuten später auftreten als am Vortag. Somit kann man sagen, dass das Intervall von einer Flut zur nächsten (bzw. von einer Ebbe zur nächsten) **im Schnitt 12 Stunden und 25 Minuten beträgt.**

DIE EINWIRKUNG DER SONNE: Auch die Sonne übt eine gewisse Gezeitenwirkung auf die Erde aus, d. h., sie verstärkt oder vermindert die vom Mond ausgehende Wirkung. Bei Vollmond und Neumond ist der Unterschied zwischen Ebbe und Flut am größten, da Mond, Erde und Sonne auf einer Linie stehen, sodass die von der Sonne ausgeübte Anziehungskraft zu der des Mondes hinzukommt und das Phänomen verstärkt. In diesem Fall sprechen wir von **Springtiden.**
Wenn jedoch Mond und Sonne im rechten Winkel zur Erde stehen, ist die Flut weniger stark ausgeprägt, da die von der Sonne ausgehende Anziehungskraft nicht die gleiche Richtung hat wie die des Mondes, sodass sich ihre Einflüsse teilweise aufheben. Man spricht in diesem Fall von so genannten **Nipptiden.** Der Höhenunterschied zwischen Ebbe und Flut, der so genannte **Tidenhub,** wird durch verschiedene örtliche Gegebenheiten, wie z. B. den Küstenverlauf oder die Windstärke, beeinflusst. Auf diese Weise kann es zu Höhenunterschieden von über 20 m kommen.

Links und vorige Seite oben: Ebbe und Flut an ein und demselben Küstenabschnitt.

ANDERE GEZEITENWIRKUNGEN: Auch die Erde übt eine gewisse Gezeitenwirkung auf den Mond aus, die jedoch insofern nicht so stark zum Tragen kommt, als es auf unserem Trabanten keine Meere gibt. Man hat jedoch beobachtet, dass der Mond infolge der **Gezeitenwirkung** unseres Planeten nicht völlig rund ist, sondern in Richtung der Erde leicht langgezogen wirkt. Darüber hinaus hat sich die Rotationsperiode des Mondes im Laufe der Zeit etwas verlangsamt, bis sie sich bei einem stabilen Wert einpendelte, der dem der Umlaufbewegung entspricht. Aus diesem Grund wendet uns der Mond stets dieselbe Seite zu.
Umgekehrt bewirkt auch die Anziehungskraft des Mondes eine Verlangsamung der Rotationsbewegung unseres Planeten. Dementsprechend nimmt die Dauer des Tages in 100.000 Jahren um ca. 1 Sekunde zu. Dieser Energieverlust der Erde führt zu einer **Vergrößerung der Distanz Erde–Mond** in der Größenordnung von einigen Zentimetern pro Jahr. Die Verlangsamung der Erdrotation und die Entfernung des Mondes von der Erde wird so weit gehen, dass die Erde schließlich dem Mond ebenfalls immer dieselbe Seite zuwendet und ein Erdentag genauso lang dauert wie ein Mondmonat.

GEZEITENWIRKUNGEN ZWISCHEN ANDEREN HIMMELSKÖRPERN: Allgemein kann man sagen, dass das Phänomen der Gezeiten als Gravitationswirkung zwischen zwei Himmelskörpern sehr häufig zu beobachten ist. So kommt es etwa bei **nahegelegenen Galaxien** oft zu gewissen Deformationen durch periodisch auftretende Gravitationskräfte. Solche Deformationen sind auch bei **Doppelsternsystemen** zu beobachten, wobei der massereichere der beiden seinen Begleiter etwas zu sich zieht.
Schließlich zeigen sich Gezeitenwirkungen auch in der Umgebung von **kollabierten Sternen** wie Neutronensternen oder Schwarzen Löchern.

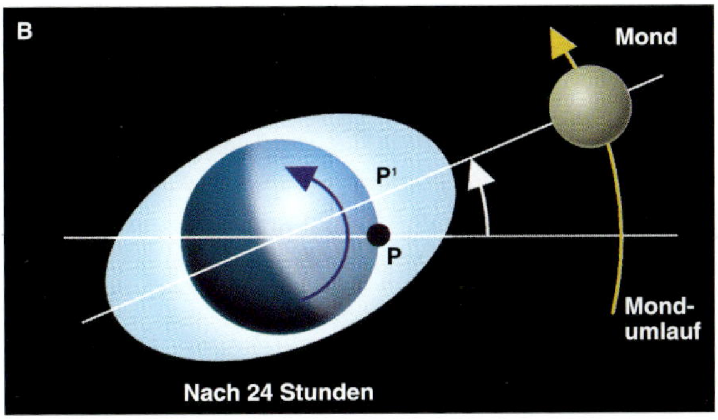

Finsternisse (Eklipsen)

Verwandte Kapitel

Die Bewegung der Erde (Seite 66)

Der Mond (Seite 86)

Die Mondphasen (Seite 90)

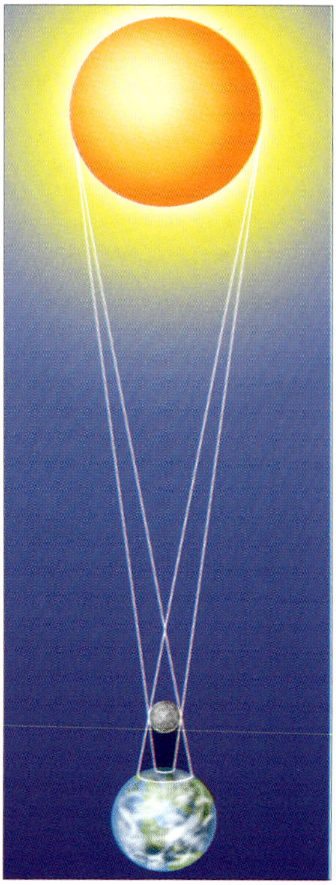

Eine Finsternis findet statt, wenn sich Sonne, Mond und Erde genau auf einer Linie befinden. Bei einer **Sonnenfinsternis** steht der Mond zwischen der Sonne und der Erde, sodass sein Schatten auf die Erde fällt und die Sonne bei helllichtem Tag für manche Gebiete der Erde verdeckt ist. Bei einer **Mondfinsternis** ist es die Erde, die zwischen Sonne und Mond steht und einen Schatten auf unseren Satelliten wirft, der dadurch verdunkelt wird.

EKLIPSEN IN DER ANTIKE: Die Geschichte der Finsternisse ist wahrscheinlich so alt wie die Menschheit selbst. In den Mythen und Überlieferungen aller Völker der Antike ist von dem mysteriösen Phänomen die Rede, dass das Licht der Sonne plötzlich erlischt. Wahrscheinlich ist die gesamte Entwicklung der Astronomie darauf zurückzuführen, dass man im Stande sein wollte, solche **Finsternisse vorherzusagen.** Man kann sich gut vorstellen, welches Ansehen die damaligen Astronomen genossen, wenn es ihnen gelang, aus den Beobachtungen von Jahrhunderten eine **gewisse Regelmäßigkeit** solcher Ereignisse abzuleiten bzw. sogar künftige Finsternisse vorherzusagen.
Der Geschichtsschreiber **Herodot** berichtet über eine Sonnenfinsternis, die den persischen König Xerxes 480 v. Chr. davon abhielt, seinen beabsichtigten Angriff auf Griechenland durchzuführen. Der griechische Schriftsteller **Plutarch,** der im 1. Jahrhundert n. Chr. lebte, berichtete in seinen *Parallelbiographien großer Griechen und Römer* von der Geburt, dem Tod und großen Heldentaten berühmter Persönlichkeiten, die angeblich in Zusammenhang mit Sonnen- und Mondfinsternissen standen.
Sonnenfinsternisse boten für die Astronomen der Antike die einzige Gelegenheit, die **Korona** und verschiedene Phänomene der Sonnenoberfläche zu studieren, die während einer solchen Eklipse sichtbar sind.

Oben: Schematische Darstellung einer Sonnenfinsternis.
Unten: Die Sonnenkorona, wie sie im Laufe einer totalen Sonnenfinsternis zu sehen ist.

SONNENFINSTERNIS: Bei einer Sonnenfinsternis tritt der Mond zwischen Sonne und Erde und verhindert dadurch, dass ein Teil der Sonnenstrahlen die Erde erreicht. Wenn man sich ein riesiges Blatt Papier hinter dem Mond vorstellt, so würde sich darauf ein **dunkler Kreis** abbilden, der Schatten des Mondes. An jenen Stellen, die sich im Schatten befinden, wäre die Sonne vollkommen unsichtbar. Der Mondschatten würde sich jedoch nicht klar umrissen auf dem Blatt abzeichnen, sondern es wäre eine kreisförmige Zone eines **Halbschattens** zu sehen, der durch jene Bereiche der Sonne erzeugt wird, die hinter der Mondscheibe hervorleuchten.

Wenn nun der Mondschatten auf die Erde fällt, so würde im Bereich des Kernschattens eine **totale Sonnenfinsternis** auftreten, während im Bereich des Halbschattens eine **partielle Sonnenfinsternis** zu beobachten wäre.

Da der Mond um die Erde wandert, bewegt sich auch die Zone des Schattens ständig weiter, sodass eine Sonnenfinsternis an einem Ort nur wenige Minuten dauert. Die Umlaufgeschwindigkeit des Mondes bewirkt zusammen mit der täglichen Rotationsbewegung der Erde, dass sich die Mondscheibe am Himmel in einer Stunde um ca. 0,5° verschiebt.
Einen Sonderfall einer Eklipse stellt die **ringförmige Sonnenfinsternis** dar. Dabei wird der zentrale Teil der Sonnenscheibe verdunkelt, nicht aber der Rand, sodass nur ein leuchtender Ring zu sehen ist.

HÄUFIGKEIT DER EKLIPSEN: Da es zu einer Sonnenfinsternis immer dann kommt, wenn Sonne und Mond auf einer Linie mit der Erde sind, könnte man annehmen, dass dies bei jedem Neumond geschieht. Dass dies nicht so ist, erklärt sich daraus, dass die Umlaufbahn des Mondes um 5° gegen jene der Erde **geneigt** ist. Wenn sich nun Sonne und Mond auf derselben Seite der Erde befinden, hält sich unser Satellit zumeist ein wenig oberhalb bzw. unterhalb der Sonne auf, sodass sein Schattenkegel die Erde nicht erreichen kann. Die Sonnenfinsternis wäre somit in einem anderen Bereich des Weltraums zu sehen.
Wie aber kommt es nun zu einer totalen, partiellen oder einer ringförmigen Sonnenfinsternis? Dabei ist von Bedeutung, dass sich uns Sonne und Mond in nahezu der gleichen scheinbaren Größe präsentieren. Dies bedeutet, dass der Mond die Sonnenscheibe zwar bedecken kann, aber sein Kernschatten nur auf einen eng begrenzten Teil der Erdoberfläche fällt. Daraus erklärt sich, dass eine totale Sonnenfinsternis nur in manchen Gebieten der Erde auftritt, während im Bereich des Halbschattens eine partielle Sonnenfinsternis zu beobachten ist.
Das Phänomen der ringförmigen Sonnenfinsternis resultiert daraus, dass die Umlaufbahnen von Erde und Mond nicht kreisförmig, sondern elliptisch sind und dass die Entfernung zwischen Sonne und Erde bzw. Erde und Mond sich geringfügig verändert, womit auch eine Änderung der scheinbaren Größe dieser Himmelskörper verbunden ist. Wenn die Finsternis dann auftritt, wenn die Erde der Sonne relativ nahe ist und der Mond einen erdfernen Punkt erreicht hat, ist die Mondscheibe nicht groß genug, um die Sonne völlig zu bedecken. In diesem Fall kommt es zu einer **ringförmigen Sonnenfinsternis.** Ist die Erde jedoch weit von der Sonne entfernt und der Mond der Erde relativ nah, so verdunkelt der Mond die Sonne völlig. Wir sprechen dann von einer **totalen Sonnenfinsternis.**

Oben: Das charakteristische rötliche Leuchten des Mondes während einer Mondfinsternis. Links: Schematische Darstellung einer Mondfinsternis.

MONDFINSTERNIS: Zu einer Mondfinsternis kommt es dann, wenn die Erde sich zwischen Sonne und Mond befindet. Da die Erde im Vergleich zum Mond sehr groß ist, ist der **Schattenkegel** groß genug, um den Mond völlig zu bedecken. Wenn der Kernschatten der Erde auf den Mond fällt, ist dieser für uns nicht mehr zu sehen. Dass sich nicht bei jedem **Vollmond** eine Mondfinsternis ereignet, liegt daran, dass Mond- und Erdbahn in einem Winkel von 5° gegeneinander geneigt sind. Daraus erklärt sich auch das Phänomen der partiellen Mondfinsternis, zu der es dann kommt, wenn der Mond nur teil-

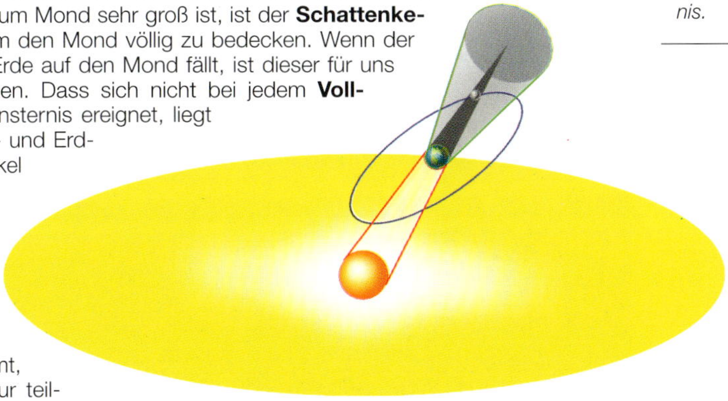

weise in den Erdschatten bzw. den Halbschatten der Erde tritt.
Eine Mondfinsternis ist logischerweise nur an jenen Orten zu beobachten, wo der Mond sichtbar ist. Unser Satellit **verschwindet jedoch nicht ganz,** sondern schickt immer noch ein gewisses Leuchten zur Erde. Dies kommt daher, dass das Sonnenlicht in der Erdatmosphäre gebrochen und abgelenkt wird und somit auch Gebiete beleuchtet werden, die eigentlich im Schattenkegel liegen. Da das rote Licht weniger stark abgelenkt wird, kann es sich in der Nähe des Erdschattens ausbreiten und den Mond beleuchten, der somit während einer totalen Mondfinsternis **rötlich** erscheint.

DER SAROS-ZYKLUS: Das Interesse an den Eklipsen bewog die Menschen schon in der Antike, nach einer Regelmäßigkeit dieses Phänomens zu forschen. Was den Mond betrifft, war es auch nicht allzu schwierig, eine Gesetzmäßigkeit zu finden; aus den Beobachtungen schloss man, dass zwischen zwei Mondfinsternissen stets 5 bzw. 6 Monate lagen.
Was die Sonnenfinsternisse betrifft, ist die **Berechnung** um einiges schwieriger, da es sich hierbei um ein lokales Phänomen handelt, das nicht auf der ganzen Erde zu sehen ist und das von der genauen Position des Mondes am Himmel abhängt. Dennoch wurden auch Sonnenfinsternisse schon in der Antike vorhergesagt; so sagte etwa **Thales von Milet** die totale Sonnenfinsternis des Jahres 585 v. Chr. voraus.
Als Saros-Zyklus bezeichnet man jenen Zeitraum, nach dem eine Finsternis eintreten kann, jedoch nicht muss. Diese Periode wurde mit 6585,3 Tagen oder 18 Jahren und 11,3 Tagen (= **223 synodischen Mondmonaten**) festgelegt.

WEITERE EKLIPSEN: Das Phänomen der Finsternisse ist nicht nur auf die Konstellation Sonne–Mond–Erde beschränkt, sondern kommt auch bei vielen anderen Himmelskörpern innerhalb und außerhalb unseres Sonnensystems vor.
Ein bemerkenswertes Beispiel dafür sind die Eklipsen der **mediceischen Jupitermonde,** aus deren Erforschung man erste Rückschlüsse auf die Lichtgeschwindigkeit erhielt.
Ein ebenfalls sehr interessantes Schauspiel bietet sich, wenn zwei Sterne, die von der Erde aus gesehen auf einer Linie liegen, umeinander kreisen.
In diesem Fall schiebt sich jeweils ein Stern vor den anderen und verdeckt ihn somit, sodass wir es mit einer richtiggehenden **Sternfinsternis** (siehe Seite 160) zu tun haben.

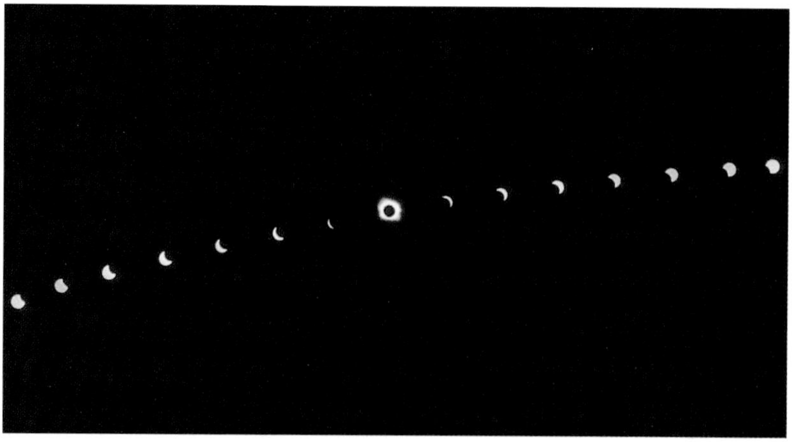

Oben: Ringförmige Sonnenfinsternis. Rechts: Diese Mehrfachbelichtung zeigt die verschiedenen Phasen einer Sonnenfinsternis.

Bedeckungen

Von einer Bedeckung spricht man in der Astronomie dann, wenn sich ein Himmelskörper vor einen anderen schiebt und diesen verdeckt. Dieses Phänomen hat somit mit der Perspektive zu tun, da die beiden betreffenden Körper in der Regel verschieden weit von der Erde entfernt sind.

BEDECKUNG DURCH DEN MOND: Besonders häufig kommt es vor, dass sich die Mondscheibe vor einen Stern schiebt – d. h., **der Mond wandert** im Zuge seines Umlaufs um die Erde **vor einem Stern vorüber** und macht ihn dadurch für uns für eine gewisse Zeit unsichtbar.
Angesichts der scheinbaren Größe des Mondes kommt es immer wieder vor, dass Sterne in der Nähe der Ekliptik auf diese Weise bedeckt werden.
Solche Bedeckungen durch den Mond sind nicht nur sehr spektakulär, sie liefern uns auch wertvolle Informationen über das **Bewegungsverhalten** unseres Trabanten während seines Umlaufs um die Erde.
Aus der Bedeckung eines Sterns durch den Mond können auch noch andere Informationen gewonnen werden; die genaue Beobachtung des Verschwindens des Sterns hinter dem Mond lässt nämlich Rückschlüsse darauf zu, ob der betreffende Stern einen anderen Stern als Begleiter hat, d. h., ob es sich um ein **Doppelsternsystem** handelt. Außerdem kann man anhand der Auswertung des Helligkeitsabfalls bzw. -wiederanstiegs zu Beginn bzw. am Ende der Bedeckung den Durchmesser des betreffenden Sterns bestimmen.

WICHTIGE ENTDECKUNGEN: Im März 1977 wurden die **Uranusringe** entdeckt, als sich dieser Planet vor den Stern SAO 158687 schob und diesen bedeckte. Erst durch das Licht des dahinter liegenden Sterns traten die Ringe des Planeten kurz vor bzw. nach der Bedeckung zu Tage.
Im Zuge einer Bedeckung durch den Mond konnte erstmals die genaue Position eines **Quasars,** nämlich 3C 273, bestimmt werden.
Anhand von Jupitermond-Bedeckungen konnte der dänische Astronom **O. Roemer** im 17. Jahrhundert erstmals die **Geschwindigkeit des Lichts** berechnen.
Schließlich kann man mit Hilfe der Bedeckung von Sternen durch **Planetoiden** Rückschlüsse auf die Bahnen dieser Himmelskörper gewinnen.

Verwandte Kapitel

Durchgänge von Merkur und Venus (Seite 59)

Der Mond (Seite 86)

Finsternisse (Seite 94)

Oben: Saturn, kurz bevor er vom Mond bedeckt wird.
Links: Ein Stern vor und nach der Bedeckung durch die Mondscheibe.

Mars

Verwandte Kapitel

Tycho Brahe (Seite 15)
Überblick über das Sonnensystem (Seite 44)
Die Keplerschen Gesetze (Seite 46)

Was die Entfernung zur Sonne betrifft, ist Mars derjenige Planet, der die viertnächste Position zu unserem Zentralgestirn einnimmt. Er gehört zu den erdähnlichen oder terrestrischen Planeten und ist mit bloßem Auge gut am Himmel zu erkennen. Seine **rote Färbung** verdankt er seiner eisenoxidhaltigen Oberfläche.

WICHTIGE BEOBACHTUNGEN: Der Rote Planet war schon in der Antike bekannt. Die ausführlichen Beobachtungen und Messungen des Astronomen **Tycho Brahe** von der Himmelsbahn dieses Planeten ermöglichten es **Johannes Kepler,** drei Gesetzmäßigkeiten der Planetenbewegungen zu formulieren, die später als Keplersche Gesetze bekannt wurden.
Die Dauer der Drehung des Roten Planeten um die eigene Achse wurde 1666 von **Giandomenico Cassini** mit erstaunlich großer Genauigkeit gemessen. Der von ihm gemessene Wert von 24 Stunden und 40 Minuten weicht nur minimal von den heute bestätigten 24 Stunden 37 Minuten und 23 Sekunden ab.
Ende des 19. Jahrhunderts entspann sich rund um den Mars eine heftige Kontroverse. Der Astronom **Giovanni Schiaparelli,** damals Leiter des Observatoriums von Brera, hatte nach verschiedenen Beobachtungen des Planeten Kartenentwürfe angefertigt, auf denen außer Meeren und *Terrae* auch bisher unbekannte Kanäle verzeichnet waren, die alsbald als **Wasserstraßen** gedeutet wurden.
In der Folge entspann sich eine heftige Debatte über die Frage, ob diese Kanäle künstlich angelegt sein könnten und deshalb einen Hinweis auf eine fortgeschrittene Zivilisation auf dem Mars darstellten. Die Diskussionen begannen erst wieder zu verebben, als ein anderer italienischer Astronom, **Vincenzo Cerulli,** Beweise erbrachte, dass es sich bei diesen Kanälen in Wirklichkeit um eine optische Täuschung des menschlichen Auges handelte, das dazu neigt, gerade noch sichtbare, feine Strukturen zu geometrischen Gebilden zusammenzufassen.
Schiaparelli zeigte seine menschliche Größe und Qualität als Wissenschaftler, als er 1907 seinen Irrtum eingestand und die Hypothese von Cerulli öffentlich bestätigte, womit er jede weitere Diskussion um eine **eventuelle Zivilisation** auf dem Mars zum Verstummen brachte.

Oben: Ansicht des Mars, vom Weltraum aus gesehen.
Unten: Die Viking-Sonde auf ihrem Anflug zum Mars.

Die Erkundung des Planeten durch verschiedene Sonden bestätigte, dass es keine Zivilisation auf dem Mars gibt, und lässt auch keine Rückschlüsse auf das Vorhandensein von primitivem Leben auf diesem Planeten zu.
In jüngster Vergangenheit hat man jedoch auf der Erde **Meteoriten** gefunden, die höchstwahrscheinlich vom Mars stammen und in denen sich möglicherweise Spuren von Leben in Form von mikroskopisch kleinen **fossilen Strukturen** befinden.
Die Debatte um die Frage, ob es Leben auf dem Mars gibt, wird wohl noch eine Weile weitergehen – zumindest so lange, bis eine der Marsmissionen, die für die nächsten Jahre geplant sind, eine endgültige Antwort darauf liefern kann.

MARSMISSIONEN: Der Mars ist schon seit längerem das Ziel von ver-

schiedenen Missionen, die mit unbemannten Sonden durchgeführt werden. Es erscheint nicht einmal mehr unmöglich, dass der Mensch innerhalb der kommenden Jahrzehnte den Roten Planeten betreten kann.

Die erste Sonde, die in die Nähe des Mars gelangte, war die amerikanische **Mariner 4,** die im Juli 1965 22 Bilder lieferte, welche aus ca. 10.000 km Höhe angefertigt wurden. 1969 war es **Mariner 6,** die 75 Funkbilder zur Erde schickte, die aus einer Entfernung von 3429 km gemacht wurden und auf denen u. a. die Polkappe des Südpols zu erkennen war.

Zu dieser Zeit schickte auch die UdSSR eine Reihe von Sonden zum Mars, die zwar nicht alle erfolgreich waren, in deren Verlauf jedoch trotzdem eine Fülle von Daten gesammelt werden konnten. Besonders zu erwähnen sind: **Mars 2** (1971) und die Mars-Missionen 4, 5 und 6 (1973/74). Es waren jedoch die Amerikaner, die mit der Sonde **Mariner 9** den höchsten Berg des gesamten Sonnensystems auf der Marsoberfläche entdeckten, den so genannten **Olympus Mons,** der eine Höhe von 27.000 m erreicht.

Sehr erfolgreich waren auch die **Viking-Sonden 1** und **2,** die im August bzw. September 1976 an mehr als 6000 km voneinander entfernten Punkten auf dem Mars landeten. Die beiden Sonden waren mit einem beweglichen Teleskoparm ausgestattet, der sich beim Sammeln von Gesteinsproben als überaus nützlich erwies, welche sofort in dem eigens mitgeführten Labor analysiert wurden. Außer dem Labor befanden sich an Bord des **Landers** noch meteorologische Instrumente, eine digitale Fernsehkamera für Infrarotaufnahmen sowie ein Seismograph. Ursprünglich sollten die Sonden drei Monate lang Daten übermitteln – in Wirklichkeit waren sie aber weitaus länger aktiv; Viking 2 schickte bis 1980 Daten zur Erde, während Viking 1 erst 1982 seine Funktionen einstellte.

Am 4. Juli 1997 landete die Sonde **Mars Pathfinder** auf dem Roten Planeten. Im Laufe von zweieinhalb Monaten fertigte die Sonde mit Hilfe ihres Landevehikels **Sojourner** über 16.000 Bilder an und führte 15 chemische Analysen des Bodens bzw. des Marsgesteins durch. Weiters wurden die Atmosphäre, die meteorologischen Gegebenheiten und der Wind auf dem Roten Planeten erforscht. Nach Pathfinder folgte wenig später die Sonde **Mars Global Surveyor**, die im September 1997 die Marsumlaufbahn erreichte und mit der kartographischen Erfassung des Planeten begann. Weiters werden Daten über das Magnetfeld, die Gravitation und die Atmosphäre des Planeten gesammelt.

Oben: Der mit Steinen übersäte Marsboden, von den Viking-Sonden fotografiert. Unten: Der Canyon Noctis befindet sich am Rande der Valles Marineris.

Es ist vorgesehen, auch in nächster Zeit Marsmissionen quasi im Jahresrhythmus zu starten, um dadurch die nötigen Vorbereitungen für eine bemannte Mission zum Roten Planeten zu treffen.

DIE MARSOBERFLÄCHE: Die Oberfläche des Mars ist jener unseres Mondes ähnlich, wenngleich die Morphologie des Planeten durch seine Krater, Ebenen, Canyons und Vulkane um einiges vielfältiger ist.

Phobos und Deimos, die beiden Monde des Mars.

In den Polarregionen ist auf dem Mars sogar **Wasser** vorhanden, das jedoch in Form von **Eismassen** im Gestein eingeschlossen ist.
Die geologischen Prozesse auf dem Mars beruhen nicht auf einer Plattentektonik, da auf diesem Planeten die Kruste nicht aus einzelnen Platten besteht, wie dies auf der Erde der Fall ist. Der Grund dafür ist darin zu suchen, dass im Zuge der Abkühlung des Planeten die Kruste zu dick wurde, um sich so wie auf der Erde zu entwickeln.
Es gibt auf dem Mars zwar keine Plattentektonik, dafür aber eine Reihe von endogenen und exogenen Kräften, die den Planeten im Laufe der Zeit geprägt haben. Bei den endogenen Kräften sind vor allem die **vulkanische Tätigkeit** zu nennen, während bei den exogenen besonders die zahlreichen **Meteoriteneinschläge** von Bedeutung sind, die mitunter zu einer Aufschmelzung der Kruste führten.
Der **grundlegende Unterschied zwischen der Nord- und Südhalbkugel** besteht dass der Norden eine relativ glatte Oberfläche aufweist, auf der es wenige Krater gibt, während im Süden eine Vielzahl von Kratern zu finden sind, die bis zu fünfmal so groß sind wie die der nördlichen Halbkugel. Dies lässt darauf schließen, dass die Oberfläche der Südhalbkugel geologisch älter ist und vor ca. 3,8 Mrd. Jahren entstand. Damals war das gesamte Sonnensystem einem heftigen Meteoritenbeschuss ausgesetzt.
Zwischen den beiden Hemisphären befindet sich ein Gürtel von Vulkanbergen, von denen vor allem Olympus Mons, Tharsis Montes, Ascraeus Mons, Pavonis Mons sowie ein System von Canyons, die so genannten **Valles Marineris,** hervorzuheben sind.

STROMTÄLER UND OZEANE: Auf der Marsoberfläche gibt es eine große Zahl von Tälern, die an irdische **Flussbetten** erinnern und die bis zu 200 km breit werden können. Man unterscheidet **zwei Arten von Tälern** – solche, die ein weit verzweigtes Netz von Nebenflüssen bilden, und solche, die immer in derselben Richtung verlaufen und keine Verzweigungen aufweisen. Dieser Unterschied dürfte auf die verschiedene Entstehungsweise zurückzuführen sein. Die Täler des ersten Typs stammen möglicherweise von Flüssen im herkömmlichen Sinn, die einst von **Regenwasser** gespeist wurden. Damals muss für relativ lange Zeit ein mildes Klima geherrscht haben. Die Täler des zweiten Typs dürften hingegen von **Schmelzwasser** herrühren, das einst in die Tiefländer strömte und das aus dem Aufschmelzen riesiger Eismassen hervorgegangen sein könnte. Die über 5000 km langen Valles Marineris lassen auf eine starke Erosion schließen, wie sie nur durch plötzlich freiwerdende Wassermassen erklärbar ist.
Wahrscheinlich gab es einst auf dem Mars auch **große Ozeane,** was dazu führte, dass sich die Atmosphäre mit Wasserdampf und Kohlendioxid anreicherte. Letzteres wurde aus dem Boden freigesetzt und führte zu einem verstärkten **Treibhauseffekt,** der wiederum für erhöhte Temperaturen sorgte, sodass die Polkappen zu schmelzen begannen. Schließlich sickerte das Wasser allmählich in den Boden ein, der auf dem Mars überaus porös ist. Die Ozeane schrumpften, und die zunehmende Eisbildung führte dazu, dass das Sonnenlicht stärker reflektiert wurde, was einen allgemeinen **Temperaturrückgang**

zur Folge hatte. Dieser Prozess endete damit, dass das Wasser wieder in Form von Eis unter der Oberfläche eingeschlossen war.

DIE ATMOSPHÄRE: Die Analysen der Marssonden haben ergeben, dass die dünne Atmosphäre des Planeten aus 95% Kohlendioxid, 2,7% Stickstoff und 1,6% Argon besteht. Sauerstoff ist nur zu 0,13% vorhanden, Wasserdampf gar nur zu 0,03%. Der Druck am Boden ist mit 6/1000 des **irdischen Bodendrucks** sehr gering.
Der Himmel über dem Mars ist nicht blau wie über der Erde, aber auch nicht schwarz, wie dies über Himmelskörpern ohne Atmosphäre der Fall ist. Ein Astronaut auf dem Mars würde den Himmel vielmehr aufgrund des feinen Staubs der Atmosphäre in **rötlicher Farbe** sehen. Die niedrige atmosphärische Dichte bewirkt, dass kein nennenswerter Wärmeaustausch durch den Wind stattfindet, was die großen Temperaturunterschiede auf dem Planeten erklärt. Die **Wolken** auf dem Mars bestehen aus Wasser und Kohlendioxid und sind den Federwolken auf der Erde ähnlich. Rund um die Gebirge, die aufgrund ihrer Höhe einen gewissen Einfluss auf das Wettergeschehen ausüben, sind häufig Sturmwolken zu finden.

MARS

Mittlere Entfernung zur Sonne: 227,9 Mio. km (min. 206,7; max. 249,1)
Äquatordurchmesser: 6786 km
Mittlere Umlaufgeschwindigkeit um die Sonne: 24,13 km/s
Rotationsperiode: 24h 37m 23s
Umlaufzeit: 687d
Zahl der bekannten Monde: 2
Masse (Erde = 1): 0,108
Volumen (Erde = 1): 0,150
Mittlere Dichte: 3,9 g/cm³
Mittlere Oberflächentemperatur: -50 °C
Neigung der Achse: 25°11'
Neigung der Umlaufbahn gegenüber der Ekliptik: 1,9°
Oberflächendruck (Erde = 1): 0,006
Atmosphäre: Kohlendioxid (95%), Stickstoff (2,7%), Argon (1,6%), Sauerstoff (0,13%), Wasserdampf (0,03%)

DIE MARSMONDE: Der Mars besitzt zwei Monde, **Phobos** und **Deimos** genannt. Sie wurden erst relativ spät, 1877, entdeckt. Auffallend ist ihre unregelmäßige Form, die an Planetoiden erinnert. Sie haben einen mittleren Durchmesser von 22 bzw. 14 km. Ihre kurzen Umlaufbahnen sind um 2° gegen die Ebene des Marsäquators geneigt. Der marsnähere der beiden, Phobos, braucht für einen vollständigen Umlauf 7 Stunden 39 Minuten und wandert im Laufe eines Marstages dreimal um den Planeten. Deimos hingegen benötigt für einen Umlauf 30 Stunden 17 Minuten. Gleich wie unser Mond, wenden auch diese beiden Trabanten ihrem Planeten immer die gleiche Seite zu, da sie für eine Rotation um die eigene Achse genauso lang brauchen wie für einen Umlauf.
Die **Oberfläche** beider Monde ist von Kratern übersät, die nicht sehr tief und mit Staub gefüllt sind. Auf Phobos gibt es einen Krater, der einen Durchmesser von 10 km aufweist, was nahezu der Hälfte des Monddurchmessers entspricht.
Die **Herkunft** von Phobos und Deimos ist noch nicht restlos geklärt. Einige Wissenschaftler sind der Ansicht, dass es sich um Asteroiden handelt, die durch die Gravitation des Mars eingefangen wurden; andere wiederum meinen, dass die Monde gemeinsam mit dem Planeten entstanden seien, da ihre Umlaufbahnen in der Ebene des Marsäquators liegen.

Obwohl die Atmosphäre auf dem Mars sehr dünn ist, reicht sie dennoch aus, um das Sonnenlicht zu reflektieren, sodass der Himmel nicht schwarz erscheint.

Planetoiden

Verwandte Kapitel

Meteore (Seite 78)

Meteoriten (Seite 80)

Der Kuiper-Gürtel (Seite 120)

Zwischen den Umlaufbahnen von Mars und Jupiter befindet sich ein 100 bis 300 km breiter Gürtel aus einigen Zehntausend felsigen Körpern, den Planetoiden (auch **Asteroiden** genannt). Entsprechend den Keplerschen Gesetzen (siehe Seite 46) kreisen sie in einem Zeitraum von 3 bis 6 Jahren um die Sonne. Die meisten dieser Himmelskörper sind von unregelmäßiger Gestalt, wobei ihre Größe im Allgemeinen zwischen einigen Zentimetern und 100 km liegt. Einen Sonderfall bildet der Planetoid **Ceres,** dessen Durchmesser knapp über 1000 km beträgt. Es ist deshalb auch nicht verwunderlich, dass er als Erster entdeckt wurde, und zwar 1801 von **Giuseppe Piazzi.** Ceres hat allein schon eine Masse, die ein Drittel des gesamten Asteroidengürtels ausmacht.

Zur **Entstehung** dieser Himmelskörper gibt es **zwei Theorien:** Die eine besagt, dass es sich um die Überreste eines Planeten handelt, der einst zwischen Mars und Jupiter um die Sonne gekreist sein soll und der infolge eines gewaltigen Zusammenstoßes mit einem anderen Himmelskörper zerstört wurde. Die zweite Theorie geht davon aus, dass es sich um Reste jener primordialen Körper handelt, aus denen sich einst die Planeten bildeten und die sich aufgrund des starken Gravitationsfeldes von Jupiter nicht zu einem Planeten zusammenschließen konnten. Die Planetoiden gehören zu den **ältesten Objekten** des Sonnensystems, sodass ihre Erforschung wichtige Aufschlüsse über die Situation am Beginn des Planetensystems gibt.

KLASSIFIKATION: Die Planetoiden werden nach zwei Gesichtspunkten unterteilt – nach ihrer **chemischen Zusammensetzung** und ihrer **Morphologie.** Die morphologische Beschaffenheit kann anhand der Helligkeitsvariation bestimmt werden, die die Planetoiden im Laufe ihrer Rotationsperiode zeigen. So wie die Planeten strahlen auch die Planetoiden kein eigenes Licht aus und sind somit nur deshalb zu sehen, weil sie das Sonnenlicht reflektieren. Jene von regelmäßiger Form reflektieren das Licht besser als die unregelmäßig geformten. Die chemische Zusammensetzung wiederum wird durch die Analyse der Reflexionsspektren gewonnen.

Davon ausgehend werden drei Gruppen von Planetoiden unterschieden: die **C-Planetoiden,** die viel **Kohlenstoff** enthalten; die **S-Planetoiden,** die **Silikate** enthalten, und die

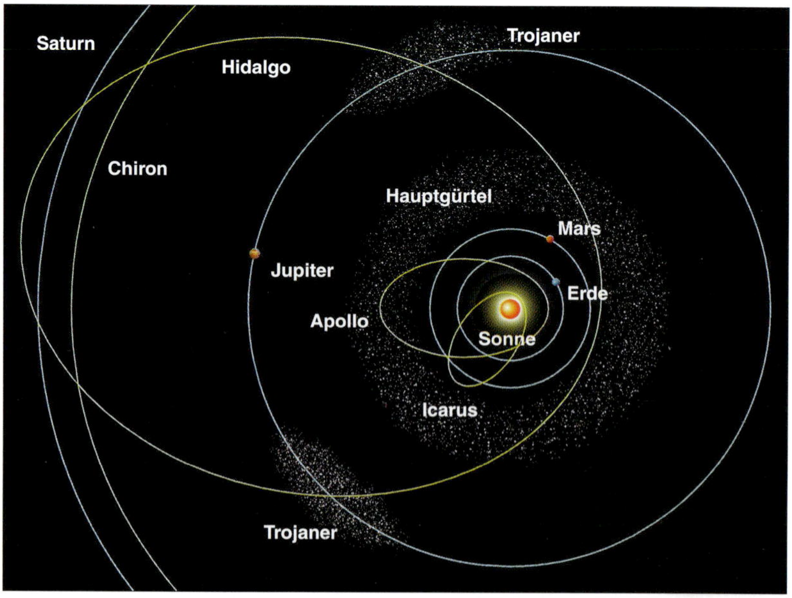

Oben: Der Planetoid Ida, von der Galileo-Sonde 1993 aufgenommen.
Rechts: Eine schematische Darstellung des Sonnensystems, die den Hauptgürtel sowie die Umlaufbahnen einiger Planetoiden zeigt.

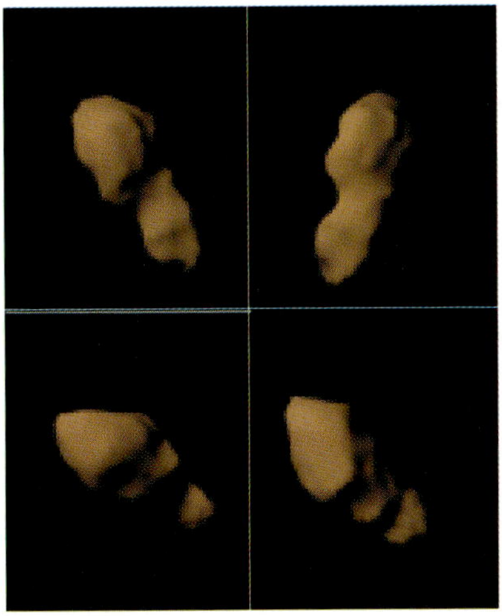

M-Planetoiden, die sich durch ihren **Metallgehalt** auszeichnen. Am häufigsten sind die Vertreter der ersten Gruppe, die allein ca. drei Viertel aller Planetoiden ausmachen. Die S-Planetoiden bilden 17%, während die M-Planetoiden, die vorwiegend aus Eisenmineralien bestehen, am seltensten zu finden sind.
Die C-Planetoiden, die **kaum Licht reflektieren** und deshalb dunkel sind, liegen in den äußeren Bereichen des Planetoidengürtels. Die S-Planetoiden liegen weiter innen und zeichnen sich durch ihre **größere Helligkeit** aus. Im zentralen Bereich des Gürtels sind die M-Planetoiden daheim, die etwa so **hell** sind wie die S-Planetoiden.

RAUMSONDEN UND PLANETOIDEN: Die meisten Informationen, die wir über die Planetoiden besitzen, stammen aus den Beobachtungen von der Erde aus, sowie dem Einsatz von Raumsonden.
Die Sonde **Galileo,** die 1989 zum Zwecke der Erforschung des Jupiters ausgesandt wurde, konnte erstmals die beiden Planetoiden **Gaspra** und **Ida** aus der Nähe beobachten. Am 29. Oktober 1991 näherte sie sich **Gaspra** bis auf 1600 km. Dieser aus Eisensilikaten aufgebaute Planetoid zeichnet sich durch seine unregelmäßige längliche Form aus und hat einen Durchmesser von etwa 15 km. Einiges deutet darauf hin, dass es sich dabei um ein Bruchstück eines Zusammenstoßes zwischen zwei größeren Himmelskörpern handelt, der sich vor einigen hundert Millionen Jahren ereignet haben könnte. Demnach ist Gaspra ein vergleichsweise junger Himmelskörper.
Der etwas größere Planetoid **Ida** (seine längste Kante misst 52 km) wurde im August 1993 unter die Lupe genommen. Dabei stellte sich heraus, dass Ida über einen kleinen Satelliten von 1,5 km Durchmesser verfügt, der in 90 km Entfernung um den Planetoiden kreist und dem man den Namen **Dactyl** gab.

PLANETOIDENFAMILIEN: Die Planetoiden des so genannten Hauptgürtels neigen dazu, sich zu Familien zusammenzuschließen. Dadurch sind in manchen Bereichen des Gürtels, wie z. B. den so genannten **Kirkwood-Lücken,** nur wenige Planetoiden zu finden. Der Grund für dieses Phänomen liegt in den **Gravitationseinflüssen** des Riesenplaneten Jupiter. Die größten Lücken befinden sich in 2,06, 2,50, 2,82 und 3,28 Astronomischen Einheiten von der Sonne.

KLEINERE PLANETOIDENFAMILIEN: Nicht alle Planetoiden gehören dem Hauptgürtel an. So gibt es etwa zwei kleine Familien, die so genannten **Trojaner,** die in der gleichen Entfernung wie Jupiter um die Sonne wandern und die 60° vor bzw. hinter dem Planeten liegen.
Andere Planetoiden, wie etwa **Apollo, Amor** und **Aten,** folgen stark exzentrischen Umlaufbahnen, die sie ins Innere des Sonnensystems führen. Manche von ihnen kreuzen auch die Umlaufbahn der Erde, und das manchmal sogar mehrmals im Jahr, weshalb sie auch als **Erd-Crosser** bezeichnet werden. Die Gefahr, dass ein größerer Planetoid (oder ein Komet) mit der Erde zusammenstößt, ist relativ gering, wenn auch nicht ganz auszuschließen. Um für diesen Fall gerüstet zu sein, werden heute eigene **Warnsysteme** installiert.

Oben: Der Planetoid Toutatis, mit den Mitteln der Radioastronomie aufgenommen. Links: Diese grafische Darstellung zeigt die Annäherung einer Raumsonde an einen Planetoiden.

Jupiter

Verwandte Kapitel

Überblick über das Sonnensystem (Seite 44)

Die Keplerschen Gesetze (Seite 46)

Jupiter ist, von der Sonne aus gesehen, der fünfte Planet des Sonnensystems. Er ist der größte aller neun Planeten und damit auch der vier großen, vorwiegend **aus Gas** bestehenden Planeten, die nach ihm als »jupiterähnlich« bezeichnet werden. Der Jupiter war schon in der Antike bekannt – nicht zuletzt deshalb, weil er einer der hellsten Himmelskörper überhaupt ist. Unter den Planeten ist nur die Venus noch heller, die jedoch nur kurz vor Sonnenaufgang bzw. nach Sonnenuntergang zu sehen ist.

Benannt wurde der Planet nach dem mächtigsten Gott der römischen Mythologie, nämlich **Jupiter,** der dem griechischen **Zeus** entspricht.

WICHTIGE ENTDECKUNGEN: Mit Hilfe seines Fernrohrs beobachtete **Galileo Galilei** 1610 als Erster den Planeten. Dabei entdeckte er auch die vier größten Jupitermonde – Io, Europa, Ganymed und Kallisto, die heute als **Galileische Monde** bekannt sind, während Galilei selbst sie zu Ehren seiner Mäzene, der Medici, **Mediceische Monde** genannt hatte. Die ersten Details der Oberfläche des Planeten, insbesondere die großen Zonen und Bänder, wurden 1630 von **Zucchi** entdeckt. Etwas später, 1664, war es **Robert Hooke,** der die berühmten Jupiter-Flecken fand. Nur ein Jahr später entdeckte **Giovanni Cassini** den **Großen Roten Fleck,** eine besonders auffällige Erscheinung südlich des Jupiter-Äquators. Anhand dieses Details konnte Cassini die Dauer einer Rotation mit 9 Stunden 56 Minuten beziffern. Aufgrund seiner Beobachtung der Strukturen am Äquator stellte er fest, dass die Rotationsperiode dort nur 9 Stunden 51 Minuten ausmachte. Diese Unterschiede legten die Annahme nahe, dass Jupiter über keine feste Oberfläche verfügt. Cassini erfasste auch die **Abplattung an den Polen,** für die sich ein Wert von 1/15 des Planetendurchmessers ergab. Im Laufe des 19. Jahrhunderts wurden verschiedene Meinungen über den Aufbau des Planeten geäußert. Während man zu Beginn noch glaubte, dass Jupiter ähnlich wie die Erde aufgebaut sei, setzte sich gegen Ende des Jahrhunderts zunehmend die Ansicht durch, dass die **atmosphärischen Strömungserscheinungen** auf eine Wärmequelle im Inneren des Planeten hindeuteten. Damals entdeckte man u. a. auch, dass über der Wolkenschicht Methan und Ammoniak vorhanden sind.

Oben: Jupiter ist von horizontalen Bändern durchzogen.
Unten: Diese Fotomontage zeigt die Voyager-Sonde auf ihrem Anflug zum Jupiter.

JUPITERSONDEN: Zu diesem Planeten wurden bisher 6 Sonden geschickt: Pioneer 10 und 11, Voyager 1 und 2 sowie Ulysses und Galileo.

Die beiden **Pioneer**-Sonden wurden 1972 bzw. 1973 gestartet. Dabei flog **Pioneer 11** 1979 auch am Saturn vorbei. Mit den Pioneer-Missionen gelang es erstmals, die großen Planeten aus nächster Nähe zu beobachten. Auf diesen beiden Sonden wurden Plaketten mit Bildern und Symbolen angebracht, die eventuellen außerirdischen Lebewesen einige grundlegende Informationen über den Menschen liefern sollten.

Die **Voyager**-Missionen verfolgten ein noch ehrgeizigeres Ziel als ihre Vorgänger. Man nützte einen günstigen Planetenstand, wie er sich nur alle 200 Jahre ereignet, um in einer einzigen Mission Jupiter, Saturn, Uranus und Neptun zu erreichen. **Voyager 1** erreichte im

März 1979 die größte Annäherung an Jupiter und schickte eine Fülle von Daten und Bildern zur Erde, die in jahrelanger Arbeit ausgewertet wurden. **Voyager 2** flog in größerer Entfernung an Jupiter vorüber, gelangte dafür aber in die Nähe der vier großen Jupitermonde, von denen die Sonde spektakuläre Bilder aufnahm. Danach flog sie zum Neptun weiter.
Das Hauptziel des **Ulysses**-Projekts war nicht Jupiter, sondern die äußeren Bereiche des Sonnensystems, wobei die Sonde sich die Gravitationskraft von Jupiter zu Nutze machte, um Schwung zu holen und die Ekliptik zu verlassen. Diese Sonde hatte keine Fotokamera an Bord, sondern war vor allem für die Untersuchung des Jupitermagnetfeldes ausgerüstet. Dabei wurde auch der so genannte **Io-Torus** untersucht, ein Ring aus elektrisch geladenen Schwefel- und Sauerstoffteilchen, der den Planeten in derselben Entfernung wie der Mond Io umkreist. Es handelt sich dabei um eine Störung in der Jupiter-Magnetosphäre, die von Io verursacht wird. Die Schwefel- und Sauerstoffteilchen stammen von Vulkanausbrüchen auf Io.
Die Sonde **Galileo** gelangte 1995 zum Jupiter. Eines der Ziele dieser Misson war es, eine kleinere Sonde in die Atmosphäre zu schicken, während die Hauptsonde in der Umlaufbahn blieb. Im Dezember 1995 tauchte die kleine Sonde schließlich in die Atmosphäre ein, wo sie für 57 Minuten den schwierigen Temperatur- und Druckverhältnissen widerstand und verschiedene Messungen und chemische Analysen vornahm. Dabei stellte sich heraus, dass Temperatur und atmosphärische Dichte weitaus höher sind als ursprünglich angenommen. Es zeigte sich auch, dass in dem dabei untersuchten Abschnitt der Atmosphäre keine Wolken aus Wasserdampf vorhanden waren, wie die Voyager-Sonden dies noch nahegelegt hatten. Auch der Anteil an Helium, Neon, Sauerstoff und Schwefel stellte sich als weitaus geringer heraus als von den Wissenschaftlern angenommen.

DIFFERENZIELLE ROTATION: Von allen Planeten des Sonnensystems hat Jupiter die kürzeste Rotationsperiode. Wie alle großen, aus verschiedenen Gasen bestehenden Planeten besitzt auch Jupiter eine differenzielle Rotation, d. h. die Drehung vollzieht sich in verschiedenen Breiten unterschiedlich schnell.
Im Gegensatz zur Sonne schwankt die Rotationsperiode von Jupiter nur minimal; die Periode beträgt an den Polen 9 Stunden 55 Minuten, während sie am Äquator 9 Stunden 50 Minuten ausmacht. Die hohe Rotationsgeschwindigkeit hat zu einer **starken Abplattung der Pole** geführt; aus diesem Grund beträgt der Durchmesser von Pol zu Pol nur 134.700 km, während er am Äquator 143.000 km ausmacht.

DAS INNERE DES PLANETEN: Jupiter verfügt über einen **festen Kern** aus Eisen und Silizium-Verbindungen, der ca. 4% der Gesamtmasse des Planeten ausmacht. Der Kern wird aus einer 40.000 km dicken Schicht aus **metallischem Wasserstoff** umhüllt. In diesem Bereich herrscht ein extrem hoher Druck von ca. 3 Mio. bar, wodurch der Wasserstoff in einzelne Atome zerfällt und metallartige Eigenschaften annimmt. Daran anschließend folgt eine Schicht aus **flüssigem Wasserstoff,** über der schließlich die **At-**

Im Zuge der Galileo-Mission wurde eine kleine Sonde in die Atmosphäre gesandt.

JUPITER

Mittlere Entfernung zur Sonne: 778,3 Mio. km (min. 740,9; max. 815,7)
Äquatordurchmesser: 143.000 km (Poldurchmesser 134.700)
Mittlere Umlaufgeschwindigkeit um die Sonne: 13,1 km/s
Rotationsperiode (am Äquator): 9h 50m 30s
Umlaufzeit: 11,86a
Zahl der bekannten Monde: 16
Masse (Erde = 1): 317,9
Volumen (Erde = 1): 1319,6
Mittlere Dichte: 1,3 g/cm³
Mittlere Oberflächentemperatur: -150 °C
Neigung der Achse: 25°11'
Neigung der Umlaufbahn gegenüber der Ekliptik: 1,9°
Atmosphäre: Wasserstoff (82%), Helium (18%), andere Elemente (in Spuren)

mosphäre liegt, die vorwiegend aus Wasserstoff und Helium besteht, in der aber auch andere Bestandteile vorkommen.
Durch Messungen, die von der Erde aus, aber auch von Raumsonden angestellt wurden, hat sich gezeigt, dass Jupiter fast doppelt so viel Energie abstrahlt wie er von der Sonne erhält, was größtenteils in Form von **Infrarotstrahlung** geschieht. Daraus lässt sich schließen, dass der Planet über eine innere Wärmequelle verfügt. Es handelt sich dabei um Überreste der Energie, wie sie einst bei der Entstehung des Planeten freigesetzt wurde; damals wurde gravitative Energie in Wärmeenergie umgewandelt. Auch heute noch dürften im Inneren von Jupiter Temperaturen von ca. 30.000 °C herrschen. Die innere Wärme des Planeten, der immer noch in Abkühlung begriffen ist, wird durch Konvektion nach außen transportiert.

ATMOSPHÄRE: Die Atmosphäre mit ihren **Wolken** und **Flecken** ist das Einzige, was wir von dem Planeten sehen können. Die Wolken sind parallel zum Äquator angeordnet und können hell oder dunkel sein, je nachdem ob es sich um warme aufsteigende oder kalte absinkende Wolken handelt. In der Atmosphäre sind neben **Wasserstoff** und **Helium** noch Gase wie **Methan, Ammoniak, Acetylen** und **Äthan** zu finden. Die Wolken treten in verschiedener Höhe in unterschiedlichen Farben auf. So sind die höchsten rot gefärbt, während die darunter liegenden Wolken weiß, dann braun und schießlich ganz unten bläulich erscheinen.
Der **Wind** weht auf dem Jupiter entlang der Bänder und Zonen jeweils in entgegengesetzter Richtung, wobei die Windgeschwindigkeit mitunter deutlich höher ist als auf der Erde.
Bei den **Flecken** der Jupiteratmosphäre dürfte es sich um Wirbel handeln, die bis zu mehreren Jahren bestehen bleiben können.

DAS MAGNETFELD: Jupiter besitzt ein Magnetfeld, das etwa 12-mal so stark ist wie das der Erde, wobei die **Achse des Feldes** ca. 11° gegen die Rotationsachse geneigt ist.
Hervorgerufen wird das Magnetfeld durch die Schicht aus **metallischem Wasserstoff** im Inneren des Planeten. Die Merkmale des Magnetfelds sind zwar im Allgemeinen ähnlich wie auf der Erde, nur sind die beiden Pole gegenüber dem irdischen Magnetfeld **umgekehrt.** Deshalb würde die Kompassnadel auf dem Jupiter nicht nach Norden, sondern nach Süden zeigen.
Die **Magnetosphäre** des Planeten lässt sich in drei Bereiche einteilen – den inneren, der in etwa der irdischen Magnetosphäre entspricht, den mittleren Bereich, der eine Plasmaschicht enthält, und den äußeren Bereich, der sich über maximal 100 Jupiterradien ausdehnen kann.

JUPITERRINGE: Jupiter wird auf Äquatorhöhe von einem Ringsystem umgeben, das im Gegensatz zu den Saturnringen relativ dunkel, schmal und dünn besetzt ist. Das Ringsystem, das erstmals von der **Voyager**-Sonde entdeckt wurde, besteht aus **zwei Hauptringen** und einem schmalen innenliegenden Ring von oranger Farbe.
Das Ringsystem ist etwa 6500 km breit und kaum mehr als 1 km dick. Die kleinen Teilchen, die den Ring bilden, reflektieren das Sonnenlicht nur

Diese Abbildung des Jupiterrings stammt von der Raumsonde Voyager 2.

Fotomontage der vier galileischen Monde mit Jupiter im Hintergrund.

schwach und sind deshalb sehr schwer zu sehen.

JUPITERMONDE: Bisher wurden **16** Jupitermonde entdeckt, von denen die wichtigsten die galileischen Monde **Io, Europa, Ganymed** und **Kallisto** sind. Unsere Informationen über diese Himmelskörper stammen vor allem von den Sonden Voyager und Galileo. Der Mond **Io** ist den enormen Gezeitenkräften unterworfen, die durch die Nähe zum Jupiter bedingt sind und die für einen ausgeprägten Vulkanismus sorgen. Durch Fotos wissen wir, dass die Oberfläche von Io keine Einschlagskrater aufweist. Dafür ist der Mond von Vulkanen sowie von Einbruchkesseln erloschener **Vulkane,** so genannten **Calderen,** übersät. Außerdem sind Ströme von schwefelhaltigem Material zu erkennen, die vermutlich aus **Basalten** und reinem Schwefel bestehen. Mit Hilfe der Sonde Voyager 1 konnte man erstmals den Ausbruch eines Vulkans auf einem anderen Himmelskörper beobachten.

Der interessanteste Jupitermond ist vielleicht **Europa.** Die Oberfläche dieses Himmelskörpers wird von einer Eiskruste gebildet, die von vielen dunklen Linien durchzogen ist, welche als Risse im Eis interpretiert werden. Man vermutet, dass sich darunter **Wasser** befindet, das immer wieder an die Oberfläche hochsteigt und die Eisschicht erneuert. Sollte diese Annahme zutreffen, so wären eventuell die Voraussetzungen für das Vorhandensein von primitivem Leben unter dem ewigen Eis gegeben. Die höheren Temperaturen unter der Eisschicht könnten durch die Gezeitenwirkung von Jupiter verursacht werden.

Ganymed gleicht unserem Mond. Neben seinen dunklen Becken und hellen Flächen weist er zahlreiche **Einschlagskrater** auf, die jedoch nicht gleichmäßig auf der Oberfläche verteilt sind, was darauf hindeutet, dass wir es mit Gebieten verschiedenen Alters zu tun haben.

Kallisto schließlich ist von einer rund 300 km dicken **Schicht aus Eis und Gestein** bedeckt und zeichnet sich durch eine Vielzahl von **Kratern** aus. Besonders erwähnenswert sind die beiden großen Einschlagstrukturen, die von weiten Ringsystemen umgeben sind. Diese Ringe dürften auf Kollisionen mit großen Körpern zurückzuführen sein, als die Kruste noch nicht ganz fest war.

DIE JUPITERMONDE

Mond	Jahr der Entdeckung	Entfernung (km)	Umlaufzeit (Tage)	Äquatorradius (km)	Dichte (g/cm³)
Metis	1980	127.960	0,295	93	2,8
Adrastea	1979	128.980	0,298	270x165x15	1,8
Amalthea	1892	181.300	0,498	38	3,3
Thebe	1980	221.900	0,675	55x45	1,5
Io	1610	421.600	1,77	1815	3,57
Europa	1610	670.900	3,55	1569	2,97
Ganymed	1610	1.070.000	7,16	2631	1,94
Kallisto	1610	1.883 000	16,69	2400	1,86
Leda	1974	11.094.000	238,72	20	2,8
Himalaia	1904	11.480.000	250,6	ca. 20	4,5
Lysithea	1938	11.720.000	259,22	25	2,9
Elara	1905	11.737.000	259,65	18	3,1
Ananke	1951	21.200.000	631	20	2,8
Carme	1938	22.600.000	692	18	3,1
Pasiphaë	1908	23.500.000	735	15	2,7
Sinope	1914	23.700.000	758	8	2,7

Saturn

Verwandte Kapitel

Überblick über das Sonnensystem (Seite 44)

Die Keplerschen Gesetze (Seite 46)

Saturn ist von der Sonne aus gesehen der 6. Planet unseres Sonnensystems und der zweitgrößte nach Jupiter. Das Markenzeichen dieses Planeten, der schon seit der Antike bekannt ist, sind seine gut sichtbaren **Ringe.**

WICHTIGE BEOBACHTUNGEN: Saturn ist der am weitesten von uns entfernte Planet, der noch mit freiem Auge sichtbar ist. **Galileo Galilei** beobachtete ihn 1610 erstmals mit dem Fernrohr und stellte dabei zwei »Ausbeulungen« an den Rändern fest. Erst 1656 fand **Christian Huygens** die Erklärung für dieses Phänomen, als er zur Ansicht kam, dass es sich dabei um Ringe handeln müsse. 1675 entdeckte **Cassini** eine 4000 km breite Lücke im Ringsystem, die seither als **Cassinische Teilung** bekannt ist. Cassini beobachtete außerdem die Wolkenbänder, die an jene von Jupiter erinnern, wenngleich sie nicht ganz so ausgeprägt sind.
Gegen Ende des 18. Jahrhunderts gelang es **William Herschel,** die Rotationsgeschwindigkeit des Planeten zu ermitteln, wobei er auf einen Wert von 10 Stunden 16 Minuten kam, was nur minimal von der tatsächlichen Rotationszeit von 10 Stunden 13 Minuten abweicht.

SATURNMISSIONEN: Es waren bisher drei Sonden, die den Saturn erreichten. Die erste war **Pioneer 11,** die nach ihrem Besuch bei Jupiter im September 1979 in die Nähe des Saturns gelangte. Die zur Erde geschickten Fotos zeigten einige Saturnringe, die von der Erde aus nicht sichtbar waren, sowie einen kleinen Mond.
Voyager 1, die zweite Saturnsonde, flog im November 1980 in einer Entfernung von 64.000 km am Planeten vorüber und erkundete dabei auch seine größten Monde.
Voyager 2 wiederum gelangte im August 1981 in die Nähe des Planeten, um gleich danach in Richtung Uranus und Neptun weiterzufliegen.
Zusammen mit der Europäischen Weltraumorganisation ESA staretete die NASA 1997 die Sonde **Cassini,** die zur Zeit zum Saturn unterwegs ist. Wenn alles nach Plan verläuft, sollte Cassini im Juli 2004 den Saturn erreichen, nachdem sie die Venus passiert hat, um sich mittels **Fly-by-Technik** neuen Schwung zu holen. Cassini führt eine kleine Sonde namens **Huygens** mit sich, die über **Titan,** dem größten Saturnmond, ausgesetzt wird, um dessen Atmosphäre und Oberfläche zu erkunden.

Oben: Saturn, von der Voyager-Sonde aufgenommen. Unten: Die Sonde Cassini wird Saturn im Jahr 2004 erreichen.

UMLAUFBAHN UND AUFBAU: Saturn ist der zweitgrößte der vier äußeren Planeten des Sonnensystems und weist denselben Aufbau wie Jupiter auf. Auch er besteht im Wesentlichen aus **Wasserstoff** und **Helium.**
Man geht heute davon aus, dass Saturn einen **Gesteinskern** besitzt, der von einer Schicht aus **metallischem Wasserstoff** umgeben ist. Darüber befindet sich eine Schicht aus **flüssigem Wasserstoff,** die bis zur Atmosphäre aus Wasserstoff und Helium reicht. Eine Besonderheit dieses Planeten ist seine sehr **geringe Dichte,** die noch unter der von Wasser liegt. Diese Eigenschaft drückt sich auch in der äußeren Form aus; der Planet

zeigt sich nämlich an den Polen abgeplattet und weist einen beträchtlichen Wulst am Äquator auf. Der Durchmesser von Pol zu Pol ist folglich ca. 10% geringer als der am Äquator.
Saturn benötigt für einen vollständigen Umlauf um die Sonne **29,5 Jahre** und ist von unserem Zentralgestirn im Durchschnitt 9,5 AE, entfernt, d. h., er ist 9,5-mal so weit von der Sonne entfernt wie die Erde. In diesen Bereich des Sonnensystems gelangt nur noch 1/90 jener Lichtmenge, die unsere Erde erreicht. Obwohl er dem Jupiter in Struktur und Aufbau ähnlich ist, zeigt Saturn vom Äußeren her **deutliche Unterschiede.** Auf Saturn sind die Farben weniger kräftig, und auch seine Wolkenbänder sind weniger ausgeprägt als die auf Jupiter – wahrscheinlich deshalb, weil die Wolken von dichteren atmosphärischen Schichten bedeckt sind. Die vorherrschenden Farbtöne über dem Saturn sind das Weiß der Ammoniakwolken und das Ockergelb des Ammoniakhydrosulfids.

DIE ATMOSPHÄRE: Bei den Riesenplaneten aus Gas ist es schwer zu sagen, wo die eigentliche Oberfläche liegt und die Atmosphäre beginnt. Man nimmt deshalb als **Höhe Null** jenes Niveau an, wo der Verlauf der Temperatur sich umkehrt. Während die Temperatur normalerweise mit zunehmender Höhe abnimmt, absorbieren die Gase der Atmosphäre in einer bestimmten Höhe so viel Sonnenstrahlung, dass die Temperatur wieder ansteigt. Im Falle des Saturns wird dieser Temperaturanstieg vor allem durch Methan bewirkt.
Die Atmosphäre des Planeten setzt sich aus 95% **Wasserstoff,** 3% **Helium** und 0,4% **Methan** zusammen. Etwa 100 km unter dem Nullniveau, wo niedrige Temperaturen und hoher Druck (ca. 1 bar) herrschen, kann das **Ammoniak** kondensieren und ist dadurch in Form von weißen Wolken zu sehen.
Untersuchungen haben ergeben, dass Saturn etwa doppelt so viel Energie abgibt, wie er von der Sonne erhält. Der Grund dafür dürfte darin liegen, dass kondensierte Heliumtropfen aus der Atmosphäre in Richtung Kern wandern, wobei **Gravitationsenergie** freigesetzt wird, die wiederum durch Konvektionsprozesse als **Wärmeenergie** aufsteigt.

Oben: Das Ringsystem des Saturns.
Unten: Die charakteristischen ockergelben Wolken des Saturns.

WIND AUF SATURN: Während die atmosphärische Zirkulation auf der Erde durch die Sonnenstrahlung angetrieben wird, die einen Temperaturunterschied zwischen Äquatorial- und Polarzonen hervorruft, wird die Zirkulation auf dem Saturn durch seine innere Wärmequelle bewirkt. Auch die hohe Rotationsgeschwindigkeit trägt zur Bewegung der atmosphärischen Schichten bei.
Die Windgeschwindigkeit ist auf diesem Planeten noch höher als auf Jupiter; am Äquator wurden gar Geschwindigkeiten von bis zu **1800 km/h** gemessen. Die Winde sind auf den beiden Halbkugeln recht **gleichmäßig verteilt.** Aufgrund der geringen Achsenneigung des Planeten sind auf Saturn auch kaum jahreszeitliche Unterschiede festzustellen.
Genauso wie auf Jupiter gibt es auch auf Saturn Wirbelstürme, die mehrere Jahre bestehen können. Sie sind jedoch kleiner und dadurch nicht so gut zu erkennen wie etwa der Große Rote Fleck auf Jupiter. Da solche aus-

SATURN

Mittlere Entfernung zur Sonne: 1427 Mio. km (min. 1347; max. 1507)
Äquatordurchmesser: 120.000 km (Poldurchmesser 108.000)
Mittlere Umlaufgeschwindigkeit um die Sonne: 9,6 km/s
Rotationsperiode (Äquator): 10h 13m 23s
Umlaufzeit: 29,46a
Zahl der bekannten Monde: 21
Masse (Erde = 1): 95,181
Volumen (Erde = 1): 761,446
Mittlere Dichte: 0,69 g/cm³
Mittlere Oberflächentemperatur: -180 °C
Neigung der Achse: 26° 44'
Neigung der Umlaufbahn gegenüber der Ekliptik: 2,5°
Atmosphäre: Wasserstoff (96%), Helium (3%), Methan (0,4%), andere Elemente (in Spuren)

gedehnten **Sturmgebiete** auf allen großen Planeten zu finden sind, kann man annehmen, dass es für dieses Phänomen eine gemeinsame Ursache gibt.

DIE RINGE: Wir wissen zwar heute, dass alle vier großen Planeten von Ringen umgeben sind – doch die des Saturn sind gewiss die spektakulärsten und am besten sichtbaren. Die Ringe sind um 28° **gegen die Bahnebene** des Planeten geneigt und sind deshalb je nach der Position der beiden Planeten einmal von der Seite und dann wieder in ihrer ganzen Breite zu sehen.
Bereits **Huygens** hat festgestellt, dass die Ringe keine festen Körper sind, sondern aus einer **Unzahl** von meist sehr kleinen **Partikeln** bestehen, die um den Planeten wandern. Wir unterscheiden drei **Ringbereiche,** die als A-, B- und C-Ring bezeichnet werden. Außerdem gibt es noch vier schmälere Ringe. Der hellste und breiteste Ring ist der zentrale B-Ring, der vom weiter außen gelegenen A-Ring durch die **Cassinische Teilung,** eine Lücke von ca. 4000 km, getrennt ist. Diese ist jedoch nicht ganz leer, sondern weist eine Reihe von sehr schmalen Ringen auf. Innerhalb des A-Rings gibt es ebenfalls eine schmale aber deutliche Lücke, die so genannte **Encke-Teilung.** Der innen gelegene C-Ring schließlich besteht aus sehr dünner Substanz.
Bei einem Durchmesser von über 250.000 km ist das Ringsystem nur bis zu 1 km dick. Die Teilchendichte ist jedoch nicht sehr hoch; würde das Material einen einzigen Körper bilden, so hätte dieser nicht einmal einen Durchmesser von 100 km.
Durch die Bilder, die uns von den Sonden erreichten, wissen wir, dass die Ringe **in Wirklichkeit** aus tausenden schmalen Ringen bestehen, zwischen die immer wieder Spalten eingeschoben sind. Der Großteil der Partikel in den Ringen liegt in einer Größenordnung von wenigen Zentimetern bis zu einigen Metern Durchmesser; in seltenen Fällen können sie auch 1 bis 2 km erreichen. Das Ringmaterial besteht fast ausschließlich aus gewöhnlichem **Wassereis** bzw. vereistem Gestein.
Zwischen einigen Monden und den Partikeln der Ringe bestehen zum Teil komplexe gravitative Wechselwirkungen. Vor allem die so genannten **Hirtenmonde** des Saturns tragen maßgeblich dazu bei, dass die Partikel den Ring nicht verlassen. Der Mond **Mimas** ist für die geringe Teilchendichte in der Cassinischen Teilung verantwortlich.
Der Ursprung der Saturnringe ist noch nicht geklärt. Sie könnten sich gleichzeitig mit dem Planeten gebildet haben, stellen jedoch kein stabiles System dar; es wird den Ringen immer wieder neues Material zugeführt, das möglicherweise aus der Zerstörung kleinerer Monde stammen könnte.

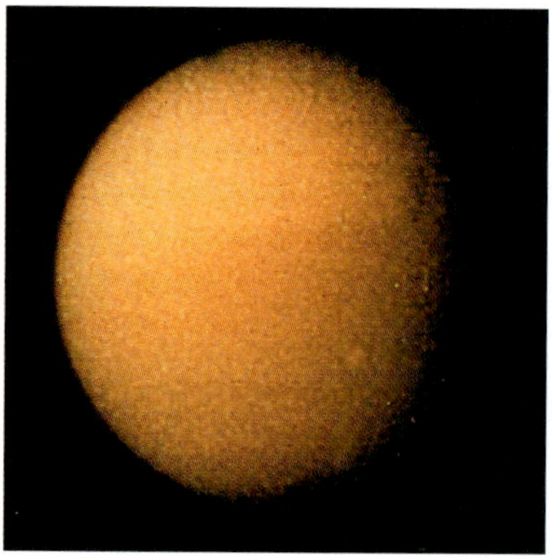

Zwei der Saturnmonde: links Titan, rechts Tethys.

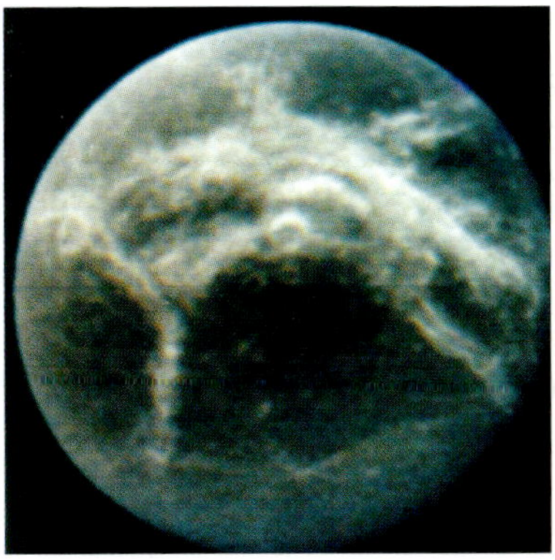

So unterschiedlich sehen manche Saturnmonde aus: links ist Dione, rechts Iapetus zu sehen.

MAGNETFELD: Aufgrund der Schicht von metallischem Wasserstoff im Inneren des Planeten besitzt der Saturn ein Magnetfeld, das durch eine Art **Dynamo-Effekt** erzeugt wird. Dass dieses Feld schwächer als vermutet ist, dürfte daran liegen, dass die Rotationsachse und die magnetische Achse nur um ca. 1° gegeneinander geneigt sind. Bei Jupiter dagegen beträgt der Neigungswinkel 10°.

DIE SATURNMONDE: Es sind heute bereits **21 Monde** bekannt, wenngleich auch das noch nicht die endgültige Zahl sein dürfte. Zwischen den Umlaufbahnen einzelner Monde bestehen interessante Zusammenhänge; so benötigt **Mimas** genau halb so lang für einen Umlauf wie der Mond **Tethys.** Das gleiche Verhältnis besteht zwischen den Monden **Enceladus** und **Dione.**
Der Gravitationseinfluss mancher Monde verhindert, dass die Teilchen aus ihrem Ring entweichen. Die meisten Monde bestehen aus **Gestein** und **Eis,** was sich in einem hohen Reflexionsvermögen niederschlägt.
Der größte und interessanteste der Saturnmonde ist **Titan,** der mit einem Durchmesser von über 5000 km nach dem Jupitermond **Ganymed** der zweitgrößte Mond des Sonnensystems ist. Titan ist der einzige Mond, der über eine **dichte Atmosphäre** verfügt, die zu 90% aus Stickstoff sowie einer Reihe anderer Gase, vor allem Methan und Argon, besteht. Es wird vermutet, dass es auf diesem Mond Methan regnet, sodass es möglicherweise auf der Oberfläche auch Meere aus dieser Kohlenwasserstoffverbindung gibt. Klarheit darüber sollte die Cassini-Mission bringen.

DIE SATURNMONDE

Mond	Entfernung (km)	Durchmesser (km)	Umlaufzeit (Stunden)
Pan	133.600	20	13,80
Atlas	137.700	40x20	14,45
Prometheus	139.400	140x100x74	14,71
Pandora	141.700	110x90x66	15,09
Epimetheus	151.400	140x116x100	16,66
Janus	151.500	220x190x160	16,67
Mimas	185.500	394	22,62
Enceladus	238.000	502	32,89
Tethys	294.700	1048	45,31
Telesto	294.700	30x20x16	45,31
Calypso	294.700	24x22x22	45,31
Dione	377.400	1118	65,69
Helene	377.400	34x32x30	65,74
Rhea	527.000	1528	108,42
Titan	1.221.900	5150	382,69
Hyperion	1.481.000	410x260x220	510,64
Iapetus	3.560.800	1436	1.903,90
Phoebe	12.954.000	220	13.210,80

Uranus

Verwandte Kapitel

Überblick über das Sonnensystem (Seite 44)

Die Keplerschen Gesetze (Seite 46)

Uranus ist von der Sonne aus gesehen der siebte Planet und gehört der Gruppe der **jupiterähnlichen Planeten** an. Er kann zwar bei günstigen Bedingungen gerade noch mit bloßem Auge sichtbar sein, wurde aber dennoch erst gegen Ende des 18. Jahrhunderts entdeckt.

ENTDECKUNG DES URANUS: Erst 1781 wurde Uranus von **William Herschel** entdeckt. Es war in der Nacht des 13. März, als der englische Astronom deutscher Herkunft den Himmel nach Doppelsternen absuchte und dabei den Planeten fand, den er zunächst noch für einen Kometen hielt. Auffällig war jedoch, dass der gefundene Himmelskörper keine unscharfen Ränder zeigte, wie dies bei einem Kometen der Fall gewesen wäre. Außerdem hätte man den Körper – wäre es ein Komet gewesen – bei dieser Entfernung unmöglich mit den damals verfügbaren Fernrohren ausfindig machen können.
Die Nachricht von der Entdeckung verbreitete sich rasch, und in ganz Europa gingen die Astronomen und Mathematiker daran, die **Größe** und **Bahn** des Himmelskörpers zu berechnen. Es war der finnische Astronom **Anders Lexell,** der für das Objekt eine kreisförmige Bahn berechnete und daraus den Schluss zog, dass es sich um einen **Planeten** handeln müsse. Damit war klar, dass zum ersten Mal seit den Zeiten der Antike wieder ein Planet entdeckt worden war. Schon die ersten Berechnungen zeigten, dass sich der neue Planet sehr weit von der Sonne entfernt befindet, genau genommen doppelt so weit wie der Saturn. Durch die Entdeckung des Uranus hatte sich somit die Größe des Sonnensystems mit einem Schlag verdoppelt.
Was die Benennung betraf, so wollte Herschel zusammen mit der **English Royal Society** den Planeten zunächst dem englischen König George III. widmen, was jedoch einige Länder aus politischen Gründen ablehnten. Aus diesem Grund schlug der Astronom **J. Bode** vor, den neuen Planeten nach dem griechischen Himmelsgott Uranos zu benennen, der in der Mythologie der Sohn von Gäa (der Erde) und Vater von Saturn ist. Dennoch sollte es noch fast 60 Jahre dauern, bis man zu einer definitiven Lösung des Namensproblems gelangte, als **John Adams** um 1850 erneut die Bezeichnung **Uranus** vorschlug, die schließlich auch akzeptiert wurde.

Oben: Ansicht des Planeten Uranus. Unten: Diese grafische Darstellung zeigt Voyager 2 auf ihrem Anflug zum Uranus.

URANUSSONDEN: Bisher wurde Uranus erst von einer einzigen Sonde aus nächster Nähe untersucht, nämlich **Voyager 2,** die zuvor bereits Jupiter und Saturn besucht hatte. Voyager 2 gelangte im Januar 1986 in die Nähe des Planeten und hielt sich nur wenige Stunden dort auf. Dass der **Besuch** so kurz war, lag an der Flugbahn, die die Sonde einschlagen musste, um anschließend zum Neptun, dem letzten Ziel der Reise, weiterfliegen zu können.
Trotz der kurzen Besuchszeit lieferte Voyager 2 eine Fülle von Daten. So zeigte sich beispielsweise, dass es auf Uranus **Wolkensysteme** gibt, über denen ein dichter **Nebel aus Methan** liegt.
Voyager 2 schickte auch Aufnahmen von den **Uranusmonden** zur

Erde – und zwar nicht nur von den fünf bereits bekannten Satelliten, sondern auch von den 10 Monden, die die Sonde zusätzlich entdeckte.

URANUS

Mittlere Entfernung zur Sonne: 2896,6 Mio. km (min. 2735; max. 3004)
Äquatordurchmesser: 51.118 km
Mittlere Umlaufgeschwindigkeit um die Sonne: 6,8 km/s
Rotationsperiode: 17h 12m (rückläufig)
Umlaufzeit: 84,01a
Zahl der bekannten Monde: 20 bzw. 21
Masse (Erde = 1): 14,531
Volumen (Erde = 1): 62,181
Mittlere Dichte: 1,29 g/cm^3
Mittlere Oberflächentemperatur: -210 °C
Neigung der Achse: 97° 55'
Neigung der Umlaufbahn gegenüber der Ekliptik: 0,8°
Atmosphäre: Wasserstoff (83%), Helium (15%), Methan (2%)

BESONDERHEITEN UND INNERER AUFBAU: Der innere Bau des Planeten erinnert an den der beiden anderen Gasriesen, nämlich Jupiter und Saturn. Der **Gesteinskern** des Uranus ist jedoch relativ groß, und es fehlt eine Schicht aus metallischem Wasserstoff, wie sie die beiden anderen Planeten besitzen. Der Kern ist von einer flüssigen Schicht aus **Wasser, Ammoniak** und **Methan** umgeben, um den sich ein Mantel aus **Wasserstoff** und **Helium** schließt.
Die Scheibe des Uranus präsentiert sich in **grünen und blauen Farbtönen,** über denen vereinzelte weiße Wolken liegen. Der Grund für diese Färbung ist das Vorhandensein von Wasserstoff und Methan, die das rote und infrarote Licht absorbieren, nicht aber Grün und Blau.
Die Wolkenformationen sind auf diesem Planeten nicht sehr zahlreich. Der Wind weht in den mittleren Breiten mit einer Geschwindigkeit von bis zu 600 km/h parallel zum Äquator, und zwar stets in der Rotationsrichtung des Planeten. In den niedrigeren Breiten hingegen weht der Wind mit nur ca. 360 km/h, jedoch in entgegengesetzter Richtung.
Die Achse des **Magnetfeldes** ist um 55° gegen die Rotationsachse geneigt. Das Magnetfeld wird jedoch nicht im Kern erzeugt, sondern durch die Konvektionsströme in der darüberliegenden flüssigen Schicht.
Die **Rotationsachse** des Uranus ist so stark geneigt, dass sie fast schon mit der Ebene der Ekliptik zusammenfällt; der Nordpol liegt deshalb direkt über der Ebene der Umlaufbahn. Für den Beobachter auf der Erde sind die Pole des Uranus deshalb für jeweils die Hälfte seiner Umlaufzeit zu sehen, d. h. für 42 Jahre, da ein Uranusjahr nicht weniger als 84 Erdjahre dauert. Man weiß heute noch nicht mit Sicherheit, wie es zu einer so **starken Achsenneigung** kommen konnte. Als wahrscheinlichste Hypothese gilt, dass Uranus mit einem anderen Himmelskörper zusammengestoßen sein könnte.

DIE URANUSRINGE: Wie die anderen großen Planeten ist auch Uranus von Ringen umgeben. Entdeckt wurden sie 1977 anläßlich einer **Bedeckung** (siehe Seite 97).

Diese Illustration zeigt das Ringsystem des Uranus.

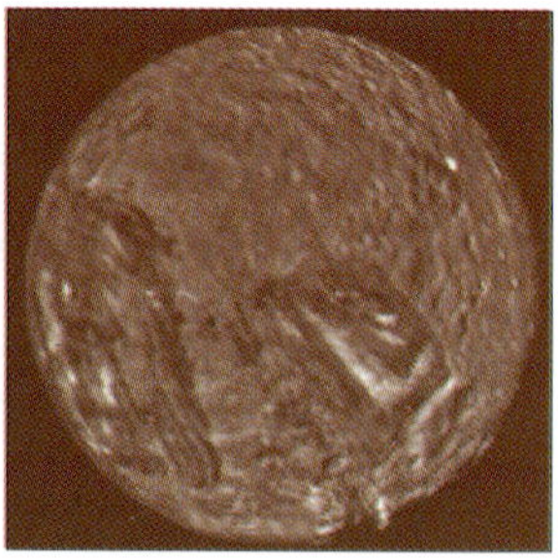

Ansicht zweier Uranusmonde: links Ariel, rechts Miranda.

Die Ringe sind sehr dunkel und bestehen aus Teilchen, deren Größe von mikroskopisch kleinen Ausmaßen bis zu einigen Metern reicht. Bisher wurden **11** Uranusringe entdeckt, die alle sehr schmal sind, wobei der hellste unter dem Namen **Epsilon** bekannt ist. Die Uranusringe waren die ersten, die nach den Saturnringen von der Erde aus beobachtet wurden. Mit dieser Entdeckung wurde deutlich, dass solche Ringe **kein Charakteristikum** des Saturns sind, sondern eine Erscheinung, die alle großen Planeten gemeinsam haben.

DIE URANUSMONDE: Vor der Mission Voyager 2 waren nur fünf Uranusmonde bekannt. Zwei davon, **Titania** und **Oberon,** wurden von **William Herschel** 1787 entdeckt. **Ariel** und **Umbriel** folgten 1851, **Miranda** 1948. Die Voyager-Sonde entdeckte zehn weitere Monde, von denen zwei als **Hirtenmonde** für die Ringe fungieren, wie dies auch bei Saturn der Fall ist. In den letzten Jahren wurden einige weitere kleine Monde gefunden, sodass die Gesamtzahl mittlerweile bei **20** oder **21** liegt, je nachdem, ob die letzte Entdeckung bestätigt wird. Uranus ist somit der Planet mit den meisten bekannten Monden.
Auf den größeren Satelliten scheint es einst eine gewisse **geologische Aktivität** gegeben zu haben, was bei Himmelskörpern von so geringer Größe – Ariel misst ein Drittel unseres Mondes, Miranda gar nur ein Sechstel – ziemlich bemerkenswert ist. Dieses Phänomen dürfte auf die **Gezeitenkräfte** zurückzuführen sein, die Uranus auf seine Monde ausübt, wie dies auch bei Jupiter und Saturn der Fall ist. Eine weitere Ursache für die geologische Aktivität auf diesen Monden ist der hohe Gesteinsanteil, der bei Oberon und Titania zwischen 40 und 60% beträgt. Die radioaktiven Elemente in den Gesteinen produzieren die für die geologischen Prozesse notwendige Wärme.

DIE URANUSMONDE

Mond	Entfernung (km)	Radius (km)	Umlaufzeit (Tage)
Cordelia	50.000	13	0,335
Orphelia	54.000	16	0,376
Bianca	59.000	22	0,434
Cressida	62.000	33	0,463
Desdemona	63.000	29	0,473
Juliet	64.000	42	0,493
Portia	66.000	55	0,513
Rosalind	70.000	27	0,558
Belinda	75.000	34	0,623
1986U10	75.000	20	0,623
Puck	86.000	77	0,761
Miranda	130.000	236	1,413
Ariel	191.000	579	2,520
Umbriel	266.000	585	4,144
Titania	436.000	789	8,706
Oberon	583.000	761	13,463
Caliban	7.200.000	30	579,379
Sycorax	12.200.000	60	1284
S/1999U1	?	20	?
S/1999U2	?	20	?
S/1999U3	bisher unbestätigt		

Neptun

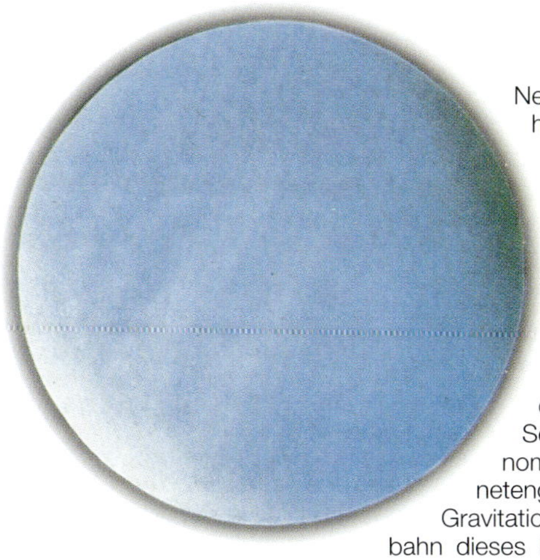

Neptun ist von der Sonne aus gesehen der achte Planet und gehört wie Jupiter, Uranus und Saturn der Gruppe der großen **jupiterähnlichen Planeten** an. Er ist mit freiem Auge nicht sichtbar und wurde deshalb erst 1846 entdeckt.

DIE VORHERSAGE EINES NEUNTEN PLANETEN: Nach der Entdeckung von Uranus (siehe Seite 112) 1781 konnten die Astronomen anhand der Keplerschen Planetengesetze und des Newtonschen Gravitationsgesetzes die genaue Umlaufbahn dieses Planeten berechnen. Mit der Entdeckung von Uranus war die bis dahin als unumstößlich geltende Zahl der Planeten nicht mehr gültig, die einschließlich Sonne und Mond mit **sieben** angenommen wurde. Aus diesem Grund kam man auf die Idee, nach weiteren Himmelskörpern Ausschau zu halten, die um die Sonne kreisen könnten. Diese Annahme gewann an Bedeutung, als 1821 **Alexis Bouvard** bemerkte, dass die tatsächliche Umlaufbahn des Uranus nicht mit der Bahn übereinstimmte, die aufgrund der Newtonschen Gesetze zu erwarten gewesen wäre.
Auf diese Weise verbreitete sich unter den Astronomen die Annahme, dass die beobachteten Abweichungen durch einen unbekannten Körper verursacht würden, der außerhalb der Uranusbahn liegen müsse. Bereits 1821 sprach **Friedrich Bessel** in einem Brief an **H. Olbers** von der Möglichkeit eines zusätzlichen fernen Planeten. Einer seiner Schüler, **Flemin,** widmete sich mit großer Hingabe dieser Aufgabe, konnte sie jedoch aufgrund seines frühen Todes 1840 nicht mehr vollenden.

DIE ENTDECKUNG: Die Arbeit von Flemin wurde von den Astronomen **John Adams** und **Urbain Leverrier** unabhängig voneinander fortgeführt. Adams kam zu dem Schluss, dass der vermutete Planet 38,4 AE von der Sonne entfernt sein müsse, also doppelt so weit wie Uranus. Dieser Wert kam dem in der **Titius-Bode-Reihe** festgelegten Wert sehr nahe, die eine Beziehung zwischen den mittleren Entfernungen der Planeten von der Sonne herstellte. Es gelang Adams jedoch nicht, die Verantwortlichen an der Greenwich-Sternwarte davon zu überzeugen, an der von ihm errechneten Position nach dem vermuteten Planeten zu suchen.
In Frankreich begann Leverrier 1845 an dem Problem zu arbeiten und präsentierte seine Ergebnisse im darauf folgenden Jahr der Akademie der Wissenschaften in Paris. Als ihm klar wurde, dass in Frankreich **niemand** die Absicht hatte, nach dem Planeten zu suchen, wandte er sich ebenfalls an die Kollegen in Greenwich.

Verwandte Kapitel

Überblick über das Sonnensystem (Seite 44)
Die Keplerschen Gesetze (Seite 46)
Das Gravitationsgesetz (Seite 217)

Oben: Eine Ansicht des Planeten Neptun.
Unten: In dieser Illustration sieht man die Voyager-2-Sonde auf ihrer Annäherung an Neptun.

NEPTUN

Mittlere Entfernung zur Sonne: 4496,6 Mio. km (min. 4456; max. 4537)
Äquatordurchmesser: 49.528 km
Mittlere Umlaufgeschwindigkeit um die Sonne: 5,4 km/s
Rotationsperiode: 16h 6m
Umlaufzeit: 164,8a
Zahl der bekannten Monde: 8
Masse (Erde = 1): 17,135
Volumen (Erde = 1): 57,675
Mittlere Dichte: 1,64 g/cm³
Mittlere Oberflächentemperatur: -220 °C
Neigung der Achse: 28° 48'
Neigung der Umlaufbahn gegenüber der Ekliptik: 1,8°
Atmosphäre: Wasserstoff, Helium, Methan

Dort begann man nun zu erkennen, dass die Annahmen von Adams durchaus verfolgenswert waren, ohne ihm dies jedoch mitzuteilen.
In Großbritannien begannen die Forschungen im Juli 1846 an der Sternwarte in **Cambridge,** doch der verantwortliche Astronom **J. Challis** ignorierte die vorhandenen Berechnungen, um auf eigene Faust zu suchen.
Im August 1846 legte Leverrier noch genauere Berechnungen vor, bei denen er auch auf die Masse und die Umlaufbahn des Planeten einging. Man äußerte sich zwar anerkennend über seine mathematischen Leistungen, doch sah sich niemand veranlasst, seine Berechnungen durch Beobachtungen zu prüfen. Schließlich wandte sich Leverrier an **Johann Galle,** einen Assistenten an der Sternwarte von Berlin. Galle erhielt Leverriers Brief am 23. September 1846. Noch in derselben Nacht richtete Galle sein Teleskop auf die angegebene Stelle. Es dauerte keine Stunde, bis er den achten Planeten unseres Sonnensystems im Visier hatte, und zwar annähernd an der von Leverrier angegebenen Stelle.
Die Entdeckung wurde Leverrier zugeschrieben, da Galle den Planeten anhand seiner Daten gefunden hatte. Als jedoch auch die Engländer Anspruch auf die Entdeckung erhoben, entspann sich ein heftiger Streit mit der Akademie der Wissenschaften in Paris, der schließlich damit endete, dass auch Adams die ihm gebührende Würdigung erhielt.

DIE NEPTUNSONDEN: Neptun wurde erst von einer einzigen Sonde besucht, nämlich im August 1989 von **Voyager 2.** Die Sonde flog in 4500 km Entfernung am Nordpol vorüber, wobei mit Hilfe des Bordradars die Rotationsperiode des Planeten ermittelt werden konnte, die bei 16 Stunden 3 Minuten liegt, also 3 Stunden unter dem auf der Erde berechneten Wert.
Problematisch war bei dieser Mission die geringe Lichtmenge, die den Neptun erreicht, da der Planet 30-mal so weit von der Sonne entfernt ist wie die Erde. Trotzdem konnte die Sonde faszinierende Bilder des blauen Planeten zur Erde schicken.
Voyager entdeckte außerdem **sechs neue Monde,** nachdem von der Erde aus erst **zwei Satelliten** entdeckt worden waren. Sieben Monde des Planeten wandern in der Richtung ihrer Rotation – nur **Triton** weist eine retrograde Bewegung auf; da seine Rotationsperiode gleich lang ist wie seine Umlaufbahn, wendet er dem Planeten immer dieselbe Seite zu.

MERKMALE UND AUFBAU: Das Innere des Neptuns ist ähnlich aufgebaut wie bei den anderen Gasriesen, besonders bei Uranus.
Seine **Dichte** ist mit jener von Jupiter vergleichbar, doch seine viel geringere Masse verhinderte wohl die Bildung von metallischem Wasserstoff. Wie im Fall des Planeten Uranus befindet sich über dem verhältnismäßig großen **Kern** eine flüssige Schicht aus **Wasser, Ammoniak** und **Methan.** Darüber liegen zwei atmosphärische Schichten:

Dieses Foto zeigt die Neptunringe.

Neptun mit seinem größten Mond Triton.

Die oberste Schicht wird von **Eiskristallen** aus Methan und Wasser gebildet, während in der unteren auch Ammoniak bzw. Schwefelwasserstoff zu finden sind.

Die **Atmosphäre** auf Neptun ist von größerer Aktivität geprägt als die von Uranus. Es gibt dort große Flecken, die sehr lange bestehen bleiben können. Es wurden dort bereits Windgeschwindigkeiten von bis zu **4200 km/h** gemessen, wobei die Windrichtung stets der Rotationsrichtung entgegengesetzt ist. Der Wind führt zur Bildung von Streifen und Bändern, die an die des Jupiter erinnern. Zu den Polen hin nimmt die Windgeschwindigkeit ab.

Die **blaue Farbe** des Planeten ist auf das Methan in der Atmosphäre zurückzuführen. Neptun verfügt über eine starke innere Wärmequelle, die bewirkt, dass er fast das Dreifache der Energie abgibt, die er von der Sonne erhält. Die innerhalb des Planeten erzeugte Wärmeenergie führt zu Konvektionsbewegungen, die für die starken Winde in der Atmosphäre verantwortlich sind.

Neptun besitzt auch ein **Magnetfeld,** das wahrscheinlich im Mantel des Planeten erzeugt wird, das jedoch nur halb so stark wie das von Uranus ist. Die Achse des Magnetfeldes ist um 47° gegen die Rotationsachse geneigt.

DIE NEPTUNRINGE: Neptun besitzt vier Ringe, von denen zwei sehr schmal, aber stark ausgeprägt sind, während die beiden anderen schwächer, dafür aber sehr viel breiter sind. Die Teilchendichte ist größer als bei Jupiter. Anlässlich von Sternbedeckungen meinte man von der Erde aus eigentümliche **Bögen** um den Planeten zu sehen, die die Voyager-Sonde als dichtere Schichten im Inneren des Ringsystems identifizierte.

DIE NEPTUNMONDE: Vor der Voyager-Mission kannte man nur zwei Neptunmonde, **Triton** und **Nereid,** deren Umlaufbahn um 20° bzw. 30° gegen die Äquatorebene des Planeten geneigt ist. Voyager 2 entdeckte weitere sechs Monde mit Durchmessern zwischen 50 und 200 km, die allesamt fast in der Äquatorebene des Neptuns liegen. Triton ist der einzige große Mond des Sonnensystems mit rückläufiger Bewegung, d. h. seine Umlaufbewegung ist der Rotation entgegengesetzt.

Jüngste Theorien gehen davon aus, dass Triton zusammen mit Pluto und dessen Mond Charon möglicherweise aus dem **Kuiper-Gürtel stammt** (siehe Seite 120).

DIE NEPTUNMONDE

Mond	Radius (km)	Entfernung (km)	Umlaufzeit (Tage)
Naiad	29	48.000	0,294
Thalassa	40	50.000	0,311
Despina	74	52.500	0,334
Galatea	79	62.000	0,429
Larissa	104 x 89	73.600	0,555
Proteus	200	117.600	1,122
Triton	1350	354.800	5,877
Nereid	170	5.513.400	360,136

Pluto

Pluto ist der äußerste Planet des Sonnensystems. Zu diesem Planeten, der erst 1930 entdeckt wurde, ist bisher noch nie eine Sonde gelangt. Sein einziger bisher bekannter Mond, **Charon** genannt, ist im Verhältnis zum Planeten selbst sehr groß, sodass man das Pluto-Charon-System auch als einen Doppelplaneten betrachtet. Aufgrund seiner ungewöhnlichen Planetenbahn sieht man Pluto auch als einen Vertreter des **Kuiper-Gürtels** (siehe Seite 120) an.

Verwandte Kapitel

Überblick über das Sonnensystem (Seite 44)

Die Keplerschen Gesetze (Seite 46)

Das Gravitationsgesetz (Seite 217)

DIE ENTDECKUNG DES PLANETEN: Schon um 1880 begann man nach einem Planeten zu suchen, der etwa 50 bis 100 AE von der Sonne entfernt sein sollte und der, so vermutete man, für bestimmte Störungen in der Uranusbahn verantwortlich sei, die nicht durch Neptun verursacht werden konnten.
Der Astronom **Percival Lowell,** der sich bereits für seine Forschungsarbeit über den Mars einen Namen gemacht hatte, widmete sich 14 Jahre lang der Suche nach dem mysteriösen Planeten, ohne ihn jedoch zu finden. Am 13. März 1930 entdeckte **Clyde Tombaugh,** ein junger Assistent an der Sternwarte von Flagstaff den lange gesuchten Planeten, der sich nur 6° von der von Lowell vorhergesagten Position befand. Heute weiß man, dass Pluto aufgrund seiner geringen Masse nicht in der Lage wäre, die Bahnen von Uranus oder Neptun zu beeinträchtigen. Möglicherweise handelte es sich bei den beobachteten Unregelmäßigkeiten ganz einfach um einen **Rechenfehler.**
Der neue Planet wurde nach dem Gott der Unterwelt **Pluto** genannt. Der Name wurde aber auch gewählt, weil er die Initialen von Percival Lowell enthält. Als man sich später das bei der jahrelangen Suche entstandene Material noch einmal genauer ansah, stellte man fest, dass Pluto bereits am Lowell Observatory sowie von anderen Sternwarten aus mehrmals fotografiert worden war.
Plutos Mond **Charon** wurde erst 1978 entdeckt.

Oben: Pluto und Charon, aufgenommen vom Hubble-Weltraumteleskop.
Unten: Der Doppelplanet, imposant dargestellt.

PLUTO-EXPRESS-MISSION: Um das Pluto-Charon-System genauer unter die Lupe zu nehmen, ist man derzeit mit der Vorbereitung eines Projekts beschäftigt, das den Namen Pluto-Express-Mission trägt. Ziel dieses Projekts ist die Erkundung der beiden Himmelskörper mit einer Sonde, die mehrere Aufgaben zu erfüllen hat – u. a. die Erforschung der geologischen und geomorphologischen Gegebenheiten der beiden Körper und die Bestimmung ihres chemischen Aufbaus sowie der Zusammensetzung der Pluto-Atmosphäre.
Die Sonde wird 12 Jahre brauchen, um bei einer Geschwindigkeit von 18 km/s ihr Ziel zu erreichen. Geplant ist auch, eine kleine Sonde mitzuschicken, die auf Pluto landen soll.

EIGENSCHAFTEN VON PLUTO UND CHARON: Von allen Planetenbahnen des Sonnensystems ist die von Pluto am **stärksten gegen die Ekliptik** geneigt. Seine Bahn ist außerdem stark elliptisch, sodass **Pluto der Sonne bisweilen näher ist als Neptun.**
Durch die Aufnahmen des Hubble-Weltraumteleskops (siehe Seite 35) rückte Plu-

to während der vergangenen Jahre wieder ins Zentrum der Aufmerksamkeit. Auf den Bildern waren sehr gut die helleren und dunkleren Gebiete zu sehen, die die **Planetenoberfläche** prägen. Man nimmt an, dass die helleren Bereiche von **Methan** und festem **Stickstoff** gebildet werden. Bisweilen scheint das Methan auch homogene Flecken zu bilden, die eine höhere Temperatur als ihre Umgebung aufweisen dürften. Ein weiterer Bestandteil dürfte **Kohlendioxid** sein, das jedoch nur mit einem Anteil von unter 1% vertreten ist.
Was den inneren Aufbau des Planeten betrifft, so gibt es zwei verschiedene Erklärungsmodelle. Das erste geht davon aus, dass **unter der Oberfläche** ein 230 km starker **Mantel aus Wassereis** liegt und dass sich im **Zentrum ein Kern aus Gestein** und Eis von ca. 1600 km Durchmesser befindet. Gemäß dem zweiten Modell soll sich unter der 250 km dicken Eisschicht eine weitere 100 km starke Schicht aus **organischem Material** befinden, die den Kern umschließt.

PLUTO

Mittlere Entfernung zur Sonne: 5900 Mio. km (min. 4425; max. 7375)
Durchmesser: 2390 km
Mittlere Umlaufgeschwindigkeit um die Sonne: 4,7 km/s
Rotationsperiode: 6d 8h (rückläufig)
Umlaufzeit: 247,7a
Zahl der bekannten Monde: 1
Masse (Erde = 1): 0,002
Volumen (Erde = 1): 0,005
Mittlere Dichte: 1,1 g/cm^3
Mittlere Oberflächentemperatur: -230 °C
Neigung der Achse: 122°
Neigung der Umlaufbahn gegenüber der Ekliptik: 17,2°
Druck an der Oberfäche (Erde = 1): 10^{-4}-10^{-6}
Atmosphäre: Methan, Stickstoff, Kohlendioxid

Die **Oberfläche von Charon** zeigt ein geringeres Reflexionsvermögen als die von Pluto. Spektroskopische Untersuchungen haben ergeben, dass sie sich vorwiegend aus **Wassereis** und verschiedenen anderen, noch unbekannten Bestandteilen zusammensetzt, die sich als graue Flecken präsentieren. Charon hat einen Durchmesser von ca. 1200 km, sodass er etwa halb so groß wie Pluto ist.

DIE ATMOSPHÄRE VON PLUTO: Es hat sich gezeigt, dass Pluto eine – wenn auch nur dünne – Atmosphäre besitzt, die aus einer äußeren und einer inneren Schicht besteht. Der **Druck an der Oberfläche** dürfte zwischen 3 und 160 Mikrobar liegen. Die **Temperatur** bewegt sich höchstwahrscheinlich zwischen –228 und –238 °C.
Die Hauptbestandteile der Atmosphäre sind **Methan, Stickstoff** und **Kohlendioxid.** Allem Anschein nach dürften verschiedene Moleküle, Atome und Ionen aus photochemischen Prozessen hervorgegangen sein.

URSPRUNG VON PLUTO UND CHARON: Aufgrund ihrer physikalischen Merkmale und ihrer Umlaufbahnen nehmen diese beiden Himmelskörper eine Sonderstellung in unserem Sonnensystem ein. Wenn man mehr über den Ursprung von Pluto und Charon in Erfahrung bringen könnte, so würde man dadurch auch wichtige Aufschlüsse über die Entstehung unseres Sonnensystems gewinnen. Besonders ungewöhnlich sind folgende Merkmale: die **starke Neigung der Bahnebene** von Pluto gegen die Erdbahn, die **geringe Größe** im Vergleich zu den äußeren Planeten des Sonnensystems sowie die Tatsache, dass Charon für einen Umlauf **genau so lange** braucht wie Pluto für eine Rotation, sodass Charon stets am selben Punkt über Pluto steht.
All diese Eigenschaften weisen darauf hin, dass Pluto und Charon sich im Inneren des **Edgeworth-Kuiper-Gürtels** gebildet haben könnten, in dem es eine Vielzahl von kleinen vereisten Körpern gibt, die man von ihren physikalischen Eigenschaften und ihren Umlaufbahnen her als Mittelding zwischen Planetoiden und Kometenkernen betrachten könnte.

Diese Darstellung zeigt die Pluto-Express-Sonde.

Der Kuiper-Gürtel

Verwandte Kapitel

Die Planetoiden (Seite 102)
Neptun (Seite 115)
Pluto (Seite 118)
Die Kometen (Seite 122)

Die beiden Astronomen **Kenneth E. Edgeworth** und **Gerard P. Kuiper** untersuchten in den Jahren 1949 bzw. 1951 unabhängig voneinander die Entwicklung jenes Nebels, aus dem einst das Sonnensystem hervorgegangen war. Dabei gab ihnen zu denken, dass die Umlaufbahn des Neptuns eine abrupte Grenze darstellte. Aus diesem Grund kamen sie zu der Annahme, dass es an den Grenzen des Sonnensystems eine **Ansammlung von festen Körpern** geben müsse, die von eher geringer bis mittlerer Größe sein mussten. Diese Hypothese wurde in den letzten Jahren durch verschiedene Beobachtungen bestätigt.

HEIMAT DER KURZPERIODISCHEN KOMETEN: Der Kuiper-Gürtel, manchmal auch **Edgeworth-Kuiper-Gürtel** genannt, dürfte sich in einer Entfernung zwischen 30 und 100 Astronomischen Einheiten von der Sonne erstrecken. Er enthält im Bereich zwischen 30 und 50 AE etwa 70.000 Objekte, die über 10 km messen. Möglicherweise gibt es auch weiter entfernte Körper, die jenseits der Grenzen des Beobachtbaren liegen. Man schätzt heute, dass der Gürtel insgesamt **10 Mio.** Körper enthält, die größer als 10 km sind, und weitere **10 Mrd.,** die größer als 1 km sind.
Es kommt immer wieder vor, dass einer dieser Körper durch die **Gravitationswirkung** eines der großen Planeten des Sonnensystems beeinträchtigt wird und die Umlaufbahn des Neptuns kreuzt. In diesem Fall ist es sehr wahrscheinlich, dass der Körper aus dem Sonnensystem katapultiert wird. Unter Umständen kann es auch vorkommen, dass ein solcher Körper eine Umlaufbahn einschlägt, die ihn an die anderen großen Planeten annähert oder ihn gar zu den erdähnlichen Planeten führt.
Die Objekte dieses Gürtels sind nicht zuletzt deshalb sehr interessant, weil sie **Überreste der ersten Entwicklungsphasen unseres Sonnensystems** sind, als sich auch die Planeten zu bilden begannen. Sie könnten uns deshalb wichtige Aufschlüsse über die Situation zu Beginn unseres Sonnensystems geben.
Bei den sichtbaren Objekten des Kuiper-Gürtels handelt es sich aller Wahrscheinlichkeit nach um Kerne von Kometen mit kurzer Periode (siehe Seite 122), die nicht aus der fernen **Oortschen Wolke** (siehe Seite 126) stammen können, aus der die langperiodischen Kometen kommen.

CHIRON: Chiron ist der größte bekannte Körper des Kuiper-Gürtels. Dieses Objekt wurde 1977 entdeckt, als der Astronom **Charles Kowal** ihn auf fotografischen Platten bemerkte, mit denen er nach Planetoiden gesucht hatte. Mit seinen Ausmaßen zwischen 160 und 200 km und seiner großen Entfernung von der Sonne (das Aphel liegt bei 18,9 AE, das Perihel bei 8,42 AE) wurde er anfänglich als **Planetoid** eingestuft. 1988 stellte man jedoch fest, dass Chirons Helligkeit sich fast verdoppelt hatte. Ein solches Phänomen war nie zuvor an einem Planetoiden beobachtet worden – es schien viel eher zu einem Kometen zu passen. Man stellte sofort neue Beobachtungen an, die den Körper als **Kometen** auswiesen; er zeigte tatsächlich eine schwache Koma und einen kleinen Schweif. Somit erwies sich Chiron als kometenartiger Körper, wenngleich er 10-mal so groß ist wie ein herkömmlicher Komet.
Durch die Entdeckungen der letzten Jahre, die durch die Entwicklungen im Bereich der Teleskop-Technologie begünstigt wurden, stieg die Zahl der beobachteten

Diese künstlerische Darstellung zeigt verschiedene Körper aus dem Kuiper-Gürtel.

Objekte aus dem Kuiper-Gürtel sprunghaft an, sodass man heute bereits **mehrere Dutzend** davon kennt.

URSPRUNG DER KURZPERIODISCHEN KOMETEN: Die Umlaufbahnen dieser Körper sind überaus instabil; es hat den Anschein, dass diese Himmelskörper nicht länger als einige Millionen Jahre im Bereich der großen Planeten verweilen können, ehe sie aus dem Sonnensystem geschleudert werden oder weiter ins Innere wandern. Aus diesem Grund können sich diese Körper nicht dort gebildet haben, wo sie heute zu sehen sind, sondern wahrscheinlich weiter außerhalb im Edgeworth-Kuiper-Gürtel. Sie dürften von der Gravitation der großen Planeten eingefangen und ins Innere des Sonnensystems gezogen worden sein.
Heute fragen sich die Astronomen bereits, ob der Kuiper-Gürtel nur **kurzperiodische Kometen** enthält oder ob sich dort auch andere Objekte gebildet haben könnten. In diesem Zusammenhang denkt man vor allem an den Planeten **Pluto** und seinen Mond **Charon** sowie an **Triton,** einen Mond von **Neptun.** Diese drei Körper sind einander sehr ähnlich, unterscheiden sich jedoch stark von ihren Himmelsnachbarn. Ihre Dichte ist viel größer als die der Riesenplaneten und sie weisen außerdem stark abweichende Umlaufbahnen auf. Darüber hinaus zeigt die Bewegung von Pluto eine **3:2-Resonanz** zu Neptun, d. h. Pluto vollführt in genau derselben Zeit zwei Umläufe um die Sonne, die Neptun für drei Umläufe benötigt. Pluto, Charon und Triton sind möglicherweise die einzigen Überlebenden einer größeren Anhäufung von Körpern ähnlicher Größe, die von der Gravitationswirkung Neptuns beeinflusst wurden. Dabei wurde Triton zum Satelliten des großen Planeten, während die beiden anderen Himmelskörper in ihrer Bahn stabilisiert wurden, wodurch möglicherweise ein **Zusammenstoß** mit den Riesenplaneten verhindert wurde. In diesem Zusammenhang ist auch interessant, dass Pluto die Umlaufbahn von Neptun kreuzt und dadurch für eine gewisse Zeit der Sonne näher ist als Neptun. Durch die Resonanz zwischen den beiden Planeten wird jedoch eine **Kollision** vermieden.

Oben: Triton, ein Neptunmond, der möglicherweise im Kuiper-Gürtel entstanden ist.
Unten: Ein Objekt des Kuiper-Gürtels, das vor den Sternen vorüberwandert.

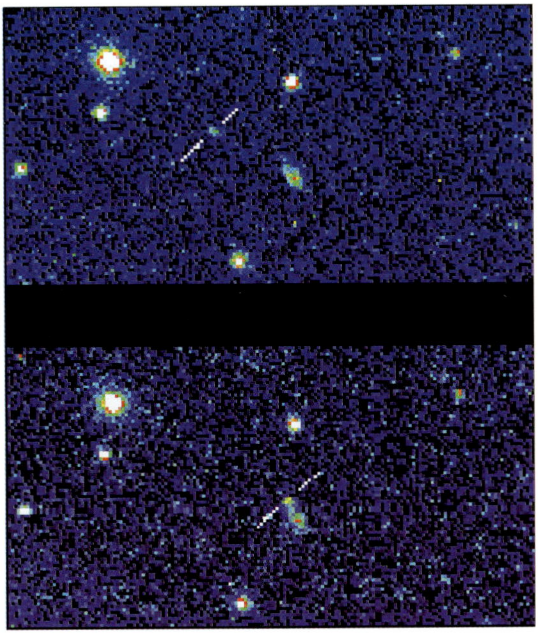

WEITERE ENTDECKUNGEN: Eine Bestätigung dieser Sichtweise erhielt man aus der Beobachtung der Bahnen von bestimmten **kurzperiodischen Kometen,** die in jüngster Zeit entdeckt wurden. Viele zeigen nämlich die gleiche Resonanz, wie sie zwischen Pluto und Neptun besteht. Auch diese Körper nähern sich der Neptun-Umlaufbahn an, ohne dabei in Kollisionsgefahr zu geraten. 35 bis 40% dieser Himmelskörper kreuzen in ihrem **Perihel** die Neptunbahn, während ihr **Aphel** bei ca. 39 AE liegt – im Gegensatz zu den übrigen kurzperiodischen Kometen, die im Allgemeinen weiter von der Sonne entfernt sind.

Die Kometen

Verwandte Kapitel

Die Kometen sind Himmelskörper, die zu unserem Sonnensystem gehören und die mit ihren auffälligen Schweifen bereits in der Antike beobachtet wurden. Man betrachtete sie damals als **Unglücksboten;** die Tatsache, dass sie so plötzlich zwischen den Sternen auftauchten und bisweilen auch tagsüber zu sehen waren, wurde als Zeichen des Zorns der Götter angesehen.

Erst in der Renaissance wurden die Kometen dank **Tycho Brahe** (siehe Seite 15) in den Rang von vollwertigen Himmelskörpern erhoben. **Kepler** entdeckte, dass die Kometen regelmäßigen Bahnen folgen, die von **Newton** als Ellipsen oder Parabeln beschrieben wurden. Der erste Komet, dessen Umlaufbahn man exakt berechnen und so seine Wiederkehr vorhersagen konnte, war der **Halleysche Komet** (siehe Seite 125).

DER KERN: Kometen besitzen einen **Kern aus Gestein und Eis,** der von einer **Gashülle,** der so genannten **Koma,** umgeben ist. Besonders charakteristisch ist der leuchtende Schweif der Kometen, der viele Millionen Kilometer lang werden kann.

Der amerikanische Astronom **Fred Whipple** bezeichnete den Kern eines Kometen einmal als eine Art »schmutzigen Schneeball«. Durch die europäische Raumsonde **Giotto,** die sich 1986 dem Halleyschen Kometen näherte, wurde bestätigt, dass der Gesteinskern außer Wassereis noch Staub, verschiedene gefrorene Gase und organische Verbindungen enthält.

Der Kern eines Kometen weist ein sehr **geringes Rückstrahlungsvermögen (Albedo)** auf; das von Halley liegt bei 0,027, d. h., dass er mehr als 97% des auftreffenden Lichts absorbiert. Deshalb ist ein Komet in großer Entfernung von der Sonne, wenn das Gas noch gefroren ist, praktisch unsichtbar. Der Kern kann schwarz, grau oder rot gefärbt sein – je nachdem, in welchem Verhältnis Staub und Eis an der Oberfläche vorhanden sind.

Die chemische Zusammensetzung des Kerns war auch vor der Giotto-Mission schon bekannt – und zwar aufgrund der Spektralanalysen der emittierten Gase. Man findet im Kern herkömmliche Silikate, einen großen Anteil an **flüchtigen Elementen** in Form von Atomen, aber auch an – bisweilen sehr komplexen – Molekülen aus Kohlenstoff, Sauerstoff, Wasserstoff und Stickstoff sowie OH-Radikale.

Oben: Der Komet »West«, der seine größte Helligkeit im Jahr 1976 erreichte.
Rechts: Hale-Bopp, einer der hellsten Kometen der letzten Jahrzehnte, flog 1997 vorüber.

Kometenkerne zeichenen sich durch eine eher **unregelmäßige Form** aus und bewegen sich zumeist in der Größenordnung von mehreren Kilometern. Die **Dichte** ist allgemein sehr gering; sie macht das 0,2- bis 1,2fache des Wassers aus. So wie die meisten Himmelskörper drehen sich auch die Kometen um eine Achse, wobei die **Rotationsperiode** von wenigen Stunden bis zu ca. zehn Tagen reichen kann.

DIE KOMA: Wenn sich ein Komet in den sonnennäheren

Bereichen aufhält, so beginnt das Eis aufgrund der zunehmenden Wärme zu schmelzen bzw. zu sublimieren, und es bildet sich rund um den Kern eine **Gashülle,** die **Koma.** Zunächst verflüchtigen sich **Kohlenmonoxid** und **Kohlendioxid,** und später, wenn der Komet den Bereich zwischen Jupiter und Mars erreicht, verdunstet auch das Eis. Angesichts der geringen Gravitation, die vom Kern ausgeht, verflüchtigen sich die abgegebenen Gase im Raum und werden kontinuierlich durch neues Material ersetzt.
Die **Verdunstung** findet nur auf der Seite des Kerns statt, die der Sonne zugewandt ist, da zwischen den beiden Seiten ein gravierender Temperaturunterschied besteht.
Die wichtigsten **Bestandteile** der Koma sind neben den bereits genannten vor allem **Formaldehyd** und **Methan,** doch es finden sich darin auch kleine feste Teilchen und winzige Staubkörner. Während weite Teile des Kerns inaktiv sind, kann man in manchen Bereichen jetförmige Materieausstöße beobachten, die mehrere hunderttausend Kilometer lang werden können. Durch den Lichtdruck der Sonnenstrahlung wird das ausgestoßene Material von der Sonne weg gelenkt und bildet einen Schweif.
Durch den Materieausstoß bildet sich eine Gashülle um den Kometenkern, deren **Temperatur** im Bereich der Materieausstöße –3 °C beträgt, während sie in anderen Bereichen auf –253 °C absinkt. Wenn sich die Moleküle aufgrund der geringen Dichte in der Koma aufspalten und im Zuge einer exothermen Reaktion Energie freisetzen, kann die Temperatur auf ca. –173 °C ansteigen.
Der **mittlere Durchmesser** der Koma eines Kometen beträgt ca. 100.000 km, doch Dichte und Masse der Gashülle sind stets sehr gering.

DER SCHWEIF: Wenn ein Komet zu leuchten beginnt und dadurch sichtbar wird, so ist sein hervorstechendstes Merkmal sein Schweif. Er kann zwar unglaubliche Ausmaße erreichen, doch enthält 1 km^3 weniger Materie als 1 mm^3 der irdischen Atmosphäre.
Der Schweif wird aus dem **Gas** der Koma gebildet und zeigt stets in die der Sonne entgegengesetzte Richtung. Anfangs dachte man, dass allein die Sonnenstrahlung diese Ausrichtung bewirke, doch heute weiß man, dass der entscheidende Faktor für dieses Phänomen der **Sonnenwind** ist. Die Kraft, die die Teilchen des Sonnenwinds auf die Gasmoleküle der Koma ausüben, ist 100mal stärker als die von der Sonne ausgehende Gravitation, sodass der Schweif von der Sonne wegstrebt. Der Sonnenwind ist jedoch **nicht konstant,** sodass sich im Schweif immer wieder Knicke, Bruchstellen und Verwirbelungen bilden können. Auch die Flares und andere Erscheinungen der Sonnenaktivität können bisweilen die Form des Schweifs beeinflussen und ihn beispielsweise verbiegen. In Wirklichkeit hat ein Komet stets zwei Schweife – einen aus ionisiertem Gas und einen aus Staub.

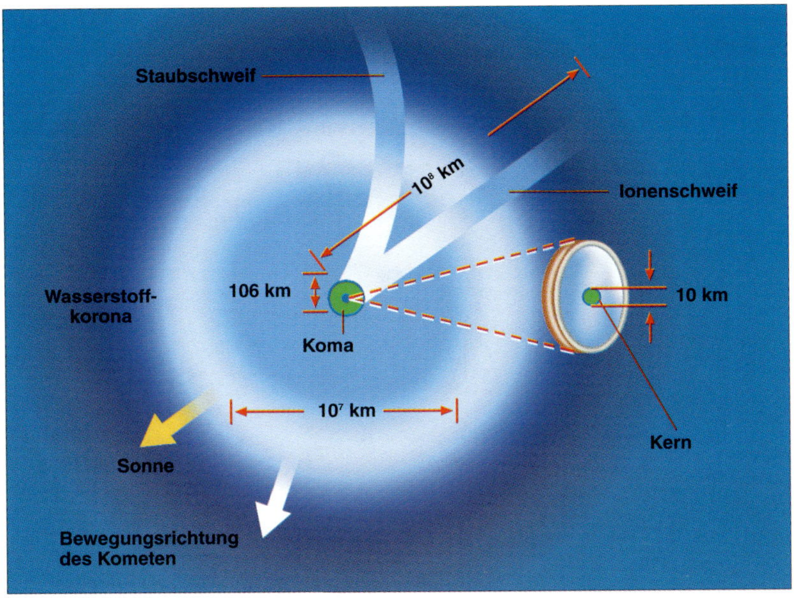

Diese schematische Darstellung zeigt die verschiedenen Bestandteile eines Kometen.

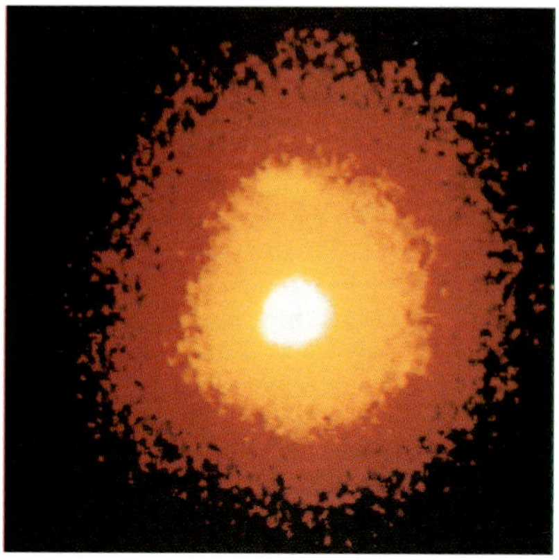

URSPRUNG DER KOMETEN: Die Kometen gehören zu den ältesten Körpern des Sonnensystems. Ihre Kerne sind ebenso wie die Planetoiden **Überreste** des Sonnennebels, jener Scheibe aus Gas und Staub, aus der sich Sonne und Planeten gebildet haben. In einer Umlaufbahn zwischen 30.000 und 50.000 AE befinden sich jedoch eine Unmenge solcher kleiner Objekte. Aufgrund der Gravitationswirkung der Planeten so wie vielleicht auch mancher nahe gelegener Sterne ändert sich die Bahn mancher Kometen, sodass sie in den Bereich der größeren Planeten gelangen, bisweilen sogar in die Nähe der Erde.

Der holländische Astrophysiker **Jan Oort** (1900 bis 1992) war der Erste, der die Existenz einer »Wolke« von Kometenkernen vorhersagte (siehe Seite 126), die sich im Randbereich des Sonnensystems befindet. In einer dermaßen großen Entfernung von der Sonne liegt die Temperatur in der Nähe des absoluten Nullpunkts, sodass sich in solchen Objekten Kohlenmonoxid, Methan und Schwefel in molekularer Form erhalten konnte, die schon bei einigen Dutzend Grad Kelvin gasförmig werden.

Es dürften insgesamt einige hundert Milliarden Kometenkerne im Inneren der **Oortschen Wolke** vorhanden sein, wenngleich in den letzten Jahren häufig die Ansicht vertreten wurde, dass die kurzperiodischen Kometen großteils in einem Gürtel jenseits der Neptun-Umlaufbahn liegen. Dieser Gürtel, der in den Jahren 1949 bzw. 1951 von den Astronomen **Kenneth Edgeworth** und **Gerard Kuiper** vorhergesagt wurde, konnte mittlerweile tatsächlich aufgefunden werden und ist heute als **Kuiper-Gürtel** bekannt (siehe Seite 120).

Oben: Diese Falschfarbenaufnahme des Kometen Grigg-Skjellerup wurde am 24. Mai 1987 aufgenommen.
Unten: Der Komet Hyakutake, der im Frühling 1996 auftauchte.

DIE BAHNEN DER KOMETEN: Wenn die Bahn eines Kometen beeinträchtigt wird und dieser ins Innere des Sonnensystems wandert, wird er von der Gravitation der Planeten eingefangen, vor allem von jener des Jupiters, dem größten der neun Planeten. Manche Kometen schlagen eine hyperbolische Bahn ein, die sie ein einziges Mal in die Nähe der Sonne führt, worauf sie in den interstellaren Raum verschwinden. Andere Kometen haben eine elliptische Bahn mit mehr oder weniger starker Exzentrizität; solche Kometen kehren immer wieder in die Nähe der Sonne zurück – sie sind also **periodisch.** Als **kurzperiodische Kometen** bezeichnet man solche, die einen Umlauf in weniger als 100 Jahren vollenden; im Allgemeinen weisen diese Kometen eine sehr geringe Neigung zur Ekliptik auf und ihre Bahnen sind denen der Planeten ähnlich.

Wie gesagt, ist ein Komet, solange er fern der Sonne weilt, für uns unsichtbar. Sobald er sich jedoch der Sonne nähert, beginnt das Eis auf der sonnenbeschienenen Seite zu sublimieren, und es bilden sich aus dem abgestoßenen Gas die Koma und der Schweif. Man geht davon aus, dass ein kurzperiodischer Komet, nachdem er mehrere hundert Mal an der Sonne vorübergewandert ist, kein Material mehr hat, das er abstoßen kann, und fortan ein dunkler Körper ist, ähnlich einem **Planetoiden.**

Wenn das vom Kometen abgestoßene Material die Erdumlaufbahn kreuzt und in die Atmosphäre eintritt, bildet es **Meteorströme** – ein Phänomen, das gemeinhin als **Sternschnuppen** bekannt ist.

Der Halleysche Komet

Verwandte Kapitel

Der Kuiper-Gürtel (Seite 120)
Die Kometen (Seite 122)

Der erste Komet, dessen Bahn man exakt berechnen konnte, wurde nach **Edmond Halley** (1656 bis 1742) benannt. Anhand eines Verzeichnisses der Kometen, die seit 1337 beobachtet worden waren, stellte der britische Astronom fest, dass der 1682 studierte Komet dieselben Merkmale aufwies, wie sie bei den Kometenerscheinungen von 1607 und 1531 festgehalten worden waren. Halley war überzeugt, dass es sich um ein und denselben Himmelskörper handelte und brachte mehrere Jahre damit zu, **seine Bahn zu berechnen.** Er sagte seine Wiederkehr für das Jahr 1758 voraus – und tatsächlich wurde der Komet am 25. Dezember 1758 vom deutschen Astronomen **Johann Palitzsch** beobachtet – und zwar genau an der Stelle, an der Halley es vorhergesagt hatte.

Anhand von alten Berichten zeigte sich, dass der Komet bereits 2467 v. Chr. gesichtet worden sein musste, wenngleich die **erste echte Registrierung** 240 v. Chr. in **China** erfolgte. Seit damals ist Halley 29-mal in die Nähe unseres Planeten zurückgekehrt, zum letzten Mal 1986.

Der Halleysche Komet vollendet seine Umlaufbahn in **76 Jahren** in rückläufiger Bewegung. Sein Perihel liegt 0,59 AE von der Sonne entfernt, und zwar zwischen den Bahnen von Merkur und Venus, sein Aphel befindet sich jenseits der Neptun-Umlaufbahn. Seine Bahnebene ist um 162° gegen die Ekliptik geneigt.

GIOTTO UND HALLEY: Als der Halleysche Komet 1986 zurückkehrte, wurden sechs Sonden losgeschickt, um den Kern des Kometen aus nächster Nähe zu studieren: **Giotto** (Europa), **Vega 1** und **2** (UdSSR), **ICE** (USA) sowie **Sakigake** und **Suisei** (Japan). Als erfolgreichste Mission erwies sich die von **Giotto;** die Sonde erreichte den Kometen nach einer fast neunmonatigen Reise am 13. März 1986 und flog in einer Entfernung von weniger als 600 km am **Kern** vorüber. Dabei nahm sie Bilder von außerordentlichem wissenschaftlichem Wert auf.

Es zeigte sich, dass Halleys Kern ein **unregelmäßiger dunkler Körper** ist, der an den Rändern ausgezackt ist und der eine Reihe von Einschlagskratern aufweist. Er besteht aus Staub und Gestein, um das sich eine Hülle aus Eis und Kohlendioxid schließt. Die Temperatur des Kerns wird auf 230 K geschätzt, das sind rund –40 °C. Dieser Wert ist viel höher, als in der Theorie angenommen, weshalb man nun davon ausgeht, dass der vereiste Kern von einer Art **Kruste** von wenigen Zentimetern Dicke bedeckt ist. Deren geringes Rückstrahlungsvermögen lässt vermuten, dass sie vorwiegend aus porösem Gestein auf Kohlenstoffbasis besteht, das beträchtliche Lichtmengen zu absorbieren vermag.

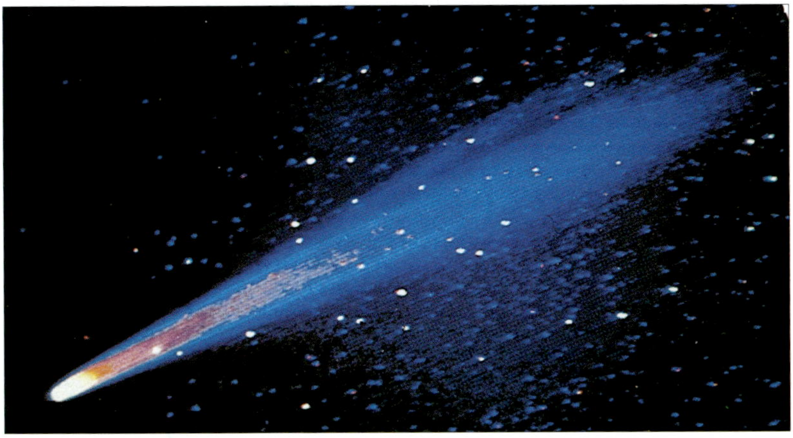

Oben: Diese Illustration zeigt die Sonde Giotto bei der Annäherung an den Halleyschen Kometen. Links: Der Halleysche Komet bei seinem Vorüberflug 1986.

Wenn man nun im Sinne der **Astrometrie** die Position eines Sterns exakt zu bestimmen versucht, so beobachtet man den Stern über einen längeren Zeitraum, um festzustellen, ob seine Bahn tatsächlich geradlinig ist oder ob sie gewisse Abweichungen in der Art eines »Zickzackkurses« erkennen lässt. Solche Unregelmäßigkeiten könnten durch einen Planeten verursacht werden.

Die zweite, bislang erfolgreichere indirekte Methode stützt sich auf die Messung der **Radialgeschwindigkeit,** d. h. jener Geschwindigkeit, die der Stern in der Sichtlinie (Erde–Stern) aufweist. Wird die Bewegung des Sterns nicht durch einen nahen Planeten gestört, so vollzieht sie sich mit gleichmäßiger Geschwindigkeit. Ist jedoch ein Körper in seiner Nähe, so zeigen sich geringfügige periodische Schwankungen in der Geschwindigkeit des Sterns. Diese könnten auf einen Planeten zurückzuführen sein, der den Stern bald in die eine, bald in die andere Richtung »zieht« und so seine Bewegung beeinflusst.

ZIRKUMSTELLARE SCHEIBEN: Was die direkte Wahrnehmung von Planeten betrifft, so spielt in diesem Zusammenhang der Infrarot-Astronomie-Satellit **IRAS** eine wichtige Rolle, der 1983 gestartet wurde. Dabei stellte sich heraus, dass manche Sterne viel mehr Infrarotstrahlung abgeben, als man vermutet hatte. Diese zusätzliche Strahlung erklärt man sich mit dem Vorhandensein von **kalter Materie** (Staub und Gas), die rund um den Stern eine Art Scheibe bildet. Eine solche Scheibe entdeckten die beiden amerikanischen Astronomen **Smith** und **Terrile** beim Stern **Beta Pictoris.**

Auf diese Weise kann man zwar keine einzelnen Planeten ausmachen – man kann jedoch feststellen, dass viele Sterne solche **Scheiben aus Staub** besitzen, wie sie auch am Ursprung unseres Planetensystems gestanden haben dürfte. Auch das Hubble-Weltraumteleskop hat in den vergangenen Jahren eine ganze Reihe solcher Scheiben im Orionnebel ausfindig gemacht, die – so meint man – zur Entstehung eines Planetensystems führen dürften und die man deshalb als **proto-planetare Scheiben** (*proto-planetary disks*) bezeichnet.

Oben: Der Stern 51 Pegasi.
Unten: Ein futuristisches Teleskopsystem zur Entdeckung von Planeten außerhalb des Sonnensystems.

DIE ERSTE ENTDECKUNG: Mit Hilfe der Methode der Radialgeschwindigkeit wurde Ende 1995 ein Planet entdeckt, der um den Stern **51 Pegasi** wandert. Dieser Stern des Spektraltyps G2 zeigt Schwankungen der Radialgeschwindigkeit, die auf das **Vorhandensein eines Planeten** von der Masse des Jupiters schließen lassen, der in etwas mehr als vier Tagen um den Stern wandert. Daraus lässt sich ableiten, dass der Planet nur 7 Mio. km von dem Stern entfernt ist, d. h. achtmal näher, als Merkur unserer Sonne ist.

Dieser Umstand ist insofern bemerkenswert, als es theoretisch kaum möglich erscheint, dass sich ein Planet von der Größe des Jupiters in solcher Nähe zu einem Stern bilden kann; in den sonnennahen Bereichen sollten lediglich kleinere Planeten wie die Erde auftreten.

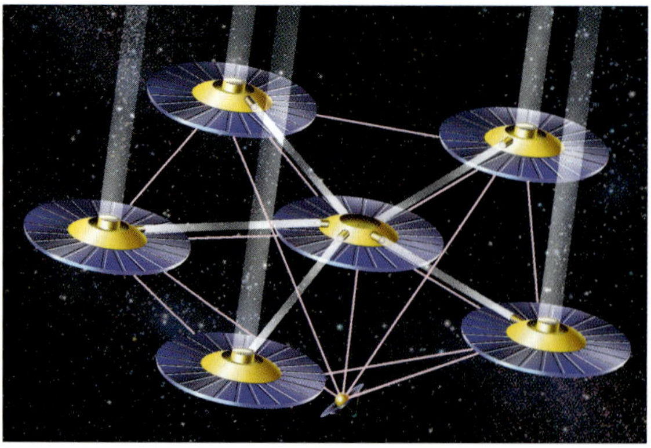

Nachfolgende Entdeckungen haben gezeigt, dass dieses Phänomen, dass Planeten von großer Masse in geringer Entfernung um ihren Stern wandern, ziemlich häufig vorzukommen scheint. Immerhin hat man mittlerweile **50 Planeten** außerhalb unseres Sonnensystems entdeckt.

Man nimmt heute an, dass sich diese massereichen Planeten in **größerer Entfernung** ihrer Sterne entwickelt haben dürften und dass sie durch bisher unbekannte Einflüsse auf eine engere Umlaufbahn gelenkt worden sind.

Unsere Galaxis

Die Milchstraße erscheint uns am nächtlichen Himmel als mattleuchtendes Band, das sich über das Himmelsgewölbe spannt, das jedoch von keinem Punkt der Erde aus zur Gänze zu sehen ist. Dieses nebelhafte Band, das vom Spätsommer bis zum Winter in klaren Nächten beobachtet werden kann, besteht aus einer Unzahl von Sternen, die man mit freiem Auge nicht als Einzelne erkennen kann. Der Erste, dem dieses Merkmal auffiel, war **Galileo Galilei** (siehe Seite 16), als er sein Fernrohr, das er sich zu Beginn des 17. Jahrhunderts konstruiert hatte, auf die Milchstraße richtete.
Wir wissen heute, dass unser Sonnensystem Teil eines größeren Ganzen ist, nämlich unserer **Galaxis,** der Milchstraße. Das leuchtende Band von Sternen, das wir am Himmel sehen, stellt einen bestimmten Teil der Milchstraße dar, nämlich die **galaktische Scheibe.**

WICHTIGE BEOBACHTUNGEN: Der Erste, der wissenschaftliche Messungen zur Form und Größe der Milchstraße anstellte, war der englische Astronom **William Herschel.** Es ging ihm vor allem darum, Informationen über die Position der Sonne unter den anderen Sternen zu gewinnen. So begann er 1780, **die sichtbaren Sterne systematisch zu erfassen,** wofür er den Himmel in einzelne Abschnitte unterteilte. Dabei stellte er fest, dass sich in der Nähe der Milchstraße mehr Sterne befinden als in anderen Himmelsregionen.
Anhand seiner zweidimensionalen Himmelskarte gelang es Herschel, die dreidimensionale Struktur der Milchstraße zu rekonstruieren. Er kam zu dem Schluss, dass der Großteil der Sterne sich innerhalb einer flachen Scheibe befindet, zu der auch unsere Sonne gehört. Schon 1755 hatte der Philosoph **Immanuel Kant** eine Form für die Milchstraße vermutet, die der von Herschel gefundenen nahekam. Durch Herschels Beobachtungen wurden Kants Annahmen quasi bestätigt. Ein bedeutender Entwicklungsschritt für die Beschreibung der Milchstraße war die Anwendung der Fotografie zu astronomischen Zwecken. In den ersten Jahren des 20. Jahrhunderts war es **Jacobus Kapteyn,** der durch die Auswertung von fotografischen Platten Rückschlüsse auf die Struktur des Universums gewinnen wollte, indem er die Verteilung der Sterne am Himmel untersuchte. Kapteyn gelangte zu dem Schluss, dass unsere Galaxis eine **abgeflachte Struktur** aufweise und dass unsere Sonne sich annähernd im Zentrum befinde, genau genommen 2100 Lichtjahre vom Zentrum entfernt,

Verwandte Kapitel

Die Cepheiden
(Seite 162)
Die Galaxien
(Seite 181)
Dunkle Materie
(Seite 188)

Oben: Die Milchstraße, vom Observatorium von Las Campanas (Chile) aus aufgenommen.
Links: Aufnahme der Milchstraße zwischen den Sternbildern Schwan und Schütze.

was sich allerdings als nicht zutreffend erweisen sollte.

DIE AUSMASSE DER GALAXIS: Die Bestimmung der Größe unserer Galaxis war historisch gesehen ein großes Problem, das eng mit der Frage nach der Größe des Universums verknüpft war. Man fragte sich lange, ob die Galaxis das gesamte Universum enthalte oder nur einen Teil davon.
Harlow Shapley war einer der Astronomen, die sich in den ersten Jahrzehnten des 20. Jahrhunderts mit der Frage nach der Größe des Universums auseinander setzten. Ab 1914 widmete er sich der **Entfernungsmessung** von Kugelsternhaufen der Milchstraße, wobei er sich der so genannten **Cepheiden** bediente (siehe Seite 162). Mit dieser Methode gelangte Shapley zur Erkenntnis, dass diese Sternhaufen **in einer Kugel angeordnet** sein müssen, die das galaktische Zentrum umgibt. Es gelang ihm auch, die Distanz unseres Sonnensystems zum Zentrum zu bestimmen, wobei er auf einen Wert von 33.000 Lichtjahren kam. Aus Shapleys Berechnungen ergab sich, dass die Galaxis viel größer sein müsse, als man gedacht hatte, und dass unsere Sonne relativ weit vom Zentrum entfernt sei.
Mit letzterer Einschätzung hatte Shapley, wie sich später zeigte, durchaus Recht: Unser Sonnensystem befindet sich tatsächlich weit vom Zentrum entfernt, und zwar in einer Distanz von **28.000 Lichtjahren,** und umkreist es mit einer Geschwindigkeit von 250 km/s. Dadurch braucht das Sonnensystem mehr als **200 Mio. Jahre** für einen vollständigen Umlauf um das galaktische Zentrum.
Anhand des Studiums des **Andromedanebels** gelangte **Edwin Hubble** 1923 zu einem Wert für die Entfernung dieser Galaxie von uns, den er mit 1 Mio. Lichtjahre angab. Damit war klar, dass der Andromedanebel weit außerhalb unserer Galaxis liegt und dass das Universum bei weitem größer als die Milchstraße sein muss.

AUFBAU DER MILCHSTRASSE: Von der Struktur her wird die Milchstraße zu den **Spiralgalaxien** gezählt. Sie besteht im Wesentlichen aus einer **flachen Scheibe,** deren Durchmesser etwa 100.000 Lichtjahre beträgt und die den Großteil der Sterne enthält. Diese sind innerhalb der Scheibe in Spiralarmen angeordnet, welche vom Zentrum ausgehen. In diesen Armen bilden sich aus Gaswolken und interstellarem Staub laufend neue Sterne.
Im zentralen Bereich der Scheibe befindet sich der **galaktische Kern,** in dem sich – jüngeren Theorien zufolge – ein **Schwarzes Loch** befinden dürfte (siehe Seite 150).
Die Scheibe wird ihrerseits vom so genannten **Halo** umgeben, einer Kugel aus dünn gesäten **alten Sternen und Kugelsternhaufen,** den ältesten Sternsystemen der Galaxis. Es handelt sich dabei um besonders dichte kugelförmige Anhäufungen von Sternen.
Unsere Sonne liegt in der galaktischen Ebene, rund 28.000 Lichtjahre vom Zentrum entfernt; d. h., sie hat keineswegs eine **zentrale Position,** sondern befindet sich etwa zwei Drittel des galaktischen Radius vom Zentrum entfernt. Da wir uns selbst innerhalb der Galaxis befinden und sie von innen sehen, erscheint uns ihre Scheibe am Himmel als ein Band von Sternen, d. h., ihre wahre dreidimensionale Struktur ist von der Erde aus nur schwer zu erkennen.

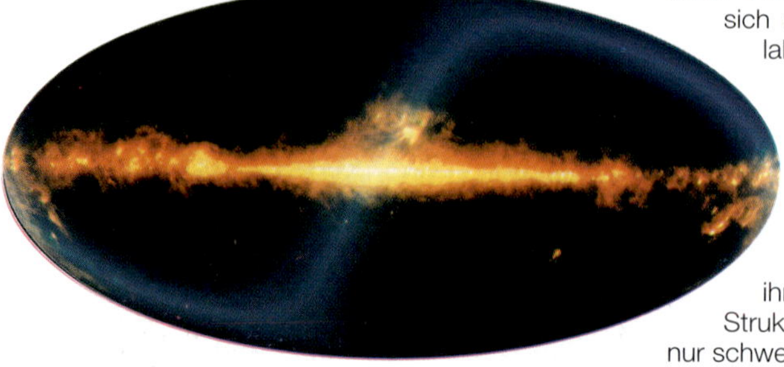

*Oben: Falschfarbenaufnahme des galaktischen Zentrums. Die zentrale Lichtquelle wird als Sagittarius A bezeichnet.
Unten: Infrarotbild der Milchstraße.*

Die Spektren der Sterne

Wenn man das Licht eines Sterns (oder einer anderen nicht einfarbigen Lichtquelle) auf ein Prisma oder ein Beugungsgitter auftreffen lässt, ergibt sich ein Phänomen, das als **Spektrum des Lichts bezeichnet** wird.

SPEKTRALTYPEN: Es gibt drei Typen von Spektren – das **kontinuierliche Spektrum,** das **Emissionsspektrum** und das **Absorptionsspektrum.** Im ersten Fall bildet das Licht, das vom Prisma zerlegt wird, ein zusammenhängendes Farbenband. Im zweiten Fall wird von heißen Gasen eine Strahlung ausgesendet, die verschiedenfarbige Linien erzeugt, welche für bestimmte Elemente charakteristisch sind. Das Absorptionsspektrum schließlich tritt dadurch auf, dass das Licht eines Sterns teilweise von den oberflächennahen Schichten absorbiert wird. Die dunklen Linien im Spektrum zeigen an, in welchen Wellenlängenbereichen die entsprechenden Substanzen das Licht absorbiert haben.
Anhand der Spektrallinien lässt sich nun eine **Klassifikation der Sterne** treffen. Die ersten Studien in dieser Richtung, die ab 1885 unternommen wurden, zeigten, dass die Unterschiede in den Spektren verschiedener Sterntypen auf bestimmte Merkmale dieser Sterne zurückzuführen sind, insbesondere ihre **Temperatur.** Man erhielt daraus eine Reihung der verschiedenen **Spektralklassen** nach abnehmender Oberflächentemperatur, wobei die Bezeichnung mit Buchstaben des Alphabets erfolgte: O, B, A, F, G, K, M. Innerhalb der Klassen werden die Ziffern von 0 bis 9 verwendet, um eine weitere Einteilung vorzunehmen. Die heute allgemein anerkannte so genannte **MK-Klassifikation** enthält auch **Leuchtkraftklassen,** die mit römischen Ziffern bezeichnet werden: I steht für Überriese, II für Heller Riese, III für Normaler Riese, IV für Unterriese und V für Hauptreihenstern. Unsere Sonne ist ein Stern der Klasse G2 V.

DIE SPEKTRALKLASSEN: Im Folgenden werden die Charakteristika der verschiedenen Spektralklassen aufgezählt:
O – Absorptionslinien des ionisierten Heliums; weiters starke Linien von C, Na, O und Si. Oberflächentemperatur um 22.000 °C. Typische Sterne: Zeta Puppis und 15 Monocerotis.
B – Absorptionslinien des neutralen Heliums; Linien von H, C, O und ionisiertem Si. Es handelt sich um blauweiße Sterne. T: 14.000 °C. Typische Vertreter: Rigel, Spica.
A – Schwache Linien des neutralen Heliums. Starke Wasserstofflinien in der Klasse A0. Starke Linien von Mg und ionisiertem Si. Es sind dies weiße Sterne. T: ca. 10.000 °C. Typische Sterne: Sirius, Wega.
F – Abnahme des Wasserstoffs, die Linien von ionisiertem Ca verstärken sich. Metalllinien treten auf. Weißlich gelbe Sterne. T: 6700 °C. Typische Vertreter: Canopus, Procyon.
G – Schwache Wasserstofflinien, stark ausgeprägte Linien von ionisiertem Ca. Es treten die Banden der Cyangruppe (CN) und der CH-Ionen auf. Gelbe Sterne. T: 5500 °C. Typische Vertreter: unsere Sonne, Capella.
K – Schwächere Linien von ionisiertem Ca, stärkere Linien des neutralen Ca. Metalllinien vorherrschend. Gelb- bis orangefarbene Sterne. T: 3800 °C. Typische Sterne: Pollux, Alpha Ursae Majoris.
M – Titanoxid-Banden (auf Moleküle zurückzuführen). Rote Sterne. T: 1800 °C. Typische Vertreter: Beteigeuze, Antares.

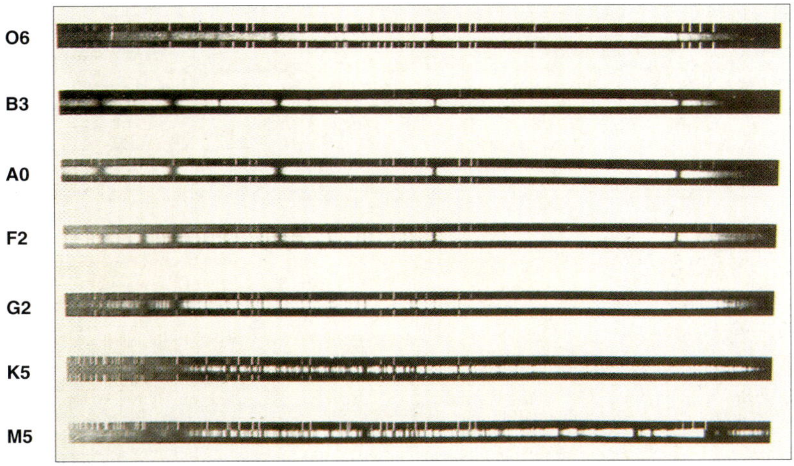

Verschiedene Sternspektren wichtiger Typen.

Verwandte Kapitel

Das Hertzsprung-Russell-Diagramm (Seite 132)

Der Hubble-Effekt (Seite 187)

Das Hertzsprung-Russell-Diagramm

Verwandte Kapitel

Die Spektren der Sterne (Seite 131)

Sternentwicklung (Seite 135)

Weiße Zwerge (Seite 146)

Sternhelligkeit (Seite 203)

Zu den wichtigsten Merkmalen eines Sterns gehören seine **Temperatur** und seine **absolute Helligkeit.** Die Temperatur hängt direkt mit der **Farbe** des Sterns zusammen, und diese mit der Spektralklasse, die sich aus den Linien des Spektrums ergibt (siehe Seite 131). Die absolute Helligkeit eines Sterns gibt an, wie viel Energie er tatsächlich abgibt. Diese Größe kann man nur berechnen, wenn man auch die Entfernung des Sterns kennt.

1913 hatten der dänische Astronom **Ejnar Hertzsprung** und sein amerikanischer Kollege **Henry Norris Russell** unabhängig voneinander die gleiche Idee: Sie bemühten sich darum, einen Zusammenhang zwischen den beiden obengenannten Größen herzustellen, der grafisch darstellbar war. Das Ergebnis war ein Diagramm, das in der Waagrechten die Temperatur und in der Senkrechten die absolute Helligkeit darstellte. Diese Darstellung wurde nach den beiden Astronomen Hertzsprung-Russel-Diagramm genannt, wobei auch die Bezeichnung **Farben-Helligkeits-Diagramm** gebräuchlich ist.

ERSTELLUNG DES DIAGRAMMS: Um ein solches Diagramm zu erstellen, geht man von einer **bestimmten Auswahl** von Sternen aus – beispielsweise solchen, von denen man die Entfernung kennt, sodass man über die **Beziehung** $m - M = 5 \log r - 5$ zur absoluten Helligkeit gelangt; dabei steht m für die scheinbare Helligkeit, M für die absolute Helligkeit und r für die Entfernung.

Als Nächstes gilt es die Temperatur des Sterns zu bestimmen, wofür man zuerst die Spektralklasse ermittelt. Heute wird die Spektralklasse oft durch eine andere Größe, den **Farbindex,** ersetzt. Diesen erhält man, indem man die scheinbare Helligkeit des Sterns in zwei verschiedenen Spektralbereichen misst und die Differenz bildet. Oft wird hierfür die Differenz zwischen Blau- und Gelbhelligkeit herangezogen.

Diese beiden Größen werden nun auf eine **kartesische Ebene** aufgetragen, die durch zwei senkrecht aufeinander stehende Achsen gegeben ist. Auf der x-Achse wird die Temperatur (oder der **Farbindex**) aufgetragen, die von links nach rechts abnimmt, auf der y-Achse die **absolute Helligkeit,** die von unten nach oben zunimmt. Dabei zeigt sich, dass sich die Sterne in ganz bestimmten Zonen des Diagramms anhäufen.

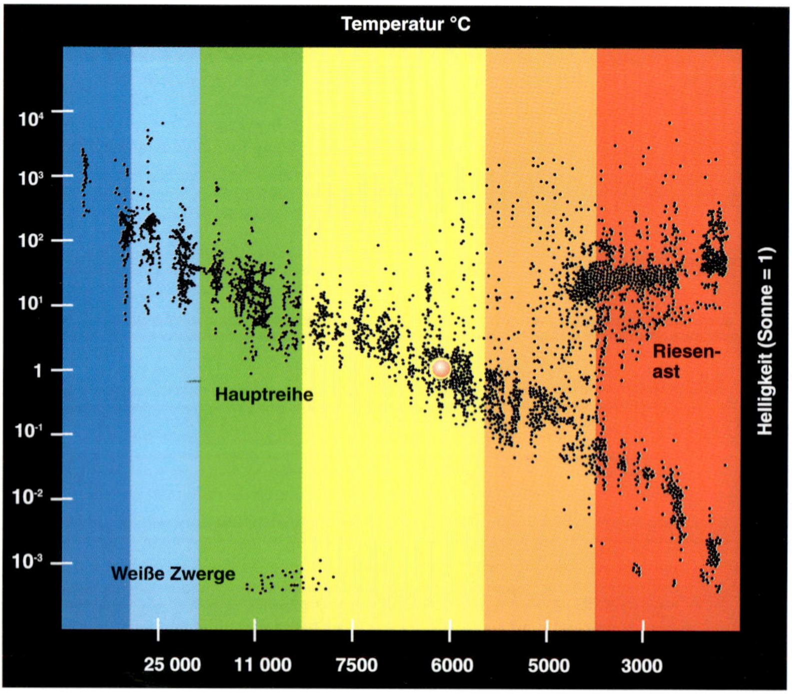

Ein klassisches Hertzsprung-Russell-Diagramm.

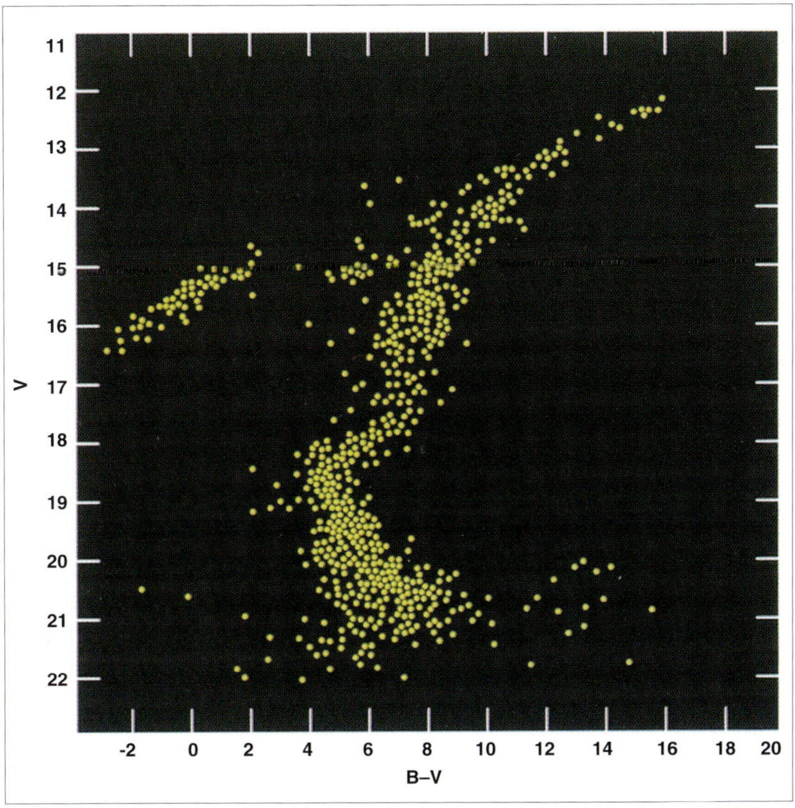

HR-Diagramm des Kugelsternhaufens M5.
Unten: Kugelsternhaufen M5.

DIE HAUPTREIHE: Der Großteil der Sterne ordnet sich im Hertzsprung-Russell-Diagramm entlang einer Linie an, die von links oben nach rechts unten verläuft und die als **Hauptreihe** bezeichnet wird. Die Sterne, die auf ihr liegen, werden demnach **Hauptreihensterne** genannt. Auch unsere Sonne ist ein solcher Hauptreihenstern; sie befindet sich im Bereich der gelben Sterne. Die Hauptreihensterne befinden sich in der stabilen Phase ihrer Entwicklung, die durch die Kernfusionsprozesse in ihrem Inneren gekennzeichnet ist, bei denen Wasserstoff in Helium umgewandelt wird. Da diese Phase etwa 90% der **Lebensspanne** eines Sterns ausmacht, wird jede Auswahl von Sternen stets einen großen Anteil an Hauptreihensternen enthalten.

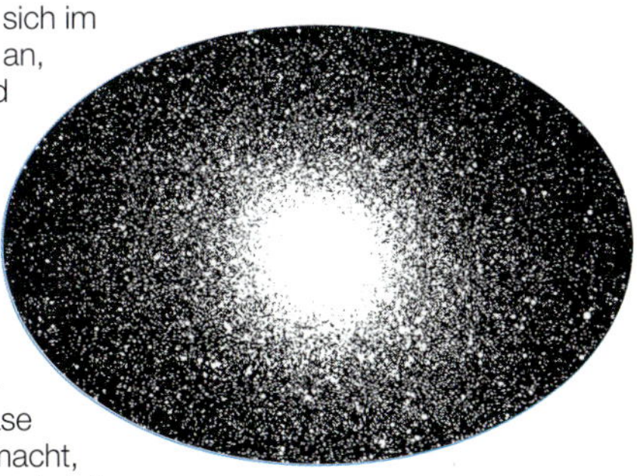

Die Hauptreihe spiegelt außerdem einen Zusammenhang, der für das Leben eines Sterns von größter Bedeutung ist. Die Tatsache, dass sie einen so schmalen Bereich einnimmt, belegt, dass jeder Stern durch das **Gleichgewicht** zwischen den nach außen gerichteten Kräften der Kernreaktion und der nach innen wirkenden Gravitationskraft geprägt ist. Unsere Sonne beispielsweise »muss« aufgrund ihrer Temperatur von 5600 °C eine **absolute Helligkeit** von +4,7 aufweisen, also jenen Wert, der ihr auf dem HR-Diagramm zugeordnet wird. Wäre sie heller oder weniger hell, so würde sie sich nicht mehr im Gleichgewicht befinden.

ROTE RIESEN, WEISSE ZWERGE: Auf dem HR-Diagramm von Seite 132 findet man rechts oberhalb der Hauptreihe den so genannten **Riesenast,** also jenen Bereich, in dem sich die Roten Riesen befinden. Es handelt sich dabei um relativ kühle Sterne mit einer Oberflächentemperatur von ca. 3000 °C, die jedoch viel heller sind als Hauptrei-

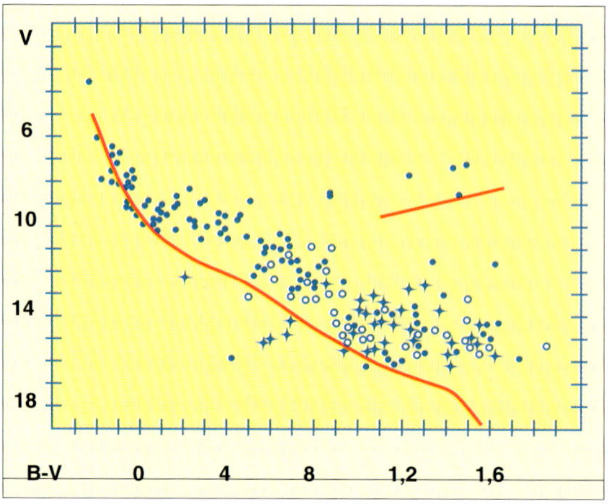

hensterne von gleicher Temperatur. Nachdem wir wissen, dass die Temperatur dafür verantwortlich ist, wie viel Energie ein Stern abstrahlt, müssen wir uns fragen, wie es sein kann, dass zwei Sterne von gleicher Temperatur eine so **unterschiedliche Helligkeit** aufweisen. Der Grund dafür liegt darin, dass die helleren Sterne ganz einfach größer sind und deshalb eine größere Oberfläche haben, von der Licht abgestrahlt werden kann. Es handelt sich also tatsächlich um »Riesen«, die bis zu 200-mal größer als unsere Sonne sein können.

HR-Diagramm eines offenen Sternhaufens aus sehr jungen Sternen.

Dieselbe Erklärung lässt sich auch für eine kleine Gruppe von Sternen anwenden, die im HRD links unten anzutreffen sind. Es handelt sich dabei um weiße Sterne, die zwar sehr heiß, aber nicht sehr hell sind. Dass ihre Temperatur jener der hellen heißen Sterne der Hauptreihe gleicht und sie dennoch nur ein schwaches Leuchten zeigen, lässt nur einen Schluss zu: Sie müssen sehr klein sein. Tatsächlich handelt es sich um **Weiße Zwerge** (siehe Seite 146), die sehr dicht und ca. 100-mal kleiner als unsere Sonne sind, sodass ihr Durchmesser im Allgemeinen dem der Erde entspricht.

HR-DIAGRAMM VON STERNHAUFEN: Besonders interessante Objekte für eine Untersuchung mit dem HR-Diagramm sind die so genannten Sternhaufen. Man kann dabei von der Annahme ausgehen, dass sich alle Sterne eines solchen Haufens in gleicher Entfernung von der Erde befinden. Wenn sich nun **Unterschiede in der Helligkeit** zwischen ihnen zeigen, so kann das nicht an der unterschiedlichen Distanz liegen – diese Sterne müssen vielmehr tatsächlich von unterschiedlicher Leuchtkraft sein. Man kann folglich statt der absoluten die scheinbare Helligkeit verwenden, die sich leicht feststellen lässt, und auf dieser Basis das Hertzsprung-Russell-Diagramm erstellen. Interessant ist, dass die Diagramme der verschiedenen Sternhaufen ganz besondere Eigenheiten zeigen.
Die Diagramme der **offenen Sternhaufen** (siehe Seite 156) wie M 8 oder NGC 2264 lassen folgende Besonderheit erkennen: Im unteren Teil der Hauptreihe sind die Sterne auffallend dünn gesät. Der Grund dafür liegt darin, dass diese Haufen von **sehr jungen Sternen** bevölkert sind, die höchstens einige hundert Millionen Jahre alt sind. In dieser Zeit konnten die Sterne **mit geringerer Masse und Leuchtkraft,** die sich sehr langsam entwickeln, noch keine Stabilität erreichen. Wir haben es hier also mit Vor-Hauptreihensternen zu tun, die sich im HRD noch oberhalb der Hauptreihe befinden, auf die sie sich langsam zubewegen, während sie sich dem Gleichgewichtszustand nähern.
Ganz anders sieht das Diagramm eines **Kugelsternhaufens** aus (siehe Seite 158), der bekanntlich von sehr alten Sternen bevölkert ist. Eine Hauptreihe ist hier nur im Ansatz zu erkennen, und zwar im unteren Bereich, wo sich die weniger heißen Sterne befinden. Dies liegt daran, dass die heißeren und helleren Sterne ihre stabile Phase bereits hinter sich haben und deshalb die Hauptreihe verlassen haben. Sie befinden sich nun weiter rechts auf dem Ast der Roten Riesen oder sind auch aus diesem schon **ausgeschieden,** um in den Bereich der Weißen Zwerge einzutreten. Wenn man die Entwicklung eines Sterns über seinen gesamten Lebensweg hinweg verfolgen könnte, was einige hundert Millionen oder gar einige Milliarden Jahre dauern würde, so könnte man sehen, wie er sich mit der Änderung seiner Eigenschaften auch auf dem HRD langsam verschiebt.
Mit Hilfe des Hertzsprung-Russell-Diagramms kann man nachvollziehen, wie sich die Sterne im Laufe ihres Daseins entwickeln. Sie durchlaufen **verschiedene Stadien** und machen dabei zum Teil tiefgreifende Umwandlungsprozesse durch. Man könnte deshalb sagen, dass die verschiedenen äußeren Formen der Sterne am Himmel weniger wirkliche Unterschiede darstellen, sondern dass sich uns die Sterne nur in unterschiedlichen Phasen ihrer Entwicklung präsentieren.

Sternentwicklung

Das Leben eines Sterns ist vor allem von zwei Kräften geprägt – der **Gravitation,** die von außen nach innen wirkt und die den Stern aufgrund seiner Masse in sich zusammenfallen ließe, sowie der Kraft, die aus den **Kernfusionsprozessen** entspringt und die den Stern dazu drängt, sich auszudehnen.

In der Entstehungsphase überwiegt die Gravitation, und das Innere des Sterns heizt sich immer weiter auf, bis Temperaturen von 10 bis 20 Mio. Grad erreicht sind; an diesem Punkt kommt es zur Kernfusion. In der Folge halten einander die beiden Kräfte **die Waage** und der Stern bleibt stabil. Wenn die Wasserstoffvorräte schließlich zur Neige gehen, wird der Stern wieder **instabil,** und es behält einmal die Gravitation, und dann wieder die nach außen gerichtete Kraft die Oberhand.

Was nun weiter passiert, hängt von verschiedenen Eigenschaften des Sterns ab – seiner Temperatur, der Dichte, der chemischen Zusammensetzung, vor allem aber von seiner **Masse.** Von ihr hängt es ab, ob der Stern als Supernova explodiert (siehe Seite 166) oder sich in einen Weißen Zwerg verwandelt, ob er zum Neutronenstern wird oder gar zu einem Schwarzen Loch.

STERNE UND PLANETEN: Theoretische Studien legen die Annahme nahe, dass nur Objekte mit einer Masse, die 80-mal **höher als die des Jupiters** ist, richtige Sterne werden können. Körper von kleinerer Masse (etwa bis zum 17fachen des Jupiters) werden Planeten, während alles, was dazwischen liegt, ein seltsames Mittelding darstellt – zu groß, um als Planet zu gelten, und zu klein bzw. zu kühl, damit in seinem Inneren jene Kernfusionsprozesse in Gang kommen können, wie sie für einen Stern charakteristisch sind. Man spricht in diesem Zusammenhang von den so genannten **Braunen Zwergen,** also dunklen Objekten, die nur schwer zu beobachten sind. Erst in jüngster Zeit konnte mit Hilfe des Hubble-Weltraumteleskops der Beweis für die Existenz dieser Körper erbracht werden.

DIE GEBURT EINES STERNS: Sterne entwickeln sich bekanntlich aus **interstellaren Gaswolken** – und zwar großteils in der galaktischen Ebene. Wie der Entstehungsprozess jedoch genau vor sich geht, ist immer noch ungeklärt. Vor allem weiß man noch nicht genau, was dazu führt, dass sich das Gas in der Wolke zusammenzieht und zur Bildung eines Sterns führt. Eine interessante Lösungsmöglichkeit, die von Astronomen vorgebracht wurde, besteht darin, dass die **Explosion einer Supernova** in der Nähe der Wolke die Ursache sein könnte. Die Schockwellen der Explosion könnten zu einer Verdichtung der Gas- und Staubmassen führen. In der Folge nimmt die Temperatur immer mehr zu und es bildet sich ein **Protostern;** ist die Temperatur hoch genug, wird im Inneren ein Kernfusionsprozess in Gang gesetzt, worauf sich der Stern nicht weiter zusammenzieht und in seine **stabile Phase** eintritt, d. h., er erreicht die Hauptreihe im Hertzsprung-Russel-Diagramm (siehe Seite 132).

Es folgt eine lange Periode der Stabilität, die etwa 90% seiner gesamten Lebensspanne ausmacht. Ihre Dauer

Verwandte Kapitel

Das HR-Diagramm (Seite 132)
Nebelflecken (Seite 139)
Weiße Zwerge (Seite 146)
Neutronensterne (Seite 149)
Schwarze Löcher (Seite 150)
Die Supernovae (Seite 166)

Oben: In diesen Gasbändern, die sich im Inneren des Adlernebels (M 16) befinden, entstehen laufend neue Sterne.
Links: In diesem Gebilde aus Gas (CRL 2688), auch Globule genannt, wächst ein neuer Stern heran.

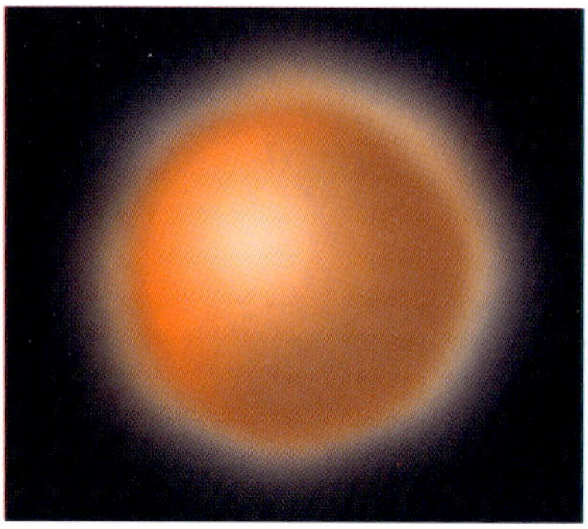

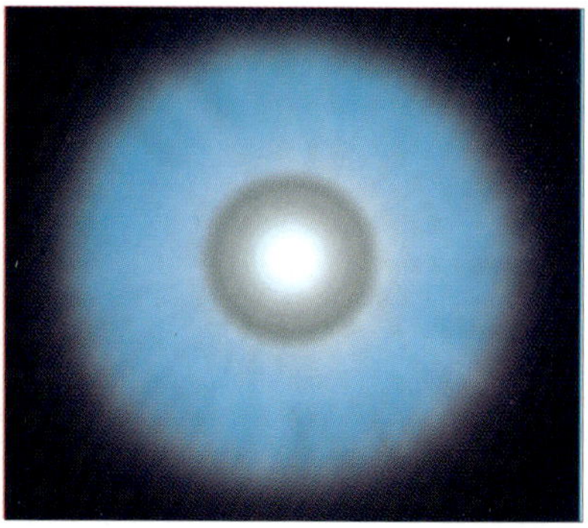

hängt vor allem von der Masse des Himmelskörpers ab. Ein Stern mit der Masse unserer Sonne bleibt für ca. **10 Mrd. Jahre** in der Hauptreihe – ein Stern mit der zehnfachen Masse jedoch nur 300 Mio. Jahre.

DIE ENTWICKLUNG VON STERNEN MIT KLEINER MASSE: Wenn die stabile Periode in der Hauptreihe zu Ende geht, wird der Stern wieder instabil und kann sich nun auf unterschiedliche Weise entwickeln.

Wir wollen zunächst den Fall eines Sterns mit kleiner Masse betrachten, d. h. von einer Masse, die kleiner ist als **4 bis 5 Sonnenmassen.** Ein wichtiges Merkmal solcher Sterne ist, dass der Kern nie konvektiv wird, d. h., es kommt zu keiner Vermischung der Materie, wie dies bei massereicheren Sternen geschieht. Der Wasserstoff, der im Kern verbraucht wird, kann also nicht durch Wasserstoff aus den äußeren Schichten ersetzt werden. Er brennt jedoch in einer Schale weiter, die den Kern umgibt, während Letzterer allmählich völlig zu Helium wird.

Der **Heliumkern** zieht sich zusammen und erwärmt sich, und auch in den äußeren Schichten ändert sich die Struktur; der Stern erreicht das Ende des Hauptreihenstadiums. Die Materiedichte im Zentrum des Sterns nimmt ständig zu, bis es schließlich zur **Entartung der Materie im Kern** kommt, d. h., die Materie nimmt eine Zustandsform an, in der sie unter normalen Bedingungen nicht vorkommt.

Der Stern wandert nun im Hertzsprung-Russell-Diagramm nach rechts und schließlich nach oben, um sich dem Riesenast zu nähern. Er dehnt sich enorm aus, worauf die Temperatur in den äußeren Schichten sinkt, da dieselbe Energiemenge sich nun auf eine größere Oberfläche verteilt. Im Kern jedoch steigt die Temperatur ständig an; es sind nun keine Kernfusionsprozesse mehr vorhanden, die eine Gegenkraft zur Schwerkraft erzeugen, sodass der Kern sich zusammenzieht. Schließlich klettern die Temperaturen hoch genug, um das Helium zu einem Kernfusionsprozess zu bewegen. Es kommt zu einer sprunghaften Erhöhung der Temperatur, das Gas dehnt sich aus und es kommt zu einer Explosion, dem so genannten **Heliumblitz** (*helium flash*). Der Stern wandert im HR-Diagramm nach rechts in den Bereich der Kugelsternhaufen (siehe Seite 158).

Oben: Grafische Darstellung von Sternen, die sich zum Roten Riesen bzw. Weißen Zwerg entwickeln. Unten: Planetarischer Nebel Shapley 1.

Wenn das Helium im Kern sich vollständig in Kohlenstoff umgewandelt hat, steigt die Temperatur weiter an, bis schließlich – vorausgesetzt, der Stern hat genug Masse – auch der **Kohlenstoff** explosionsartig gezündet wird. Egal, ob es so weit kommt oder nicht – dieses Stadium führt in jedem Fall zu einem **enormen Masseverlust** an der Oberfläche des Sterns. Dieser Verlust kann schrittweise oder mit einem Schlag erfolgen, wobei die äußeren Schichten durch den Strahlungsdruck abgestoßen werden. Diese Schichten bilden in der Folge einen **Planetarischen Nebel** (siehe Seite 147), ein kugelförmiges Gebilde, das sich mit hoher Geschwindigkeit durch den Raum bewegt.

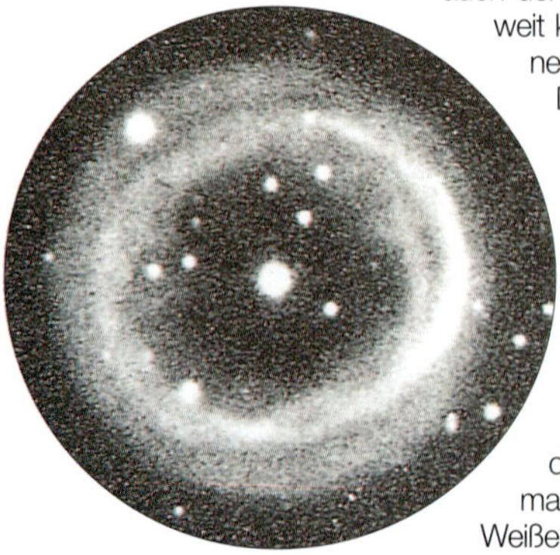

Was nun mit den Überresten des Sterns weiter geschieht, hängt davon ab, wie groß seine Masse noch ist. Liegt diese unter 1,4 Sonnenmassen, entsteht ein **Weißer Zwerg,** der nun ganz einfach mit der Zeit erlischt. Dieser Prozess dürfte jedoch so langsam vor sich gehen, dass – so nimmt man an – seit Anbeginn des Universums noch kein einziger Weißer Zwerg am Ende seiner Lebensspanne angelangt ist.

DIE ENTWICKLUNG VON STERNEN MIT GROSSER MASSE:

Bei Sternen von **mehr als fünf Sonnenmassen** wechseln einander die Phasen des Zusammenziehens und des Ausdehnens mehrmals ab, wobei immer schwerere chemische Elemente entstehen. Während dieser instabilen Phasen verändert sich auch die Helligkeit des Sterns mit seiner Größe; er erscheint uns dann als ein **veränderlicher Stern** (siehe Seite 160). Die **Cepheiden** (siehe Seite 162) stellen ein klassisches Beispiel für dieses Stadium der Sternentwicklung dar.

Im Verlauf dieser Prozesse bilden sich im Stern **verschiedene Schichten,** die durch nuklear brennende Schalen voneinander getrennt sind, in denen sich die Elemente befinden, die zuvor noch der Kernfusion im Inneren unterworfen waren. Die leichteren Elemente brennen in den äußeren Schalen weiter, wo die Temperatur niedriger ist, während die schwereren Elemente in den heißeren Schalen des Sterninneren brennen. Bei Sternen von 5- bis 9facher Sonnenmasse brennen nach **Wasserstoff** und **Helium** schließlich auch **Kohlenstoff** und **Sauerstoff,** die bisweilen auch explosiv gezündet werden können. In Sternen von noch größerer Masse entstehen während dieser Kernfusionsprozesse immer schwerere Elemente, wie etwa **Magnesium, Neon, Schwefel** und **Silizium.**

In extremen Fällen können diese Elemente einer weiteren thermonuklearen Umwandlung unterworfen werden, sodass der Kern schließlich fast zur Gänze aus **Eisen** besteht. Danach sind keine weiteren Kernreaktionen mehr möglich, da die Brennstoffvorräte nun endgültig aufgebraucht sind. Der Stern kann sich nun nur noch zusammenziehen, was das letzte Stadium seiner Lebensspanne einleitet.

Liegt die Masse eines Sterns unter 10 Sonnenmassen, so verlaufen die letzten Phasen der Entwicklung sehr instabil. Dabei kann es in den verschiedenen Schichten zu Kernreaktionen kommen, die zur Explosion des Sterns als **Supernova** führen. Die letzten Phasen eines solchen Sterns sind dadurch gekennzeichnet, dass im Kern Protonen und Elektronen dermaßen zusammengepresst werden, dass sie sich in Neutronen umwandeln, die den Kern zuletzt fast zur Gänze bilden. Durch die Explosion werden die äußeren Schichten zerstört, während es im Kern zu einem Kollaps kommt, der die Dichte noch einmal enorm ansteigen lässt. Die Überreste des Sterns entwickeln sich schließlich zu einem Neutronenstern, der mit extrem hoher Geschwindigkeit rotiert und dabei Signale im Radiofrequenzbereich sendet. Durch die Explosion bewegt sich der **Neutronenstern** mit einigen hundert km/s durch den Raum.

Ist die Masse eines Sterns jedoch noch höher, werden die Neutronen in einer so unglaublichen Dichte zusammengedrückt, dass es zu einem vollständigen Gravitationskollaps kommt, in dem buchstäblich nichts übrig bleibt als ein so genanntes Schwarzes Loch, ein Ort von unvorstellbar großer Gravitation, der nicht einmal das Licht mehr entweichen kann.

Oben: Der Stern, aus dem die Supernova 1987A hervorging, in der Großen Magellanschen Wolke.
Unten: Eta Carinae, einer der massereichsten Sterne unserer Galaxis, mit allen Anzeichen einer bevorstehenden Supernova-Explosion.

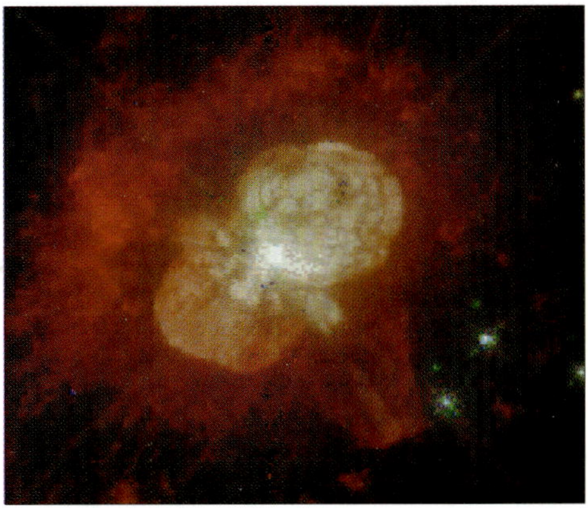

Sternpopulationen

Verwandte Kapitel

Das HR-Diagramm (Seite 132)

Nebelflecken (Seite 139)

Offene Sternhaufen (Seite 156)

Kugelsternhaufen (Seite 158)

Bei der Betrachtung der Eigenschaften von Sternen spielt vor allem das **Alter eines Sterns** eine große Rolle. Dementsprechend werden in der Astronomie die Sterne in **Populationen** eingeteilt. Grundsätzlich unterscheidet man zwei große Gruppen – die alten Sterne der **Population II** und die jungen Sterne der **Population I.** Schließlich gibt es auch Grenzfälle, die sich zwischen den beiden Populationen bewegen.
Neu entstandene Sterne, die sich in den Spiralarmen der Galaxis befinden, werden in der so genannten **Extremen Population I** zusammengefasst. Für Sterne, die es seit den Anfängen des Universiums gab, die jedoch mittlerweile erloschen sind, wurde die Bezeichnung **Population III** eingeführt.

DIE EINFÜHRUNG DER STERNPOPULATIONEN: Die Einteilung der Sterne in Populationen wurde 1944 von **Walter Baade** getroffen, einem Astronomen deutscher Herkunft, der in die Vereinigten Staaten emigrierte. Durch die Beobachtung von Sternen des Andromedanebels hatte er festgestellt, dass diese je nach ihrer **Position** unterschiedliche Merkmale aufwiesen. Während in den Spiralarmen blaue Sterne zu sehen waren, konnte er in anderen Regionen vorwiegend rote Sterne beobachten. Die blauen Sterne zeichnen sich durch eine vergleichsweise hohe Temperatur und Masse aus, aber auch durch eine kurze Entwicklungszeit. Es handelt sich bei diesen um junge Sterne. Die roten Sterne hingegen sind kühler und haben eine kleinere Masse, während ihre Entwicklungszeit vergleichsweise lang ist. Dieser Gruppe gehören ältere Sterne an.

MERKMALE DER POPULATIONEN: Aufgrund ihres unterschiedlichen Alters weisen Sterne der Population I und II auch Unterschiede in der **chemischen Zusammensetzung** auf. Die Sterne der Population II haben einen geringen Metallanteil, da sie sich im primordialen interstellaren Medium gebildet haben. Die Vertreter der Population I, wie z. B. unsere Sonne, sind reich an Metallen, die von der Explosion einer Supernova stammten (siehe Seite 166) und dadurch zur Zeit der Sternbildung in der Umgebung vorhanden waren.
Ein weiterer Unterschied zwischen den Populationen besteht in der **Bewegung der Sterne.** Jene der Population II wandern auf stark **exzentrischen (elliptischen) Bahnen,** welche die Ebene der Galaxis kreuzen, während die der Population I sich auf nahezu **kreisförmigen Bahnen** in der galaktischen Ebene bewegen.

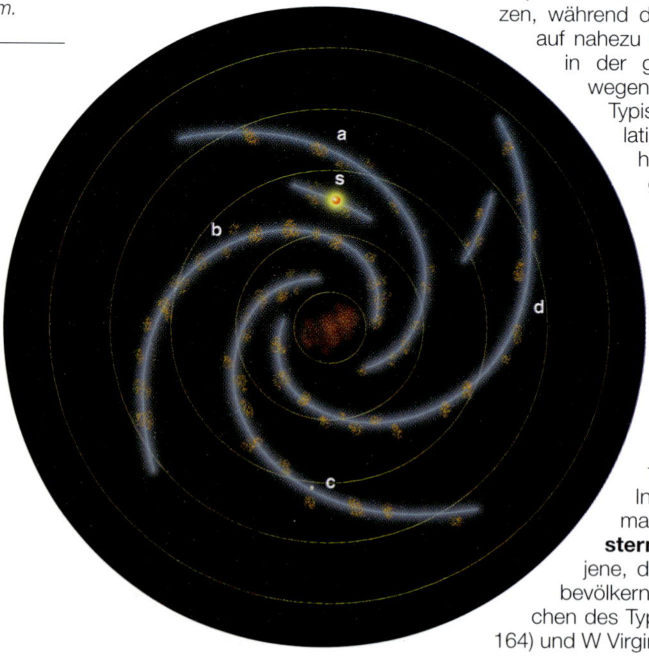

In den Spiralarmen der Galaxis befinden sich zahlreiche junge Sterne der Population I. S steht für Sonne, a für den Perseus-Arm, b für den Orion-Arm, c für den Sagitarius-Arm und d für den Cygnus-Arm.

Typische Vertreter der Population I sind die Hauptreihensterne, die sich in der galaktischen Ebene, insbesondere in den Spiralarmen, befinden, wo sie beispielsweise **offene Sternhaufen** und **Sternassoziationen** (siehe Seite 155) bilden. Zu dieser Population gehören die veränderlichen Sterne des Typs **Cepheiden** (siehe Seite 162).
In der Population II findet man die Sterne der **Kugelsternhaufen** bzw. generell jene, die den Halo der Galaxis bevölkern, sowie die Veränderlichen des Typs RR Lyrae (siehe Seite 164) und W Virginis.

Nebelflecken

Leuchtende Wasserstoffwolken wurden von Astronomen schon seit langem beobachtet; bis zum Beginn des 20. Jahrhunderts bezeichnete man als »Nebel« alle Objekte, die keine Sterne waren und die als **diffuser Fleck** am Himmel zu sehen waren. Mit der Entwicklung von immer leistungsstärkeren Teleskopen erkannte man schließlich, dass viele der so genannten Nebel in Wirklichkeit Sternhaufen oder Galaxien waren. Diesem Umstand verdankt der Andromedanebel, der ja bekanntlich eine Galaxie ist, seinen Namen. Heute werden mit dem Wort »Nebel« nur noch Wolken aus **Gas** und/oder **Staub** bezeichnet.

Andere Objekte aus Gas und Staub, die jedoch einen anderen Ursprung haben, sind die **Planetarischen Nebel** (siehe Seite 147) und die Überreste von **Supernovae** (siehe Seite 168).

Alle Galaxien, insbesondere die Spiralgalaxien, enthalten Gas und interstellaren Staub. Dementsprechend zeigen viele Galaxien, von der Seite gesehen, ein **dunkles Band aus Staub,** das durch das Zentrum verläuft. Andere Galaxien, die man von vorne sieht, lassen **leuchtende Gaswolken** erkennen, die entlang der Spiralarme angesiedelt sind. Auch in unserer Galaxis kann man – mit freiem Auge oder einem Teleskop – die leuchtenden Gasnebel sowie die Stellen sehen, wo der Staub das dahinter liegende Licht absorbiert. Erst mit Hilfe der Radioastronomie sowie von Infrarotteleskopen kann man weitere Informationen über diese Phänomene gewinnen, da die **Radiowellen** sowie die **Infrarotstrahlung** im Gegensatz zum sichtbaren Licht nicht vom interstellaren Staub absorbiert werden.

Verwandte Kapitel

Sternentwicklung (Seite 135)

H-II-Gebiete (Seite 142)

Der Orionnebel (M 42) (Seite 143)

Offene Sternhaufen (Seite 156)

DREI TYPEN VON NEBELN: Edward Barnard (1857 bis 1923) war einer der ersten Astronomen, die erkannten, dass es im Weltraum enorme Wolken aus interstellarer Materie gibt. Er war außerdem einer der Pioniere der astronomischen Fotografie. So wurde etwa der **Reflexionsnebel,** in dem die Plejaden im Sternbild Stier liegen, erstmals auf einem Foto entdeckt, die Barnard 1883 anfertigte. Außerdem erarbeitete er den ersten großen **Katalog von Dunkelwolken,** der 1919 erschien.

Die diffusen Nebel werden nach ihrem Verhalten gegenüber dem Licht in drei Klassen unterteilt, in **Emissionsnebel, Reflexionsnebel** und **Dunkelwolken.** Die besonders hellen Emissionsnebel bestehen hauptsächlich aus **Wasserstoff** und zeichnen sich durch ihr Eigenleuchten aus. Auf Fotos zeigen sich solche Nebel stets in rötlicher Farbe, da ein Großteil des vom Wasserstoff ausgesandten Lichts einen rötlichen Farbton aufweist. Wenn nun die energiereiche UV-Strahlung eines jungen Sterns auf ein Wasserstoffatom trifft, lösen die Photonen die Elektronen aus den Atomen, ein Prozess, den man als **Ionisierung** bezeichnet. Bei der anschließenden Rekombination von Elektron und Proton wird die zuvor absorbierte Energie in Form von **sichtbarem Licht** freigesetzt, wobei der Farbton von der Energiemenge abhängt: der Nebel beginnt zu leuchten. Einer der bekanntesten Emissionsnebel

Oben: Der Nordamerikanebel, in der Nähe des Sterns Deneb. Unten: Der Lagunennebel M 8.

ist der **Orionnebel** (siehe Seite 143), der 1500 Lichtjahre von der Erde entfernt ist.

Die **Reflexionsnebel** sind kühle Wolken aus Staub und Gas, die kein Eigenleuchten besitzen, sondern lediglich das Licht von nahe gelegenen Sternen streuen und reflektieren. Da in diesem Fall mehr **blaues** als rotes Licht reflektiert wird, erscheinen solche Nebel zumeist in blauer Farbe. Das gleiche Prinzip bewirkt, dass wir den Himmel über uns blau sehen, da das Sonnenlicht auf die gleiche Weise durch die Atmosphäre zerstreut wird. Der Sternhaufen der **Plejaden** im Sternbild Stier ist von einem Reflexionsnebel umgeben, der auf den Fotos ein blaues Leuchten zeigt.

Die dritte Art von Nebeln sind die **Dunkelwolken.** Es sind dies Gebiete von erhöhter Staubkonzentration, die als dunkle Flecken zwischen den Sternen oder vor **leuchtenden Gaswolken** auftreten.

Dunkelwolken sind in allen Galaxien zumeist im Bereich der **galaktischen Scheibe** zu finden, da diese Zone besonders reich an Gas und Staub ist. Hier kommt es auch zur Bildung von neuen Sternen. Viele spektakuläre Emissionsnebel sind in Richtung des Sternbilds **Schütze** zu beobachten. In diesem Bereich kann man auch zahlreiche Dunkelwolken erkennen, die sich vor dem leuchtenden Band der Milchstraße abzeichnen.

ZUSAMMENSETZUNG: Wie schon erwähnt, bestehen diffuse Nebel hauptsächlich aus Staub und Gas. Man geht davon aus, dass der Staub in den kühleren äußeren Schichten der **Roten Riesen** erzeugt wird, die bereits in der letzten Phase ihres Bestehens sind. Dabei entstehen durch Kondensation kleinste Materieteilchen. Die äußeren Schichten werden schließlich durch den Strahlungsdruck abgestoßen. Noch weiß man nicht genau, wie sich dieser Staub zusammensetzt; man nimmt jedoch an, dass die Hauptbestandteile **Graphit** und verschiedene **Silikate** sind. Schätzungen zufolge dürfte 1% der interstellaren Materie aus Staub bestehen.

Das Gas in solchen Nebeln besteht hauptsächlich aus **Wasserstoff.** Wasserstoff ist das bei weitem am häufigsten vorkommende Element im gesamten Weltall. Es ist mit freiem Auge nicht zu erkennen, kann aber mittels **Radioteleskop** beobachtet werden, da es charakteristische Radiowellen aussendet, deren Wellenlänge 21 cm beträgt. Aufgrund dieser Radioemissionen konnte man **Karten der Spiralarme** anfertigen, in denen sich der Großteil des Wasserstoffs befindet. Dieses Gas kommt im interstellaren Raum überall – wenn auch in **geringer Dichte** – vor; auf ein Volumen von 10 oder gar 100 cm^3 kommt nur ein Atom, was jedoch bei der Größe des interstellaren Raums immer noch eine enorme Menge an Wasserstoff ergibt. In einigen dieser Gaswolken herrschen **Temperaturen** von bis zu 7500 °C, wobei in Extremfällen der Wasserstoff bis zu 1 Mio. Grad erreichen kann. Diese sehr heißen Gaswolken wurden anhand der

Oben: Der Dumbbellnebel (M 27) liegt in der Nähe des Sternbilds Fuchs.
Unten: Der Trifidnebel (M 20) im Sternbild Schütze.

Röntgenstrahlung entdeckt, die sie abgeben. Außerdem gibt es relativ dichte Wasserstoffwolken, die 10 bis 100 Atome pro cm^3 enthalten. Solche Wolken sind jedoch sehr kalt; die Temperatur kann bis auf –200 °C sinken.

MOLEKÜLWOLKEN: Wie wir gesehen haben, bestehen Dunkelwolken **aus Staub, der das Licht absorbiert.** Sie erscheinen uns als dunkle Flecken zwischen den Sternen oder heben sich vor dem Hintergrund eines hellen Nebels ab. Ein typisches Beispiel für eine solche Dunkelwolke ist der so genannte **»Kohlensack«,** der am südlichen Himmel als kreisförmiger Fleck in der Milchstraße zu sehen ist, und zwar in der Nähe des Sternbildes Kreuz des Südens. Eine weitere bekannte Dunkelwolke ist der so genannte **Pferdekopfnebel** im Sternbild Orion.
Ab dem Ende der 60er-Jahre entdeckte man im interstellaren Raum enorme Wolken mit hohen **Molekülkonzentrationen** verschiedener chemischer Substanzen. Diese gigantischen Molekülwolken können eine Masse von bis zu **10 Millionen Sonnenmassen** aufweisen und sich dabei über **300 Lichtjahre** erstrecken. Man nimmt an, dass es in unserer Galaxis etwa 5000 solcher Molekülwolken gibt.
Moleküle bilden sich vor allem in jenen Teilen des Weltraums, in die kein ultraviolettes Licht gelangt, das die Atome ionisieren könnte. Unterscheiden kann man die Moleküle anhand ihrer charakteristischen Strahlung, die sich als Linien im Spektrum zeigen (siehe Seite 131). Die Wellenlänge dieser Strahlung liegt in der Regel zwischen 10^{-4} und 10^{-8} mm.
Die **riesigen Molekülwolken** bestehen hauptsächlich aus Wasserstoff- und Kohlenmonxidmolekülen, es wurden jedoch bereits ca. hundert weitere Moleküle entdeckt. Sehr oft treten Verbindungen der Elemente Kohlenstoff, Wasserstoff, Sauerstoff und Stickstoff auf, aus denen z. B. **Wasser, Ammoniak** oder **Ethylalkohol** hervorgehen.
Aus dem Gas der riesigen Molekülwolken bilden sich laufend neue Sterne. Durch das UV-Licht der massereichen Sterne wird der umgebende Wasserstoff zur Bildung eines Emissionsnebels angeregt.

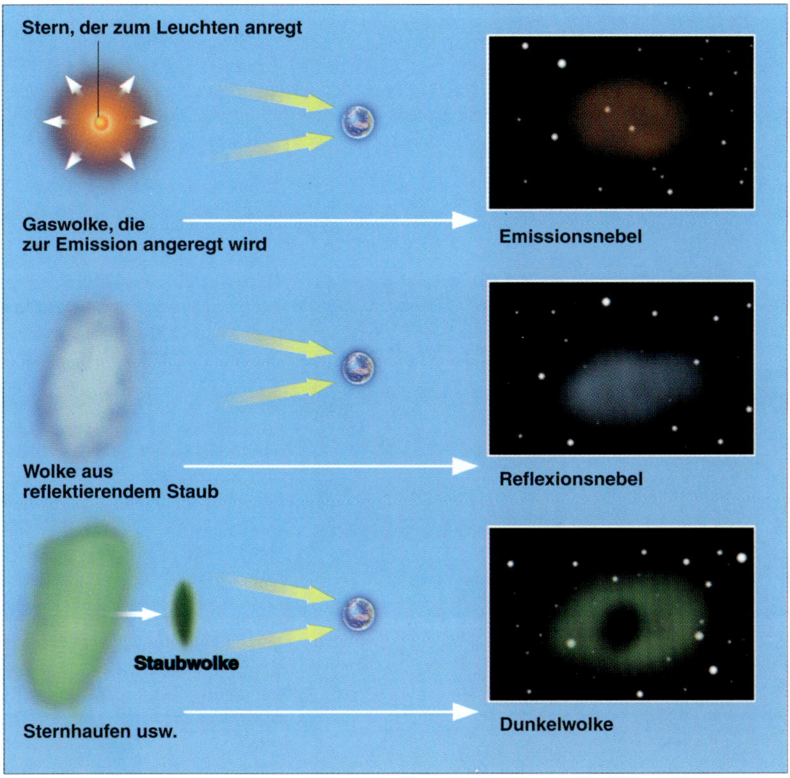

Die drei Typen von Nebeln: Von oben nach unten: Emissionsnebel, Reflexionsnebel und Dunkelwolke.

H-II-Gebiete

Verwandte Kapitel

Die Spektren der Sterne (Seite 131)

Sternentwicklung (Seite 135)

Nebelflecken (Seite 139)

Der Orionnebel (M 42) (Seite 143)

Bei den so genannten H-II-Gebieten handelt es sich um **Bereiche von interstellarem Gas,** in denen sich der Wasserstoff größtenteils in ionisiertem Zustand befindet. Durch die UV-Strahlung von umgebenden Sternen wird das Gas zum Leuchten angeregt, sodass wir es mit einem Emissionsnebel zu tun haben. Ihren Namen verdanken diese Gebiete dem Umstand, dass der Wasserstoff ionisiert vorkommt. In der Astronomie werden neutrale Elemente mit dem Zusatz »I« bezeichnet, während ionisierte Elemente (d. h. solche, die ein oder mehrere Elektronen verloren haben) eine höhere römische Ziffer erhalten. Da das Wasserstoffatom nur ein einziges Elektron besitzt, kann es auch **nur einmal ionisiert** werden. Komplexere chemische Elemente können hingegen mehrmals ionisiert werden, da sie mehr Elektronen verlieren können; so steht etwa C III für zweifach ionisierten Kohlenstoff und Si IV für ein Siliziumatom, das drei Elektronen verloren hat.

EIGENSCHAFTEN: Zur Ionisation von Wasserstoffwolken im interstellaren Raum kommt es dadurch, dass die Atome der Wolke die auftreffenden Photonen **absorbieren,** wobei es sich zumeist um UV-Strahlung von jungen und heißen Sternen der **Spektralklassen O** oder **B** handelt, deren Oberflächentemperatur über 20.000 °C liegt. Solche Sterne ionisieren einen umso größeren Bereich der Wolke, je höher ihre Temperatur ist.
Die H-II-Gebiete sind selbst sehr heiß; man schätzt ihre Temperatur auf bis zu 10.000 °C. Sie sind von kugelförmiger Gestalt und umgeben den ionisierenden Stern; diese kugelförmigen Gebiete werden auch **Strömgren-Sphären** genannt, und zwar nach dem schwedischen Astronomen, der sie in den 30er-Jahren untersuchte. Ihre Größe kann **mehrere hundert Lichtjahre** betragen.
H-II-Gebiete sind nicht nur optisch zu erkennen, sondern strahlen auch **Radiowellen** ab, die von den freien Elektronen emittiert werden. Charakteristisch für ihre Spektren sind die Linien der Rekombination von Elektronen und Protonen. Dabei wird beim Übergang von einem Energieniveau des Atoms zum anderen Energie in ganz bestimmten **Wellenlängen** abgegeben, die für die jeweiligen Linien verantwortlich sind.
In den ionisierten Gaswolken kommt es zu einem statistischen Gleichgewicht zwischen den **neutralen** (d. h. ionisierbaren) und den **ionisierten** Atomen, die wiederum einem Rekombinationsprozess unterliegen können.
Man kann also sagen, dass in jedem beliebigen Zeitintervall genauso viele Atome ionisiert wie wiedervereinigt werden. Damit es zu einer deutlichen Lichtabstrahlung kommt, muss der Anteil an ionisierten Atomen sehr hoch sein.

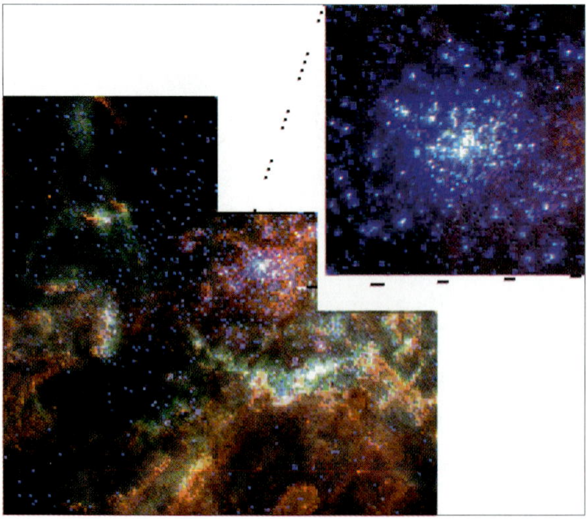

Oben: Der Adlernebel M 16, dessen Gas von jungen O- und B-Sternen ionisiert wird.
Unten: 30 Doradus, ein riesiges H-II-Gebiet in der Großen Magellanschen Wolke.

Der Orionnebel (M 42)

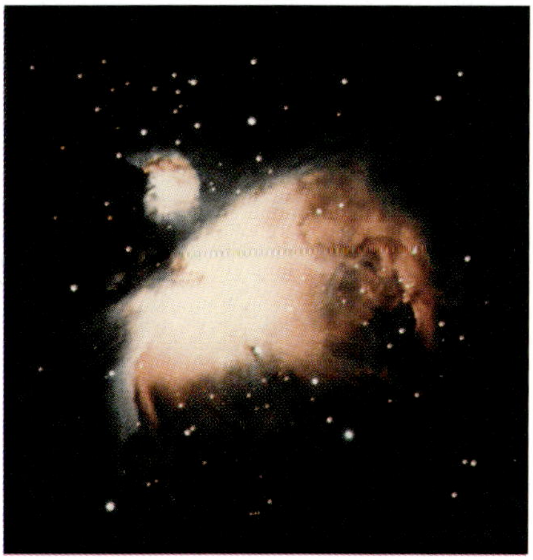

Eines der Objekte, die Amateurastronomen mit Vorliebe ins Visier nehmen, ist der Orionnebel (M 42). Dieser besonders spektakuläre Emissionsnebel ist bei günstigen Bedingungen auch mit freiem Auge zu erkennen. Dank seiner Position am **Himmelsäquator** ist er überall auf der Erde gut zu sehen. Das Sternbild, dem der Orionnebel angehört, ist in mittleren nördlichen Breiten vor allem im Winter bestens sichtbar.

Verwandte Kapitel

Nebelflecken (Seite 139)

Die H-II-Gebiete (Seite 142)

MERKMALE: M 42 ist ca. 1500 bis 1600 Lichtjahre von der Erde entfernt. Der Orionnebel ist der hellste **diffuse Emissionsnebel** am Himmel und erstreckt sich über 80 x 60 Bogenminuten, was der mehr als vierfachen Fläche des Vollmonds entspricht; sein Durchmesser beträgt ca. 30 Lichtjahre. Im nördlichen Teil wird der Nebel von einem **dunklen Band** durchzogen, weshalb der nordöstliche Teil als eigener Nebel (M 43) verzeichnet ist. Der Orionnebel ist ein riesiges Gebilde aus Staub und Gas und gleichzeitig jenes Gebiet der Sternentstehung, das der Erde am nächsten liegt. Im Zentrum des Nebels findet man vier junge Sterne, die das so genannte **Trapez** bilden und die einem offenen Sternhaufen von insgesamt 300 eher lichtschwachen Sternen angehören. Dieses Trapez leuchtet mit dem feinen **grünen Schimmer** von ionisiertem Sauerstoff. Daneben wird der Orionnebel vom **Rot** des ionisierten Wasserstoffs dominiert.
Der große Orionnebel wurde u. a. auch vom Hubble-Weltraumteleskop genau erkundet, mit dessen Hilfe zahlreiche **proto-planetare Scheiben** (*proto-planetary disks*) entdeckt wurden. Dabei handelt es sich um Materiescheiben, die – so wird vermutet – die Endphase in der Entstehung eines Planetensystems darstellen. Es hat den Anschein, als würden die Sterne des Trapezes in einer gewissen Wechselwirkung mit diesen Scheiben stehen und zu deren Zerstreuung beitragen.
Oberhalb von M 42 und M 43 befinden sich drei weitere **schwache Reflexionsnebel,** die teilweise das Licht des großen Nebels reflektieren. Es handelt sich dabei um NGC 1973, NGC 1975 und NGC 1977, die zusammen mit den beiden anderen Nebeln das schon in der Antike bekannte »Schwert des Orion« bilden. An der Spitze dieses Gebildes befindet sich der kleine offene Sternhaufen NGC 1981.

Oben: Der Orionnebel.
Unten: Jener Bereich von M 42, in dem sich die Dunkelwolke des Pferdekopfnebels befindet.

ERSTE BEOBACHTUNGEN: Die hellsten Sterne des Orionnebels wurden bereits von **Ptolemäus** in seinem Katalog verzeichnet, ohne dass er jedoch den Nebel als solchen erwähnte. Der erste schrifliche Hinweis auf M 42 wurde 1610 von **Nicholas-Claude Fabri de Peiresc,** einem französischen Advokaten, gemacht, der den Nebel mit seinem eigenen Fernrohr beobachtete. Die eigentliche Entdeckung des Orionnebels wird allerdings **Johann Baptist Cysat** (1618) zugeschrieben. Die älteste Zeichnung von M 42 wurde von **Giovanni Battista Hodierna** um 1650 angefertigt; darin sind sogar drei Sterne des Trapezes erkennbar.

T-Tauri-Sterne

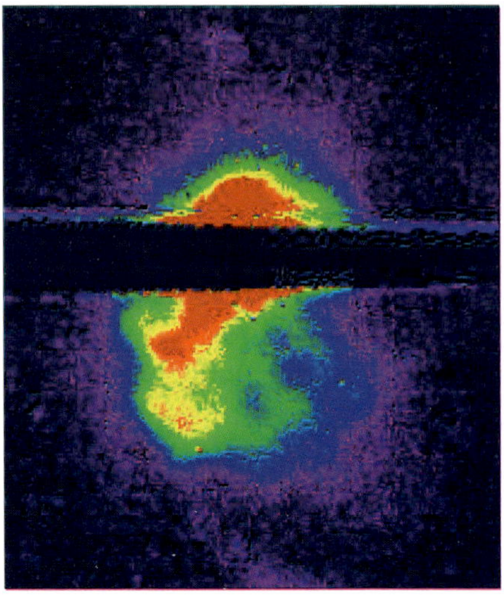

Verwandte Kapitel

Die Spektren der Sterne (Seite 131)

Das HR-Diagramm (Seite 132)

Sternentwicklung (Seite 135)

Herbig-Haro-Objekte (Seite 145)

Sternassoziationen (Seite 155)

Oben: Abbildung des Nebels, von dem T-Tauri-Sterne umgeben sind. Unten: Diese Grafik zeigt die Helligkeitsvariationen eines T-Tauri-Sterns (in drei verschiedenen Wellenlängen), wie sie durch die Sternflecken verursacht werden. Man kann daraus Rückschlüsse auf die Rotationsperiode gewinnen.

T-Tauri-Sterne sind Sterne, die sich in der noch **instabilen Vor-Hauptreihen-Phase** befinden, in der noch keine Kernreaktionen stattfinden, die für ein dauerhaftes Gleichgewicht sorgen würden.
Ihre Masse liegt zwischen einigen Zehntel und drei Sonnenmassen. Dass sich die T-Tauri-Sterne noch in einer Phase der Kontraktion befinden, lässt sich auch daraus schließen, dass sie sich im Inneren von jungen Sternhaufen befinden und außerdem eine ausgeprägte magnetische Aktivität aufweisen. Sie sind von **Materiescheiben** umgeben, in deren Innerem sich, so wird vermutet, neue Planetensysteme bilden dürften.
Die **Oberflächentemperatur** der T-Tauri-Sterne liegt zwischen 3500 und 7000 °C – sie sind jedoch viel heller als die Sterne der Hauptreihe von gleicher Temperatur. Außer den normalen Absorptionslinien findet man in ihren Spektren auch starke Emissionslinien von Wasserstoff. Die T-Tauri-Sterne sind im HR-Diagramm (siehe Seite 132) rechts oberhalb der Hauptreihe angesiedelt.
T-Tauri-Sterne weisen **bipolare Materieausflüsse** auf, die mit der interstellaren Materie in Kontakt treten und in der Folge die so genannten **Herbig-Haro-Objekte** bilden (siehe Seite 145).

RÖNTGENBEOBACHTUNG: Wie sich gezeigt hat, weisen eine beträchtliche Zahl von T-Tauri-Sternen eine intensive Röntgenstrahlung auf. Diese schwachen T-Tauri-Sterne zeigen etwas weniger stark ausgeprägte Wasserstofflinien. Es gibt Hinweise darauf, dass solche T-Tauri-Sterne über **keine zirkumstellare Materiescheibe** verfügen. So wie alle anderen T-Tauri-Sterne sind sie jedoch sehr jung. Es könnte sein, dass diese Sterne die nachfolgende Entwicklungsstufe der klassischen T-Tauri-Sterne repräsentieren, wobei die Entwicklung von Fall zu Fall **mit unterschiedlicher Geschwindigkeit** vor sich gehen dürfte. Einer Theorie zufolge könnte für die Entwicklung nicht nur die Masse ausschlaggebend sein, sondern noch andere Parameter, wie etwa die Rotationsgeschwindigkeit oder die Stärke des Magnetfeldes.
Die schwachen T-Tauri-Sterne scheinen ein stark ausgeprägtes **Magnetfeld** zu besitzen, das für die Bildung von großen »Sternflecken« (analog zu den Sonnenflecken) verantwortlich ist. Diese können 30 bis 40% der Sternoberfläche bedecken und über mehrere Jahre hinweg bestehen. Die magnetische Aktivität nimmt im Laufe der Zeit wieder ab.

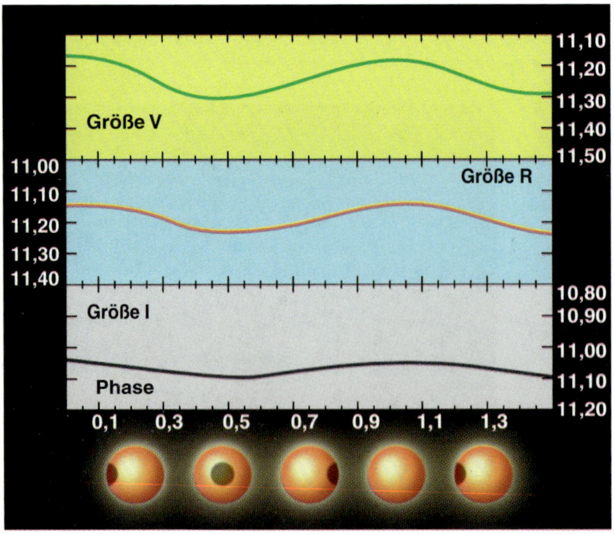

Herbig-Haro-Objekte

Gegen Ende der 40er-Jahre entdeckten zwei Astronomen, dass in den Dunkelwolken des Orionnebels ungewöhnliche Emissionslinien auftraten, die von sternähnlichen Nebeln auszugehen schienen. Diese beiden Astronomen waren **George H. Herbig** vom Lick-Observatorium in Kalifornien und **Guillermo Haro** vom Observatorium in Tonantzitla (Mexiko).
Anfänglich schrieb man diese Linien den **T-Tauri-Sternen** zu. Weitere Analysen ergaben jedoch, dass sich die von Herbig und Haro entdeckten Objekte, die später nach den beiden Astronomen benannt wurden, in mancher Hinsicht von den T-Tauri-Sternen unterschieden. Die Erklärung des Phänomens der Herbig-Haro-Objekte wurde erst in der zweiten Hälfte der 70er-Jahre gefunden, als die beiden Astronomen Schwartz und Raymond zeigten, dass es sich bei diesen Objekten um **interstellare Gasnebel** handelt, die durch die Materieausflüsse neu entstehender Sterne ionisiert werden.
Wie man heute weiß, senden Sterne in ihrer ersten Entwicklungsphase Gasströme aus, die sich mit Überschallgeschwindigkeit im Raum ausbreiten. Wenn diese Strömungen auf die **kalte Materie** einer relativ dichten interstellaren Wolke treffen, werden sie abrupt abgebremst, sodass es zur Bildung von **Stoßwellen** kommt. Die kinetische Energie der Gasströmungen wird also dort, wo es zur Kollision kommt, in **Wärmeenergie** umgewandelt, d. h., das Gas wird erwärmt und in Form der Herbig-Haro-Objekte sichtbar gemacht. Heute sind rund **300 HH-Objekte** bekannt.

Verwandte Kapitel

Die Spektren der Sterne (Seite 131)
Sternentwicklung (Seite 135)
T-Tauri-Sterne (Seite 144)

GESTALT: Herbig-Haro-Objekte treten als **sternähnliche knotenförmige Nebel** auf, die sich im Inneren oder am Rand von Gebieten befinden, in denen es zur Bildung neuer Sterne kommt. Bisweilen treten sie auch in **bogenförmiger Gestalt** auf. In ihren Spektren kann man Emissionslinien von neutralen Elementen (Wasserstoff, Sauerstoff, Stickstoff) oder ionisierten Elementen (Schwefel, Eisen, Kalzium und Sauerstoff) beobachten.
Der Großteil der beobachteten HH-Objekte befindet sich **in der Nähe** des Sonnensystems (etwa 500 bis 3000 Lichtjahre entfernt) – nicht zuletzt deshalb, weil sie mit ihrer geringen Helligkeit (14. bis 20. Größe) in größerer Entfernung nur schwer zu sehen sind. Ihre Masse bewegt sich etwa im Bereich von **zehn Erdmassen.**
Früher nahm man an, dass die Sterne, die für die Entstehung von Herbig-Haro-Objekten verantwortlich sind, keine große Masse aufweisen, d. h., dass sie unter zwei Sonnenmassen liegen. Da jedoch viele dieser Objekte keinen jungen Stern in ihrer Nähe hatten, der sich optisch hätte beobachten lassen, verlegte man sich auf die **Infrarotsuche,** da diese Strahlung nicht vom Staub und Gas absorbiert wird und deshalb auch Objekte zu enthüllen vermag, die noch in ihre primordiale Wolke gehüllt sind. Bei dieser Forschungsarbeit traten oftmals Körper zutage, die man zu den so genannten ***Young Stellar Objects*** (YSO, Junge sternartige Objekte) zählt. Diese Gruppe umfasst verschiedene Kategorien von Körpern, die sich in unterschiedlichen Stadien der Vor-Hauptreihen-Entwicklung befinden.

Oben: Die Objekte HH 46 und HH 47. Unten: HH 30 mit Materiescheibe.

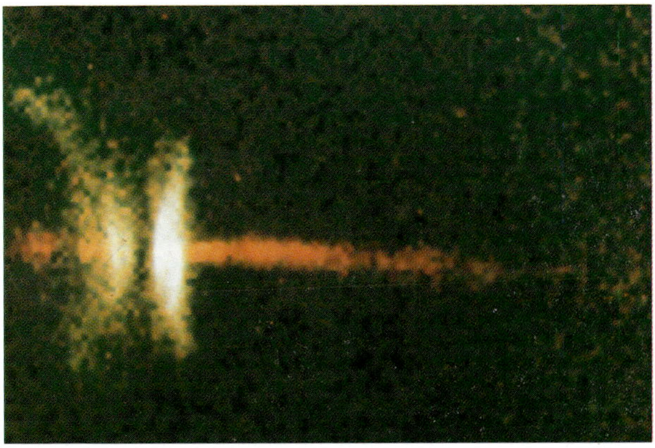

Weiße Zwerge

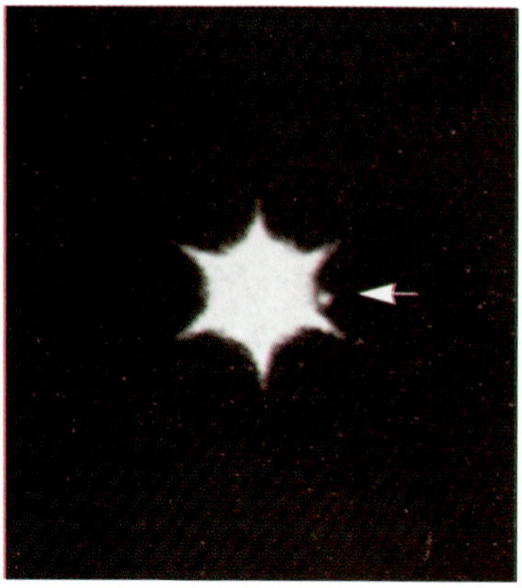

Als eine der letzten Phasen im Leben eines Sterns von relativ kleiner Masse entwickelt sich dieser zu einem Weißen Zwerg. Ebenso wie die Neutronensterne oder die Schwarzen Löcher stellen Weiße Zwerge das Endprodukt eines **Schwerkraftkollapses** dar.
Zu Beginn unseres Jahrhunderts entdeckte man die ersten Weißen Zwerge, nämlich 40 Eridani und Sirius B. Diese Sterne zeichneten sich durch eine **hohe Oberflächentemperatur** aus, wobei ihre **Leuchtkraft** jedoch so niedrig war, dass man sich dies nur durch eine sehr geringe Größe erklären konnte. Heute kennt man einige hundert weiße Zwerge; aufgrund ihrer geringen Helligkeit sind diese Objekte jedoch sehr schwer zu erkennen.

Verwandte Kapitel

Das-HR-Diagramm (Seite 132)
Sternentwicklung (Seite 135)
Planetarische Nebel (Seite 147)
Neutronensterne (Seite 149)
Schwarze Löcher (Seite 150)

URSPRUNG: Wie bereits erwähnt, bildet sich ein Weißer Zwerg stets dann, wenn ein **Stern von relativ geringer Masse** das Ende seiner möglichen Kernfusionsprozesse erreicht. Der Kern des Sterns zieht sich zusammen, wodurch sich die Dichte dramatisch erhöht; wir haben es an diesem Punkt mit entarteter Materie zu tun, d. h., die Atome werden derart zusammengedrückt, dass sich Atomkerne und Elektronen trennen, wodurch die Materie noch dichter gepackt werden kann. Der **Gravitationskollaps** setzt sich jedoch bei einem Weißen Zwerg nicht endlos fort, wie das bei einem Schwarzen Loch der Fall ist, sondern wird durch den nach außen gerichteten Druck der zusammengedrückten Elektronen gestoppt. Dieser Effekt kann jedoch nur dann eintreten, wenn die Masse des Sterns **1,4 Sonnenmassen** nicht überschreitet. Dieser Grenzwert wird nach dem pakistanischen Astrophysiker **Subrahmanyan Chandrasekhar** als **Chandrasekhar-Masse** bezeichnet. Ist die Masse des Sterns höher, so wird er sich zu einem Neutronenstern oder gar einem Schwarzen Loch entwickeln.
Die Weißen Zwerge sind auf dem HR-Diagramm (siehe Seite 132) links unten zu finden. Das Ende eines Weißen Zwerges vollzieht sich ohne spektakuläre Ereignisse, d. h., der Stern **erlischt** ganz einfach mit der Zeit. Dieser Prozess scheint jedoch so langsam vor sich zu gehen, dass seit der Entstehung des Universums noch kein einziger Weißer Zwerg vollkommen erloschen sein dürfte.

Oben: Sirius B, durch den Pfeil markiert, neben Sirius.
Unten: Hubble-Aufnahme von Weißen Zwergen (durch Kreise gekennzeichnet) im Kugelsternhaufen M 4.

EIGENSCHAFTEN: Weiße Zwerge haben eine **Masse,** die mit jener der Sonne vergleichbar ist, wobei die Größe nur der der Erde entspricht. Infolgedessen ist ihre **Dichte** sehr hoch; 1 cm^3 der Materie eines weißen Zwergs wiegt ca. 1 t.
Weiße Zwerge haben eine mittlere **Oberflächentemperatur** von 20.000–30.000 °C. Als besonders heiße Sterne sind sie weiß (siehe Seite 131), während ein Stern wie die Sonne (ca. 6000 °C) von gelber Farbe ist. Solche Zwergsterne können aber auch relativ kühl sein (ca. 4000 °C); in diesem Fall handelt es sich um so genannte **Rote Zwerge.**
Auch die Spektren der Weißen Zwerge können unterschiedlich sein; in der Regel zeigen sie starke **Absoptionslinien,** die jedoch in manchen Fällen fehlen können. Manche zeigen lediglich Wasserstofflinien, andere wieder nur Helium- bzw. Metalllinien.

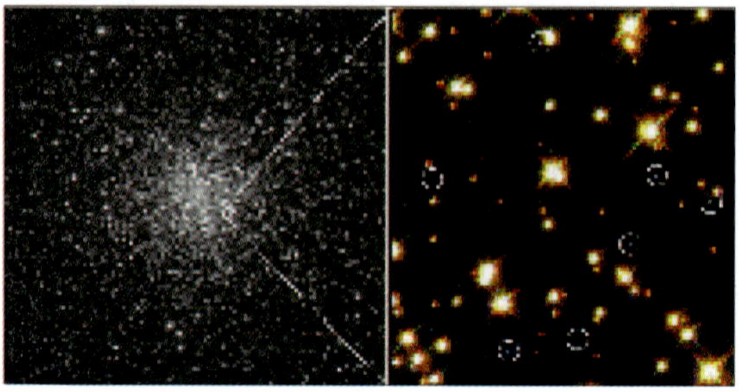

Obwohl Weiße Zwerge eine hohe Oberflächentemperatur aufweisen, strahlen sie aufgrund ihrer geringen Größe relativ wenig Licht ab; sie bewegen sich zwischen der 12. und der 16. Größenklasse und sind damit 10 Millionen bis 100 Milliarden Mal lichtschwächer als unsere Sonne.

Planetarische Nebel

Die Bezeichnung »Planetarischer Nebel« stammt von der Beschreibung, die der Astronom **William Herschel** gegen Ende des 18. Jahrhunderts von diesen Objekten lieferte. Sie erinnerten ihn nämlich mit ihrer grünlichen Farbe an die Planeten Uranus und Neptun. Die Bezeichnung wurde zwar beibehalten, doch wir wissen heute längst, dass diese Objekte nichts mit Planeten gemeinsam haben.

Verwandte Kapitel

Sternentwicklung
(Seite 135)

Weiße Zwerge
(Seite 146)

URSPRUNG: Man geht heute davon aus, dass es sich bei den planetarischen Nebeln um ein Übergangsstadium vom **Roten Riesen** zum **Weißen Zwerg** handelt. Es sind dies zwei Phasen, die Sterne mit relativ geringer Masse durchmachen, wenn der Brennstoff in ihrem Inneren zur Neige geht, durch den sie für lange Zeit im Gleichgewicht der Hauptreihe bleiben konnten.
Während der Zeit als Roter Riese macht ein Stern Phasen von großer **Instabilität** durch, in denen der Kern sich immer mehr zusammenzieht. Dadurch erhöht sich die Temperatur im Kern, worauf der Stern sich enorm ausdehnt und seine äußeren Gasschichten abstößt. Wenn dieser **Masseverlust** (0,1 bis 0,2 Sonnenmassen) mit einem Schlag erfolgt, so entsteht ein **kugelförmiges Gebilde,** der so genannte planetarische Nebel.
Man schätzt, dass es allein in unserer Galaxis zwischen 10.000 und 100.000 planetarische Nebel gibt; bisher sind über 1500 solcher Objekte verzeichnet. Sie sind nicht nur sehr **spektakulär** anzusehen, sondern sind auch insofern von Bedeutung, als sie die Zusammensetzung des interstellaren Mediums beeinflussen.

EIGENSCHAFTEN: Planetarische Nebel haben kein Eigenleuchten, sondern verdanken ihr Licht dem Weißen Zwerg, der sich in ihrem Inneren bildet. Dieser Stern, dessen **Oberflächentemperatur** 20.000 bis 30.000 °C beträgt, regt mit seiner **UV-Strahlung** den umgebenden Nebel zum Leuchten an. Das Licht des planetarischen Nebels wird somit fast ausschließlich in Form von Emissionslinien ausgesandt.
Aus dem Studium der Spektren kann man auf die **chemische Zusammensetzung** dieser Objekte schließen; sie bestehen aus Wasserstoff (70%), Helium (28%), Kohlenstoff, Stickstoff und Sauerstoff (zusammen 2%). Andere Elemente, wie Neon, Schwefel, Natrium und Argon, kommen nur in Spuren vor.

Oben: Stundenglasnebel. Unten: Der planetarische Nebel NGC 6543, auch Katzenaugennebel genannt.

Die Temperatur im Inneren eines solchen Nebels liegt bei rund 10.000 °C, während die **Dichte** sich zwischen einigen Atomen/cm^3 im Zentralbereich und ca. 100.000 Atomen/cm^3 in den äußeren Schichten bewegt.
Die kleinsten planetarischen Nebel haben nur etwa ein 1/100 der Sonnenmasse und einen Radius von ca. 5/100 Lichtjahren, während die größten dieser Objekte eine Sonnenmasse haben und mehrere Lichtjahre messen können.
Die **Ausmaße** eines planetarischen Nebels hängen vom Alter ab. Da sich diese Objekte immer weiter ausdehnen, werden sie mit der Zeit so dünn, dass sie sich nach 30.000 bis 50.000 Jahren **völlig auflösen** und nicht mehr beobachtbar sind.

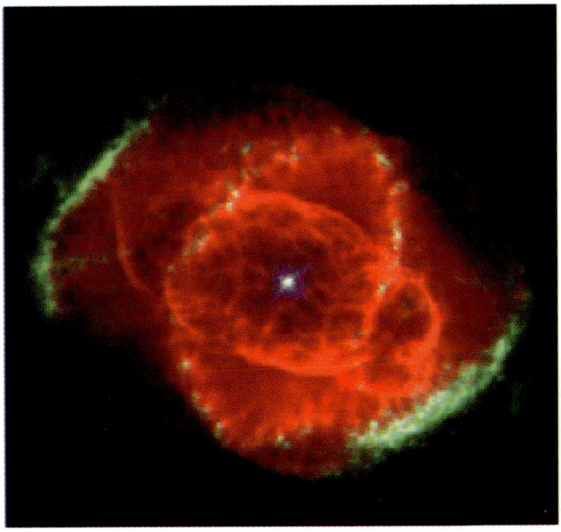

Pulsare

Der Name »Pulsar« stellt ein Kurzwort dar, das aus der englischen Bezeichnung *pulsating star* **(pulsierender Stern)** gebildet wurde. Es handelt sich dabei um **schnell rotierende Neutronensterne,** die als **Radioquellen** in Erscheinung treten und dabei kurze Strahlungsimpulse in bemerkenswert regelmäßiger Folge aussenden. Die Periode der Impulse liegt im Bereich von Millisekunden bis hin zu Zehntel- oder Hundertstelsekunden.

DIE ENTDECKUNG: Der erste Pulsar, PSR 1919+21 genannt, wurde 1967 von **Jocelyn Bell** und **Anthony Hewish** am Institut für Radioastronomie der Universität Cambridge (England) entdeckt. Jocelyn Bell war damals als junge Studentin damit beschäftigt, den Himmel nach Radioquellen abzusuchen, als sie ein eigenartiges **Radiosignal** empfing, das aus dem Bereich der zentralen Ebene der Milchstraße kam. Das Bemerkenswerte daran war, dass dieses Signal **nicht kontinuierlich** eintraf, sondern **in regelmäßigen Intervallen** von etwas mehr als 1 Sekunde.
Bald schon fand man weitere Objekte mit dieser erstaunlichen Eigenschaft. Aufgrund der Regelmäßigkeit der Signale kam man auf den Gedanken, dass sie von **außerirdischen Zivilisationen** stammen könnten. Erst nach und nach fand man heraus, was es mit den Strahlungsquellen wirklich auf sich hatte.

EIGENSCHAFTEN: Der Großteil der Strahlung, die von einem Pulsar abgegeben wird, stammt aus dem Bereich der **Magnetpole,** was die Ursache für die beobachteten Radioimpulse ist. Wenn die Rotationsachse zur Magnetfeldachse geneigt ist, werden in der Nähe des Neutronensterns enorme elektrische Felder erzeugt, in denen die Elektronen und Protonen der Sternoberfläche auf Lichtgeschwindigkeit beschleunigt werden. Dabei wird in einem schmalen Kegel Strahlung abgegeben, wie dies beispielsweise auch beim **Lichtkegel eines Leuchtturms** der Fall ist. Jedes Mal, wenn der Strahl in der Sichtlinie zur Erde liegt, können wir einen kurzen Impuls der Radiostrahlung wahrnehmen.
Durch die Abgabe der Strahlung nimmt die **Rotationsenergie** des Neutronensterns ständig ab. Durch diese **Abnahme der Rotationsenergie** bzw. des **Drehimpulses** erhöht sich die Rotationsperiode des Sterns; dieser dreht sich also mit der Zeit immer langsamer um die eigene Achse, wodurch sich wiederum die Pulsationsperiode verlängert.

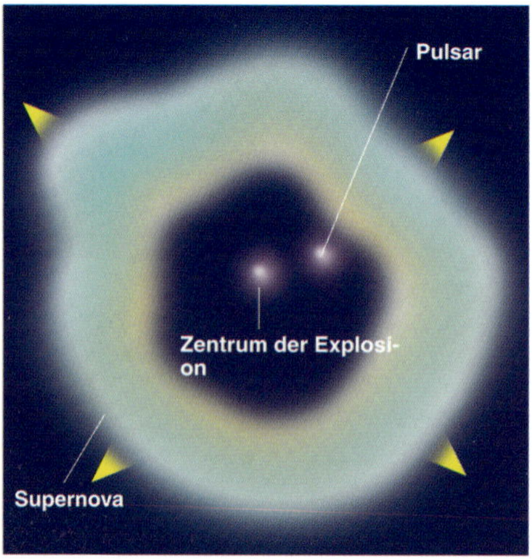

Die Zeit, in der ein Pulsar Radiosignale aussendet, ist zwar lang, aber nicht unbegrenzt. Nach einigen Dutzend Mio. Jahren hat ein Pulsar einen Großteil seiner Rotationsenergie verbraucht, und die Emissionen lassen allmählich nach, bis sie nicht mehr wahrnehmbar sind. Es wurden jedoch auch schon Neutronensterne entdeckt, die trotz ihres **hohen Alters** aktive Pulsare mit erstaunlich kurzer Periode (in der Größenordnung von Millisekunden) sind. Diese so genannten **Millisekundenpulsare** treten nicht als Einzelsterne, sondern in **Doppelsternsystemen** auf. Dabei wird der Neutronenstern über eine Materiescheibe von seinem Begleitstern versorgt. Die Materie, die auf den Neutronenstern fällt, beschleunigt dessen Rotation, sodass seine Pulsationsperiode immer kürzer wird.
Seit 1967 wurden **ca. 760 Pulsare** entdeckt, die fast alle innerhalb unserer Galaxis liegen.

Verwandte Kapitel

Sternentwicklung (Seite 135)
Neutronensterne (Seite 149)
Schwarze Löcher (Seite 150)
Supernovae (Seite 166)
Supernova-Überreste (Seite 168)

Oben: Der Krebsnebel im Sternbild Stier; in seinem Inneren ist ein Pulsar beheimatet. Unten: Infolge der Supernova-Explosion, aus der der Neutronenstern hervorgeht, wird der Pulsar mit hoher Geschwindigkeit in den Raum geschleudert.

Neutronensterne

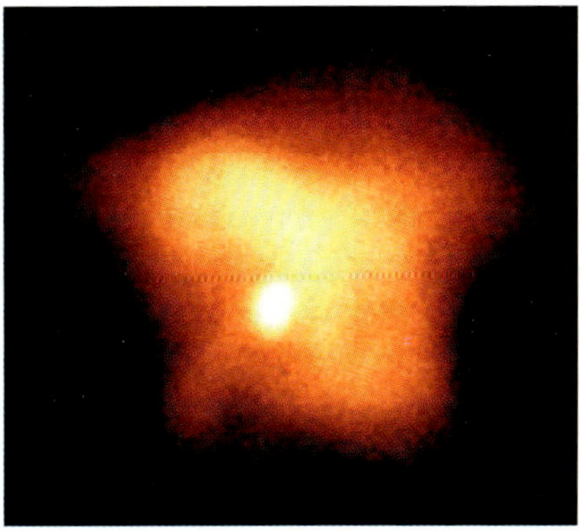

Neutronensterne sind Sterne von extrem hoher Dichte, in denen die 1,5- bis 2,5fache Sonnenmasse in einem Stern mit einem **Radius** von nicht mehr als 10 km konzentriert ist.

MERKMALE: Neutronensterne stellen das Endprodukt von Sternen mit mindestens zehnfacher Sonnenmasse dar. Nachdem alle möglichen Kernfusionsprozesse abgeschlossen sind, gewinnt schließlich die Gravitationskraft die Oberhand und der Stern zieht sich rasch zusammen. Es kommt zu einer enormen Erwärmung, die noch einmal **Kernreaktionen** auslöst, welche jedoch zu einer **gewaltigen Explosion** führen; das Ende des Sterns in Form einer Supernova ist gekommen. Durch die Explosion werden die äußeren Schichten abgestoßen, während der Kern – sofern seine Masse zweieinhalb Sonnenmassen nicht übersteigt – einen **Gravitationskollaps** durchmacht. Als Ergebnis bildet sich ein kleiner Stern von enormer Dichte – ein Neutronenstern. Ist die Masse des Kerns höher, so entsteht ein Schwarzes Loch.
Die **Dichte** eines Neutronensterns bewegt sich dabei in der Größenordnung von 10^{15} g/cm^3; dies bedeutet, dass 1 cm^3 Neutronenstern-Materie auf der Erde ca. **1 Mrd. Tonnen** wiegen würde. Im Inneren des Neutronensterns werden Elektronen und Protonen dermaßen zusammengepresst, dass sie sich in Neutronen und Neutrinos (siehe Seite 216) umwandeln, die den Kollaps beenden. Diese **Neutronisierung** dauert so lange an, bis der Großteil des Kerns aus Neutronen besteht.
Als Folge des Gravitationskollapses wird die **Rotationsbewegung** des Sterns enorm beschleunigt, bis sich die Periode in der Größenordnung von Millisekunden bewegt, was auch der Periode der Pulsare entspricht.

EMISSIONEN: Normalerweise wird bei einem Stern die abgegebene Strahlung durch Kernfusionsprozesse gespeist, die in seinem Inneren ablaufen. Bei einem Neutronenstern gibt es keine derartigen Prozesse mehr, sodass im Inneren keine Energie mehr erzeugt wird. Aus diesem Grund also stammen die **elektromagnetischen Emissionen** eines Neutronensterns, der als Pulsar aktiv ist, nicht aus dem Inneren des Sterns – sie werden vielmehr an der Oberfläche erzeugt. Ursache dafür ist das ausgeprägte Magnetfeld des Neutronensterns, das Millionen Mal stärker als das der Sonne ist. In der **Magnetosphäre** werden die Elektronen und Positronen auf Lichtgeschwindigkeit beschleunigt. Dabei geben die Teilchen einen Teil ihrer Bewegungsenergie in Form von elektromagnetischer Strahlung, der so genannten **Synchrotronstrahlung,** ab (siehe Seite 215).

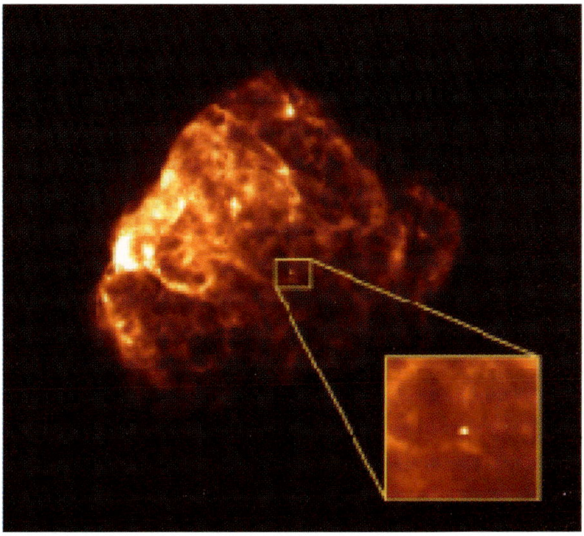

Verwandte Kapitel

Sternentwicklung (Seite 135)
Pulsare (Seite 148)
Schwarze Löcher (Seite 150)
Supernovae (Seite 166)
Supernova-Überreste (Seite 168)

Oben: Röntgenaufnahme der Zentralregion des Krebsnebels, in der sich ein Neutronenstern befindet.
Unten: Röntgenaufnahme des Neutronensterns im Inneren des Supernova-Überrests Puppis A.

Schwarze Löcher

Verwandte Kapitel

Stephen Hawking (Seite 19)
Sternentwicklung (Seite 135)
Supernovae (Seite 166)
Supernova-Überreste (Seite 168)
Aktive galaktische Kerne (Seite 195)

Zu den interessantesten Erscheinungen im Universum zählen ohne Zweifel die Schwarzen Löcher. Es handelt sich dabei genau genommen um **Sterne von großer Masse** im letzten Stadium ihres Bestehens. Diese Objekte üben auf ihre Umgebung eine dermaßen starke Gravitationswirkung aus, dass nicht einmal das Licht von ihnen entweichen kann; aus diesem Grund erscheinen sie dem Betrachter als schwarze Objekte.
Schwarze Löcher senden keinerlei elektromagnetische Strahlung aus und sind deshalb **keiner direkten Beobachtung** zugänglich, was ihre Erforschung naturgemäß äußerst schwierig gestaltet. In den letzten Jahren konnte man immer mehr indirekte Hinweise auf solche Objekte sammeln, sodass ihre Existenz heute kaum noch in Zweifel gezogen wird.

DIE THEORIE VON LAPLACE: Der Erste, der die Existenz von Schwarzen Löchern vorhersagte, war im 18. Jahrhundert der französische Mathematiker **Pierre Laplace.** Er war der Ansicht, dass es im Universum Körper von so hoher Dichte gäbe, dass nur solche Gegenstände ihren Gravitationsbereich verlassen könnten, deren **Entweichgeschwindigkeit** höher als die Lichtgeschwindigkeit ist. Die Entweichgeschwindigkeit ist dabei die Minimalgeschwindigkeit, um das Gravitationsfeld eines bestimmten Objekts verlassen zu können; im Falle der Erde liegt diese Geschwindigkeit bei ca. 11 km/s. Laplace nahm einen Körper von so hoher Dichte an, dass nicht einmal das **Licht** mit seiner Ausbreitungsgeschwindigkeit von 300.000 km/s imstande wäre, ihn zu verlassen.
Die Laplacesche Theorie lieferte lediglich die Grundlage, auf der zu Beginn des 20. Jahrhunderts aufgebaut wurde, als man mit der Entwicklung der **Quantenmechanik** erkannte, dass das Licht sich je nachdem als Welle oder Teilchen ausbreiten kann. Dieser Gedanke wurde im Rahmen der allgemeinen Relativitätstheorie (siehe

Im Kern der riesigen elliptischen Galaxie M 87 verbirgt sich wahrscheinlich ein enormes Schwarzes Loch.

Seite 218) weiterentwickelt, die 1915 von **Albert Einstein** vorgelegt wurde. Schon im darauffolgenden Jahr lieferte der deutsche Physiker **Karl Schwarzschild** die mathematischen Grundlagen für die Theorie der Schwarzen Löcher.

ENTSTEHUNG EINES SCHWARZEN LOCHS: Schwarze Löcher, wie sie 1967 vom amerikanischen Astrophysiker **John Wheeler** benannt wurden, sind also nichts anderes als das Endprodukt in der Entwicklung eines Sterns, dessen Masse größer als fünf Sonnenmassen ist. Wenn ein Stern seinen Brennstoff aufgebraucht hat, steht ihm der letzte große Gravitationskollaps bevor – eine Phase, die unausweichlich **zum Tod des Sterns** führt. An diesem Punkt hängt sein Schicksal allein von der Masse ab. Ist sie kleiner als einige Sonnenmassen, zieht sich der Stern zusammen und erlischt langsam. Ein Stern mit sehr großer Masse jedoch beschließt seine Existenz mit einer enormen **Supernova-Explosion,** bei der die äußeren Schichten abgestoßen werden und der Rest infolge eines Gravitationskollapses zum Neutronenstern wird (siehe Seite 149) oder sich gar in ein Schwarzes Loch verwandelt, ein Objekt, das auf kleinstem Raum eine unvorstellbare Dichte aufweist.

SCHWARZE LÖCHER UND DIE RELATIVITÄTSTHEORIE: Das Phänomen der Schwarzen Löcher ist nicht zuletzt auch dazu geeignet, die neuesten Theorien der modernen Physik zu überprüfen. Nach der allgemeinen Relativitätstheorie sind die Gesetze der Physik von der Stärke des jeweiligen Gravitationsfeldes abhängig. Von diesem Umstand ist auch die Zeit betroffen, d. h., dass sie in der Nähe eines Schwarzen Lochs **langsamer vergehen** würde als im Bereich unserer Sonne. Ein Schwarzes Loch beeinflusst jedoch nicht nur den Zeitablauf, sondern auch den Raum in seiner Umgebung.
Was sich im Inneren eines Schwarzen Lochs befindet, wissen wir nicht. Die physikalischen Bedingungen im Inneren unterscheiden sich allzu stark von allem, was sich im Experiment nachvollziehen lässt, sodass man großteils auf Vermutungen angewiesen ist. Eine der gewagtesten Theorien besagt, dass Schwarze Löcher gerade aufgrund der Tatsache, dass sie **Raum und Zeit verzerren,** für den Übergang in andere Dimensionen verwendet werden könnten. Demnach wäre es möglich, in ein Schwarzes Loch einzutreten und bei einem anderen Schwarzen Loch herauszukommen. Dabei würde man riesige Entfernungen überwinden oder könnte gar eine **Zeitreise** unternehmen. Eine solche Verbindung zwischen zwei Schwarzen Löchern wird als **Wurmloch** bezeichnet. Es bleibt jedoch abzuwarten, ob diese Theorien tatsächlich mit der Realität übereinstimmen. Die wahrscheinlichste Er-

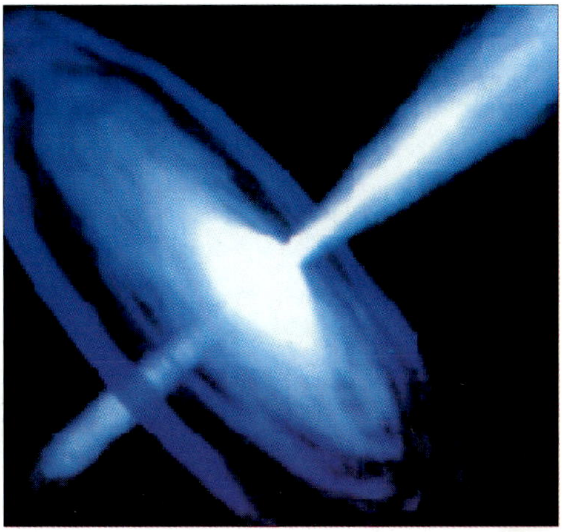

Oben: Der Kern der Galaxie NGC 4261, in dem sich ein riesiges Schwarzes Loch befinden dürfte. Links: Diese Illustration zeigt die Akkretionsscheibe rund um ein Schwarzes Loch.

klärung, was beim Eintritt in ein Schwarzes Loch passiert, dürfte wohl sein, dass jedes Objekt sogleich beim Eintritt von der ungeheuren Gravitationskraft zerquetscht würde.

ARTEN VON SCHWARZEN LÖCHERN: Aus den Theorien der Sternentwicklung wissen wir, dass Sterne von großer Masse in der **Mehrzahl** sind. Daraus lässt sich schließen, dass es eine große Zahl von Schwarzen Löchern in unserer Galaxis geben muss. Aufgrund der Tatsache, dass Sterne oft in Paaren, d. h. als Doppelsternsysteme entstehen, dürften auch Schwarze Löcher nicht allein auftreten, sondern oft einen **Begleitstern** haben.
Neben den Schwarzen Löchern, die durch den Gravitationskollaps von massereichen Sternen entstanden sind, könnte es auch viel größere Schwarze Löcher geben, die sich im Kern der Galaxien bilden. Die Masse solcher gigantischer Schwarzer Löcher würde sich in der Größenordnung von einigen 100 Millionen Sonnenmassen bewegen, was etwa 1% der **Gesamtmasse der Galaxie** entspricht.
Neueren Theorien zufolge sollte sich im Zentrum einer jeden Galaxie, auch in unserer **Milchstraße,** ein solches enormes Schwarzes Loch befinden. Sein gewaltiges Gravitationsfeld wäre dann dafür verantwortlich, dass das galaktische Zentrum besonders dicht mit Sternen besiedelt ist.

DIE ERFORSCHUNG DER SCHWARZEN LÖCHER: Da man Schwarze Löcher nicht direkt wahrnehmen kann, stützt man sich bei ihrer Erforschung auf die Tatsache, dass sie häufig in **Doppelsternsystemen** (siehe Seite 153) auftreten, um sie auf diese Weise indirekt zu beobachten. In diesem Fall kreisen die beiden Objekte um ein imaginäres Zentrum, das so genannte **Schwerezentrum.** An einem bestimmten Punkt ihrer gemeinsamen Reise kommt es zu einer Gravitations-Wechselwirkung zwischen den beiden Objekten, sodass das Schwarze Loch das Gas von der Oberfläche seines Begleiters an sich zu ziehen beginnt. Das Gas strömt in immer geringerem Abstand um das Schwarze Loch und bildet eine **Akkretionsscheibe,** um schließlich im Schwarzen Loch zu verschwinden. Während dieses Prozesses nimmt das Gas Gravitationsenergie auf und erwärmt sich bis auf Temperaturen von mehreren Millionen Grad. Bei derartigen Temperaturen strahlt es kein sichtbares Licht mehr aus, sondern eine viel energiereichere elektromagnetische Strahlung, die so genannte **Röntgenstrahlung.**
Es ist ein Charakteristikum solcher Doppelsternsysteme, an dem ein Schwarzes Loch beteiligt ist, dass sie Röntgenstrahlungsquellen sind. Aus diesem Grund ging die Erforschung der Schwarzen Löcher Hand in Hand mit der **Entwicklung der Röntgenastronomie.**
Aufgrund dieses Kriteriums lässt sich jedoch nicht mit Sicherheit sagen, ob sich in einem solchen Doppelsternsystem tatsächlich ein Schwarzes Loch befindet – man hat es lediglich mit einem potenziellen Schwarzen Loch zu tun. Jedenfalls konnte man mit dieser Methode bereits **mit einiger Sicherheit die Existenz von Schwarzen Löchern** in einigen Doppelsternsystemen nachweisen. Das erste Schwarze Loch fand man zu Beginn der 70er-Jahre in der Röntgenstrahlungsquelle **Cygnus X-1.**

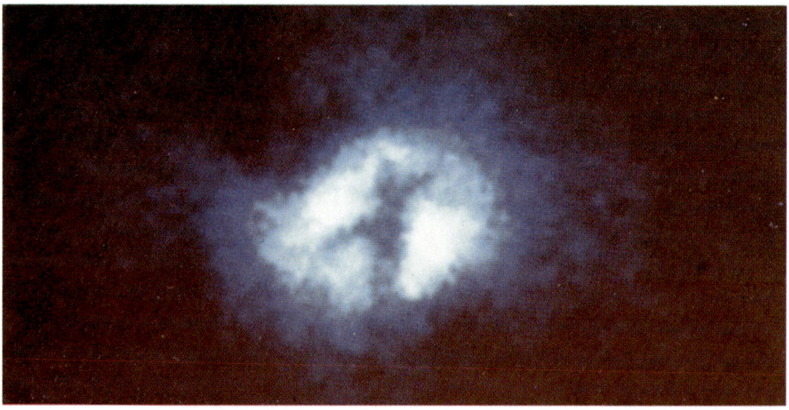

Der Kern der Galaxie M 51. Die x-förmige Zone wird vermutlich von einem Schwarzen Loch gebildet, das eine Masse von 100 Millionen Sonnen aufweisen dürfte.

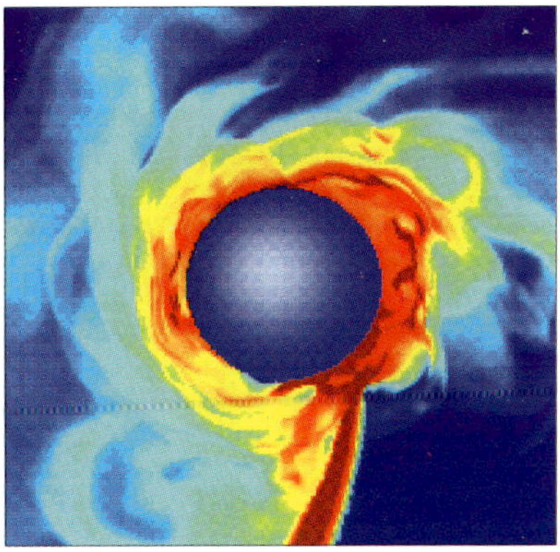

Doppelsterne

Als Doppelsterne bezeichnete man früher generell **zwei Sterne,** die nah beisammen am Himmel zu sehen waren. Dabei war jedoch nicht geklärt, ob ihre Nähe nur durch die **Perspektive** verursacht war oder ob die beiden Sterne tatsächlich umeinander kreisten und durch die Gravitationskraft miteinander verbunden waren. Spricht man im einen Fall von optischen Paaren oder Doppelsternen, so haben wir es im zweiten mit **physischen Doppelsternen** zu tun. Es können auch mehrere Sterne auf diese Weise miteinander verbunden sein; in diesem Fall spricht man von **Mehrfachsystemen.**
Ein Doppelsternsystem kann sich bilden, wenn aus derselben interstellaren Wolke zwei Sterne hervorgehen. In seltenen Fällen kommt es auch vor, dass ein Stern einen anderen durch seine Gravitation einfängt. Der Umstand, dass zwei Sterne auf diese Weise miteinander verbunden sind, ist für die **weitere Entwicklung** der betreffenden Sterne von größter Bedeutung.

Verwandte Kapitel

Die Keplerschen Gesetze (Seite 46)
Dio Veränderlichen (Seite 160)
Supernovae (Seite 166)
Der Doppler-Effekt (Seite 202)

DIE ENTDECKUNG DER DOPPELSTERNSYSTEME: Die Doppelsterne gehörten zu den ersten großen Entdeckungen seit der Erfindung des Teleskops. Einer der ersten beobachteten Doppelsterne war **Mizar** im Großen Bären, der mit seinem Begleiter 1650 von dem italienischen Astronomen **Giovanni Riccioli** entdeckt wurde. 1804 veröffentlichte der große Astronom **William Herschel** einen Katalog, der ca. 700 Doppelsterne enthielt – das Ergebnis von 24 Jahren Beobachtung. Herschel maß die Entfernung einiger Doppelsterne mit Hilfe der Methode der **Parallaxe** (siehe Seite 204) und stellte dabei fest, dass sich die eine Komponente in Bezug zur anderen nicht allein gemäß der vorhersehbaren Periode von sechs Monaten bewegte, die durch die Erdumlaufbewegung bedingt ist, sondern dass außerdem auch eine **komplexere ellipsoide Bewegung** beobachtet werden konnte. Da nach den Gesetzen der Himmelsmechanik zwei Körper, die durch die Gravitationskraft miteinander verbunden sind, elliptischen Umlaufbahnen folgen, schloss man aus den Beobachtungen von Herschel, dass es sich nicht bloß um optische, sondern tatsächlich um physische Doppelsterne handelte.

Oben: Der Doppelstern Algol im Sternbild Perseus, dessen Dichte man ermitteln konnte.
Unten: Schematische Darstellung der Bahnneigung eines Doppelsternsystems zur Sichtlinie.

MERKMALE VON DOPPELSTERNEN: Wenn zwei Sterne ein Doppelsternsystem bilden, so sind vor allem zwei Merkmale zu ihrer Beschreibung von Bedeutung, die **Winkelentfernung** und der **Positionswinkel.** Die Winkelentfernung stellt jenen Winkel – in Bogensekunden oder Bogenminuten gemessen – dar, der die beiden Sterne, von der Erde aus gesehen, trennt. Der Positionswinkel ist der Winkel zwischen der Nordrichtung und der Verbindungslinie der beiden Sterne, nach Osten hin gemessen.
Der hellere Stern des Systems wird als **Hauptkomponente** bezeichnet, der andere als **Begleiter.** Die Beobachtung eines Doppelsternsystems ermöglicht die Rekonstruktion der **Umlaufbahn** des Begleitsterns um die Hauptkomponente, vorausgesetzt

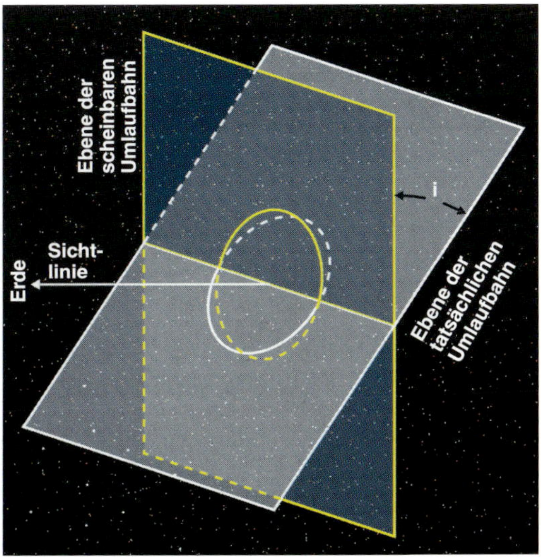

Offene Sternhaufen

Verwandte Kapitel

Sternentwicklung (Seite 135)
Nebelflecken (Seite 139)
Sternassoziationen (Seite 155)
Kugelsternhaufen (Seite 158)

Offene Sternhaufen, auch galaktische Haufen genannt, sind **Anhäufungen von Sternen im Inneren der Galaxien.** Sterne treten nämlich des Öfteren nicht einzeln, sondern in Gruppen auf, deren Mitglieder sich aus derselben interstellaren Materiewolke gebildet haben. In der Milchstraße wurden bereits mehrere tausend solcher Sternhaufen beobachtet – doch es dürfte insgesamt zehnmal so viele geben.

BEOBACHTUNG: Offene Sternhaufen bestehen in der Regel aus mehreren Dutzend bis zu einigen hundert Sternen. Sie haben zumeist keine sehr **ausgeprägte Form.** Ihre **Größe** bewegt sich zwischen 5 und 50 Lichtjahren. Man kann sie relativ gut beobachten, weil sie durch ihre **überdurchschnittlich hohe Konzentration von Sternen** auffallen. Während in dem Gebiet der Milchstraße, in dem unsere Sonne liegt, die Sterne im Durchschnitt 6 bis 7 Lichtjahre voneinander entfernt sind, beträgt die Distanz in einem offenen Sternhaufen nur rund 2 Lichtjahre. Dies bedeutet, dass in einem solchen Sternhaufen **30-mal mehr Sterne** vorhanden sind als in der Umgebung.
Um sicherzugehen, dass eine bestimmte Gruppe von Sternen zu ein und demselben Sternhaufen gehört, misst man die **Entfernung** und die **Bewegung** der Sterne. Wenn sich Sterne, die wir am Himmel nah beisammen sehen, auch in ungefähr der gleichen Entfernung von der Erde befinden, so können wir daraus schließen, dass sie tatsächlich demselben Sternhaufen angehören. Darüber hinaus bewegen sich die Mitglieder eines Sternhaufens im Allgemeinen in derselben Richtung im Raum.
Manche Sternhaufen sind sehr gut zu beobachten, wie etwa die **Plejaden (M 45)** im Sternbild Stier oder **h** und χ **Persei,** zwei benachbarte Sternhaufen im Sternbild Perseus. Weitere recht spektakuläre Sternhaufen sind **M 44,** auch als **Praesepe** bekannt, im Sternbild Krebs, **M 6** im Sternbild Skorpion und **M 35** in den Zwillingen. Obwohl manche dieser offenen Sternhaufen auch mit bloßem Auge sehr gut zu erkennen sind, wie etwa die Plejaden und die beiden Persei-Haufen, so empfiehlt es sich doch, zumindest einen Feldstecher zu verwenden, da man mit diesem viele dieser Haufen nicht bloß als blassen Nebelfleck sieht, sondern sogar in einzelne Sterne auflösen kann.

ALTER UND ZUSAMMENSETZUNG: Die Mitglieder eines offenen Sternhaufens sind generell **sehr junge Sterne;** ihr Alter bewegt sich zumeist zwischen einigen Millionen und mehreren hundert Millionen Jahren. In seltenen Fällen können offene Sternhaufen auch aus Sternen bestehen, die über 1 Mrd. Jahre alt sind; Beispiele für außergewöhnlich alte Sternhaufen sind M 67 (5 bis 6 Mrd. Jahre) sowie h und χ Persei (3 Mrd. Jahre). Das Alter der Plejaden liegt hingegen bei nur 50 Mio. Jahren.
Ihr geringes Alter ist eng mit der **chemischen Zusammensetzung** und der **Position** verknüpft, an der sie innerhalb der Galaxis stehen. Junge Sterne der Population I zeichnen sich durch ihren hohen

Oben: Der offene Sternhaufen der Plejaden.
Rechts: Der Nebel NGC 2024 im Orion, der in Verbindung mit einem offenen Sternhaufen auftritt.

Anteil an schweren Elementen aus, wobei in der Astronomie alle Elemente außer Wasserstoff und Helium **als schwer** bezeichnet werden. Der Reichtum an solchen schweren Elementen erklärt sich dadurch, dass sich diese Sterne aus Gas- und Staubwolken gebildet haben, die mit Elementen angereichert wurden, welche von Supernovae stammen (siehe Seite 166) – also von alten Sternen, die mit ihrer Explosion solche Elemente freisetzten.
Offene Sternhaufen treten besonders häufig in der Milchstraßenebene auf (daher die Bezeichnung **galaktische Haufen**), und zwar in der **Nähe der Spiralarme.** Dies liegt daran, dass es in den Spiralarmen immer noch zahlreiche Materiewolken gibt, die die Basis für die Entstehung neuer Sterne darstellen, wenngleich diese Entstehungsprozesse bei weitem nicht mehr so zahlreich sind wie in den Anfangsphasen des Universums.
Der Hauptgrund dafür, dass offene Sternhaufen selten ein hohes Alter erreichen, ist der, dass sie dazu neigen, **sich allmählich aufzulösen.** Die Gravitationskräfte, die sie zusammenhalten, sind nicht allzu stark, sodass sich die Sterne schließlich nach einigen hundert Millionen bis wenigen Milliarden Jahren voneinander entfernen, was u. a. auf die Wirkung des Gravitationsfeldes der Galaxis zurückzuführen ist. Die älteren Sternhaufen sind gleichzeitig die dichtesten, weil sie von stärkeren Gravitationskräften zusammengehalten werden. So ist etwa NGC 6791 mit seinen rund 10.000 Sternen bereits ca. 10 Mrd. Jahre alt.

OFFENE STERNHAUFEN UND STERNENTWICKLUNG: Die Sterne eines Haufens haben das **gleiche Alter** und die **gleiche chemische Zusammensetzung.** Sie sind alle mehr oder weniger zur gleichen Zeit aus derselben Wolke aus Gas und Staub hervorgegangen. Dass sie mit der Zeit doch unterschiedliche Entwicklungen einschlagen können, liegt daran, dass ihre **Masse** mitunter verschieden ist. Die massereicheren Sterne entwickeln sich schneller, während die kleineren ihren Brennstoffvorrat viel langsamer verbrauchen. Das Studium der Sternhaufen liefert deshalb wertvolle Aufschlüsse über die verschiedenen Phasen der Sternentwicklung.
Zu den Mitgliedern der offenen Sternhaufen zählen neben Doppel- und Mehrfachsternen auch verschiedene Typen von **Veränderlichen,** u. a. auch die klassischen **Cepheiden** (siehe Seite 162). RR-Lyrae-Sterne trifft man hingegen nicht an; diese sind als alte Sterne vornehmlich in Kugelsternhaufen zu finden. Durch das Vorhandensein von klassischen Cepheiden in offenen Sternhaufen lässt sich eine Beziehung zwischen Periode und Leuchtkraft herstellen, die wiederum eine Entfernungsbestimmung ermöglicht.
Offene Sternhaufen können auch in **anderen Galaxien,** insbesondere in den nahegelegeneren, beobachtet werden. Aus dem Studium der Ähnlichkeiten bzw. Unterschiede zu den Sternhaufen der Milchstraße erhofft man sich weitere wertvolle Aufschlüsse über diese Anhäufungen von Sternen.

Oben: Der offene Sternhaufen M 6 im Sternbild Skorpion.
Links: Falschfarbenaufnahme des offenen Sternhaufens NGC 4755.

Kugelsternhaufen

Verwandte Kapitel

Sternentwicklung (Seite 135)
Offene Sternhaufen (Seite 156)
RR-Lyrae-Sterne (Seite 164)

Kugelsternhaufen sind **sehr dichte Anhäufungen von Sternen,** die nicht in der galaktischen Ebene, sondern im umgebenden Halo der Milchstraße und anderer Galaxien zu finden sind. Sie setzen sich im Allgemeinen aus einigen hunderttausend bis einigen Millionen Sternen zusammen. Ihr Name leitet sich von der **kugelsymmetrischen Verteilung** der Sterne ab. In unserer Galaxis wurden bisher rund 200 solcher kugelförmigen Sternhaufen entdeckt.

BEOBACHTUNG: Das hervorstechende Charakteristikum der Kugelhaufen ist ihre **dichte Besiedlung,** insbesondere in der Zentralregion. Während in dem Gebiet der Milchstraße, in dem unsere Sonne liegt, die Sterne im Schnitt 6 bis 7 Lichtjahre voneinander entfernt sind, beträgt die mittlere Distanz in einem Kugelsternhaufen nur ca. 6 Lichtmonate, im Zentrum gar nur 2 Lichtmonate. Der **Durchmesser** dieser Sternhaufen liegt in der Regel bei 100 Lichtjahren, ihre Distanz zur Erde beläuft sich auf mehrere zehntausend Lichtjahre. Die am weitesten entfernten Haufen sind über 200.000 Lichtjahre entfernt.
Es gibt eine Reihe von Kugelhaufen, die auch der Amateurastronauten gut beobachten kann, allen voran Omega Centauri, 47 Tucanae, M 13 und M 92 im Sternbild Herkules, M 3 in den Jagdhunden, M 4 im Skorpion, M 22 im Sternbild Schütze und M 5 in der Schlange.
Mit dem Feldstecher beobachtet, erscheint ein Kugelsternhaufen als **neblig heller Fleck** am Himmel; um diesen in einzelne Sterne auflösen zu können, braucht man schon ein leistungsstarkes Teleskop. Man darf sich nicht dadurch täuschen lassen, dass manche Kugelsternhaufen in den Katalogen als **sehr hell** verzeichnet sind (5. bis 7. Größe); diese Angaben beziehen sich stets auf das gesamte Objekt. Da ein Sternhaufen ebenso wie eine Galaxie kein punktförmiges Objekt ist und sein Licht sich auf die gesamte Oberfläche verteilt, erscheint er uns deutlich weniger hell als angegeben.

Oben: Der Kugelsternhaufen M 15 im Sternbild Pegasus, der ca. 30.000 Lichtjahre entfernt ist. Rechts: Omega Centauri, der größte und hellste Kugelsternhaufen der Milchstraße.

ALTER UND ZUSAMMENSETZUNG: Die Sterne der Kugelsternhaufen gehören zu den **ältesten** unserer Galaxis; ihr Alter reicht von 5 bis über 10 Mrd. Jahre. Dies lässt sich aus ihrem HR-Diagramm (siehe Seite 132) ablesen, das deutlich zeigt, dass es sich um alte Sterne der **Population II** handelt (siehe Seite 138). Aus ihrer Erforschung gewinnt man Hinweise auf die Beschaffenheit des Ausgangsmaterials unserer Galaxis. Im Inneren der Kugelsternhaufen findet man dementsprechend ältere veränderliche Sterne des Typs RR-Lyrae und W-Virginis.

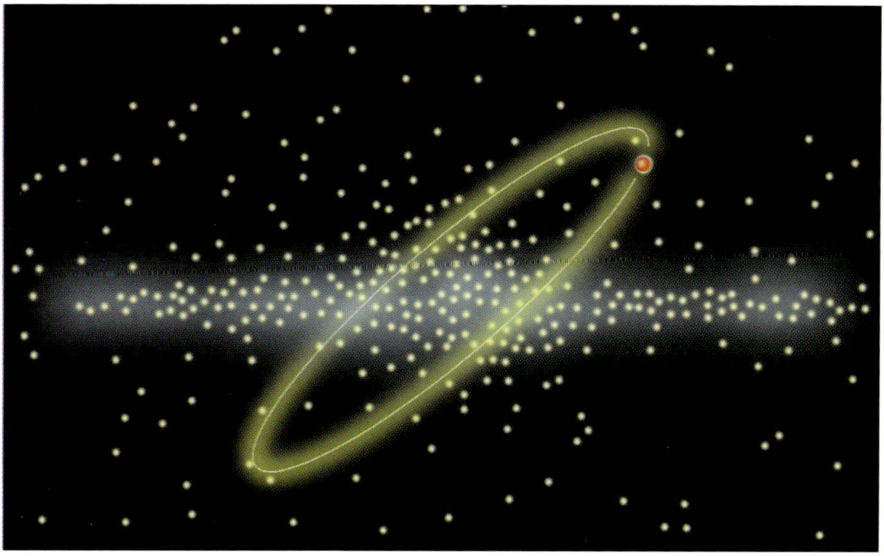

Die chemische Zusammensetzung der Sterne eines Kugelhaufens ist recht homogen, während zwischen verschiedenen Haufen große Unterschiede bestehen können. Generell weisen die Kugelsternhaufen angesichts ihres hohen Alters und ihrer Position im **metallarmen Halo eine niedrige Metallhäufigkeit auf.**

VERTEILUNG UND ENTWICKLUNG: Die Kugelsternhaufen sind im **galaktischen Halo** beheimatet und **kreisen um das Zentrum der Milchstraße.** Aufgrund ihrer annähernd kugelförmigen Verteilung nimmt man an, dass auch die primordiale Wolke, aus der sich die Galaxis gebildet hat, kugelförmig gewesen sein muss. Aus der Position der Kugelhaufen und ihrer symmetrischen Verteilung lassen sich auch **Rückschlüsse** auf die Position des galaktischen Zentrums ziehen. Auf dieser Basis konnte die Distanz zwischen dem Zentrum der Milchstraße (in Richtung des Sternbilds Schütze) und unserem Sonnensystem ermittelt werden, die bei ca. 33.000 Lichtjahren liegt.
Die Kugelsternhaufen wandern auf stark elliptischen Bahnen um das Zentrum der Milchstraße, wobei sie für **einen vollständigen Umlauf** mehrere hundert Millionen Jahre benötigen. Ihre Dichte ist so hoch, dass sie beim Durchqueren der galaktischen Ebene keinen nennenswerten Gezeitenkräften ausgesetzt sind und deshalb nur in sehr langen Zeiträumen gewisse Auflösungserscheinungen zeigen können. Berechnungen zufolge dürften sich in 1 Mrd. Jahre nur etwa fünf Kugelsternhaufen auflösen.
Auch in **anderen Galaxien** wurden bereits eine Reihe von Kugelsternhaufen entdeckt, beispielsweise in der Galaxie M 87 im Sternbild Jungfrau, wobei sie in elliptischen Galaxien wesentlich häufiger auftreten als in Spiralgalaxien.#

Oben: Die Verteilung der Kugelhaufen in unserer Galaxis mit der typischen Umlaufbahn eines ihrer Vertreter.
Links: Kugelsternhaufen im Andromedanebel, G 1 oder Mayall II genannt.

Die Veränderlichen

Die **Veränderung der Helligkeit** ist ein Merkmal, das alle Sterne irgendwann im Laufe ihrer Lebensspanne an den Tag legen. Dies liegt daran, dass jeder Stern verschiedene **Entwicklungsphasen** durchmacht, in denen seine wichtigsten Eigenschaften wie Farbe und Helligkeit einem Wandel unterworfen sind. Da sich dieser Wandel jedoch im Laufe von vielen Millionen Jahren vollzieht, entzieht er sich der Beobachtung durch den Menschen. Es gibt jedoch bestimmte Sterne, die so genannten Veränderlichen, die in viel kürzeren Zeiträumen eine Veränderung der Helligkeit an den Tag legen – und zwar im Laufe von wenigen Monaten, Tagen oder gar Stunden.

Es lässt sich für jeden Veränderlichen eine **Lichtkurve** erstellen, die den Helligkeitswandel im Laufe der Zeit darstellt. Dabei bewegt sich die Helligkeit stets zwischen einem Minimum und einem Maximum; die Differenz zwischen den beiden Werten ist die Amplitude der Lichtkurve. Das **Zeitintervall,** das zwischen diesen beiden Werten verstreicht, wird als **Periode** bezeichnet.

Im Laufe der Jahre konnten die Astronomen eine Vielzahl solcher Veränderlicher beobachten, sodass man allein in unserer Galaxis ca. **30.000** solcher Sterne kennt.

Verwandte Kapitel

T-Tauri-Sterne (Seite 144)
Doppelsterne (Seite 153)
Die Cepheiden (Seite 162)
Die RR-Lyrae-Sterne (Seite 164)
Novae (Seite 165)
Supernovae (Seite 166)

Oben: Der Kugelsternhaufen NGC 5897. Solche Kugelhaufen enthalten ganz bestimmte Veränderliche. Unten: Die Lichtkurve eines Veränderlichen.

BENENNUNG: Die heute übliche Benennung von veränderlichen Sternen wurde im 19. Jahrhundert vom Astronomen **Friedrich W. Argelander** entwickelt. Jeder Stern erhält einen **Großbuchstaben des Alphabets** sowie den **lateinischen Genitiv des Sternbilds,** in dem er zu sehen ist. Der erste entdeckte Veränderliche wurde jedoch nicht mit A, sondern mit R bezeichnet, gefolgt von S usw. bis Z, worauf man mit A fortsetzte. Als man wieder bei R angelangt war, setzte man mit RR fort, danach mit RS usw. bis ZZ. Wenn, was oft vorkommt, in einem Sternbild mehr als 334 Veränderliche (was der Zahl der möglichen Buchstabenkombinationen entspricht) beobachtet werden, so setzt man mit V 335, V 336 usw. fort.

KLASSIFIKATION: Die Veränderlichen können nach verschiedenen Kriterien eingeteilt werden – je nachdem, ob die Veränderung eine **echte,** d. h. physische, oder eine **scheinbare** ist. Im letzteren Fall haben wir es mit den so genannten Bedeckungsveränderlichen zu tun, d. h. mit Doppelsternen, deren Helligkeitsänderung durch eine vorübergehende Bedeckung des einen Sterns durch den anderen zu Stande kommt. Die Lichtkurve eines Bedeckungsveränderlichen zeigt **zwei verschiedene Minima,** die den beiden Bedeckungen entspricht, die während eines vollständigen Umlaufs vorkommen.

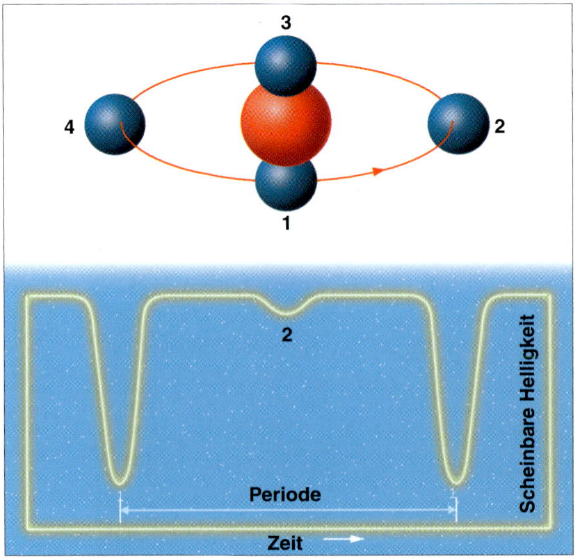

Die Sterne mit tatsächlicher Helligkeitsänderung werden danach unterschieden, ob ihre Veränderung sporadisch und abrupt erfolgt (Eruptiv-Veränderliche), oder aber periodisch (Regelmäßige oder Pulsationsveränderliche). Zu

den Eruptiv-Veränderlichen gehören verschiedene Sterntypen, u. a. die T-Tauri-Sterne, die Novae, die Supernovae und die so genannten **Flare- oder Flackersterne.** Bei Letzteren handelt es sich um kühle Hauptreihensterne, die in unregelmäßigen Abständen ein kurzes Aufleuchten zeigen. Ein solcher Helligkeitsausbruch dauert nur bis zu einigen zehn Minuten. Nach einem ihrer Vertreter im Sternbild Walfisch werden diese Sterne auch **UV-Ceti-Sterne** genannt.
Besonders interessant sind in dieser Gruppe die Novae und Supernovae, deren Helligkeitsvariation auf heftige Ausbrüche bzw. das (teilweise oder vollständige) Abstoßen der äußeren Schichten zurückzuführen ist. Während sich im Fall einer Nova diese Prozesse nur in den äußeren Zonen abspielen und den Stern selbst nicht zerstören, ist bei einer Supernova der gesamte Stern betroffen, der in einer heftigen Explosion endet.

DIE VERÄNDERLICHEN IM HR-DIAGRAMM: Zu den Pulsationsveränderlichen gehören Sterne wie die **Cepheiden,** die **RR-Lyrae-Sterne,** die **W-Virginis-Sterne** und die **Mirasterne.** Letztere sind langperiodische Veränderliche, die nach dem Stern Mira im Sternbild Walfisch benannt sind. Dieser Stern, der 1596 von dem holländischen Astronomen **David Fabricius** entdeckt wurde, verändert seine Helligkeit in 332 Tagen von 2. bis 10. Größe.
Anhand der Merkmale der Lichtkurve (Form, Amplitude) und der Länge der Periode lässt sich eine weitere Unterteilung treffen, wobei die verschiedenen Klassen nach ganz bestimmten Sternen benannt sind. So versteht man etwa unter den Cepheiden all jene Sterne, die in ihren **Eigenschaften** dem Stern δ Cephei gleichen. Das gleiche gilt für die Mira-Veränderlichen oder die RR-Lyrae-Sterne.
Diese Einteilung mag etwas willkürlich erscheinen – sie hat sich jedoch in der Praxis sehr gut bewährt. Eine Einteilung nach der Spektralklasse wäre vielleicht logischer gewesen – sie scheitert jedoch daran, dass von vielen dieser Sterne **das Spektrum unbekannt ist.** Grundsätzlich kann man festhalten, dass die Veränderlichen im Hertzsprung-Russell-Diagramm (siehe Seite 132) im Bereich der Riesen und Überriesen angesiedelt sind.

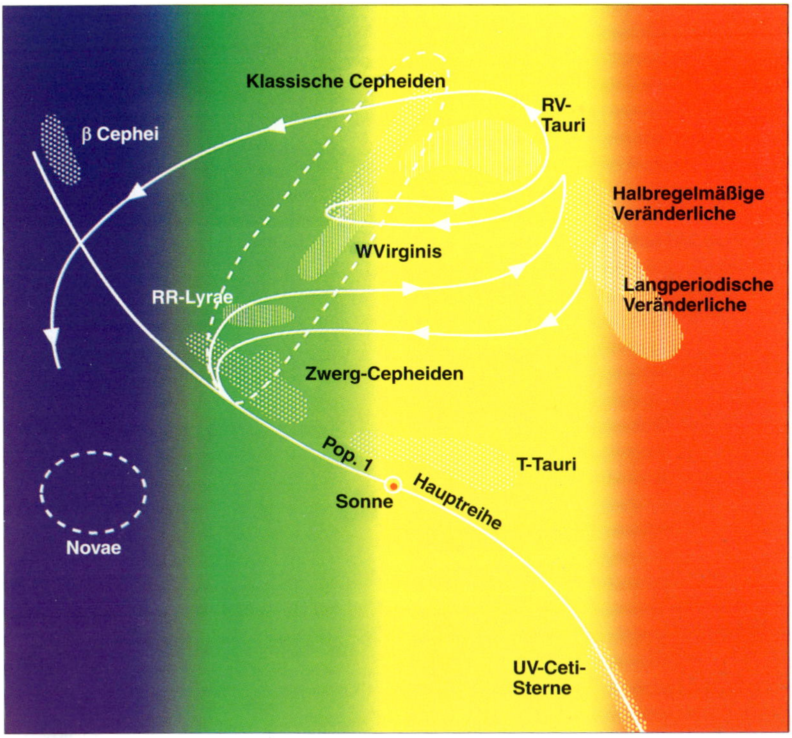

Verteilung der verschiedenen Arten von Veränderlichen im HR-Diagramm.

Die Cepheiden

Die Cepheiden stellen eine ganz bestimmte Klasse von **Pulsationsveränderlichen** dar, deren Helligkeitsänderung mit großer Regelmäßigkeit vor sich geht. Benannt sind sie nach dem Stern δ Cephei, der dem Sternbild Cepheus am nördlichen Himmel angehört, dessen Helligkeit in 5,4 Tagen zwischen 3,6. und 4,3. Größe variiert.
Die **Änderung in der Leuchtkraft** eines solchen Sterns liegt zwischen einem Minimum von 0,35 und einem Maximum von 1,5 Größenklassen, was einer Zunahme des Strahlungsstroms um das Vierfache entspricht. Die **Perioden** der Cepheiden bewegen sich zwischen 0,2 und 100 Tagen. Die Lichtkurve der Cepheiden zeigt zumeist einen asymmetrischen Verlauf, mit einem raschen Anstieg zur maximalen Leuchtkraft und einer langsameren Abnahme bis zum Minimum.

Verwandte Kapitel

Die Veränderlichen (Seite 160)

Die RR-Lyrae-Sterne (Seite 164)

Der Andromedanebel (Seite 185)

Entfernungsmessung (Seite 204)

DIE PERIODEN-LEUCHTKRAFT-BEZIEUNG: Die Beziehung zwischen der Pulsationsperiode und der absoluten Helligkeit wird als **Perioden-Leuchtkraft-Beziehung** bezeichnet. Sie wurde 1912 von der damals noch jungen Wissenschaftlerin **Henrietta Leavitt** an der Sternwarte der Harvard-Universität entdeckt. Bei der Beobachtung von Veränderlichen in der Kleinen Magellanschen Wolke stellte sie fest, dass die Sterne mit **größerer scheinbarer Helligkeit** auch eine **längere Pulsationsperiode** aufwiesen. Da alle beobachteten Sterne derselben Galaxie angehörten, war ihre Entfernung mehr oder weniger gleich (ca. 50 Kiloparsec), sodass der Rückschluss auf die absolute Helligkeit möglich war.
Die Perioden-Leuchtkraft-Beziehung drückt sich in folgender Fomel aus: $\mathbf{M = A + B \log_{10} (P)}$, wobei M die absolute Helligkeit des Sterns bei maximaler Leuchtkraft, P die Pulsationsperiode sowie A und B zwei Konstante sind.
Die Perioden-Leuchtkraft-Beziehung stellt eine wertvolle Methode zur Bestimmung der **absoluten Helligkeit** eines Cepheiden dar. Ist diese bekannt, erhält man aus der Differenz zur scheinbaren Helligkeit die **Entfernung.** Da sich also die Distanz von Cepheiden sehr gut ermitteln lässt, sind diese Sterne ein wichtiger Faktor bei der Bestimmung von extragalaktischen Entfernungen. Sobald man die Periode eines Cepheiden in einer fernen Galaxie messen kann, lässt sich auch die Entfernung des Sterns ermitteln – und damit die Entfernung der gesamten Galaxie.

Oben: Henrietta Leavitt bei der Arbeit.
Unten: Zwei Fotos, im Abstand von 22 Tagen aufgenommen, die einen Cepheiden in der Galaxie M 100 zeigen. Die Helligkeitsänderung ist deutlich zu erkennen.

DIE PULSATION: Die Prozesse, die zur Helligkeitsänderung der Cepheiden führen, sind heute im Wesentlichen bekannt. Die Cepheiden sind pulsierende Sterne, deren Größe sich in regelmäßiger Weise ändert. Die Leuchtkraft L eines Sterns hängt von der Oberflächentemperatur T und der Größe der strahlenden Oberfläche ab, was

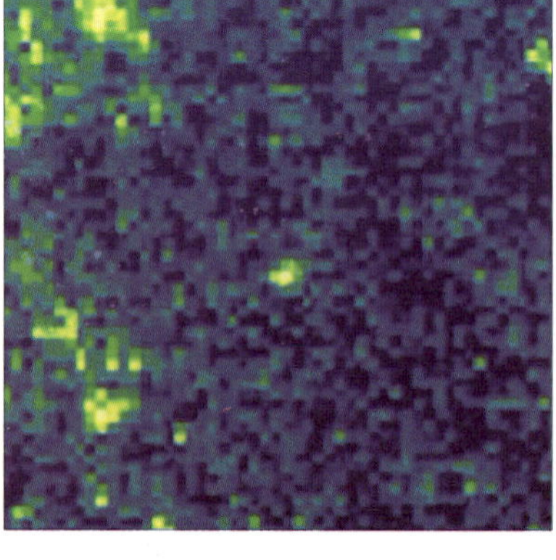

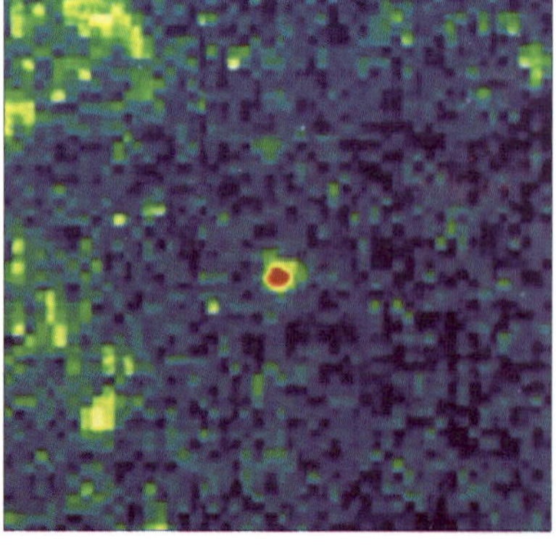

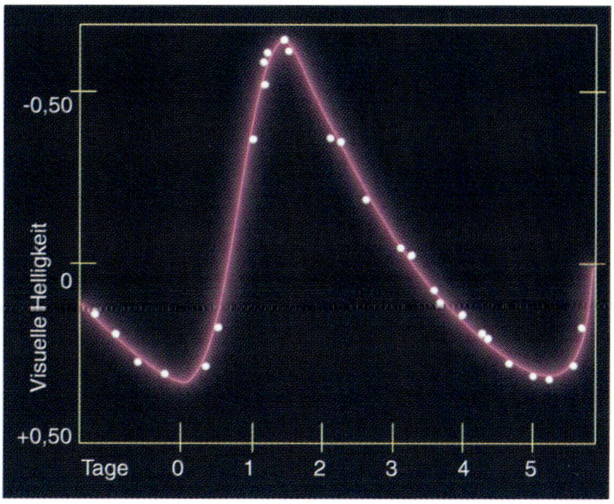

sich in folgendem Zusammenhang ausdrückt: $\mathbf{L = 4\pi R^2 sT^4}$, wobei R der Radius des Sterns und s die so genannte **Boltzmann-Konstante** ist. Dass die **Temperatur** in der vierten Potenz vorkommt, verdeutlicht, dass eine Temperaturänderung sich besonders stark auf die Leuchtkraft des betreffenden Sterns auswirkt. Somit können die beobachteten Änderungen der Helligkeit auf Temperaturänderungen zurückgeführt werden. Im Falle der Cepheiden hängen die Temperaturänderungen mit Variationen des Sternradius zusammen. In der Phase der **Kontraktion** erhöht sich die Temperatur im Kern und damit der Umfang der Kernreaktionen, was eine erhöhte Leuchtkraft zur Folge hat. Die vermehrte Freisetzung von Energie stoppt die Kontraktion und die äußeren Schichten dehnen sich aus. Der Stern kühlt ab und seine Leuchtkraft lässt nach, bis an einem Temperaturminimum der Ausdehnungsprozess angehalten wird. Die Leuchtkraft eines Cepheiden ist somit **umgekehrt proportional** zu seiner Größe.
Gemäß dem HR-Diagramm (siehe Seite 132) sind Temperaturänderungen auch mit einer **Änderung der Spektralklasse** verbunden. Aus diesem Grund gehören die Cepheiden keiner bestimmten Klasse an – die Zugehörigkeit hängt vielmehr von der jeweiligen Phase in seinem Pulsationszyklus ab. An seinem Helligkeitsminimum kann ein Cepheide als Stern des Typs G oder K auftreten, während er am Maximum der Klasse A oder F angehört.

KLASSIFIKATION: Die Cepheiden können in zwei Unterklassen eingeteilt werden. Die **klassischen Cepheiden** sind junge Sterne der Population I, deren Alter ca. 100 Millionen Jahre beträgt und die vorwiegend in den Spiralarmen unserer Galaxis zu finden sind. Es handelt sich um Überriesen von mehrfacher Sonnenmasse, die 500- bis 30.000-mal so hell sind wie unsere Sonne, obwohl ihre Oberflächentemperatur nicht viel höher ist als die unseres Sterns (ca. 10.000 °C). Dies erklärt sich dadurch, dass ihre strahlende Oberfläche deutlich höher ist.
Die zweite Klasse von Cepheiden sind die des Typs **W-Virginis.** Es handelt sich dabei um ältere Sterne der Population II. Im Gegensatz zu den klassischen Cepheiden sind sie im Kern und im Halo der Galaxis anzutreffen, insbesondere im Inneren von Kugelsternhaufen (siehe Seite 158). Die W-Virginis-Sterne weisen kürzere Pulsationsperioden auf, die in der Regel unter 18 Tagen liegen. Außerdem sind sie um einige Größenklassen weniger hell.
Heute sind in unserer Galaxis über 400 Cepheiden bekannt, während man in den Magellanschen Wolken gar 1000 Cepheiden beobachtet hat. Auch in anderen nahe gelegenen Galaxien wurde bereits eine beträchtliche Anzahl solcher veränderlicher Sterne entdeckt.

Oben: Lichtkurve eines Cepheiden. Links: Zwei Cepheiden im Andromedanebel.

Die RR-Lyrae-Sterne

Verwandte Kapitel

Die Spektren der Sterne (Seite 131)
Die Veränderlichen (Seite 160)
Die Cepheiden (Seite 162)
Entfernungsmessung (Seite 204)

Die RR-Lyrae-Sterne, nach dem gleichnamigen Stern im Sternbild Lyra (Leier) benannt, sind **Pulsationsveränderliche,** die den Cepheiden ähnlich sind. Diese Sterne ändern ihre Helligkeit innerhalb eines Bereichs von 0,4 bis 2 Größenklassen, wobei die **Perioden** von wenigen Stunden bis zu etwas mehr als einem Tag reichen. Im Gegensatz dazu weisen die klassischen Cepheiden Perioden zwischen 1 und 50 Tagen auf. Die RR-Lyrae-Sterne sind im Vergleich zu den Cepheiden um einiges lichtschwächer.

EIGENSCHAFTEN: Aufgrund ihrer **Spektren** liegen diese Sterne in den Klassen A und F. Ihre **Oberflächentemperatur** bewegt sich zwischen 6000 und 7500 °C, während ihre **Masse** nur das 0,5- bis 0,6fache der Sonnenmasse ausmacht.
Die RR-Lyrae-Sterne werden auch als **Haufenveränderliche** bezeichnet, weil sie häufig in alten Kugelsternhaufen (siehe Seite 158) anzutreffen sind. Es handelt sich also um typische Vertreter der **Population II** (siehe Seite 138). Aufgrund ihres fortgeschrittenen Alters weisen sie einen geringen Anteil an schweren Elementen auf, wenngleich die **chemische Zusammensetzung** recht unterschiedlich sein kann. Die metallreichsten dieser Sterne weisen Anteile wie den der Sonne auf, während andere nur etwa ein Hundertstel des Metallanteils unserer Sonne besitzen.
Wie gesagt, sind viele RR-Lyrae-Sterne in Kugelhaufen beheimatet – ja, es sind rund 90% aller Veränderlichen in solchen Haufen RR-Lyrae-Sterne. Dadurch sind diese Sterne vor allem im **galaktischen Halo,** aber auch im Kern der Galaxis zu finden.
Da die absolute Helligkeit für alle RR-Lyrae-Sterne mehr oder weniger gleich ist – sie liegt bei ca. $0{,}5^m$ – können diese Sterne ausgezeichnet zur **Entfernungsbestimmung** herangezogen werden, was ja auch für die klassischen Cepheiden gilt. Sobald man also RR-Lyrae-Sterne in Kugelsternhaufen der Milchstraße oder anderer Galaxien entdeckt, lässt sich die **Entfernung** des Sternhaufens bzw. der Galaxie bestimmen.

Oben: Der Stern RR Lyrae, der hellste Stern des Bildes.
Rechts: Der Stern W Virginis, ebenfalls im Zentrum des Bildes.

ANDERE PULSATIONSVERÄNDERLICHE: Weitere Pulsationsveränderliche mit Ähnlichkeit zu den RR-Lyrae-Sternen sind die **BL-Herculis-Sterne** mit Perioden zwischen 1 und 10 Tagen, die **W-Virginis-Sterne** (10 bis 20 Tage) und die **RV-Tauri-Sterne** (über 20 Tage).
Alle weisen Merkmale der klassischen Cepheiden auf, weshalb sie auch Typ-II-Cepheiden genannt werden; sie sind jedoch von geringerer Masse (in der Größenordnung unserer Sonne). Die RV-Tauri-Sterne zeichnen sich ebenso wie die R-Coronae-Borealis-Sterne dadurch aus, dass sie im Zuge ihrer Pulsation Gas und Staub abstoßen.

Die Novae

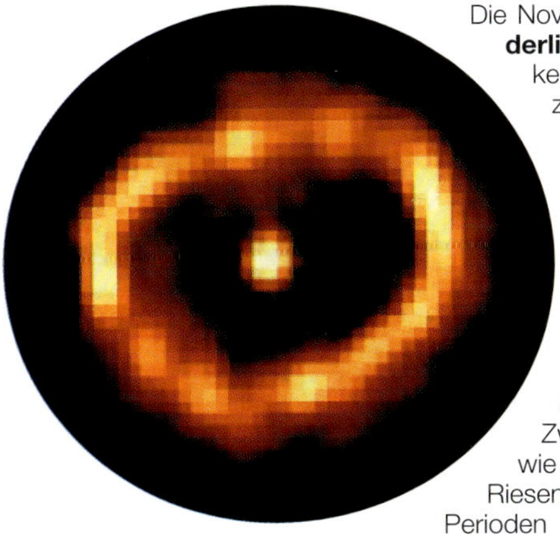

Die Novae gehören zu den **Eruptiv-Veränderlichen,** die sich durch abrupte Helligkeitsänderungen auszeichnen. Die Bezeichnung »Nova« stammt aus dem Lateinischen und wurde diesen Sternen in der Antike verliehen, weil man dachte, dass das dramatische Schauspiel, das sie bieten, die Geburt eines Sterns bedeuten würde.

URSPRUNG: Bei den Novae handelt es sich eigentlich um **Doppelsternsysteme** aus einem Weißen Zwerg und einem Hauptreihenstern wie unserer Sonne bzw. einem Roten Riesen. Diese engen Doppelsterne dürften Perioden von wenigen Stunden aufweisen. Durch ihre geringe Distanz kommt es zu ganz bestimmten Wechselwirkungen: Der größere Stern gibt Materie an den kleineren ab, die bei diesem zu einem Ansteigen von Temperatur und Dichte an der Oberfläche führt. Wird eine kritische Temperatur überschritten, so können **explosionsartige Kernreaktionen** einsetzen, die zu einem abrupten Anwachsen der Helligkeit führen. In dieser Hinsicht sind die Novae den Supernovae ähnlich, wenngleich es sich im Grunde um ganz verschiedene Phänomene handelt. Die bei einer Nova freigesetzte Energie ist jedenfalls eine Million Mal geringer.

KLASSIFIKATION: Nach ihrer Lichtkurve werden Novae in **klassische Novae, Zwergnovae** und **rekurrierende Novae** eingeteilt. Bei den **klassischen Novae** wird das Helligkeitsmaximum binnen weniger Stunden erreicht, in denen die Nova im Durchschnitt um 12 Größenklassen zunimmt. Wenn man die **Lichtkurven** verschiedener Novae miteinander vergleicht, wird man feststellen, dass die Helligkeitsänderung umso geringer ist, je langsamer der Anstieg zum Maximum erfolgt. Die Helligkeit der Nova bleibt für einen Zeitraum zwischen wenigen Tagen und einigen Monaten auf dem Maximum und beginnt dann abzufallen – erst sehr rasch und dann immer langsamer, bis nach einigen Jahren das **Postnova-Stadium** erreicht ist. Die absolute Helligkeit im Maximum liegt zwischen –6 und -10^{m}, je nachdem wie schnell der Anstieg erfolgt. Novae wurden auch schon **in anderen Galaxien** entdeckt, wo sie als wichtige Entfernungsanzeiger verwendet werden.

Die zweite Art der Novae, die **Zwergnovae,** haben als wichtigste Unterklasse die **U-Geminorum-Sterne.** Diese Sterne zeigen viel geringere Helligkeitsschwankungen als die klassischen Novae. Die Amplituden der Helligkeitsausbrüche liegen zwischen 2 und 6^{m}, und sie **wiederholen** sich in Intervallen von durchschnittlich 120 Tagen. Die Helligkeitsausbrüche ereignen sich sehr rasch, d. h. binnen weniger Tage oder Stunden, wonach die Helligkeit des Sternsystems im Laufe von einigen Wochen wieder den Ausgangspunkt erreicht.

Die **rekurrierenden Novae** stellen eine Art Mittelding zwischen den klassischen und den Zwergnovae dar. Bei ihnen wiederholen sich die Helligkeitsausbrüche in relativ kurzen Zeiträumen, worin sie den Zwergnovae gleichen, wenngleich bei ihnen die Intervalle im Schnitt bei einigen Dutzend Jahren liegen. Der Helligkeitsanstieg ist mit ca. 8^{m} stärker ausgeprägt als bei den Zwergnovae, womit sie den klassischen Novae ähnlicher sind.

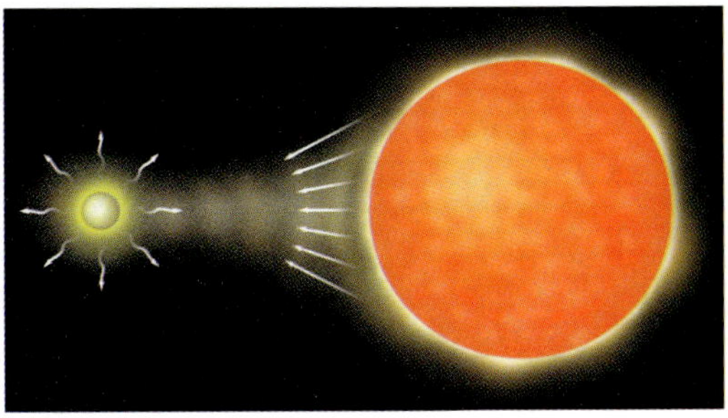

Verwandte Kapitel

Weiße Zwerge (Seite 146)

Doppelstere (Seite 153)

Die Veränderlichen (Seite 160)

Supernovae (Seite 166)

Die Materiescheibe rund um die Nova Cygni 1992, eine der hellsten Novae der letzten Jahre. Unten: Schematische Darstellung eines Nova-Helligkeitsausbruchs.

Supernovae

Verwandte Kapitel

Pulsare (Seite 148)
Neutronensterne (Seite 149)
Schwarze Löcher (Seite 150)
Die Veränderlichen (Seite 160)
Supernova-Überreste (Seite 168)

Eine Supernova stellt das gewaltsame Ende eines Sterns von **großer Masse** (d. h. eines Riesen oder Überriesen) dar. Dabei wird binnen weniger Sekunden in einer **gigantischen Explosion** eine Energiemenge freigesetzt, wie sie vom Stern im Laufe seines ganzen Lebens abgegeben wurde.
Die Supernovae gehören zu den Himmelskörpern, die bereits in der Antike mit großem Interesse beobachtet wurden, wenngleich man sich diese Himmelserscheinungen damals noch nicht erklären konnte. Viele dieser Explosionen waren so hell, dass man sie auch **mit freiem Auge** leicht beobachten konnte, und das bisweilen sogar am helllichten Tag. Die erste registrierte Beobachtung einer Supernova geht auf das Jahr 185 n. Chr. zurück; weitere wichtige Supernova-Beobachtungen waren die von **Tycho Brahe** (siehe Seite 15) 1572 sowie die von **Johannes Kepler** (siehe Seite 46) 1604. Bemerkenswert war auch das Ereignis von 1054, das von chinesischen und japanischen Astronomen beobachtet wurde und das heute noch als Supernova-Überrest im Planetarischen Nebel **M 1** zu sehen ist.

URSPRUNG: Welche Mechanismen zu einer Supernova-Explosion führen, hängt davon ab, ob der sterbende Stern zu einem **Doppelsternsystem** (siehe Seite 153) gehört oder ob er einzeln auftritt. Im ersten Fall kommt es nur dann zur Supernova, wenn ein **Weißer Zwerg** (siehe Seite 146) am System beteiligt ist, wie dies auch bei einer **Nova** (siehe Seite 165) der Fall ist. Der Weiße Zwerg tritt in gravitationsbedingte Wechselwirkungen mit seinem Begleiter, von dem der Zwergstern Materie »absaugt«. Diese Materie erhitzt sich so stark, dass Kernreaktionen in Gang gesetzt werden, die zur Zerstörung des Doppelsternsystems führen.
Im zweiten Fall liegt die Ursache für die **Explosion im Stern selbst.** Das Leben eines Sterns hängt bekanntlich von dem Gleichgewicht zwischen dem nach innen wirkenden Gravitationsdruck und dem nach außen wirkenden Strahlungsdruck ab. Dieses Gleichgewicht geht zu Ende, wenn alle Möglichkeiten der Kernfusion ausgeschöpft sind. An diesem Punkt setzt sich der **Gravitationsdruck** durch und der Stern beginnt sich rasch zusammenzuziehen. Es kommt zu einer enormen Erwärmung, die im Inneren des Sterns zu erneuten Kernreaktionen führt. Dadurch wird explosionsartig Energie freigesetzt, wodurch der Stern schließlich **zerstört** wird.

MERKMALE: Supernovae stellen einen Sonderfall von **veränderlichen Sternen** dar, bei denen es nur einmal zur Helligkeitsänderung kommt, da der Stern mit diesem Ereignis zerstört wird. Wie alle Veränderlichen weisen auch die Supernovae ganz charakteristische **Lichtkurven** auf. Diese können zwar bei einzelnen Supernovae recht unterschiedlich sein – es gibt jedoch stets gewisse Merkmale, die bei allen derartigen Sternen zu finden sind. So zeigt eine typische Supernova-Lichtkurve einen raschen Helligkeitsanstieg, der in wenigen Tagen zum Maximum führt. Danach bleibt die Supernova etwa 10 Tage auf dem Maximum, worauf die Helligkeit zunächst unregelmäßig absinkt, um schließlich gleichmäßig nachzulassen. Aus der Lichtkurve lassen sich Rückschlüsse auf den **Verlauf der Supernova-Explosion** ziehen. Der Teil der Lichtkurve vom Beginn des Anstiegs bis zum Helligkeitsmaximum entspricht der Explosion, während der nachfolgende Helligkeitsabfall die an-

Der Doppelring rund um SN 1987A stellt wahrscheinlich Materie dar, die der Stern vor der Supernova-Explosion abgestoßen hat.

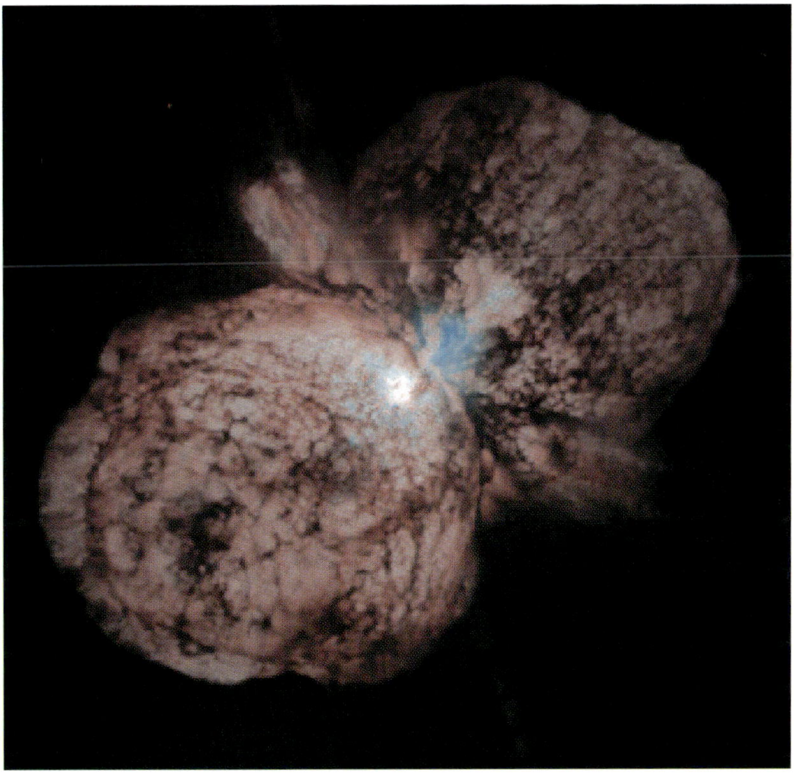

Eta Carinae, einer der geheimnisvollsten Sterne am Himmel. Man nimmt an, dass der Stern im Begriff ist, als Supernova zu explodieren.

schließende Ausdehnung und Abkühlung der abgestoßenen **Gashülle,** d. h. des **Supernova-Überrests,** darstellt.

KLASSIFIKATION: Supernovae können **grundsätzlich in zwei Gruppen** unterteilt werden, die man Typ I und Typ II nennt. Supernovae des **Typs I (SN I)** entstehen aus eher **älteren Sternen,** die zu Doppelsternsystemen gehören. Ihre Lichtkurven zeigen einen raschen Helligkeitsanstieg, gefolgt von einem raschen Abfall innerhalb des ersten Monats nach dem Maximum, worauf eine langsame Abnahme einsetzt. Ihre Spektren weisen keine Wasserstofflinien auf.
Supernovae vom **Typ II (SN II)** entstehen aus **jüngeren Sternen** von rund 10 Sonnenmassen und treten besonders häufig in Spiralgalaxien und irregulären Galaxien auf. Supernovae des Typs II sind weniger hell als jene des Typs I. Außerdem können ihre Lichtkurven recht unterschiedlich sein. Im Gegensatz zu Typ I sind in ihren Spektren Wasserstofflinien zu finden.

BEDEUTUNG DER SUPERNOVAE: Berechnungen zufolge müsste in unserer Galaxis durchschnittlich alle 30 Jahre eine Supernova explodieren. Dennoch geht die letzte Beobachtung eines solchen Ereignisses auf das Jahr **1604** zurück. Wahrscheinlich ereignen sich viele Supernova-Explosionen jenseits des galaktischen Kerns, der uns die Sicht darauf verstellt. Eine besonders nahe Supernova-Explosion war **SN 1987A,** die im März 1987 in der Großen Magellanschen Wolke (siehe Seite 186) beobachtet wurde.
Die Supernovae scheinen eine wichtige Rolle bei der **Entwicklung neuer Sterne** zu spielen, da ihre Explosion Schockwellen verursachen kann, die zur Verdichtung nahegelegener Gas- und Staubmassen führen, was wiederum zur Entstehung neuer Sterne führt (siehe Seite 135).
Durch die von ihnen abgestoßene Materie wird die **Zusammensetzung des interstellaren Mediums** verändert, d. h. mit Metallen angereichert.
Wenn die Supernova-Explosion nicht zur völligen Zerstörung des Ausgangssterns führt, entwickelt sich daraus ein **Neutronenstern** bzw. **Pulsar** oder gar ein **Schwarzes Loch.**

Supernova-Überreste

Verwandte Kapitel

Pulsare (Seite 148)

Neutronensterne (Seite 149)

Supernovae (Seite 166)

Die besonders massereichen Sterne beschließen ihre Existenz mit einer **Supernova-Explosion.** Dieses Ereignis markiert einerseits den Tod eines Sterns, andererseits die Geburt eines neuen astronomischen Objekts, eines **nebelartigen Gebildes,** das als Supernova-Überrest bezeichnet wird. Aus dem Studium dieser abgestoßenen Hüllen des sterbenden Sterns lassen sich Rückschlüsse auf die Explosion sowie die Eigenschaften des explodierten Sterns ziehen.
Im Inneren von manchen Supernova-Überresten befinden sich so genannte **Pulsare** (siehe Seite 148).

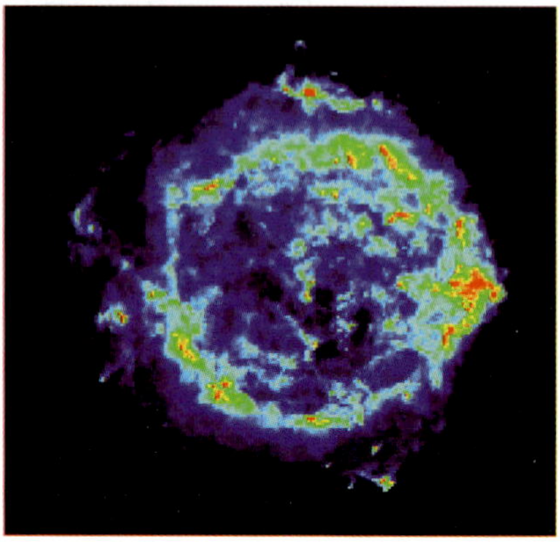

URSPRUNG: Eine Supernova-Explosion stellt das gewaltsame Ende eines Sterns dar. Wenngleich die Ursachen für ein solches Ereignis unterschiedlich sein können, machen die abgestoßenen Hüllen des Sterns doch ganz ähnliche Phasen durch.
Infolge der Explosion werden die inneren Schichten immer dünner, während die äußere Hülle Gas aufnimmt und dadurch ihre Dichte allmählich steigert. In dieser ersten Phase ist die aufgenommene Materiemenge weitaus geringer als die, die bei der Explosion in den Raum abgestoßen wird, und die äußere Schicht dehnt sich mit nahezu konstanter Geschwindigkeit aus. Nach dieser **Phase der freien Ausdehnung,** die etwa 200 Jahre dauert und die zu einer Ausdehnung auf einige Parsec führt, ist die aufgenommene Materiemenge so groß, dass die Ausdehnung gebremst wird. In der Folge kommt es zu einer **Stoßfront** im Grenzbereich zwischen dem interstellaren Medium und der sich ausbreitenden Hülle. Der Druck und die Dichte in diesem Bereich nehmen zu, sodass sich die Temperatur des Gases bis auf einige Millionen Grad erhöht, was zur Ionisation der Atome führt. Die Ausdehnung des Supernova-Überrests tritt nun in die zweite Phase ein, die **adiabatische Expansion,** die rund 1000 Jahre dauert. Schließlich gelangt der Überrest in die **Strahlungsphase,** die ca. 100.000 Jahre dauert und in der im Zuge von verschiedenen physikalischen Prozessen die gesamte Energie aus dem Inneren abgestrahlt wird.

RADIOEMISSIONEN: Der Großteil der heute bekannten Supernova-Überreste wurde als **Radioquellen** entdeckt. Insgesamt kennt man heute in unserer Galaxis ca. 150 Supernova-Überreste, zu denen noch weitere 30 in den Magellanschen Wolken hinzukommen.

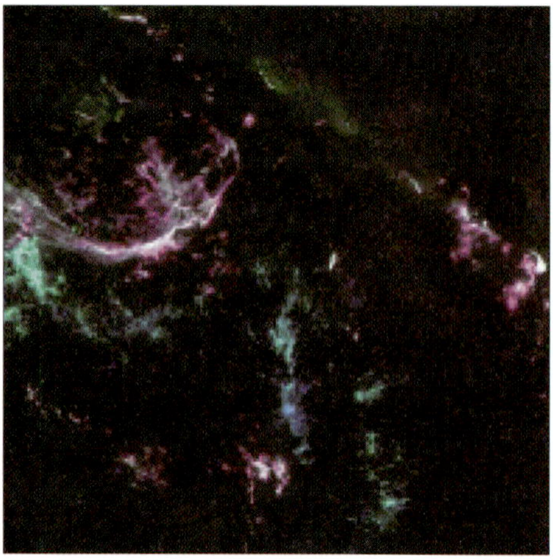

Oben: Kassiopeia A ist der Supernova-Überrest eines Sterns, der zwischen 1650 und 1700 explodiert ist.
Unten: Der Supernova-Überrest N 132D in der Großen Magellanschen Wolke.

Die Radioemissionen der Supernova-Überreste sind auf die so genannte **Synchrotronstrahlung** (siehe Seite 215) zurückzuführen, die durch die Elektronen entsteht, welche sich im Magnetfeld nahezu mit Lichtgeschwindigkeit bewegen.
Viele Supernova-Überreste, wie z. B. **Cassiopeia A,** die hellste Radioquelle in diesem Sternbild, haben immer noch die Namen, die ihnen von Radioastronomen gegeben wurden. Die meisten werden jedoch mit ihrer Katalognummer, z. B. G263.9-3.3 angegeben, wobei G für Green, den Autor des Katalogs, steht. Die Zahlen stellen die galaktischen Koordinaten des Supernova-Überrests dar.

RÖNTGENEMISSIONEN: Eine wichtige Entdeckung stellte der **Krebsnebel (Crabnebel)** dar (siehe Seite 170), der als Supernova-Überrest im Sternbild Stier als Rönt-

genstrahlungsquelle wahrgenommen wurde. Die Supernova-Explosion selbst war schon im Jahr 1054 erfolgt.
Die Röntgenemissionen eines Supernova-Überrests sind vor allem während der **ersten beiden Phasen der Expansion** festzustellen. Zu den physikalischen Mechanismen, die zur Röntgenemission führen, zählen u. a. die **Bremsstrahlung,** also jene elektromagnetische Strahlung, die bei der Abbremsung eines schnellen geladenen Teilchens (z. B. eines Elektrons) im elektrischen Feld eines anderen geladenen Teilchens (z. B. Atomkern) entsteht. Wenn nun ein negativ geladenes Elektron sich einem positiv geladenen Ion nähert, wird es abgelenkt. Diese Bahnveränderung bewirkt eine Beschleunigung des Elektrons, wobei die überschüssige Bewegungsenergie in Form von **Röntgenstrahlung** freigesetzt wird. Der Energieverlust bewirkt wiederum eine Verlangsamung des Elektrons. Die dabei erzeugte Strahlung wird als Bremsstrahlung bezeichnet.
Die ersten Erfolge in der Röntgenbeobachtung von Supernova-Überresten wurden im **Einstein-Observatorium** der NASA erzielt, das zu diesem Zweck zwischen November 1978 und April 1981 im Einsatz war. Dabei wurden die Strukturen der Supernova-Überreste genau unter die Lupe genommen und überdies eine Karte der Verteilung der heißen Gase in den Überresten erstellt. Auf diese Weise konnte man die chemische Zusammensetzung der Überreste erkunden und entdeckte dabei Emissionslinien von Silizium, Schwefel und Argon.

ALTER DER SUPERNOVA-ÜBERRESTE: Das Alter eines Supernova-Überrests steht dann zweifelsfrei fest, wenn man den Zeitpunkt der Supernova-Explosion kennt. Ist dies nicht der Fall, so ist es meist sehr schwierig, zu einer verlässlichen Angabe zu kommen. Wenn ein Supernova-Überrest in seinem Inneren einen **Pulsar** beherbergt, kann man durch die Messung der Pulsationsperiode bzw. deren Änderung auf das Alter schließen. In allen anderen Fällen muss man sich damit behelfen, Vergleiche mit anderen Überresten herzustellen, deren Alter bekannt ist.
Supernova-Überreste sind in der Regel **relativ junge Objekte;** ihr Alter bewegt sich zwischen einigen hundert und einigen zehntausend Jahren. Im Laufe der Zeit kommt es jedoch durch die Wechselwirkung mit dem interstellaren Medium zu einer **Deformierung,** worauf sie sich ausdehnen und zerstreuen, sodass sie schließlich nicht mehr beobachtbar sind.

KLASSIFIKATION: Supernova-Überreste werden in **drei große Gruppen** eingeteilt. Die so genannten **Schalen-Überreste** stellen die jüngsten derartigen Objekte dar. Sie sind von annähernd kreisförmiger Gestalt und haben an den Rändern eine höhere Konzentration als im Zentralbereich. Die zweite Gruppe wird von den **krebsähnlichen** oder **gefüllten Überresten** gebildet, also jungen Supernova-Überresten wie dem Krebsnebel, die mit Pulsaren verbunden sind. Im Gegensatz zu den Schalen-Überresten zeigte sich anhand der Röntgenbeobachtungen eine erhöhte Helligkeit im Zentralbereich, die auf Synchrotronstrahlung zurückzuführen ist.
Schließlich gibt es noch die **irregulären Überreste,** deren schalenförmige Gestalt durch das interstellare Medium und das Vorhandensein von Molekülwolken beeinträchtigt wurde.

Der Supernova-Überrest Vela-SNR stammt von einer Explosion, die sich vor etwa 10.000 Jahren ereignet hat.

Der Krebsnebel

Verwandte Kapitel

Pulsare (Seite 148)
Neutronensterne (Seite 149)
Supernovae (Seite 166)
Supernova-Überreste (Seite 168)

Der Krebsnebel oder Crabnebel ist der meistbeobachtete **Supernova-Überrest** am Himmel. Er stammt von einer Supernova-Explosion, die sich 1054 ereignet hat und die von chinesischen Astronomen mit großem Interesse verfolgt wurde.

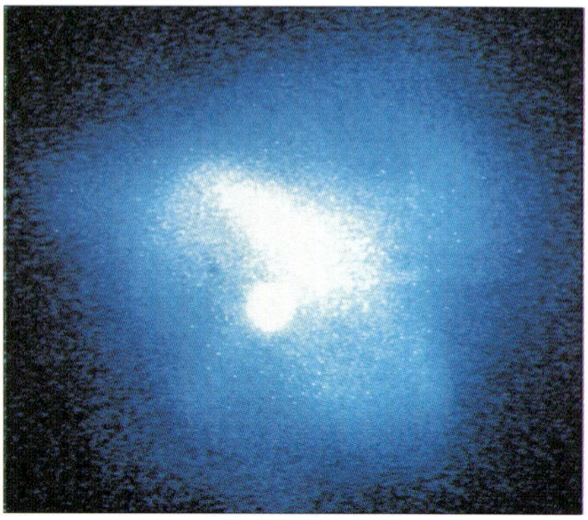

HISTORISCHE BEOBACHTUNGEN: Nach ersten, weit zurückliegenden Beobachtungen wurde der Krebsnebel 1731 sozusagen wiederentdeckt, als der englische Arzt und Astronom **John Bevis** nordwestlich des Sterns Zeta Tauri einen schwachen Fleck entdeckte. 1750 verzeichnete Bevis das Objekt in dem von ihm zusammengestellten Sternatlas. 1758 beobachtete **Charles Messier** den Nebel und nahm ihn 1771 in seinen berühmten Katalog auf, wo das Objekt die Nummer 1 erhielt.
In der Folge wurde der Crabnebel auch von **William** und **John Herschel** beobachtet; Letzterer hielt ihn jedoch noch für einen Sternhaufen.1848 erkannte **Lord Rosse** zum ersten Mal die schwachen Filamente des Objekts und gab ihm den Namen, den es auch heute noch trägt. Es war **Isaac Roberts,** ein Pionier der Astrofotografie, der den Krebsnebel 1892 zum ersten Mal fotografierte. Mit der Entwicklung der Fotografie kam die Erforschung des Nebels einen großen Schritt weiter. Durch den Vergleich zweier Aufnahmen aus den Jahren 1909 und 1921 konnte **John Duncan** zeigen, dass der Nebel sich ausdehnt. Duncan war außerdem der Erste, der den schwachen Stern von 16. Größe entdeckte, der sich im Inneren des Crabnebels verbirgt und den man mittlerweile als Pulsar identifiziert hat.
Ein weiterer großer Schritt in der Erkundung des Nebels gelang **Edwin Hubble,** der 1928 berechnete, dass das Objekt aufgrund seiner aktuellen Expansion ca. 900 Jahre alt sein musste; er war sich auch bewusst, dass aus jener Zeit nur eine »Nova« in dieser Region des Stiers verzeichnet ist. Es dauerte jedoch bis in die 40er-Jahre, dass man dank der Arbeiten von **Minkowski** und **Zwicky** über die Supernovae und der Theorie über die Neutronensterne die Zusammenhänge erkannte, die zwischen dem von den Chinesen beobachteten Stern, dem Krebsnebel und dem Neutronenstern in seinem Inneren bestehen. 1948 wurde der Crabnebel das erste Objekt nach unserer Sonne, das einer Beobachtung im Radiobereich unterzogen wurde.

Oben: Abbildung von M 1, dem Krebsnebel. Unten: Das Zentrum des Nebels; der Pfeil markiert den Pulsar in seinem Inneren.

MERKMALE: Der Krebsnebel ist ca. **1000 Jahre** alt und stammt wahrscheinlich von einer **Supernova des Typs II.** In seinem Zentrum befindet sich ein **Pulsar,** der sich ca. 30-mal in der Sekunde um die eigene Achse dreht. Die Gashülle erstreckt sich auf etwa 7 Lichtjahre und breitet sich mit einer Geschwindigkeit von ca. 1500 km/s aus. 1964 wurde das Objekt auch noch einer eingehenden **Röntgenbeobachtung** unterzogen. Es hat sich gezeigt, dass sich der Krebsnebel trotz seines relativ niedrigen Alters deutlich von den Schalen-Überresten unterscheidet, da es sich um einen so genannten gefüllten Überrest handelt. Dieser Unterschied ist auf den Pulsar in seinem Inneren zurückzuführen, der die Elektronen auf die relativistischen Geschwindigkeiten beschleunigt, die zur Emission von **Synchrotronstrahlung** nötig sind. Beim Krebsnebel kann die Wechselwirkung des Pulsars mit der umgebenden gasförmigen Hülle direkt verfolgt werden. Der Großteil der abgestrahlten Energie (ca. 95%) kommt dabei aus der Hülle und nur rund 4% vom Pulsar.

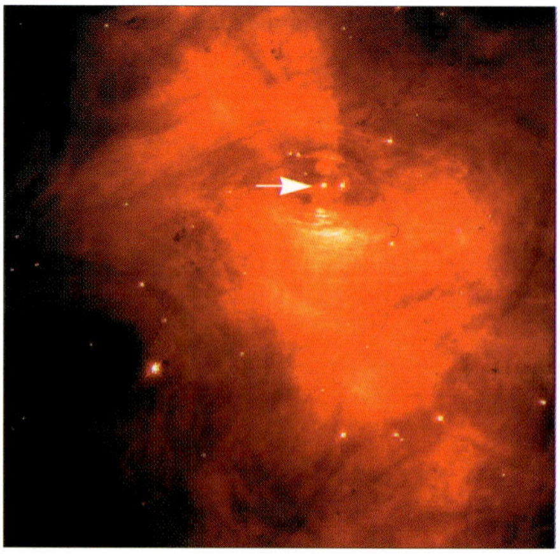

Der Polarstern

Alpha Ursae Minoris hat als Polarstern unter allen Sternen am Himmel eine besondere Bedeutung. Er liegt fast exakt in der Richtung der Rotationsachse der Erde und somit – mit einem Abstand von weniger als einem Grad – am nördlichen Himmelspol, sodass er ziemlich genau die **Nordrichtung** anzeigt – ein Umstand, der zu **Orientierungszwecken** genutzt wird und der einst für die Schifffahrt von großer Bedeutung war.
Um den Polarstern am Himmel zu finden, bedient man sich der **Strecke** zwischen den beiden hinteren Kastensternen des Großen Wagens, **Dubhe** und **Merak;** wenn man diesen Abstand um das Fünffache in nördlicher Richtung verlängert, gelangt man ganz in die Nähe des Polarsterns.

Verwandte Kapitel

Die Bewegung der Erde (Seite 66)

Die Spektren der Sterne (Seite 131)

Die Cepheiden (Seite 162)

MERKMALE: Der Polarstern ist der hellste Stern des Sternbilds **Kleiner Bär.** Die sieben hellsten Sterne des Sternbilds bilden den Kleinen Wagen, dessen äußerster Deichselstern der Polarstern ist. Aufgrund seiner Position am Himmel ist dieser Stern nur nördlich des Äquators zu sehen, und zwar zu jeder Zeit der Nacht bzw. des Jahres.
Der Polarstern hat eine **scheinbare visuelle Helligkeit** von 2,12 Größen und gehört der Spektralklasse F7/F8 an. Er ist ca. 430 Lichtjahre von der Erde entfernt und hat einen **Begleiter** von 9. Größe, 1780 von **William Herschel** entdeckt wurde und der 18,4 Bogensekunden vom Polarstern entfernt ist. Es handelt sich somit um einen Doppelstern, der sich gut dazu eignet, das Auflösungsvermögen eines kleinen Teleskops zu testen.
Der Polarstern ist außerdem ein Veränderlicher, der als **Cepheide des Typs W-Virginis** eingestuft wird. Seine Helligkeitsänderung, die einst bei einer Periode von knapp 4 Tagen ca. 0,12 Größen betrug, liegt mittlerweile nur noch bei 2/100. Dies könnte bedeuten, dass der Stern seine Pulsationsphase beendet hat und in eine stabile Phase eintritt. Aufgrund seiner Eigenbewegung entfernt sich der Polarstern von der Erde mit einer **Geschwindigkeit** von ca. 17 km/s.

Oben: Die Position des Polarsterns als äußerster Deichselstern des Kleinen Wagens. Unten: Die Region des Himmelsnordpols, mit langer Belichtungszeit fotografiert. Der Polarstern befindet sich nahezu im Zentrum.

ALPHA URSAE MINORIS ALS POLARSTERN: Seinen Status als Polarstern hat dieser Stern nur vorübergehend inne. Aufgrund der Präzessionsbewegung der Erdachse schwankt der Abstand des Polarsterns vom Himmelsnordpol. Gegenwärtig wird dieser Abstand kleiner, sodass der Polarstern im Jahr 2102 mit 27' 31" seine geringste Entfernung vom Pol aufweisen wird. Danach wird er sich kontiniuierlich vom Pol entfernen. Vor ca. 4600 Jahren war **Thuban** im Sternbild **Drache** der Polarstern. Um das Jahr 5300 wird diese Rolle dem Stern **Alderamin** zukommen, und um 12.000 dem Stern **Wega.**

Sirius

Verwandte Kapitel

Weiße Zwerge (Seite 146)

Doppelsterne (Seite 153)

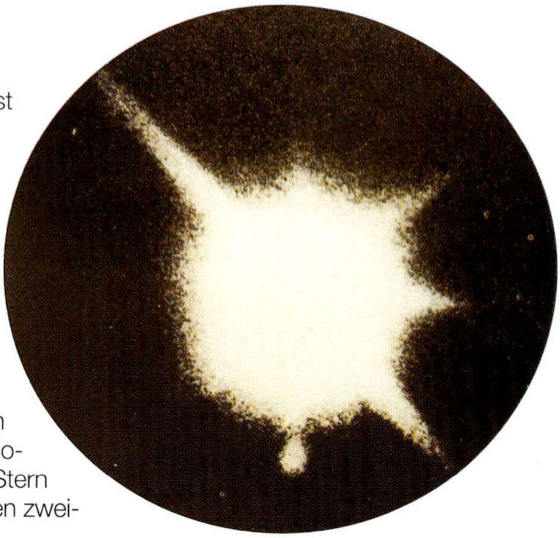

Alpha Canis Majoris oder Sirius ist der hellste Stern am Himmel. Sein Name stammt aus dem Griechischen und bedeutet so viel wie »Der Leuchtende«. Er ist auch als »Hundsstern« bekannt, was sich auf das Sternbild **Großer Hund** bezieht, dem er angehört.
Sein weißes Licht ist in Winternächten auf der Nordhalbkugel weithin zu sehen, und zwar südöstlich vom Sternbild Orion, das nach dem Jäger der griechischen Mythologie benannt ist, dessen Hund der Stern darstellt, wobei der Stern Procyon den zweiten Hund symbolisiert.

MERKMALE: Sirius hat eine **scheinbare Helligkeit** von –1,46 Größen und gehört der Spektralklasse A0 an. Seine **Oberflächentemperatur** beträgt ca. 10.000 °C. Sirius ist 24-mal heller als unsere Sonne, doppelt so groß und hat eine **Masse,** die dem 2,35fachen unseres Sterns entspricht. Die hohe scheinbare Helligkeit des Sterns ist darauf zurückzuführen, dass er unserem Sonnensystem relativ nahe ist; er ist als siebtnächster Stern etwa 8,6 Lichtjahre entfernt.
Aufgrund seiner Nähe zeigt Sirius eine **starke Eigenbewegung,** d. h., er verändert seine Position am Himmel sehr deutlich. Auf diese Bewegung wies bereits 1718 **Edmond Halley** hin. Im Laufe der vergangenen 2000 Jahre hat sich die Position von Sirius am Himmel um ca. 44 Bogenminuten verschoben, was dem Eineinhalbfachen des Vollmonddurchmessers entspricht. Gegenwärtig nähert sich der Stern mit einer Geschwindigkeit von ca. 7 km/s der Erde.
Eines der interessantesten Merkmale des Sterns ist die Tatsache, dass er einem **Doppelsternsystem** angehört (siehe Seite 153), dessen zweite Komponente ein **Weißer Zwerg** ist (siehe Seite 146), der als **Sirius B** bekannt ist und der in ca. 50 Jahren einmal um Sirius A wandert. Sirius B ist ein viel lichtschwächerer Stern (8,5. Größe), der von seinem Begleiter völlig überstrahlt wird.
Die Distanz zwischen den beiden Sternen beträgt nur ca. 4 Bogensekunden – sie nimmt jedoch zu und wird 2025 das Maximum von 11,3 Bogensekunden erreichen. Sirius B war einer der ersten Weißen Zwerge, die überhaupt entdeckt wurden. Angeblich hat ihn der Sohn des Optikers **A. Clark** 1862 zum ersten Mal gesehen, als er ein Fernrohr ausprobierte, das sein Vater soeben konstruiert hatte, und es auf Sirius richtete. Die Existenz von Sirius B war jedoch bereits theoretisch vorhergesagt worden, als man die regelmäßigen Schwankungen in der Bahn von Sirius beobachtete, die man sich nur durch das Vorhandensein eines anderen Himmelskörpers erklären konnte. Erst 1925 stellte man fest, dass es sich bei dem Begleiter um einen Weißen Zwerg handelt.

Oben: Vergrößerte Abbildung von Sirius, auf der auch sein Begleiter, Sirius B, zu sehen ist. Unten: Der Bereich des Sternbilds Großer Hund, dem Sirius angehört.

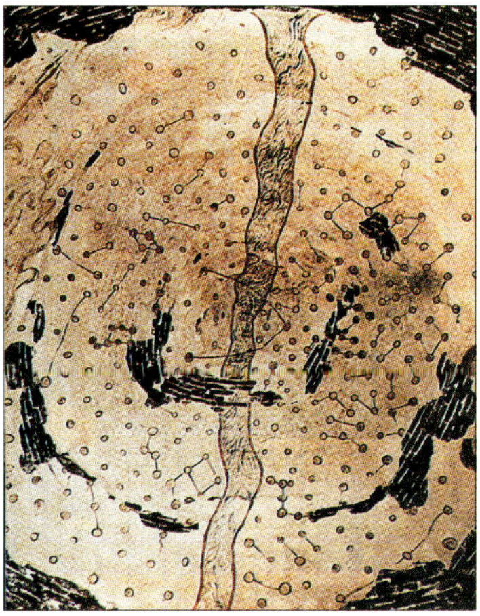

Kosmologie

Unter Kosmologie versteht man die **Lehre vom Weltall oder Universum** als einem einheitlichen Ganzen. Dabei versucht man den Ursprung, die Entwicklung und die Zukunft des Alls zu erforschen. Als grundlegende wissenschaftliche **Instrumente** dienen dieser Disziplin die Mathematik, die Physik und die Astronomie. Angesichts der Fragen, die sich dabei bisweilen stellen, reicht die Kosmologie auch in die Philosophie und die Theologie hinein.

Der theoretische Teil der Kosmologie basiert auf mathematischen Modellen, die durch Beobachtungen bestätigt (oder widerlegt) werden müssen. Die Kosmologie ist mit **zwei grundlegenden Problemen** konfrontiert: Da ist zum einen die Tatsache, dass das Forschungsobjekt, also das Universum, nur **einmal** vorhanden ist, sodass keinerlei statistische Betrachtungen möglich sind. Das zweite Problem sind die langen Zeiträume, in denen sich die untersuchten Vorgänge vollziehen, wodurch eine direkte Beobachtung unmöglich ist. Dennoch erlaubt es diese Wissenschaft, die verschiedenen Modelle des Weltalls anhand von Beobachtungen zu vergleichen.

Verwandte Kapitel

Der Urknall (Seite 175)
Kosmische Hintergrundstrahlung (Seite 178)
Die Inflation (Seite 180)
Die Rotverschiebung (Seite 210)
Radioastronomie (Seite 214)

KOSMOLOGIE IN DER ANTIKE: Die Fragen der Kosmologie wurden in der Antike vor allem in Form von Mythen behandelt.

In der **chinesischen Mythologie** war die Erde eine Art Schüssel, über der sich der Himmel erstreckte, der aus einer rotierenden Halbkugel bestand, deren Entfernung von der Erde als geringer angesehen wurde als der Radius der Erde selbst. **Plato** stellte sich das Universum als eine Kugel vor, die sich in einem leeren Raum von unendlichen Ausmaßen befand. Für die **Mayas** war das Universum von ihrem Gott Gugumatz geschaffen worden, wobei sich die Entwicklung in vier Phasen vollzogen hätte, die auch als »vier Sonnen« bezeichnet wurden.

Was in der Antike jedoch fehlte, war die Vorstellung, dass das Universum eine gewisse **räumliche Tiefe** aufweist, durch die die Himmelsobjekte verschieden weit von der Erde entfernt sind. So beschäftigte sich die Astronomie bis zum 19. Jahrhundert vorwiegend mit der Erforschung des Sonnensystems. Jahrhundertelang versuchte man – mit immer größerer Genauigkeit – die Bewegungen der Planeten, der Kometen und der Asteroiden zu erklären, wenngleich im 18. Jahrhundert der Philosoph **Immanuel Kant** bereits begann, sich über die Verteilung der Sterne am Himmel Gedanken zu machen. Erst Mitte des 19. Jahrhunderts begannen die Astronomen, mit dem Aufkommen der Astrophysik, die Zusammensetzung und Entwicklung der Sterne zu erforschen.

DIE ENTSTEHUNG DER MODERNEN KOSMOLOGIE: Die moderne Kosmologie geht auf die Debatten zurück, die zwischen dem Ende des 19. und den 20er-Jahren des 20. Jahrhunderts über die Entfernung der Galaxien (damals »Nebel« genannt) geführt wurden. Ein besonderer Streitpunkt war damals der **Andromedanebel** (siehe Seite 185). Während die einen diese Galaxie als relativ nahes Objekt ansahen, das zu unserer **Milchstraße** gehört, vertraten andere die Ansicht, dass es sich um eine eigene Galaxie handelt, deren Entfernung von unserer

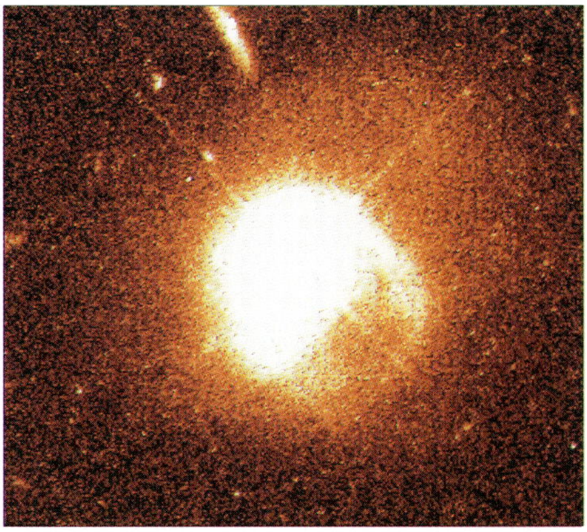

Oben: Alte chinesische Karte; der Streifen in der Mitte stellt die Milchstraße dar.
Links: Der Quasar PKS 2349. Quasare gehören zu den am weitesten entfernten Objekten des Universums.

Galaxis größer als deren Durchmesser sein müsse.

Erst 1924 konnte man – dank der Entdeckung einiger Cepheiden im Andromedanebel durch **Edwin Hubble** – die Entfernung dieser Galaxie mit einiger Genauigkeit bestimmen und ging dabei von einer Entfernung in der Größenordnung von 1 Mio. Lichtjahren aus. Damit war klar, dass sich der Andromedanebel weit außerhalb unserer Milchstraße befinden müsse.

Diese Entdeckung war die Geburtsstunde der **extragalaktischen Astronomie,** d. h. jenem Zweig der Astronomie, der sich mit der Erforschung von Objekten beschäftigt, die sich außerhalb der Milchstraße befinden. Damit entstand auch die moderne Kosmologie, die sich nicht nur mit dem Ursprung und der Entwicklung des Universums, sondern auch mit seiner gegenwärtigen Zusammensetzung und Struktur befasst.

BEOBACHTUNGEN DER KOSMOLOGIE: Heute beschäftigt sich die Kosmologie mit der **Verteilung der Materie im Raum,** weiters mit dem Problem der so genannten **kosmischen Entfernungsskala,** d. h. mit der Bestimmung der Entfernung von Objekten bis an die Grenzen des Universums, sowie mit der Beobachtung von Phänomenen, die Aufschlüsse über die Anfänge des Universums liefern können, allen voran die **kosmische Hintergrundstrahlung** (siehe Seite 178). Große Bedeutung kommt in diesem Zusammenhang der Beobachtung im Radiobereich zu (siehe Seite 214), aber auch der im Röntgen- und Gammabereich (siehe Seite 211).

Theoretisch gesehen stützt sich die Erforschung der Eigenschaften des Universums auf die **allgemeine Relativitätstheorie** (siehe Seite 218), die **Albert Einstein** 1916 formulierte. Über große Entfernungen hinweg ist die Gravitation die dominierende Kraft, von der auch die Geometrie des **Raum-Zeit-Kontinuums** abhängt.

Der Ursprung des Universums wird heute generell mit der **Urknall-Theorie** (siehe Seite 175) erklärt, zu der sich die Vorstellung von einer inflationären Expansionsphase gesellt (siehe Seite 180). Was die Entwicklung des Universums als Ganzes betrifft, so gibt es unterschiedliche Theorien, die von der gegenwärtigen Materiedichte im Kosmos abhängen. Liegt die Dichte unter einem bestimmten kritischen Wert, so würde sich das Universum **endlos ausdehnen.** Wenn dieser kritische Wert jedoch überschritten wird, würde sich die Expansion allmählich verlangsamen und irgendwann zum Stillstand kommen. An diesem Punkt würde das Universum beginnen, sich wieder zusammenzuziehen. Dieser Kollaps wird analog zum Urknall **(Big Bang)** als **Big Crunch** bezeichnet.

Oben: Ein Foto vom Kern des Andromedanebels. Rechts: Die Temperaturschwankungen in der kosmischen Hintergrundstrahlung, vom Satelliten COBE entdeckt.

Der Urknall

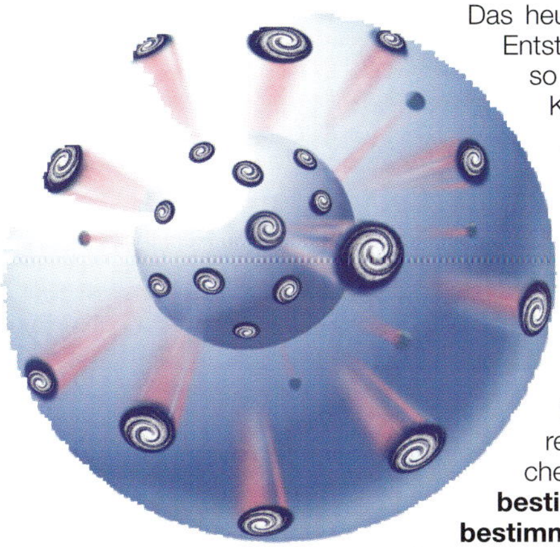

Das heute allgemein anerkannte Modell der Entstehung des Weltalls geht von einem so genannten Urknall **(Big Bang)** aus. Keine Antwort kann die Astronomie jedoch auf die Frage geben, was vor dem Urknall war; solche Gedanken führen eher in den Bereich der Philosophie oder der Religion.

DER URKNALL – EINE GEWALTIGE EXPLOSION: Grundsätzlich stellt man sich den Urknall als eine enorme Explosion vor, was jedoch in gewissem Sinne nicht ganz korrekt ist. Eine Explosion im herkömmlichen Sinn findet nämlich stets zu einem **bestimmten Zeitpunkt** und an einem **bestimmten Ort** statt – vor dem Urknall jedoch gab es weder Raum noch Zeit. Nach dem Urknall begann sich das Universum auszudehnen und erschuf damit gleichsam Raum und Zeit in Form eines vierdimensionalen **Raum-Zeit-Kontinuums.**
Genauso wie es, wissenschaftlich gesehen, wenig sinnvoll ist, sich zu fragen, was vor der Entstehung des Universums war, macht es auch keinen Sinn, darüber nachzudenken, was außerhalb des Universums ist – ganz einfach, weil es kein »außerhalb« gibt. Das Universum dehnt sich nicht **im** Raum, sondern **mit** dem Raum aus.
Das schließt jedoch keinesfalls die Möglichkeit aus, dass es – wie es andere Theorien vertreten – außer unserem Universum noch andere gibt. Auch wenn es solche **Paralleluniversen** geben sollte, so könnte man diese (zumindest mit den heutigen Möglichkeiten) nicht direkt beobachten, sodass sich auch ihre Existenz (oder Nicht-Existenz) nicht beweisen ließe. Solche Schlussfolgerungen könnten höchstens auf der Ebene von mathematischen Modellen erfolgen.

Verwandte Kapitel

Kosmische Hintergrundstrahlung (Seite 178)
Die Inflation (Seite 180)
Der Hubble-Effekt (Seite 187)
Die Rotverschiebung (Seite 210)

BEWEIS FÜR DEN URKNALL: Es gab vor allem zwei wesentliche Faktoren, die die Urknall-Theorie bestätigten: die **Entdeckung der kosmischen Hintergrundstrahlung** (siehe Seite 178) sowie der Tatsache, dass sich das Universum **ausdehnt.** Der Beweis für die Expansion wurde von dem amerikanischen Astronomen **Edwin Hubble** 1929 geliefert.
Bei der Beobachtung der Spektren von fernen Galaxien erkannte Hubble, dass die Wellenlänge bestimmter Linien größer war als die derselben Linien im Labor. Dieses Phänomen lässt sich durch den so genannnten **Doppler-Effekt** (siehe Seite 202) erklären. Wenn eine Lichtquelle sich vom Beobachter entfernt, nimmt die Wellenlänge ihres Lichts zu, d. h., die Spektrallinien verschieben sich zum roten Ende des Spektrums **(Rotverschiebung).** Es gab für den von Hubble beobachteten Effekt nur die Erklärung, dass die beobachteten Galaxien sich von unserer Milchstraße entfernen – mit anderen Worten, dass das Universum sich ausdehnt. Weiters schloss Hubble, dass die **Fluchtgeschwindigkeit** einer Galaxie umso höher sein muss, je weiter sie von uns entfernt ist (siehe Seite 187). Die Tatsache, dass alle anderen Galaxien sich von uns entfernen, bedeutet nicht, dass die Milchstraße eine zentrale Position einnimmt. Das Universum **dehnt sich vielmehr so aus,** dass alle Galaxien sich von allen ande-

Diese beiden Illustrationen zeigen die Ausdehnung des Weltalls (oben) und den Urknall (unten).

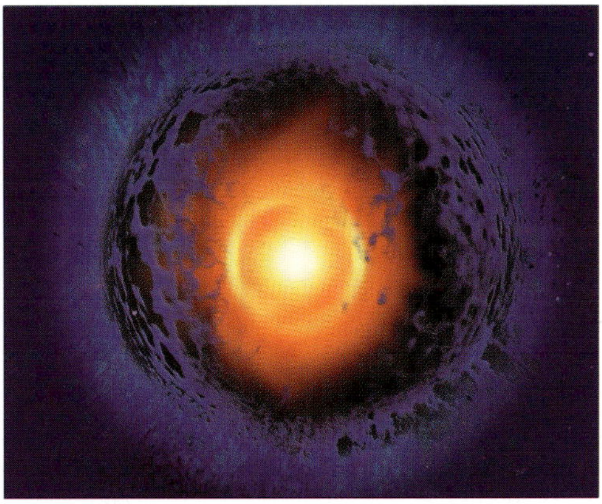

Rechts: Spuren von Elementarteilchen im Teilchenbeschleuniger. Unten: Diese Illustration stellt die Entstehung des Weltalls dar.

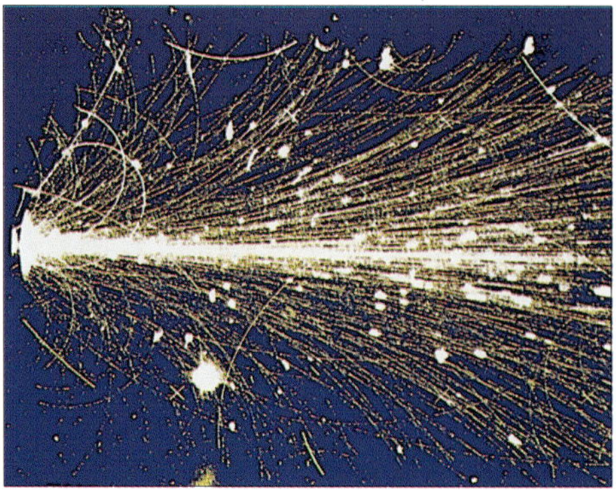

ren entfernen. Es wäre also von jeder Galaxie aus der gleiche Effekt zu beobachten, nämlich dass sich alle anderen von ihr entfernen.
Wenn wir uns vorstellen, dass wir in die Vergangenheit reisen würden, so würde sich das Universum für uns zusammenziehen; Temperatur und Dichte würden sich erhöhen und die Galaxien würden sich **einander immer weiter annähern,** bis sie sich in einem Punkt von unendlicher Dichte und Temperatur vereinigen würden, dem Urknall.

DIE ERSTEN AUGENBLICKE DES UNIVERSUMS: Um die Geschichte des Universums, insbesondere seiner ersten Augenblicke, zu rekonstruieren, bedienen sich die Astronomen der **Elementarteilchenphysik.** Diese beschäftigt sich mit den grundlegenden Bestandteilen der Materie, und zwar nicht allein mit Protonen, Neutronen und Elektronen, sondern auch mit Teilchen wie den Mesonen, Bosonen, Neutrinos usw., von denen man einige nur für kurze Augenblicke im **Teilchenbeschleuniger** nachweisen kann. Auf diese Weise kann man, zumindest teilweise, jene Bedingungen simulieren, wie sie zu Beginn des Universums geherrscht haben.
Leider vermögen wir heute noch nicht bis zum Urknall selbst zurückzublicken; immerhin kann man schon rekonstruieren, was einen **Sekundenbruchteil** nach dem Urknall vor sich gegangen sein muss. Mit den Gesetzen der Physik lässt sich nicht erklären, was in dem Augenblick zwischen dem Urknall und 10^{-43} Sekunden, der so genannten **Planck-Zeit,** geschehen ist. Genauso wenig können wir den Ablauf des Urknalls selbst beschreiben.
Nach 10^{-43} Sekunden war das Universum noch unvorstellbar klein und dabei enorm heiß und dicht. In dem darauf folgenden Sekundenbruchteil gingen tiefgreifende Veränderungen vor sich: Das Universum dehnte sich auf die Größe eines Apfels aus. Diese enorm rasche Ausdehnung wird als **Inflation** bezeichnet (siehe Seite 180) – ein Prozess, aus dem das Universum als ein Gefüge aus Strahlungsenergie und Elementarteilchen, wie z. B. **Quarks** und **Antiquarks,** hervorging.
Noch bevor das Universum 1/10.000 Sekunde alt war, begannen sich aus dem Quark die Protonen und die Neutronen zu bilden, also jene Teilchen, aus denen sich der **Atomkern** zusammensetzt.

NACH DEM URKNALL: Innerhalb der ersten Sekunde nach dem Urknall sank die Temperatur des Universums auf 10 Mrd. Grad. An diesem Punkt gab es im Universum vor allem Strahlung und Teilchen wie **Elektronen** und ihre Antiteilchen, die **Positronen.** Dazu ist zu sagen, dass die Antimaterie sich von der herkömmlichen Materie vor allem durch die entgegengesetzte Ladung unterscheidet. Wenn Teilchen von Materie und Antimaterie aufeinandertreffen, so **zerstrahlen** beide, woraus jeweils aus einem Teilchen-Antiteilchen-Paar zwei **Photonen,** d. h. masselose energiereiche Teilchen, hervorgehen. Zu diesem Prozess kam es in der Frühphase des Universums zwischen den Elektronen und den Positronen, wobei neben den Photonen noch weitere (so gut wie masselose) Elementarteilchen, die **Neutrinos,** entstanden. Aus dieser Phase muss ein Überschuss an Materieteilchen gegenüber der Antimaterie übrig geblieben sein, da das heutige Universum quasi ausschließlich aus Materie besteht.
Etwas mehr als eine Minute nach dem Urknall begannen Protonen und Neutronen sich zu verbinden, woraus **Wasserstoff-** und **Heliumkerne** hervorgingen. Der Großteil der Wasserstoff- und Heliumkerne, die heute vorhanden sind, wurden **in der ersten Viertelstunde** nach dem Urknall gebildet.
Im Laufe der folgenden 300.000 Jahre kam es zu keinen nennenswerten Veränderungen. Ein einschneidender Wandel erfolgte erst mit der Abkühlung des sich ausdehnenden Universums auf 3300 °C. An diesem Punkt verbanden sich die Elektronen mit den Wasserstoff- und den Heliumkernen, um mit ihnen die **ersten Atome** zu bilden. In der Folge begann sich der »kosmische Nebel« zu lichten und das Universum wurde lichtdurchlässig.
In den darauf folgenden Jahrmillionen verdichtete sich die Materie aufgrund der Schwerkraft, bis etwa 1 Mrd. Jahre nach dem Urknall die ersten Sterne erstrahlten, von denen wir manche auch heute noch, nach 12 bis 14 Mrd. Jahren, am Himmel sehen.

ANDERE THEORIEN: Neben der Urknall-Theorie wurden noch andere **kosmologische Modelle** entwickelt, um die Entstehung des Universums zu erklären.
Am bekanntesten ist das **stationäre Modell (Steady-State-Theorie),** das 1948 von **Herman Bondi, Thomas Gold** und **Fred Hoyle** entwickelt wurde, wonach die Galaxien sich zwar nach dem Hubbleschen Gesetz voneinander entfernen, wobei jedoch der Abstand zwischen zwei benachbarten Galaxien gleich bliebe. Um die Dichte aufrechtzuerhalten, müsste es wegen der Expansion zu einer ständigen Entwicklung von neuen Galaxien kommen.
Nach dem so genannten **vollkommenen kosmologischen Prinzip** sollte das Universum nicht nur von jedem Ort aus, sondern auch zu allen Zeiten im Großen und Ganzen den gleichen Anblick bieten.
Diese Forderung nach ständiger Neubildung von Materie ist mit den Gesetzen der heutigen Physik nicht in Einklang zu bringen, auch wenn diese Neubildung nur in einem sehr geringen Ausmaß vor sich gehen müsste. So müsste sich in jeder Jahrmilliarde nicht mehr als ein Wasserstoffatom pro Kubikdezimeter Raum bilden.

Kosmische Hintergrundstrahlung

Verwandte Kapitel

Kosmologie (Seite 173)
Der Urknall (Seite 175)
Die kosmische Inflation (Seite 180)
Die Rotverschiebung (Seite 210)

1965 wurde beim Studium der Ausbreitung von Mikrowellen in der Erdatmosphäre eine gleichmäßig aus allen Richtungen kommende Strahlung entdeckt, die so genannte kosmische Hintergrundstrahlung. Von den Kosmologen wurde diese Strahlung als **eine Art Nachhall des Urknalls** interpretiert.

DIE ENTDECKUNG: 1948 stellten der amerikanische Physiker russischer Herkunft **George Gamow** und seine beiden jungen Mitarbeiter **Ralph Alpher** und **Robert Herman** eine interessante These auf: Wenn das Universum vor 10 bis 20 Mrd. Jahren aus einem Zustand extrem hoher Temperatur und Dichte hervorgegangen wäre, wie die Urknall-Theorie es besagt, so müsste es infolge der Ausdehnung zu einer Abkühlung auf 5 Grad über dem absoluten Nullpunkt (der bei −273,15 °C liegt) gekommen sein. Das dabei entstehende Spektrum müsste das eines **Schwarzen Körpers** sein, d. h. eines Idealkörpers, der einfallende Strahlung in allen Wellenbereichen vollständig absorbiert.
Diese Strahlung wurde 1965 durch Zufall von den beiden amerikanischen Wissenschaftlern **Arno Penzias** und **Robert Wilson** gefunden, als sie mit einer großen Radioantenne die Ausbreitung von Mikrowellen in der Atmosphäre untersuchten. Dabei stellten sie einen **unerklärlichen Anteil von Empfangsleistung** fest, der von der Orientierung der Antenne unabhängig war. Man glaubte zunächst, dass die Erscheinung auf einen nahegelegenen Sender zurückzuführen sei, was sich jedoch bei näherer Untersuchung als falsch herausstellte. Die beiden Forscher kamen zu dem Schluss, dass die Strahlung aus allen Richtungen gleichzeitig kommen müsse, wobei die Wellenlänge ca. 7 cm und die Temperatur 3 K betrug. Die **Temperatur** lag somit über dem in der Theorie erwarteten Wert, sodass die beiden Wissenschaftler noch etwas zuwarteten, bis sie mit ihrer Beobachtung an die Öffentlichkeit gingen.
Für ihre Entdeckung der Hintergrundstrahlung wurden Penzias und Wilson 1978 mit dem **Nobelpreis für Physik** ausgezeichnet, womit sie eine Gruppe von Physikern der Universität Princeton übertrumpften, die 1964 mit Hilfe der Radioastronomie versucht hatten, eben diese Strahlung zu finden.

Oben: Start des Satelliten COBE, der zur Erforschung der Hintergrundstrahlung losgeschickt wurde.
Unten: Grafische Darstellung des Satelliten Planck, der in den nächsten Jahren zur Erforschung der Hintergrundstrahlung beitragen soll.

URSPRUNG DER HINTERGRUNDSTRAHLUNG: Gemäß der Urknall-Theorie (siehe Seite 175) begannen die Elementarteilchen ab einer Temperatur von 3000 K, Wasserstoff- und Heliumatome zu bilden. Durch das plötzliche Verschwinden von freien Elektronen konnte sich die Strahlung von der Materie lösen und sich mittels Photonen frei im Raum ausbreiten.
Ab diesem Zeitpunkt wurde das Universum für die Strahlung durchlässig. Vor der **Rekombination** ermöglichte das thermische Gleichge-

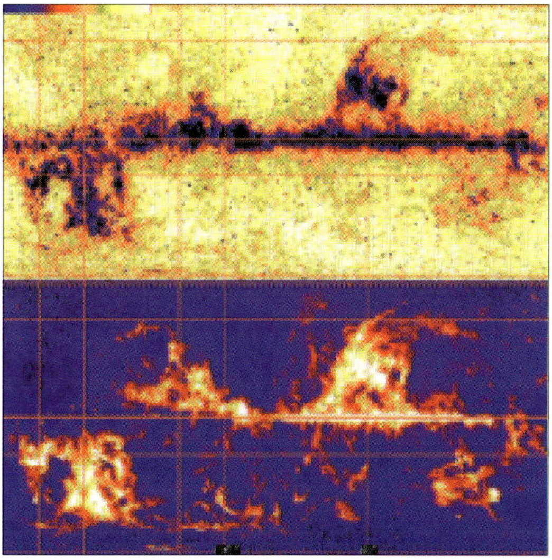

wicht zwischen Energie und Materie der Strahlung, sich entsprechend dem Planck-Strahlungsgesetz für Schwarze Körper zu verhalten. Das Universum war damals noch lichtundurchlässig. Nach der Vereinigung von Elektronen und Atomkernen folgte die Strahlung weiterhin den Gesetzen eines Schwarzen Körpers, obwohl sie nicht mehr im Gleichgewicht mit der Materie war. Die Wellenlänge der abgegebenen Strahlung verschob sich infolge der Expansion des Universums zum roten Ende des Spektrums hin, bis sie in den Bereich der **Mikrowellen** gelangte. Die Temperatur sank allmählich bis auf die heute gemessenen 3 K ab.

Die **Hintergrundstrahlung** stellt das älteste wahrnehmbare Signal überhaupt dar, da sie noch vor dem Licht ausgesandt wurde, das uns von den am weitesten entfernten Galaxien erreicht.

Oben: Der Satellit COBE hat die Hintergrundstrahlung auch im Infrarotbereich studiert; die beiden Bilder zeigen das Vorhandensein von Staubwolken in der Milchstraße. Unten: Aufnahmen von COBE in drei verschiedenen Wellenlängen – auf der Suche nach Schwankungen in der kosmischen Hintergrundstrahlung.

EIGENSCHAFTEN: Penzias und Wilson entdeckten, dass die **Intensität** der Strahlung in allen Richtungen gleich ist. Diese **Gleichmäßigkeit** war charakteristisch für das damalige Universum – eine Eigenschaft, die heute nicht mehr zu beobachten ist. Heute ist die Materie auf die Galaxien und Galaxienhaufen konzentriert, die sich weit voneinander entfernt im leeren Raum befinden.

Die unregelmäßige Verteilung im Universum, die irgendwann nach dem Urknall eingesetzt hat, müsste auch in der Hintergrundstrahlung gewisse Spuren hinterlassen haben. Es gilt deshalb, das **Spektrum** dieser Strahlung mit größter Genauigkeit zu untersuchen, um eventuelle Unregelmäßigkeiten aufzuspüren. Da die Messung der Strahlung von der Erde aus dadurch erschwert wird, dass die Moleküle der Atmosphäre Strahlung absorbieren und abgeben, wurde am 18. November 1989 der Satellit **COBE** *(Cosmic Microwave Background Explorer)* von der NASA losgeschickt.

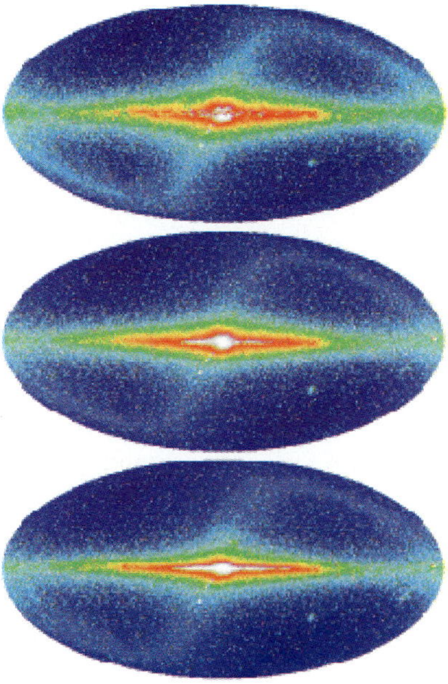

Schon knapp 9 Minuten nach dem Start erhielt man das perfekteste Spektrum einer **Hohlraumstrahlung,** das je in der Natur beobachtet wurde, was einen weiteren Beweis für die Urknall-Theorie darstellte, da nur unter derart speziellen Bedingungen die kosmische Strahlung den Gesetzen der Schwarzen Körper folgen konnte. Die interessanteste Entdeckung wurde 1992 gemacht, als mit Hilfe eines Detektors von COBE **kleine Schwankungen** in der Strahlung beobachtet wurden, die von wärmeren Zonen stammten. Diese Temperaturschwankungen bewegen sich im Bereich von 30 Millionstel Grad. Die Kosmologen nehmen an, dass diese Schwankungen die ungleichmäßige Verteilung bewirkten, die schließlich zur **Bildung von Galaxien** führte. Dieses Phänomen wird mit Hilfe von weiteren Satelliten-Missionen untersucht.

Die kosmische Inflation

Verwandte Kapitel

Der Urknall (Seite 175)
Kosmische Hintergrundstrahlung (Seite 178)
Die Rotverschiebung (Seite 210)

Die Urknall-Theorie lässt einige Fragen offen, die heute noch unbeantwortet sind. So ist etwa der hohe Grad der Isotropie der kosmischen Hintergrundstrahlung nach dem Standardmodell nicht erklärbar, da das Universum demnach nicht genügend Zeit gehabt hätte, **Homogenität** und **Isotropie** zu erreichen.
Die zweite Frage betrifft die **mittlere Materiedichte** im Universum. Die allgemeine Relativitätstheorie (siehe Seite 218) sagt voraus, dass sich das Universum für immer ausdehnen wird, wenn die Dichte unter einem bestimmten kritischen Wert liegt; lediglich die **Ausdehnungsgeschwindigkeit** würde durch die Gravitationskraft gebremst werden. Liegt die Dichte jedoch über diesem kritischen Wert, wird sich das Universum irgendwann wieder zusammenziehen; es kommt zum **Big Crunch** (siehe Seite 174), dem schlussendlichen gigantischen Kollaps. Aus heutiger Sicht scheint die Dichte in der Nähe des kritischen Werts zu liegen, während laut einiger Theorien eine immer größer werdende **Abweichung** von diesem kritischen Wert hätte erfolgen sollen, die heute leicht zu beobachten sein müsste.

DAS INFLATIONÄRE WELTMODELL: Zur Klärung dieser Widersprüche brachte der Physiker **Alan Guth** zu Beginn der 80er-Jahre eine Theorie vor, die von einem inflationären Szenario ausgeht. Demnach soll es kurz nach der Entstehung des Universums eine kurze Phase einer inflationären Expansion gegeben haben, d. h., das Weltall hat sich eine Zeit lang **exponentiell,** also außerordentlich stark, ausgedehnt. Dieses Aufblähen soll laut Guth etwa um 10^{-34} Sekunden nach dem Urknall eingesetzt und bis 10^{-32} Sekunden angedauert haben. Dabei soll sich die Größe des Universums alle 10^{-34} Sekunden verdoppelt haben. In dieser kurzen Zeitspanne dehnte sich das Weltall um das 2^{100}fache aus, was einem Faktor von 10^{30} entspricht. Durch diese extrem rasche Expansion dehnten sich auch eventuell entstandene Dichteunterschiede stark aus, was dann zu der heute beobachteten großräumig inhomogenen Struktur des Weltalls führte. Es kann jedoch durchaus sein, dass **vor** dieser inflationären Expansion die Photonen das Universum gleichmäßig von einem Ende zum anderen durchstreiften. Dies würde auch erklären, warum die kosmische Hintergrundstrahlung so homogen erscheint. Durch die inflationäre Ausdehnung hätte sich auch die Dichte des Universums dem kritischen Wert angenähert.

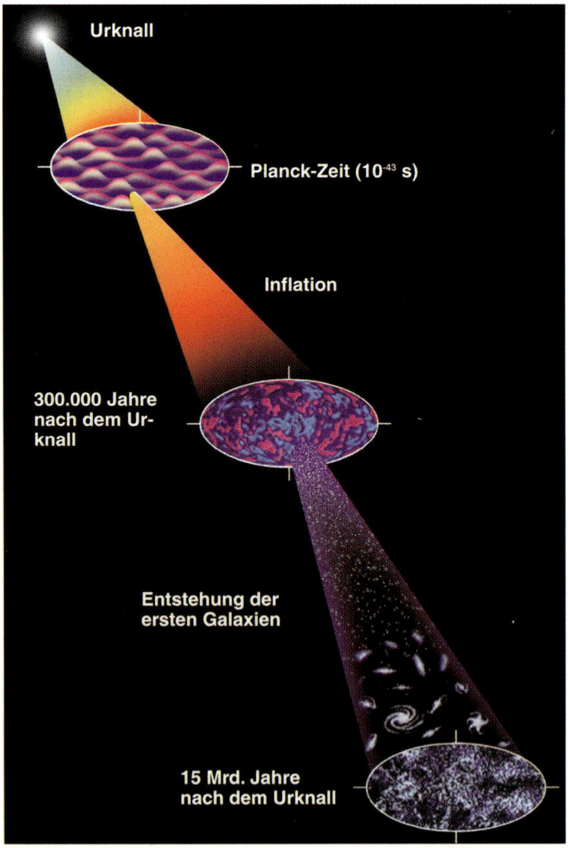

Die inflationäre Phase ereignete sich kurz nach der Entstehung des Universums.

Die Galaxien

Galaxien sind **große Familien von Sternen,** die durch die **Gravitationskraft** zusammengehalten werden. Diese Anhäufungen von Sternen sind die grundlegenden Bausteine des Universums. Dass es eine enorme Anzahl solcher Galaxien gibt, die voneinander unabhängig sind, wurde erst vor relativ kurzer Zeit, genauer gesagt um 1930, entdeckt. Davor war man sich nicht im Klaren, ob diese nebelartigen Objekte, die man im Teleskop beobachtete, **relativ nahe,** d. h. innerhalb unserer Milchstraße, **oder weit entfernt sind.** Folglich sprach man damals auch noch von »Nebeln« und nicht von »Galaxien« (siehe Seite 173).

Verwandte Kapitel

Kosmische Hintergrundstrahlung (Seite 178)
Der Andromedanebel (Seite 185)
Die Lokale Gruppe (Seite 186)
Die Rotverschiebung (Seite 210)

KLASSIFIKATION DER GALAXIEN: Galaxien können in recht unterschiedlicher Form und Ausdehnung auftreten. Eine Galaxie von der Größe unserer Milchstraße (siehe Seite 129) hat eine Gesamtmasse von ca. 100 Mrd. Sonnenmassen. Daneben gibt es auch **Zwerggalaxien** mit ca. 100.000 Sternen, also derselben Anzahl von Sternen, wie man sie auch in einem Kugelsternhaufen (siehe Seite 158) findet. Andererseits gibt es aber auch **Riesengalaxien** wie M 87 im Sternbild Jungfrau, die eine Masse von etwa 2000 bis 3000 Mrd. Sonnenmassen aufweisen.
Die Unterteilung der Galaxien erfolgt nach ihrem Aufbau, d. h. nach der Gestalt, die sie im Teleskop zeigen. Diese Einteilung wurde von **Edwin Hubble** 1925 eingeführt und danach von **Gerard de Vaucouleurs** und **Sidney Van den Bergh** weiterentwickelt. Nach der ursprünglichen Klassifikation von Hubble, die heute noch Gültigkeit hat, werden die Galaxien in drei große Gruppen unterteilt – in **Spiralgalaxien, elliptische** und **irreguläre Galaxien.** 1936 führte Hubble eine weitere Gruppe ein, die so genannten **linsenförmigen Galaxien,** die sich zwischen die elliptischen und die Spiralgalaxien einordnen.

*Oben: M 95, eine Galaxie des Typs SBb.
Unten: M 82 im Großen Bären, eine irreguläre Galaxie.*

SPIRALGALAXIEN: Spiralgalaxien (S) zeichnen sich durch eine **flache Scheibe** aus, in der sich der Großteil der Sterne befindet und in der die **Spiralarme** liegen, die vom Kern ausgehen. Die Spiralgalaxien lassen sich nach dem Verhältnis von Kern und Scheibe unterteilen. So dominiert bei **Sa-Galaxien** der Kern, während bei **Sc-Galaxien** die Spiralarme stark ausgeprägt sind; **Sb-Galaxien** liegen hier in der Mitte.
Einen eigenen Typus bilden die **Spiralgalaxien SB,** die einen »Balken« im Zentrum aufweisen, von dem die Spiralarme ausgehen. Auch diese Gruppe lässt sich weiter unterteilen, und zwar danach, wie eng gewunden die Arme bzw. wie groß der Kern ist.
Insgesamt bilden die Spiralgalaxien rund 61% aller beobachtbaren Galaxien. Bei den Spiralgalaxien findet man in der galaktischen Scheibe, vor allem in den Spiralarmen selbst, **vorwiegend junge Sterne** der Population I (siehe Seite

138). In diesem Bereich kommt es regelmäßig zur Bildung von neuen Sternen. Die **alten Sterne** der Population II befinden sich im Bereich des Kerns und vor allem im Halo, also in den äußeren Zonen der Galaxie. Die Spiralen wiederum sind reich an interstellarer Materie und Gas.

LINSENFÖRMIGE GALAXIEN: Die linsenförmigen Galaxien verdanken ihren Namen der Tatsache, dass sie von der Seite wie **zwei aufeinandergelegte Konvexlinsen** aussehen. Linsenförmige Galaxien mit Balken werden SBO genannt, solche ohne Balken SO. Im Vergleich zu den Spiralgalaxien ist ihre Scheibe weniger stark ausgeprägt; wie diese zeigen sie einen **diffusen Halo,** sodass diese Galaxien insgesamt wie Spiralsysteme ohne Spiralarme wirken. Die linsenförmigen Galaxien machen ca. 22% der beobachteten Galaxien aus.

ELLIPTISCHE GALAXIEN: Bei den elliptischen Galaxien (E) zeigen die Sterne im Wesentlichen eine **symmetrische Verteilung,** die oft kugelähnlich ist, sodass diese Systeme wie große Kugelsternhaufen wirken (siehe Seite 158). Die elliptischen Galaxien werden je nach ihrer Form mit Ziffern von 0 bis 7 bezeichnet, wobei E0 für kugelförmige und E7 für zigarrenförmige elliptische Galaxien steht.
Elliptische Galaxien zeigen sich, je nachdem, aus welchem Blickwinkel man sie betrachet, oft von recht unterschiedlicher Form; so kann sich etwa eine Galaxie vom Typ E0 als durchaus länglich erweisen, wenn man sie in der Richtung der Polachse beobachtet. Elliptische Galaxien bestehen vorwiegend **aus älteren Sternen** der Population II, wobei die hellsten die Roten Riesen sind, die die Galaxie auch farblich dominieren. In diesen Systemen gibt es nur wenig interstellare Materie, sodass es kaum zur Bildung von neuen Sternen kommt.
Elliptische Galaxien können von **recht unterschiedlicher Masse** sein; sie bewegen sich zwischen weniger als 1 Mio. und mehreren tausend Mrd. Sonnenmassen. Die elliptischen Galaxien machen rund 13% des Universums aus.

IRREGULÄRE GALAXIEN: 4% aller bisher beobachteten Galaxien im Universum werden von irregulären Galaxien (Ir) gebildet. Diese Bezeichnung verdanken sie der Tatsache, dass sie keine **Rotationssymmetrie** erkennen lassen. Im Allgemeinen sind sie von sehr geringer Masse (weniger als 1/100 der Milchstraße), sodass sie oft als Begleiter von größeren Systemen auftreten. Ein typisches Beispiel für diese Galaxien sind die **Magellanschen Wolken,** die die Milchstraße begleiten. Die irregulären Galaxien sind reich an interstellarer Materie und **jungen Sternen.**

Oben: M 33 im Sternbild Triangulum, eine Galaxie des Typs Sc. Rechts: M 87 im Sternbild Virgo ist eine Riesenellipsengalaxie des Typs E0.

GALAXIENKLASSEN UND ENTWICKLUNG: Eine Zeit lang nahm man an, dass der Bau der Galaxien eng mit ihrer Entwicklung verbunden sei. Man ging davon aus, dass Galaxien sich als elliptische Systeme bildeten und allmählich eine unregelmäßige Gestalt annahmen. In den heute vorherrschenden Theorien zur Entwicklung von Galaxien ist man von dieser Sichtweise abgekommen. Die Gestalt einer Galaxie scheint vielmehr von anderen Faktoren abzuhängen, insbesondere davon, **in welchen Zeiträumen sich die Sterne in ihrem Inneren bilden.**
Wenn die Sterne eines Systems aus irgendeinem Grund in sehr kurzen Zeiträumen entstehen und dabei eine großen Teil der interstellaren Materie aufbrauchen, so dürfte es zur Bildung einer elliptischen Galaxie kommen. Entstehen die Sterne jedoch nach und nach, sodass sich auch heute noch neue Sterne bilden, so haben wir es mit einer Spiralgalaxie zu tun. Ebenfalls von Bedeutung für die Gestalt einer Galaxie könnte der Umstand sein, ob es zu **Zusammenstößen** oder **Verschmelzungen** von Systemen kommt.

WECHSELWIRKUNGEN ZWISCHEN GALAXIEN: Bisweilen kann man im Teleskop Galaxien erkennen, zwischen denen es gewisse **gravitationsbedingte Wechselwirkungen** zu geben scheint. Der Unterschied zwischen elliptischen und Spiralgalaxien wird heute auch anhand der Theorie der Verschmelzung *(merging)* von Galaxien interpretiert. Demnach könnten sich manche Galaxien, vor allem sehr große, durch Verschmelzung von zwei oder mehr Galaxien gebildet haben, unter Umständen auch von Spiralgalaxien. **Computersimulationen** haben bestätigt, dass sich durch Verschmelzung von Galaxien früher oder später eine Riesenellipsengalaxie bildet. Viel seltener scheint sich das Gegenteil zu ereignen, dass nämlich einer elliptischen Galaxie durch Gravitationseinwirkung Materie entrissen wird und diese spiralähnliche Strukturen bildet.
Wenn es zu einer **Kollison** bzw. einer **Durchdringung** zweier Galaxien kommt, so entstehen extrem starke **Gezeitenkräfte,** die in Galaxien mit großen Mengen an interstellarem Gas dieses verdichten, wodurch die Entstehung neuer Sterne angeregt wird. Es kommt zu einem beschleunigten **Alterungsprozess** der Galaxie, indem durch ein derartiges gewaltsames Ereignis die gesamten Gasvorräte aufgebraucht werden.

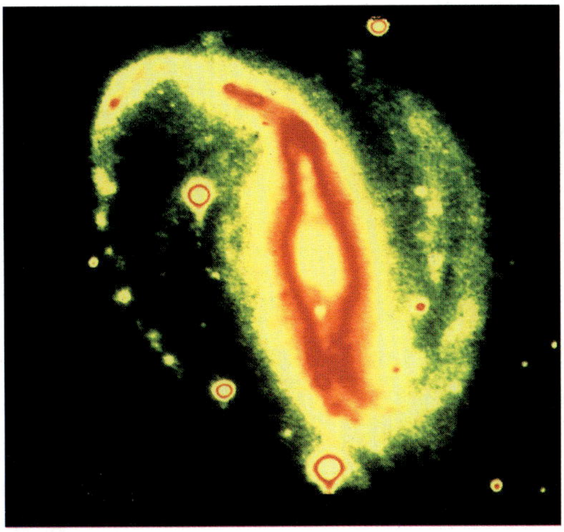

Oben: NGC 3115 ist aufgrund ihrer länglichen Form als E7 klassifiziert. Links: NGC 7479 im Pegasus, eine Galaxie des Typs SBb.

URSPRUNG DER GALAXIEN: Die Urknall-Theorie liefert, wie bereits gesagt, ein Modell für die zeitliche Entwicklung des Universums. Die kosmische Hin-

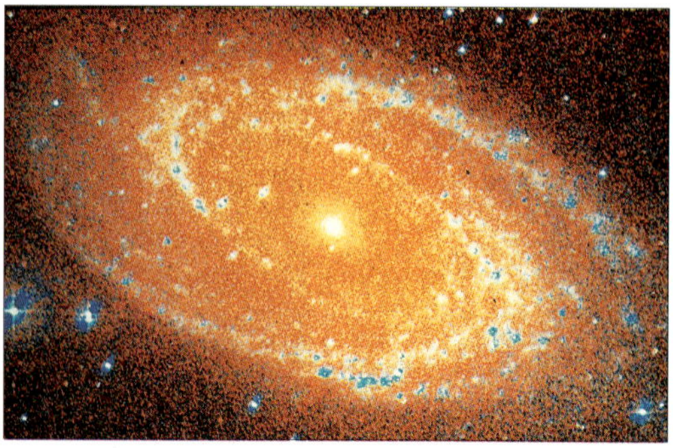

tergrundstrahlung wiederum lässt den Schluss zu, dass das Weltall zu Beginn, als es noch keine Sterne und Galaxien gab, homogen war. Noch ist nicht genau geklärt, wie es zur Bildung von Galaxien kam – doch es gibt dazu einige **vielbeachtete Theorien.**
Die Dichte des Universums wies wohl schon früh minimale **Schwankungen** auf – geringfügige Störungen im gleichmäßigen Gefüge, verursacht durch die unablässige Bewegung der Teilchen, die aufgrund ihrer extrem hohen Temperaturen mit Lichtgeschwindigkeit zirkulierten. Dieser Umstand wurde durch die in der Hintergrundstrahlung beobachteten Schwankungen bestätigt. Als diese Dichteunterschiede, die hier und dort auftraten, ein gewisses Ausmaß erreichten, wurde in dichteren Regionen durch die Gravitation immer mehr Materie angezogen.

ZWEI GEGENSÄTZLICHE MODELLE: Die **Theorie der hierarchischen Haufenbildung** geht davon aus, dass sich zunächst Strukturen bildeten, die etwa 1 Mio. Sonnenmassen aufwiesen, was in etwa der Masse eines Kugelsternhaufens entspricht. Nach und nach kam es zur Vereinigung solcher Strukturen, sodass sich immer größere Anhäufungen bildeten, die schließlich die Masse von 100 Mrd. Sternen hatten, wie das bei den heute vorhandenen Galaxien der Fall ist.
Der nächste Schritt bestand in der Vereinigung von Galaxien zu kleinen Gruppen, **Galaxienhaufen** (siehe Seite 190) und **Superhaufen** (siehe Seite 192). Dieses als »hierarchisch« bezeichnete Modell geht also davon aus, dass die Entwicklung der Strukturen vom Kleinen zum Großen verlief.
Ein anderer Ansatz vertritt die These, dass sich die kleineren Strukturen durch **Aufspaltung (Fragmentierung)** von größeren gebildet hätten. Diese Theorie geht davon aus, dass sich als Erstes die Superhaufen gebildet haben. Diese riesigen Gebilde erstreckten sich demnach über enorme Entfernungen, sodass sie **besonders stark** durch die Expansionsbewegung beeinträchtigt wurden, die mit dem Urknall einsetzte. Sie flachten sich ab und nahmen in der Folge eine zunehmend längliche, zigarrenähnliche Form an. Diese länglichen Gebilde **spalteten** sich schließlich in kleinere Strukturen, die Galaxienhaufen, auf. Erst im nächsten Schritt bildeten sich nach dieser Theorie die Galaxien, die mit der Entstehung der Sterne schließlich sichtbar wurden.
Erst in den vergangenen 20 Jahren wurden **entsprechende Hilfsmittel** entwickelt, um aufgrund von Beobachtungen die Frage beantworten zu können, welcher Theorie der Vorzug zu geben ist. So konnten mit Hilfe von neuen Teleskopen von der Erde aus, vor allem aber mit dem Hubble-Weltraumteleskop eine Reihe von jungen Galaxien beobachtet werden.
Dabei wurden einige elliptische Galaxien fotografiert, wie sie auch in der Nähe unserer Milchstraße vorkommen – jedoch in einer Entfernung, welche eine Entstehungszeit von nur 2 Mrd. Jahre nach dem Urknall vermuten lässt. Dieser Umstand spricht eindeutig **gegen** die Theorie der Abspaltung und für das hierarchische Modell.

Oben: M 81, eine Galaxie des Typs Sb, ist unserer Milchstraße sehr ähnlich.
Unten: M 65 im Sternbild Löwe, eine Galaxie des Typs Sa.

Der Andromedanebel (M 31)

Jene Spiralgalaxie, die unserer Milchstraße am nächsten liegt, befindet sich in Richtung des Sternbilds Andromeda, dem sie ihren Namen verdankt. Sie nimmt die 31. Stelle im Messier-Katalog ein. M 31 ist rund 2,2 Mio. Lichtjahre von der Erde entfernt, hat einen Durchmesser von ca. 200.000 Lichtjahren und enthält etwa 200 Mrd. Sterne, also in etwa doppelt so viele wie unsere Galaxis. Zusammen mit unserer Milchstraße, mit M 33 und ca. 30 anderen Galaxien bildet der Andromedanebel die so genannte **Lokale Gruppe.** Die Bilder, die mit Hilfe von leistungsstarken Teleskopen angefertigt wurden, zeigen deutlich die verschiedenen Bestandteile dieser Galaxie – den Kern, die Spiralarme und auch die beiden kleineren Galaxien, die den Andromedanebel begleiten. M 31 ist das am weitesten entfernte Objekt, das man noch mit freiem Augen sehen kann.

Verwandte Kapitel

Die Galaxien (Seite 185)

Lokale Gruppe (Seite 186)

WIE FINDET MAN DEN ANDROMEDANEBEL: Aufgrund der vielen hellen Sterne in seiner Umgebung ist der Andromedanebel relativ leicht am Himmel auszumachen. In **Herbstnächten** und an **Winterabenden** kann man sehr gut das große Quadrat erkennen, das von vier hellen Sternen des Sternbildes Pegasus gebildet wird. Östlich davon liegt das Sternbild Andromeda, dessen drei hellste Sterne **Alpheratz, Mirach** und **Alamak** fast auf einer Linie liegen. Oberhalb des mittleren Sterns ist M 31 zu erkennen.

ERSTE BEOBACHTUNGEN: Es war der persische Astronom **Abd ar-Rahman as-Sufi,** der in seinem *Buch der Fixsterne* aus dem Jahr 964 n. Chr. zum ersten Mal die Position des Andromedanebels erwähnte. Auf der Zeichnung, die der Astronom vom Sternbild Andromeda anfertigte, stellte er die Galaxie als kleines rundes Gebilde in der Nähe eines der beiden Fische des gleichnamigen Sternbilds dar. Mit dem Teleskop wurde die Galaxie zum ersten Mal am 15. Dezember 1612 beobachtet, und zwar von **Simon Marius.**

DER ZWEIFACHE KERN: Auf Satellitenbildern ist auch der Kern der Galaxie zu erkennen. Das Leuchten des galaktischen Zentrums wird durch die vielen Sterne hervorgerufen, die dort auf relativ engem Raum angehäuft sind. Im Kern ist ein sehr seltenes Phänomen zu beobachten – man findet dort nämlich **zwei benachbarte Gebiete von großer Helligkeit.** Zur Erklärung des Phänomens wurden verschiedene Theorien vorgebracht – zum einen, dass das zweite, etwas weniger helle Gebiet eine Galaxie sein könnte, die aufgrund der vom Andromedanebel ausgehenden Gravitation gleichsam »geschluckt« wurde; zum anderen, dass es sich um einen Kugelsternhaufen handelt, der sich in der Nähe des eigentlichen galaktischen Kerns befindet. Es könnte aber auch sein, dass der Effekt des zweifachen Kerns durch eine **riesige Staubwolke** im Zentrum hervorgerufen wird.

Oben: M 31 mit seinen beiden kleinen Begleitgalaxien.
Unten links: Infrarotaufnahme von M 31;
rechts: G 1, der hellste Kugelsternhaufen von M 31.

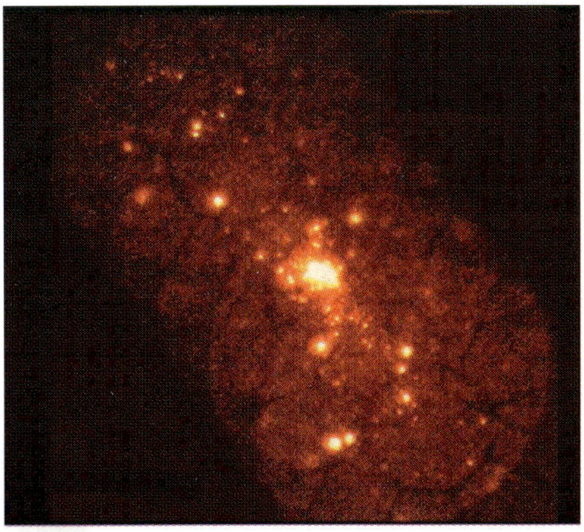

Lokale Gruppe

Unsere Galaxis, die Milchstraße, gehört zu einer kleinen **Gruppe von etwa 30 Galaxien,** der so genannten Lokalen Gruppe. Dieses System, das heute eine stabile Einheit bildet, könnte vielleicht eines Tages mit dem Virgo-Galaxienhaufen verschmelzen, der sich im Zentrum des Lokalen Superhaufens befindet.

ZUSAMMENSETZUNG: Die größten und hellsten Mitglieder der Lokalen Gruppe sind die **Milchstraße** sowie die beiden Objekte, die Messier als **M 31** (siehe Seite 185) und **M 33** klassifizierte; Letztere, die **Triangulum-Galaxie,** auch **Dreiecksnebel** genannt, ist knapp halb so groß wie die Milchstraße.
Rund um die beiden massereichsten Galaxien, die Milchstraße und M 31, kreisen zwei bis drei Dutzend kleinere Galaxien, bei denen es sich um irreguläre oder Zwergellipsengalaxien handelt. In der Nähe der Milchstraße findet man die **Große** und die **Kleine Magellansche Wolke,** die knapp 200.000 Lichtjahre von unserer Galaxis entfernt sind. Daneben sind folgende Zwerggalaxien zu nennen, die so wie die Magellanschen Wolken **Begleiter** unserer Milchstraße sind: Sagittarius, Ursa Minor, Draco, Sextans, Sculptor, Fornax, Leo I und Leo II.
Lange Zeit nahm man an, dass die beiden Magellanschen Wolken die Galaxien seien, die der Milchstraße am nächsten lägen. Heute jedoch weiß man, dass uns die Zwergellipsengalaxie **Sag DEG** *(Sagittarius Dwarf Elliptical Galaxy)* im Sternbild Schütze mit einer Distanz von nur 80.000 Lichtjahren noch näher liegt. Dass diese Galaxie erst 1994 entdeckt wurde, liegt daran, dass sie nicht sehr hell ist und dass sie aufgrund ihrer großen scheinbaren Ausdehnung nur schwer als einheitliches Gebilde zu erkennen ist.
Die Andromedagruppe umfasst die beiden hellen Galaxien **M 32** und **M 110** (zwei elliptische Galaxien, die um den Andromedanebel wandern), NGC 147 und NGC 185 sowie die Systeme Andromeda I, II, III und (wahrscheinlich) IV. Die Triangulum-Galaxie (M 33) ist deutlich kleiner als die Milchstraße und der Andromedanebel. Sie hat zwar ebenfalls einen kleinen Begleiter, die Galaxie LGS 3 – es ist aber dennoch nicht auszuschließen, dass sie zur Andromedagruppe gehört.
Ein interessantes Faktum ist, dass es in der Lokalen Gruppe **nur drei Spiralgalaxien** gibt – die Milchstraße, den Andromedanebel und die Triangulum-Galaxie; alle anderen sind entweder **irreguläre** oder **Zwergellipsengalaxien,** die um die großen Spiralgalaxien wandern. Eine ähnliche Verteilung dürfte auch in anderen Galaxiengruppen gegeben sein.

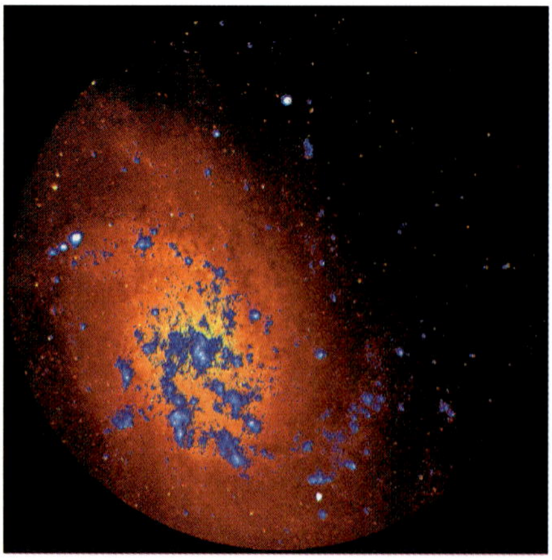

Es sind noch eine Reihe anderer Galaxien durch die Gravitationskraft mit der Lokalen Gruppe verbunden, ohne jedoch einer der großen Untergruppen anzugehören. So gibt es einige Systeme von unterschiedlicher Größe, die möglicherweise einmal enger mit unserer Gruppe verbunden waren: die Gruppe um **Maffei 1,** der auch Maffei 2 und IC 342 angehören, die Gruppe um **M 81,** eine große Spiralgalaxie, die Gruppe um **M 83** sowie die Galaxiengruppe, die in der Richtung des **galaktischen Südpols** liegt.

Verwandte Kapitel

Der Urknall (Seite 175)
Der Andromedanebel (Seite 185)
Galaxienhaufen (Seite 190)
Galaxien-Superhaufen (Seite 192)

Oben: Ein spektakuläres H-II-Gebiet (NGC 604) in der Galaxie M 33. Unten: Die Triangulum-Galaxie, mit dem UV-Teleskop aufgenommen.

Der Hubble-Effekt

1929 entdeckte Edwin Hubble ein später nach ihm benanntes Gesetz, in dem ein Zusammenhang zwischen der **Fluchtgeschwindigkeit** von extragalaktischen Objekten, wie z. B. fernen Galaxien, Quasaren usw., und ihrer **Entfernung** hergestellt wird.

DIE HUBBLE-KONSTANTE H_0: Der Hubble-Effekt wird durch folgenden Zusammenhang beschrieben: **$V = H_0 \cdot r$,** wobei **V** die Fluchtgeschwindigkeit der betreffenden Galaxie ist, die sich mit Hilfe der Spektroskopie messen lässt, und **r** für die Entfernung der Galaxie steht. Die so genannte Hubble-Konstante H_0 drückt also ein Verhältnis zwischen Geschwindigkeit und Entfernung aus; ihre Dimension ist Zeit^{-1}, sodass ihr Kehrwert in etwa das **Alter des Universums** ausdrückt. Als Einheiten sind km/s für die Geschwindigkeit und Megaparsec für die Entfernung gebräuchlich (1 Megaparsec [Mpc] = 1.000.000 pc = 3.260.000 Lichtjahre). Die Hubble-Konstante wird folglich **in km/s pro Mpc** angegeben. Dieses Gesetz lässt sich folgendermaßen deuten: Alle Galaxien entfernen sich von der unseren mit einer Geschwindigkeit, **die proportional zu ihrer Entfernung von uns ist.** Je größer die Entfernung einer Galaxie, umso höher ist die Geschwindigkeit, mit der sie sich entfernt.
Die Bestimmung der Hubble-Konstante ist in der Astronomie seit langem eine sehr umstrittene Frage. Wenn es gelingen würde, diese Konstante zu bestimmen, so könnte man daraus die **Größe** und das **Alter** des Universums ableiten. Je höher der Wert für H_0, umso geringer wäre das Alter des Universums.

DER WERT FÜR H_0: Es war Edwin Hubble selbst, der den ersten Wert für die Konstante H_0 angab; anhand seiner Beobachtungen verschiedener Galaxien kam er auf einen Wert von 540 km/s pro Mpc. Nach diesem hohen Wert würde sich das Alter des Universums auf nur 2 Mrd. Jahre belaufen. Dies ist schon allein deshalb unmöglich, weil das Alter mancher Gesteine auf der Erde mindestens 4 Mrd. Jahre betragen dürfte.
Heute gibt es zwei verschiedene Ansätze, was den Wert der Konstante betrifft. Eine texanische Gruppe um den Astronomen **Gerard de Vaucouleurs** tritt für einen Wert von 100 km/s pro Mpc ein, während eine kalifornische Gruppe um **Allan Sandage** einen viel niedrigeren Wert, nämlich 50 km/s pro Mpc annimmt. Heute spricht einiges dafür, dass der Wert etwa in der Mittel liegen dürfte, nämlich zwischen 70 und 80 km/s pro Mpc. Mit diesem Wert wäre das Universum **13 bis 14 Mrd. Jahre** alt.

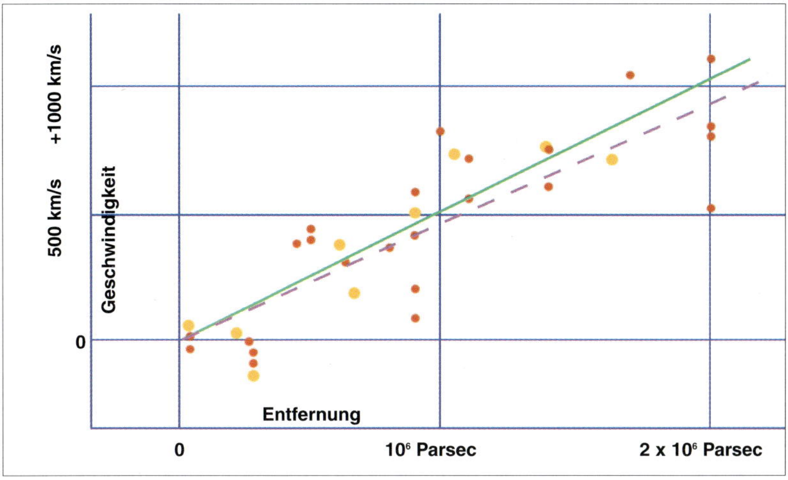

Oben: Edwin Hubble.
Links: Grafische Darstellung des Hubble-Effekts. Die Punkte stellen Galaxien dar.

Verwandte Kapitel

Der Urknall (Seite 175)
Kosmische Hintergrundstrahlung (Seite 178)
Die Inflation (Seite 180)
Die Rotverschiebung (Seite 210)
Die allgemeine Relativitätstheorie (Seite 218)

Dunkle Materie

Verwandte Kapitel

Kosmologie
(Seite 173)

Die Galaxien
(Seite 181)

Galaxienhaufen
(Seite 190)

In der Astronomie kann man grundsätzlich nur das direkt beobachten, was eine **elektromagnetische Strahlung,** insbesondere Licht, aussendet. Eine der wenigen Ausnahmen stellen hierbei die **Neutrinos** dar (siehe Seite 216). Die sichtbare Materie strahlt aufgrund von bestimmten Prozessen in ihrem Inneren Licht ab, wie dies etwa bei den Sternen der Fall ist, oder sie leuchtet aufgrund von Licht, das von außen kommt, wie wir das von den Planeten oder den Nebeln kennen.
Es ist jedoch nicht so, dass alle Materie **sichtbar** ist; es kommt immer wieder vor, dass Materie keinerlei Licht abstrahlt oder reflektiert oder dass sie so transparent ist, dass sie auch dann nicht gesehen werden kann, wenn Licht darauf fällt. In der Astronomie wird solche **unsichtbare** Materie als dunkle Materie bezeichnet.
Doch auch diese dunkle Materie ist gewissen Wechselwirkungen unterworfen. Sie unterliegt der Gravitationskraft, die von anderen Körpern ausgeht, und sie beeinflusst ihrerseits die Bahnen der Himmelskörper aufgrund ihres **eigenen Gravitationsfeldes.** Anhand der Beobachtung von Abweichungen in der Bahn der Sterne und Galaxien konnte man erkennen, dass es im Universum tatsächlich dunkle Materie geben muss – ja, man schätzt sogar, dass bis zu **99%** der Materie im Universum unsichtbar sein dürfte.

Oben: Die Spiralgalaxie M 33 im Sternbild Dreieck. Unten: Falschfarbenaufnahme von NGC 1672. Die helleren Zonen stellen Wolken von ionisiertem Gas dar.

NACHWEIS DER DUNKLEN MATERIE: Der erste Astronom, der die Existenz einer solchen dunklen Materie vorhersagte, war **Jan Oort.** Er untersuchte die Gravitationseinflüsse der galaktischen Scheibe auf die Bewegung nahegelegener Sterne und ermittelte einen Wert für die Gesamtmasse der galaktischen Scheibe; dieser Wert war jedoch doppelt so hoch, als man ihn aufgrund der Gesamtzahl der Sterne und Nebel angenommen hatte.
Ebenfalls zu Beginn der 30er-Jahre gab es einen anderen Astronomen, nämlich **Fritz Zwicky,** der den Virgo-Galaxienhaufen untersuchte und dabei zu dem Schluss kam, dass die von ihm beobachteten Galaxien nur ein Zehntel der Masse ausmachten, die notwendig ist, um den Galaxienhaufen durch die Gravitation zusammenzuhalten. Da der Haufen jedoch durchaus stabil erschien, musste die fehlende Masse von einer unsichtbaren Materie gebildet werden, deren Masse **weit über der der beobachtbaren Materie** liegen musste. Aus diesen beiden Untersuchungen lässt sich also der Schluss ziehen, dass es sowohl innerhalb als auch außerhalb der Galaxien dunkle Materie geben muss.

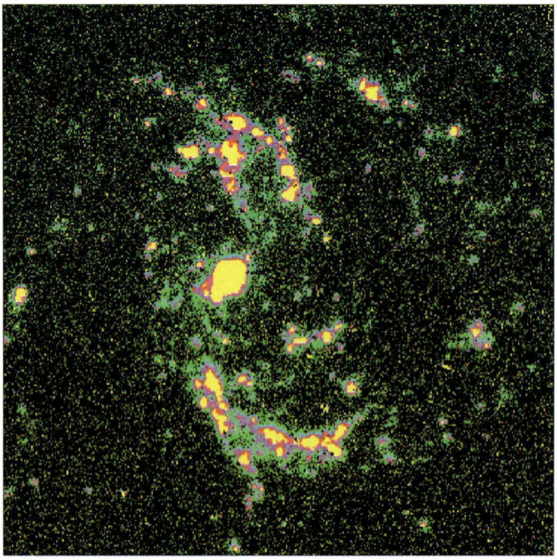

Seit damals wurden immer mehr Beweise für das Vorhandensein der unsichtbaren Materie gesammelt. Eine der Methoden zum Aufspüren dieser Materie beruht auf der Rotationsgeschwindigkeit der Spiralarme einer Galaxie. Dabei bedient man sich eines Diagramms, das eine Beziehung zwischen der **Rotationsgeschwindigkeit** und der **Dis-**

tanz zum Zentrum (radiale Distanz) herstellt. Aufgrund des dritten Keplerschen Gesetzes hätte man vermuten können, dass die Geschwindigkeit mit zunehmender Entfernung vom Zentrum abnimmt. In vielen Fällen ist dies jedoch offensichtlich nicht der Fall. Die **Rotationskurve** zeigte nämlich einen anderen Verlauf als angenommen, so als würden die weiter außen gelegenen Sterne der Galaxie von einer riesigen unsichtbaren Masse »angetrieben« werden.

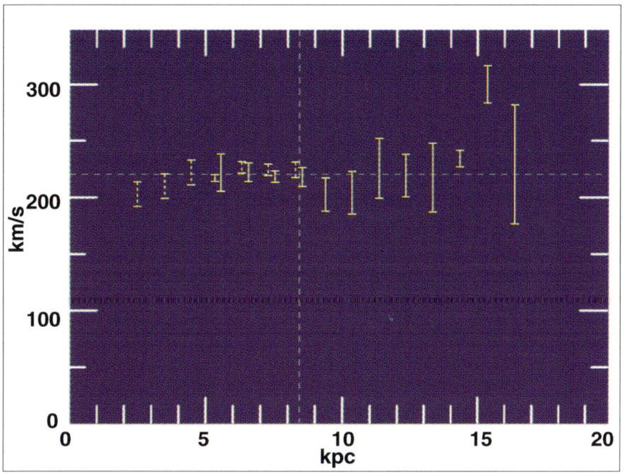

ZUSAMMENSETZUNG: Da die dunkle Materie unsichtbar ist, hat man über ihre Zusammensetzung keinerlei Gewissheit. Es gibt jedoch eine ganze Reihe von **Theorien** darüber, wie diese Materie beschaffen sein könnte.
In der Physik wird die Materie grundsätzlich in zwei Klassen unterteilt – Materie, die aus **Baryonen** aufgebaut ist, und Materie, die **nicht** aus Baryonen besteht. Bei ersterer handelt es sich um »herkömmliche« Materie, die aus Protonen, Elektronen und Neutronen aufgebaut ist und die sich in den ersten Phasen nach dem Urknall gebildet hat.
Unsichtbare baryonische Materie tritt z. B. in Form von Planeten oder kleinen Sternen auf, die nur wenig Licht abstrahlen. Solche Körper, **Machos** genannt, werden mit geeigneten Teleskopen erforscht, mit denen eventuelle Effekte wahrgenommen werden können, wie sie von solchen Körpern verursacht werden; so kann es durch das Phänomen der **Gravitationslinse** (siehe Seite 197) zu einem kurzfristigen Helligkeitsanstieg kommen, wenn ein derartiger Körper an einem Stern vorüberwandert. Millionen von Sternen werden heute untersucht, um den Typ und die Masse solcher unsichtbarer Körper zu ermitteln. Jüngste Ergebnisse haben gezeigt, dass ein Teil der dunklen Materie im Halo der Milchstraße aus Weißen Zwergen bestehen könnte.
Es gibt jedoch auch Materie, die nicht aus herkömmlichen Elementarteilchen (Baryonen) aufgebaut ist. Hier sind vor allem die **Neutrinos** zu nennen. Wenn diese Teilchen tatsächlich über eine nicht zu vernachlässigende Masse verfügen, was noch nicht gesichert erscheint, so würden sie angesichts der unglaublichen Mengen, in denen sie vorkommen, einen beträchtlichen Teil der dunklen Materie bilden. Ebenfalls zu dieser Kategorie gehören die so genannten **WIMPs** (*Weakly Interacting Massive Particles* = Schwach wechselwirkende massive Elementarteilchen). Es sind dies elektrisch neutrale Teilchen, die nur schwache Wechselwirkungen mit der herkömmlichen Materie eingehen. Eines dieser Teilchen ist das **Photino,** das dem Photon der herkömmlichen Materie entspricht.
Aufgrund von jüngsten Forschungen kam man zu der Ansicht, dass auch die dunkle Materie nur etwa **10%** jener kritischen Masse ausmacht, die notwendig wäre, damit die Ausdehnung des Universums infolge des Urknalls sich eines Tages wieder umkehren und zu einer Kontraktion führen könnte.

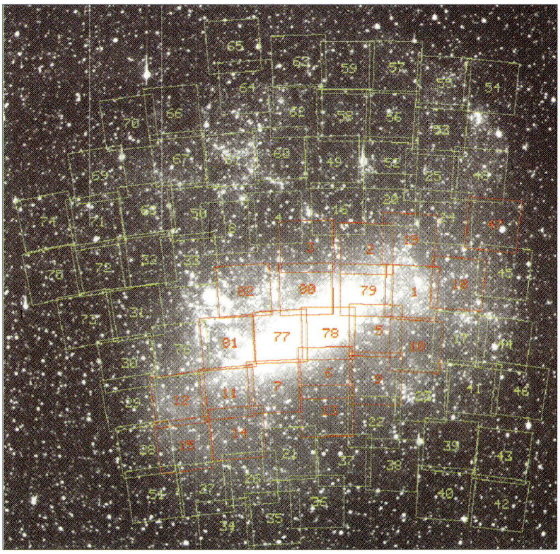

Oben: Die Rotationskurve einer Spiralgalaxie. Die Geschwindigkeit bleibt bei größerer Entfernung relativ konstant.
Unten: Die Große Magellansche Wolke. In dieser Richtung werden oft unsichtbare Körper (Machos) gesucht.

Galaxien-Superhaufen

Verwandte Kapitel

Die Galaxien (Seite 181)
Dunkle Materie (Seite 188)
Galaxienhaufen (Seite 190)

Oben: Abbildung des Virgo-Haufens.
Unten: Die Verteilung einer enormen Zahl von Galaxien. Sehr gut sind die Voids, die leeren Gebiete, zu erkennen.

Himmelskörper zeigen grundsätzlich die Tendenz, sich zu **Einheiten zusammenzuschließen.** Die Sterne bilden Doppel- und Mehrfachsysteme bzw. offene Haufen und Kugelsternhaufen.
Dasselbe gilt für viele Galaxien, die sich ebenfalls zu **Gruppen** (siehe Seite 186) oder **Haufen** zusammenschließen, in denen hunderte oder gar tausende solcher Objekte vereinigt sind. Die größten Verbände werden von den so genannten Galaxien-Superhaufen gebildet.

DER LOKALE SUPERHAUFEN: In der zweiten Hälfte der 50er-Jahre wies der französische **Astronom Gerard de Vaucouleurs** nach, dass der Großteil der hellsten beobachtbaren Galaxien einer noch größeren Struktur angehört, in deren Zentrum sich der Virgo-Haufen befindet, in dessen Randbereich auch unsere Lokale Gruppe zu finden ist. Diese Struktur nannte Vaucouleurs den »Lokalen Superhaufen«.
Der Lokale Superhaufen nimmt einen Raum von einigen Dutzend Megaparsec ein, das ist bis zu einigen Dutzend Mal so viel wie die Galaxienhaufen. Im Inneren des abgeflachten Superhaufens sind die Galaxien **nicht gleichmäßig verteilt,** sondern bilden ihrerseits einzelne Verbände, wie die Lokale Gruppe. Der Lokale Superhaufen ist nur einer von **rund 50 Superhaufen,** die bisher beobachtet wurden.

GROSSRÄUMIGE STRUKTUREN IM UNIVERSUM: Mit der Untersuchung der Galaxienhaufen und Superhaufen wird auch versucht, die Struktur des Universums insgesamt zu erforschen bzw. zu erfahren, wie die Materie im Weltall verteilt ist. So stellte man in den letzten 15 Jahren fest, dass es zwischen den dünnen, schalenförmigen Gebieten mit hoher Galaxiendichte auch riesige Gebiete gibt, in denen nur wenige oder gar keine Galaxien zu finden sind. Diese Gebiete werden als **Voids** (leere Gebiete) bezeichnet, an deren Rand die Haufen und Superhaufen angesiedelt sind. Außerdem wird zur Zeit untersucht, ob diese Voids tatsächlich leer sind oder ob sie **dunkle Materie** enthalten.

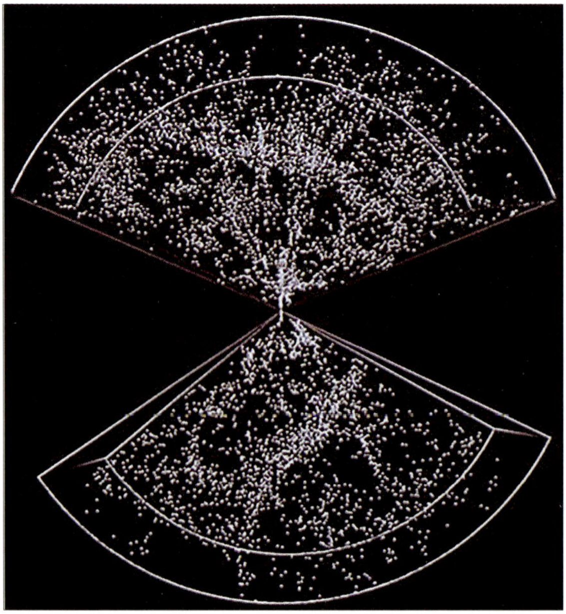

Aus dem Studium der Bewegungen der Galaxien, die sich zur allgemeinen Expansionsbewegung des Universums gesellen (siehe Seite 175), wissen wir, dass es in der Richtung des Sternbilds **Schütze** eine enorme **Materiekonzentration** zu geben scheint, die mit ihrer Schwerkraft sogar den Lokalen Superhaufen anzieht.

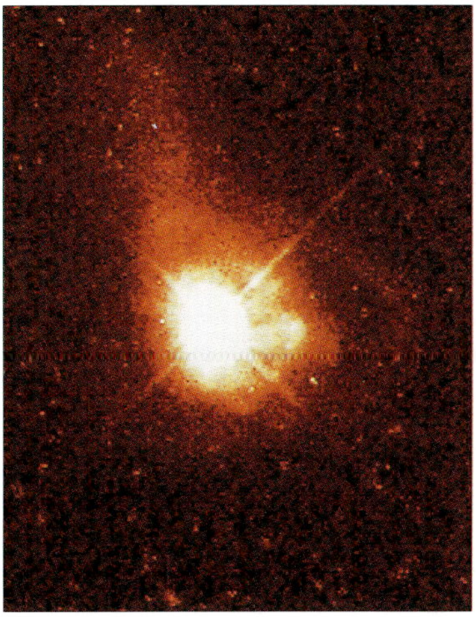

Quasare

In den 60er-Jahren waren bereits eine beträchtliche Anzahl von **Seyfert-Galaxien** (siehe Seite 195) und **Radiogalaxien** bekannt.
Nicht immer jedoch erfolgte die Entdeckung einer Radiogalaxie, **nachdem** man sie optisch wahrgenommen hatte. Bisweilen kam es auch vor, dass die Radioastronomen Emissionen wahrnahmen, worauf ihre Kollegen die Teleskope auf die entsprechende Stelle richteten, um die betreffende Galaxie zu finden. Im Laufe der Suche nach einer solchen Galaxie machte man eine außergewöhnliche Entdeckung: Aufgrund der optischen Beobachtungen sah es so als, als würden einige dieser Radioquellen **keine Galaxien** sein, wie man es erwartet hätte, sondern sternähnliche Körper. Daher dachte man, dass es sich um eine eigene, bisher **unbekannte Klasse von Radioquellen** handelte, die man mit dem Namen Quasar bezeichnete, was sich vom englischen *quasistellar radio source* (sternähnliche Radioquelle) ableitet.

Verwandte Kapitel

Radiogalaxien (Seite 194)

Aktive galaktische Kerne (Seite 195)

Die Rotverschiebung (Seite 210)

ENTFERNUNGEN DER QUASARE: Überraschend war, dass die optischen Spektren der Quasare denen der Seyfert-Galaxien sehr ähnlich waren. Daraus schloss man, dass es sich auch bei den Quasaren, trotz ihrer sternähnlichen Erscheinung, im Prinzip um Galaxien bzw. deren Kerne handeln musste. Die Frage war nur, warum sie dann optisch wie Sterne wirkten. Die Lösung des Rätsels wurde erst nach einiger Zeit gefunden. Die Kerne dieser Galaxien, die von der Größe unseres Sonnensystems sind, mussten **viel heller** als die der Seyfert-Galaxien sein; dadurch, dass sie ihre Umgebung überstrahlen, können keine Spiralarme zu sehen sein. Anhand der Messung der **Rotverschiebung** (siehe Seite 210) im Spektrum der Quasare konnte man schließen, dass sie sich mit Fluchtgeschwindigkeiten von mehreren Zehntausend km/s bewegen und sich deshalb in Entfernungen von über 10 Mrd. Lichtjahren befinden müssen. Die Quasare gehören somit zu den am weitesten entfernten Himmelskörpern des Universums.
Da man mit der Zeit feststellte, dass nur ein geringer Teil der Quasare eine nennenswerte Radiostrahlung aussendet, spricht man heute eher von »quasistellaren Objekten« **(QSO** = *quasistellar objects).*

QUASARE UND AKTIVE KERNE: Heute zählt man die Quasare zu den **aktiven galaktischen Kernen.** Rein spektroskopisch gesehen, lässt sich ein Quasar nicht von einer Seyfert-Galaxie des Typs 1 unterscheiden.
Man geht heute davon aus, dass auf 100.000 Galaxien ein Quasar kommt. Blickt man jedoch in die Vergangenheit bzw. in Entfernungen über 10 Mrd. Lichtjahre, so kommt auf 100 Galaxien ein Quasar. Die am weitesten entfernten dieser Objekte, deren Distanz mehr als **10 Mrd. Lichtjahre** beträgt, dürften sich bereits gebildet haben, als das Alter des Universums 2 bis 3 Mrd. Jahre betrug.

Oben: Der Quasar PKS 2349 bei der Kollision mit einer anderen Galaxie. Links: Der Quasar PG 0052-251, der 1,4 Mrd. Lichtjahre entfernt ist.

Radiogalaxien

Verwandte Kapitel

Quasare
(Seite 193)

Aktive galaktische Kerne
(Seite 195)

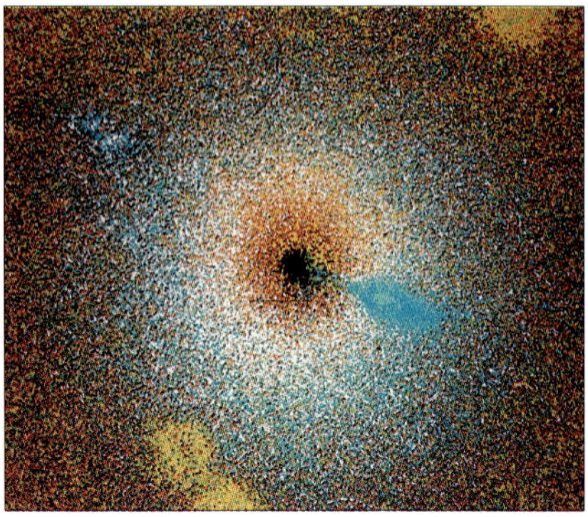

Als Radiogalaxien gelten jene Galaxien, deren Emissionen im Bereich der Radiowellen besonders stark sind. Jüngsten Theorien zufolge gehören diese Objekte zu den **aktiven galaktischen Kernen,** d. h., dass sie auch mit den Quasaren eine Reihe von Merkmalen gemeinsam haben. Man schätzt heute, dass auf eine Million Galaxien eine Radiogalaxie kommt.

MERKMALE: Radiogalaxien treten meist in Form von **elliptischen Riesengalaxien** auf, deren Kern kleiner als 1 Parsec ist. Mit Hilfe von Radioteleskopen kann man ihre langwellige Strahlung auffangen, die tausend bis mehrere Millionen Mal stärker ist als die der Milchstraße in diesem Wellenlängenbereich. Spiralgalaxien zeigen viel schwächere Radioemissionen, und ihre Kerne sind in der Regel um einiges größer (sie können sich über einige Dutzend oder gar 1000 Parsec erstrecken).
Die Radioemissionen elliptischer Galaxien haben ihren Sitz im Allgemeinen **nicht im interstellaren Raum der Galaxie,** wie dies bei den schwachen Emissionen herkömmlicher Galaxien der Fall ist, sondern meist weit außerhalb des Zentrums, wo die Teleskope nur leeren Raum wahrnehmen. Es handelt sich bei der abgegebenen Strahlung um so genannte **Synchrotronstrahlung** (siehe Seite 215).
In den meisten Fällen zeigen Radiogalaxien stark gebündelte **Strahlen (Jets),** die aus den Kernen herausschießen, was auf die Aktivität im Kern schließen lässt. Charakteristisch ist auch die Form der Radioquelle, die in den meisten Fällen durch zwei große »Radioblasen« oder »Radioflügel« an einander entgegengesetzten Seiten des Kerns bestimmt ist. Diese Blasen können sich über Millionen Lichtjahre erstrecken. Die Quelle der Aktivität dürfte **im Kern** der Radiogalaxie zu suchen sein, wo man, so wie in anderen aktiven galaktischen Kernen, ein enormes **Schwarzes Loch** vermutet.

TYPISCHE RADIOGALAXIEN: Als Prototyp der Radiogalaxien wird **Cygnus A** betrachtet – aber auch **M 87,** die im Messier-Katalog aufscheint, ist ein gutes Beispiel für diesen Galaxientypus. Cygnus A ist eine der stärksten Radioquellen am Himmel; es handelt sich um eine Riesenellipsengalaxie in der Richtung des Sternbilds Cygnus (Schwan), deren Durchmesser ca. 300.000 Lichtjahre beträgt. Sie zeigt zwei ausgedehnte Radioblasen, die sich über mehr als 3 Mio. Lichtjahre erstrecken und deren Radioemissionen **das Zehnmillionenfache** einer normalen Galaxie ausmachen. Bei M 87 wiederum handelt es sich um eine Riesenellipsengalaxie inmitten des Virgo-Haufens (siehe Seite 190). Neben den Radioemissionen zeigt sie auch einen Materiestrahl in der Beobachtungsrichtung.

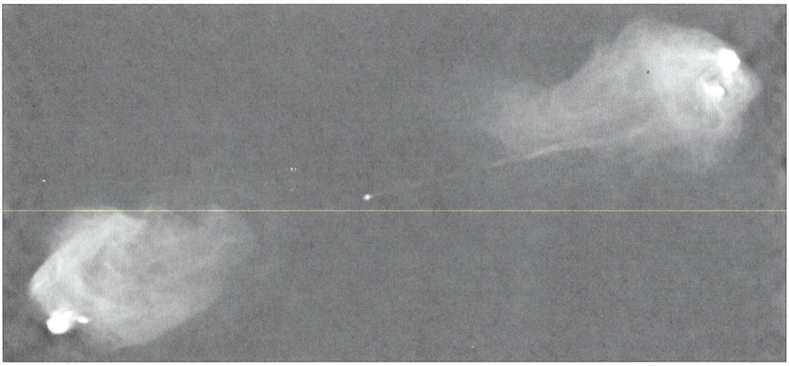

Oben: Falschfarbenaufnahme von M 87.
Rechts: Cygnus A; die Radiogalaxie liegt zwischen den beiden Radioflügeln.

Aktive galaktische Kerne

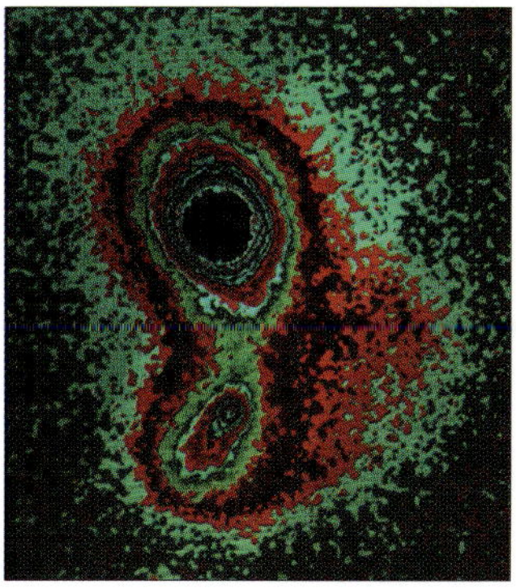

Unter der Bezeichnung »Aktive galaktische Kerne« werden verschiedene Typen von Galaxien zusammengefasst, die in der klassischen Unterteilung von **Edwin Hubble** (siehe Seite 181) noch nicht vorkamen. Dazu zählt man Quasare, Radiogalaxien, Seyfert-Galaxien, Markarian-Galaxien sowie die BL-Lac-Objekte. Es kommt jedoch teilweise zu **Überlappungen** zwischen den verschiedenen Kategorien, je nachdem, welche Kriterien man für die Unterteilung heranzieht.
Bei den aktiven galaktischen Kernen oder aktiven Galaxien handelt es sich um Galaxien, die sich durch die Freisetzung großer Energiemengen auszeichnen, deren Quelle in der Regel der Kern ist.

Verwandte Kapitel

Die Galaxien (Seite 181)

Quasare (Seite 193)

Radiogalaxien (Seite 194)

SEYFERT-GALAXIEN: Der Astronom **Carl Seyfert** entdeckte 1943 im optischen Spektralbereich eine Reihe von Galaxien, die sich durch einen **besonders kleinen** und **sehr hellen Kern** auszeichnen. Auffallend sind die starken und breiten Emissionslinien der Spektren. Es handelt sich um **Spiralgalaxien** wie die Milchstraße, die jedoch einen Kern mit einem Durchmesser von 1000 Lichtjahren besitzen, der bis zu 50% der Gesamtstrahlung der Galaxie beisteuern kann.
Die Infrarotstrahlung von Seyfert-Galaxien kann einige tausend Mal **stärker** sein als die einer herkömmlichen Galaxie und kann sich innerhalb eines Jahres, manchmal sogar innerhalb eines Monats **verdoppeln.** Bisweilen gehen vom Kern auch beträchtliche Radioemissionen aus, die jedoch nicht mit denen der großen Radiogalaxien zu vergleichen sind.
Man unterscheidet **zwei Typen** von Seyfert-Galaxien: **Seyfert-1-Galaxien** strahlen stark im Röntgenbereich und haben Linien, deren Breite auf Geschwindigkeiten von bis zu 10.000 km/s hindeutet. Die **Seyfert-2-Galaxien** hingegen strahlen stärker im Infrarot- und Radiobereich, wogegen die Breite ihrer Linien nur auf Geschwindigkeiten von bis zu 1000 km/s schließen lässt.

MARKARIAN-GALAXIEN: Aufgrund der Untersuchung von Farbe und Spektrum normaler Galaxien weiß man, dass das Licht aus dem Zentralbereich dem der Sonne recht ähnlich ist. Es befinden sich nämlich im Kern der Galaxien großteils Sterne der Spektralklassen **G** und **K** (siehe Seite 131). Im Gegensatz dazu stellte der armenische Astronom **B. E. Markarian** zu Beginn der 60er-Jahre fest, dass es unter den hellsten Galaxien welche gibt, deren Zentralbereich vorwiegend blaues Licht abstrahlt und reich an Sternen der Klassen **A** und **F** ist.
Es gibt **zwei Typen** von Markarian-Galaxien; die vom Typ **s** haben einen hellen sternähnlichen Kern, jene vom Typ **d** erscheinen hingegen eher diffus. Bei Letzteren scheint es sich um Anhäufungen von Gas und jungen Blauen Riesen zu handeln. Galaxien vom Typ **s** haben einen sternförmigen Kern, der die umgebende Galaxie überstrahlt. Markarian-Galaxien zeichnen sich durch eine außerordentlich starke Kontinuumstrahlung im **UV-Bereich** aus.

BL-LAC-OBJEKTE: Benannt sind diese Objekte nach ihrem Prototyp **BL Lacertae,** wobei Lac für Lacerta, das Sternbild **Eidechse,** steht. Entdeckt wurde dieses Objekt 1929, worauf man es als **veränderlichen Stern** klassifizierte (siehe Seite 160), da seine Helligkeit um drei Größenklassen variierte. 1968 stellten die kanadischen Astronomen **Mac Leod** und **Andrew** fest, dass die Radioquelle VRO 42.22.01, die von Astronomen

Oben: QSO 0351+26 besteht aus einem Quasar und einer lichtschwachen Galaxie (unten).
Links: Die Galaxie M 51 zeigt ähnliche Phänomene wie eine Seyfert-Galaxie.

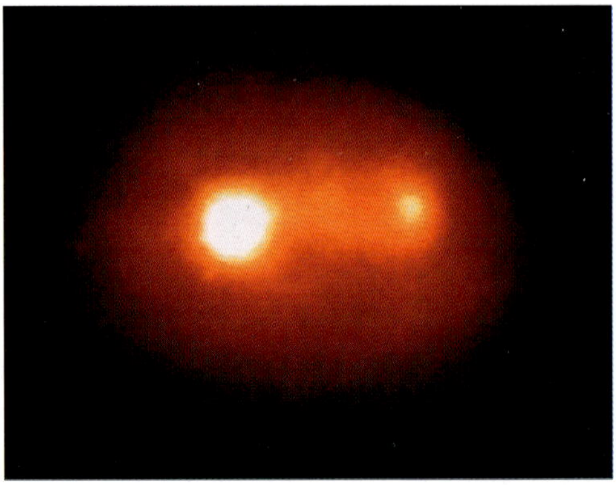

der Universität von Illinois entdeckt worden war, ein außergewöhnliches Radiospektrum aufwies. **J. Schmitt** machte die Beobachtung, dass dieses Spektrum mit dem von BL Lacertae übereinstimmte. Wenig später entdeckte man andere interessante Merkmale: Die Radioemissionen variieren mit Perioden von einigen Tagen bis mehreren Monaten; außerdem ist die Strahlung solcher Objekte **stark polarisiert.** Bemerkenswert ist auch, dass die Variationen im optischen Bereich in viel kürzeren Zeiträumen (in der Größenordnung von einem Tag) zu beobachten sind. Die Spektren zeigen keine Emissionslinien und nur schwache Absorptionslinien. 1973 gelang es **J. B. Oke** und **J. E. Gunn,** das Spektrum der elliptischen Galaxie rund um das helle sternähnliche Objekt BL Lacertae zu ermitteln, wodurch die Entfernung bestimmt werden konnte, die bei **420 Megaparsec** liegen dürfte.

DIE URSACHE – EIN SCHWARZES LOCH: Heute weiß man, dass es eine ganze Reihe verschiedener Galaxienkerne gibt, die mehr oder weniger aktiv sind. Die Skala reicht von normalen Galaxien wie der Milchstraße, deren Kern nur schwache Anzeichen einer Aktivität zeigt, bis zu Seyfert- und Markarian-Galaxien, die ähnliche Phänomene wie die Quasare aufweisen.

Oben: Der Doppelkern der Galaxie Markarian 315. Unten: Die Galaxie NGC 4319 scheint mit dem schwachen Quasar Markarian 205 verbunden zu sein.

Man geht heute davon aus, dass der Ursprung für diese Aktivität in allen Fällen die gleiche sei, nämlich ein riesiges **Schwarzes Loch** (siehe Seite 150). Demnach würde sich Materie in einer Akkretionsscheibe sammeln und auf das Schwarze Loch fallen; aufgrund des hohen Gas- und Strahlungsdrucks würde jedoch ein großer Teil der Materie in der Akkretionsscheibe nach außen beschleunigt, und zwar in Form von entgegengesetzten Materiejets. Die Masse der Schwarzen Löcher müsste sich im Bereich von 100 Mio. bis zu 1 Mrd. Sonnenmassen bewegen.

Die Unterschiede zwischen den einzelnen aktiven galaktischen Kernen könnten nur **scheinbare** sein und lediglich durch den unterschiedlichen Blickwinkel verursacht werden. Wenn man die Akkretionsscheibe von der Seite sieht, sind beide Materiejets zu erkennen, während die Galaxie vom Staub verdunkelt wird. Die Radiowellen dringen **jedoch ungehindert** durch die Materiescheibe – wir haben es also mit einer **Radiogalaxie** zu tun. Sieht man die Galaxie jedoch so, dass die Jets in der Beobachtungsrichtung liegen, so erscheinen sie stark veränderlich, wie dies bei den **BL-Lac-Objekten** der Fall ist. Wenn die Akkretionsscheibe geneigt ist, so kann man einen Jet sehen, sodass wir eine Radiogalaxie oder einen **Quasar** wahrnehmen. Es hat außerdem den Anschein, dass es sich bei Quasaren und Seyfert-Galaxien um dieselben Objekte in verschiedenen Entwicklungsphasen handelt. Die Quasare dürften dabei die jüngeren Objekte sein.

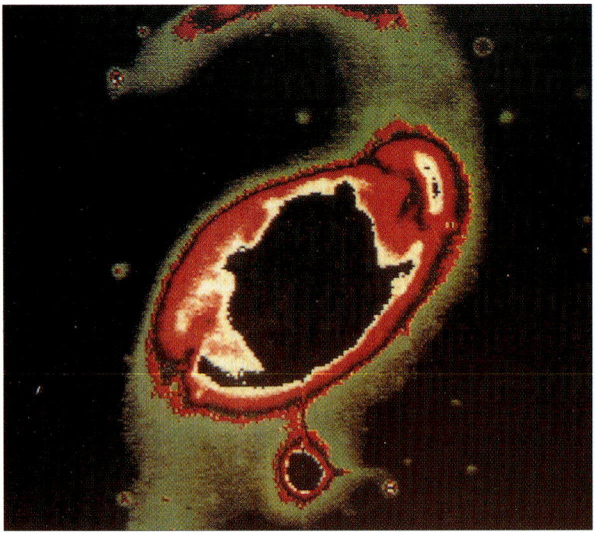

Gravitationslinsen

Eine wichtige Konsequenz der allgemeinen Relativitätstheorie ist die, dass auch das Licht durch die Gravitationskraft beeinflusst wird; dies bedeutet, dass Lichtstrahlen, die an einem massereichen Objekt vorbeigehen, von diesem abgelenkt werden. Dieses Phänomen, das **Albert Einstein** 1936 beschrieb, wurde 1979 durch Beobachtung bestätigt.

DOPPEL- UND MEHRFACHABBILDUNG: Zur Erklärung des Phänomens der Gravitationslinsen gehen wir von folgender Situation aus: Stellen wir uns vor, dass wir am Himmel ein sehr massereiches Objekt sehen, z. B. eine Galaxie. Wenn nun hinter diesem Objekt ein weiteres liegt, das ebenfalls sehr weit entfernt ist, so ist dieses von vornherein nicht sichtbar, weil es von der davor liegenden Galaxie verdeckt wird. Nun kann es jedoch sein, dass das nähere Objekt das Licht des dahinter liegenden Objekts wie eine optische Linse **ablenkt** bzw. **fokussiert.** Man spricht in diesem Zusammenhang von einer Gravitationslinse.

Eine solche Gravitationslinse wirkt jedoch nicht so perfekt wie eine optische Linse. Je nachdem, was für ein Objekt als Gravitationslinse auftritt bzw. aus welcher Richtung die Lichtstrahlen des dahinter liegenden Objekts einfallen, kann es zu **Verzerrungen der Abbildung** kommen. Sehr häufig wird das dahinter liegende Objekt doppelt oder mehrfach abgebildet, wobei die beiden Bilder für gewöhnlich einige Zehntel Bogensekunden voneinander entfernt sind.

Es kann jedoch auch vorkommen, dass Lichtquelle, Gravitationslinse und Beobachter fast genau auf einer Linie liegen; in diesem Fall besteht die Abbildung in einem **Lichtring.** Der Durchmesser dieses Rings lässt Rückschlüsse auf die Masse des Objekts zu, das als Gravitationslinse in Erscheinung tritt.

BEDEUTUNG DER GRAVITATIONSLINSEN: Bisweilen zeigen die von einer Gravitationslinse abgebildeten Objekte eine charakteristische Helligkeitsänderung, wie dies bei Quasaren manchmal der Fall ist (siehe Seite 193). Dies ist darauf zurückzuführen, dass sich das ablenkende massereiche Objekt quer zur Verbindungslinie Beobachter–Lichtquelle bewegt.

Eine weiterer interessanter Effekt der Gravitationslinsen ist die Tatsache, dass sich die **Helligkeit der abgebildeten Lichtquelle erhöht.** Das abgebildete Objekt erscheint vergrößert und somit heller. Auf diese Weise kann man bisweilen sehr lichtschwache Objekte wahrnehmen, die auch mit den leistungsstärksten Teleskopen nicht zu erkennen wären.

Verwandte Kapitel

Dunkle Materie (Seite 188)

Galaxienhaufen (Seite 190)

Die allgemeine Relativitätstheorie (Seite 218)

Oben: Die Lichteffekte einer jungen Galaxie im Galaxienhaufen Abell 370, die durch eine Gravitationslinse hervorgerufen werden.
Unten: Schematische Darstellung einer Gravitationslinse. A ist das abgebildete Objekt, B das Objekt, welches das Licht ablenkt, und C der Beobachter auf der Erde.

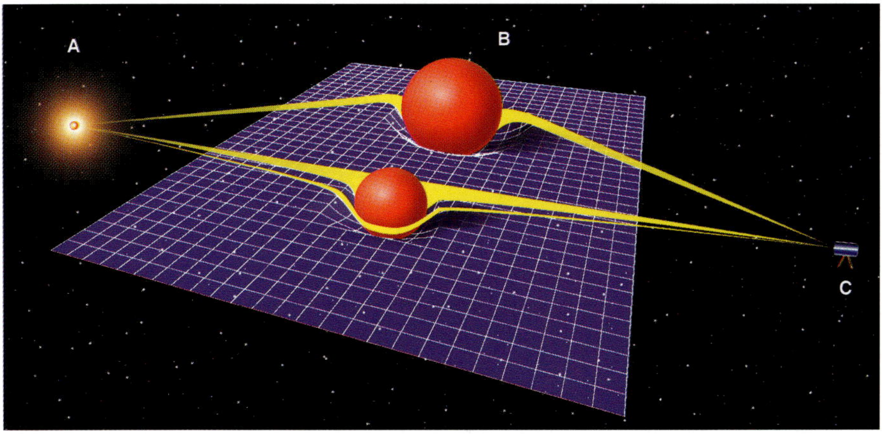

Gammabursts

Verwandte Kapitel

Der Urknall (Seite 175)

Kosmische Hintergrundstrahlung (Seite 178)

Die kosmische Inflation (Seite 180)

Die Rotverschiebung (Seite 210)

Bei den so genannten Gammabursts handelt es sich um plötzlich auftretende **Strahlungsausbrüche,** bei denen innerhalb von wenigen Sekunden riesige Mengen von energiereicher elektromagnetischer Strahlung, genauer gesagt **Gammastrahlung,** freigesetzt werden. Diese Ausbrüche sind absolut unvorhersehbar, was Zeit und Ort ihres Auftretens betrifft, sodass es besonders schwierig ist, diese Phänomene zu erfassen – zumal sie sich auch nicht wiederholen; wenn von einem Objekt einmal ein solcher Gammaburst ausgeht, so bleibt dies stets ein einmaliges Ereignis.

DIE ENTDECKUNG DER GAMMABURSTS: Die Gammabursts wurden **durch Zufall** zu Beginn der 60er-Jahre entdeckt, als die USA eine Reihe von Militärsatelliten in die Umlaufbahn beförderten, um eventuelle Atomwaffentests der Sowjetunion verfolgen zu können. Diese so genannten **Vela-Satelliten** (von spanisch *velar* = überwachen) stellten verdächtige Gammastrahlen-Explosionen fest – ein Phänomen, das man sich zunächst nicht erklären konnte. Erst durch weitere Satelliten, nämlich Vela 5 und 6, die zwischen 1969 und 1972 aktiv waren, konnte man ausschließen, dass die beobachteten Explosionen von der Erde kamen. Es stellte sich heraus, dass der Ursprung des Phänomens sogar außerhalb unseres Sonnensystems liegen muss.

INTERPRETATION DES PHÄNOMENS: Bis vor wenigen Jahren lag die größte Schwierigkeit darin, zu bestimmen, woher diese Erscheinungen kamen, was nicht zuletzt daran liegt, dass die Instrumente zur Erfassung von Gammastrahlen über eine sehr geringe Auflösung (1 bis 3 Grad) verfügen. In einem Gebiet von dieser Größe befinden sich so viele Himmelskörper, dass es **praktisch unmöglich ist,** zu bestimmen, welcher davon für den beobachteten Gammaburst verantwortlich ist. Erst vor kurzem kam man in dieser Hinsicht einen großen Schritt weiter, als man begann, gleich nach Auftreten des Phänomens eine **Röntgenbeobachtung** durchzuführen. Dabei ist von Vorteil, dass Röntgenteleskope eine viel höhere Auflösung, nämlich einige Bogensekunden, aufweisen.
Was die Quellen der Gammabursts betrifft, wurden verschiedene **Hypothesen** geäußert: Eine davon besagt, dass die Gammabursts in der Nähe des Sonnensystems ihren Ursprung haben. Eine weitere Hypothese geht davon aus, dass diese Ereignisse in einem kugelförmigen Bereich rund um die Sonne entstehen, dessen Größe geringer als die Dicke der galaktischen Scheibe ist. Eine dritte Theorie besagt, dass der Ursprung des Phänomens noch weiter entfernt liegen könnte, nämlich im Halo der Galaxis. Die gleichmäßige Verteilung der Gammabursts am Himmel scheint jedoch die Annahme nahezulegen, dass die Quellen **außerhalb unserer Galaxis** liegen könnten. Würden die Gammabursts nämlich von Sternen der Milchstraße stammen, so würden sie vermehrt aus dem Bereich der galaktischen Scheibe kommen, wo die Sterne besonders gehäuft sind. Die Hypothese, die heute besonders häufig vertreten wird, besagt, dass der Ursprung der Gammabursts in Galaxien zu suchen ist, die **mehrere Milliarden Lichtjahre entfernt** sind. Die Ursache des Phänomens ist jedoch noch ungeklärt. Während eine Theorie davon ausgeht, dass es sich um die **Explosion** eines besonders massereichen Sterns handelt, meint eine andere, dass diese Ereignisse auf die **Verschmelzung** zweier Neutronensterne oder eines Schwarzen Lochs mit einem Neutronenstern zurückzuführen seien.
Wenn der Ursprung der Gammabursts tatsächlich in der vermuteten Entfernung liegen sollte, so kann man davon ausgehen, dass die **Energie,** die dabei in wenigen Minuten freigesetzt wird, der Energie entspricht, die 100 Sterne wie die Sonne im Laufe ihrer Lebensspanne von 10 Mrd. Jahren abgeben.

Schematische Darstellung der Theorien von den möglichen Quellen der Gammabursts.

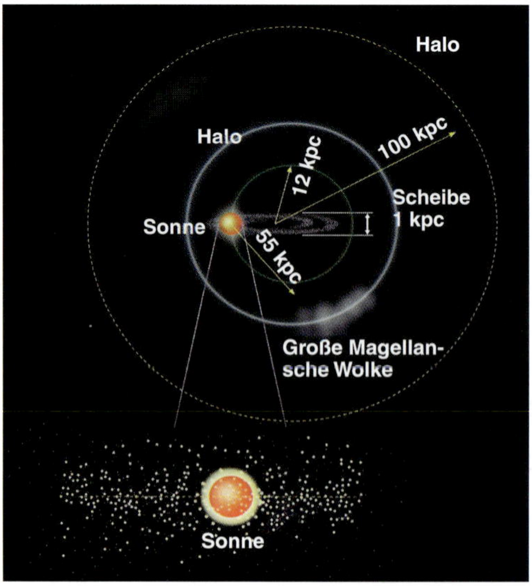

Suche nach »Außerirdischen«

Wenngleich das Interesse an außerirdischen Lebensformen schon sehr alt ist, kann man doch sagen, dass die modernen Forschungen in diese Richtung 1959 begannen. Damals veröffentlichten die Physiker **Giuseppe Cocconi** und **Philip Morrison** einen Artikel in der angesehenen Zeitschrift *Nature,* in dem sie sich mit der Möglichkeit auseinandersetzten, Mikrowellen zur interstellaren Kommunikation mit außerirdischen Zivilisationen einzusetzen. Ungefähr zur gleichen Zeit kam der junge amerikanische Radioastronom **Frank Drake** unabhängig davon auf die gleiche Idee; 1960 begann er mit der Suche nach Radiosignalen, die von außerirdischen Zivilisationen stammen könnten.

Verwandte Kapitel

Das anthropische Prinzip (Seite 221)

DIE ERSTEN FORSCHUNGEN: Zwei Monate lang richtete Drake die Antenne eines 25-m-Radioteleskops auf zwei relativ nahe Sterne, die der Sonne ähnlich sind. Er wählte eine **Wellenlänge von 21 cm,** was einer Frequenz von 1421 MHz entspricht. Bei dieser Wellenlänge sendet das Wasserstoffatom Radiowellen aus, wenn das einzige Elektron seinen Drehsinn ändert. In diesem Zusammenhang ist es von Vorteil, dass Wasserstoff das **häufigste Element** im Universum ist. Eine außerirdische Zivilisation auf demselben technischen Entwicklungsstand wie die Menschheit müsste diese Eigenschaft des Wasserstoffs kennen und könnte somit **auf derselben Frequenz** eine Botschaft senden.
Es war Drake zwar nicht beschieden, ein Antwortsignal zu erhalten – doch immerhin spornte sein Projekt, **OZMA** genannt, andere Astronomen an, diese Arbeit fortzusetzen. Zu Beginn der 60er-Jahre begann sich das von der NASA betriebene *Ames Research Center* von Mountain View in Kalifornien für diese Forschungen zu interessieren. Ein Team von Wissenschaftlern unter der Leitung von **Bernard Oliver** widmete sich einem Projekt, das sich mit der Frage der technischen Hilfsmittel beschäftigte, die für das **Auffangen von Signalen von Außerirdischen** nötig seien. Diese Arbeit bildete die Basis für viele Forschungsprojekte, die in den folgenden Jahren in Angriff genommen wurden.

Oben: Der Radioastronom Frank Drake.
Unten: Das Radioteleskop von Arecibo.

DAS PROJEKT SERENDIP: Die wichtigste Organisation auf dem Gebiet der Suche nach außerirdischen Radiosignalen ist **SETI,** was so viel bedeutet wie *Search for Extraterrestrial Intelligence,* d. h. Suche nach außerirdischen Zivilisationen. Diese Organisation, die vor über 25 Jahren auf Initiative der NASA gegründet wurde, heute jedoch aus privaten Mitteln finanziert wird, benützt für ihre Arbeit die größten Radioteleskope der Welt. Um auch schwächste Radiosignale empfangen zu können, braucht man besonders leistungsstarke Detektoren wie den **Serendip-Detektor.** Der Name steht für das Programm, das hier verfolgt wird; er ist vom englischen *serendipity* ab-

geleitet, was so viel wie »unerwartete, durch Zufall gemachte Entdeckung« bedeutet. Während die Astronomen ihren Forschungen nachgehen, fängt Serendip Radiosignale aus dem beobachteten Himmelsabschnitt auf. Die daraus gewonnenen Daten werden via Internet an die amerikanische Universität von Berkeley weitergeleitet, wo sie analysiert werden, um die Interferenzen zu eliminieren und jene Signale zu finden, die intelligenten Ursprungs sein könnten.

Serendip ist im Stande, eine große Zahl von Frequenzen **gleichzeitig** abzusuchen, da man nicht wissen kann, auf welcher Frequenz ein Signal von außerirdischen Lebewesen gesendet werden könnte. Die neueste Version, Serendip IV, die im Juni 1997 am Radioteleskop von Arecibo, dem größten der Welt, installiert wurde, untersucht alle 1,7 Sekunden 168 Mio. Frequenzen auf einem 100-MHz-Band. Trotz der riesigen Datenmengen, die man auf diese Weise bereits erhielt, konnte man bisher noch **kein Signal empfangen,** das mit Sicherheit auf **intelligenten Ursprung** schließen lässt.

DIE DRAKE-FORMEL: Die Suche nach intelligentem Leben im Universum geht von der Annahme aus, dass die Anzahl der Zivilisation heute groß genug sein müsste, dass statistisch gesehen die Möglichkeit einer erfolgreichen Kontaktaufnahme durchaus gegeben ist. Um einen Wert dafür zu erhalten, wie viele **fortgeschrittene Zivilisationen** es in unserer Galaxis geben müsste, haben Frank Drake und andere Wissenschaftler eine mathematische Formel erarbeitet, in der sich die Anzahl der Zivilisationen ausdrückt, die sowohl das Interesse als auch die technischen Möglichkeiten zur Kontaktaufnahme besitzen – und zwar in folgendem Zusammenhang: **N = R*.fp.na.fv.fi.fc.D,** wobei **R*** die mittlere Sternentstehungsrate bezogen auf das Alter der Galaxie ist, **fp** die Anzahl der Sterne, die über Planetensysteme verfügen, **na** die durchschnittliche Zahl der Planeten in einem Planetensystem, deren Bedingungen die Entstehung von Leben zuließen, **fv** die Zahl der Planeten, die tatsächlich Leben hervorgebracht haben, **fi** die Anzahl der bewohnten Planeten, auf denen sich irgendwann intelligente Lebewesen entwickelt haben, **fc** die Zahl der Planeten, auf denen sich irgendwann im Laufe der Zeit Zivilisationen mit hochentwickelter Technologie herausgebildet haben, und **D** die mittlere Lebensdauer einer solchen hochentwickelten Zivilisation.

Das Problem besteht vor allem darin, einen Wert für die verschiedenen Parameter zu bestimmen, die von vielen Faktoren abhängen, die zum Teil nicht direkt ermittelt werden können. Nach Drake und einigen anderen Wissenschaftlern müsste der Wert, den man als Endergebnis erhält, zwischen **50.000** und **1 Million** liegen.

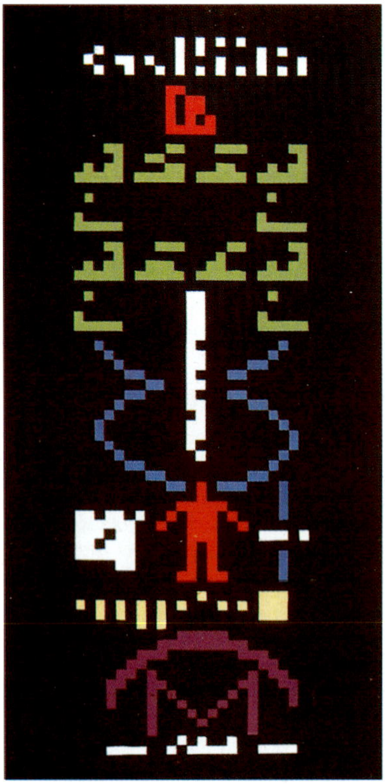

Oben: Der Präsident von SETI, Richard Factor. Rechts: Die Botschaft, die 1974 vom Radioteleskop von Arecibo in den Weltraum geschickt wurde.

Elektromagnetisches Spektrum

Die elektromagnetische Strahlung, über die wir Informationen über die Himmelskörper erhalten, tritt in verschiedenen Formen auf: als sichtbares Licht, in Form von Radiowellen oder Röntgenstrahlen usw. Die gesamte Bandbreite der verschiedenen **Strahlungstypen** wird als elektromagnetisches Spektrum bezeichnet.

Verwandte Kapitel

Nicht-optische Astronomie (Seite 211)

Radioastronomie (Seite 214)

MERKMALE: Unter elektromagnetischen Wellen versteht man wellenförmig sich ausbreitende, räumlich und zeitlich periodische Änderungen von **elektromagnetischen Feldern,** wobei die Ausbreitung mit Lichtgeschwindigkeit, also mit ca. 300.000 km/s erfolgt. So wie die Wellen, die sich auf der Meeresoberfläche fortpflanzen, breiten sich auch die elektromagnetischen Wellen im Weltraum aus. Ein wichtiges Merkmal ist dabei der Abstand zwischen zwei benachbarten Wellenbergen, die so genannte **Wellenlänge,** die in den herkömmlichen Längeneinheiten angegeben wird (z. B. 1 Mikrometer = 1 Millionstel Meter, 1 Nanometer = 1 Milliardstel Meter); eine weitere oft verwendete Einheit ist das **Ångström** (1A = 0,1 nm = 10^{-10} m).
Eine wichtige Größe zur Beschreibung von elektromagnetischen Wellen ist die **Frequenz,** die in **Hertz** gemessen wird und die die Anzahl der vollständigen Zyklen ausdrückt, die eine Welle in einer Sekunde vollendet. Dabei ist von Bedeutung, dass die Energie einer elektromagnetischen Welle umso größer ist, je höher ihre Frequenz bzw. je kleiner ihre Wellenlänge ist.

BEREICHE DES SPEKTRUMS: Das elektromagnetische Spektrum wird in verschiedene Wellenlängen-(oder Frequenz-)Bereiche unterteilt. Es ist jedoch schwierig, feste Grenzen zu ziehen, da sich die einzelnen Bereiche teilweise überlappen.
Wenn man von dem Ende mit den größeren Wellenlängen ausgeht, so befindet man sich zuerst im Bereich der **Radiowellen,** die auf der Erde von Radio- und Fernsehsendern eingesetzt werden. Ihre Wellenlängen bewegen sich zwischen 30 cm und einigen Kilometern (siehe Seite 214). Auf die Radiowellen folgen die **Mikrowellen,** deren Wellenlänge zwischen 1 mm und 30 cm liegt; diese Wellen werden in Radarsystemen sowie beim Mikrowellenherd angewendet. In der Astronomie setzt man zur Beobachtung im Mikrowellenbereich **Radioteleskope** ein.
Als Nächste im Spektrum folgen die **Infrarotstrahlen,** die Wellenlängen von 0,8 Mikrometer bis 1 mm aufweisen. Dieser Strahlungstyp ist mit Wärme verbunden. Auch im Infrarotbereich werden mit entsprechenden Teleskopen Himmelskörper beobachtet.
Auf die Infrarotstrahlung folgt der Bereich des **sichtbaren Lichts,** das vom menschlichen Auge wahrgenommen werden kann. Der Wellenlängenbereich des sichtbaren Lichts liegt zwischen 0,4 und 0,8 Mikrometer.
Auf das sichtbare Licht folgt die **ultraviolette Strahlung,** deren Wellenlängenbereich sich zwischen 1 und 100 Nanometer bewegt. Als Nächste folgen die energiereichen **Röntgenstrahlen** (zwischen 0,01 nm und 1 nm), die aufgrund ihrer Eigenschaft, die meisten Stoffe durchdringen zu können, in der Medizin für Röntgenaufnahmen eingesetzt werden. Der letzte Bereich des Spektrums ist der der **Gammastrahlen,** deren Wellenlänge noch unterhalb der Röntgenstrahlen liegt.

Oben: Die Erfinder des Spektroskops, eines Instruments zur Zerlegung des weißen Lichts in die Farben, aus denen es sich zusammensetzt – von links: Gustav Kirchhoff, Robert Bunsen und der Chemiker Henry Roscoe.
Unten: Schematische Darstellung des elektromagnetischen Spektrums.

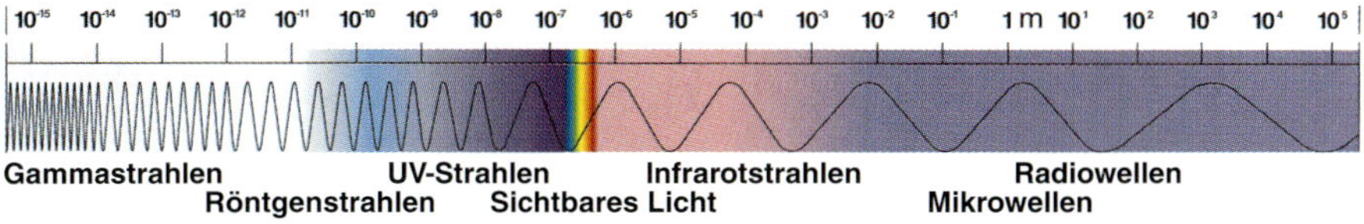

Der Doppler-Effekt

Verwandte Kapitel

Der Hubble-Effekt (Seite 187)

Entfernungsmessung (Seite 204)

Die Rotverschiebung (Seite 210)

Lichtwellen und Schallwellen haben eines gemeinsam: wenn sie von einer Quelle ausgesandt werden, die sich in Bezug zu einem Beobachter bewegt, **so ändert sich ihre Frequenz,** d. h. sie wird höher oder niedriger, je nachdem, ob die Quelle sich nähert oder entfernt. Diese Frequenzänderung ist direkt proportional zur relativen Geschwindigkeit der Quelle in Bezug zum Beobachter. Diese von **Christian Doppler** 1842 entdeckte Erscheinung wird als »Doppler-Effekt« bezeichnet.

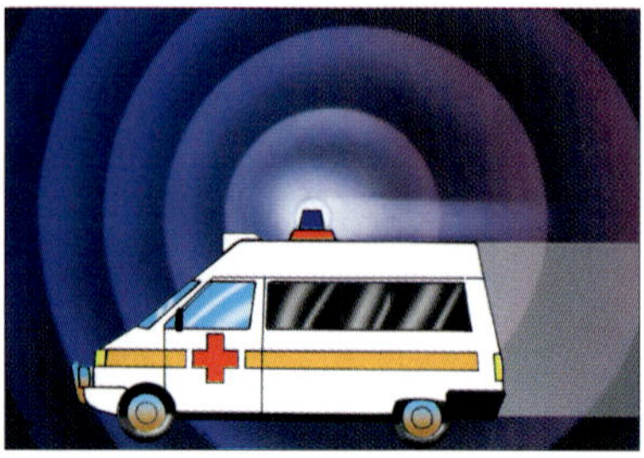

AUSMASS DER VERSCHIEBUNG: Wie gesagt, tritt der Doppler-Effekt bei **Wellen verschiedenen Typs** auf, also auch bei Schallwellen. Ein solcher Effekt wird beispielsweise von der Sirene eines Krankenwagens ausgelöst: Wenn sich der Wagen uns nähert, so hören wir einen höheren Ton, da uns immer mehr Schwingungen pro Zeiteinheit erreichen (d. h., die Frequenz wird höher). Entfernt sich der Wagen jedoch von uns, so hören wir einen immer tieferen Ton, da die Schallwellen länger werden.
Der gleiche Effekt tritt bei Lichtwellen bzw. bei elektromagnetischer Strahlung ganz allgemein auf, wie dies schon von **Albert Einstein** und in der Folge von **Erwin Schrödinger** erkannt wurde, wobei Letzterer zur Ansicht kam, dass das Licht aus Quanten besteht.
Wenn sich die Lichtquelle mit der Geschwindigkeit **v** entfernt und dabei Wellen der Wellenlänge **λo** aussendet, so nimmt der Beobachter eine Wellenlänge **λ = λo (1-(v/c) cos α)** wahr, wobei **α** der Winkel zwischen der Bewegungsrichtung der Lichtquelle und der Verbindungslinie Lichtquelle–Beobachter ist und **c** die Lichtgeschwindigkeit darstellt.

BEDEUTUNG DES DOPPLER-EFFEKTS: In der Astronomie wird der Doppler-Effekt zur **Analyse der Himmelskörper** verwendet. Wenn man ein Spektrum mit Hilfe eines Prismas untersucht (siehe Seite 131), erkennt man die charakteristischen Linien der vorhandenen Elemente. Wenn das beobachtete Objekt sich in Bezug zur Erde bewegt, **so verschieben sich die Linien** gemäß des Doppler-Effekts.
Im Fall von Objekten, die in unserer Galaxis liegen, können die Linien in Richtung der kleineren oder größeren Wellenlängen verschoben sein, da sich die Objekte nähern oder entfernen können. Handelt es sich jedoch um weiter entfernte Objekte, wie etwa um Galaxien, die nicht der Lokalen Gruppe (siehe Seite 186) angehören, oder um Quasare (siehe Seite 193), so sind die Linien immer **zum roten Ende** des Spektrums verschoben (siehe Seite 210).
Diese Verschiebung bzw. Entfernung des Objekts von der Erde ist durch die **Expansion des Universums** begründet, die gerade durch diese Verschiebung bewiesen werden konnte (siehe Seite 175). Was die Fluchtbewegung der Galaxien betrifft, die eine Folge der Ausdehnung des Weltalls ist, so nimmt man an, dass es sich um eine **Radialbewegung** handelt, d. h., dass sie in der Beobachtungsrichtung erfolgt. In diesem Fall gilt für die oben angegebene Formel: α **= 0, d. h. cos** α **= 1,** sodass die Formel lautet: **λ = λo (1-v/c).**
Durch die Messung des Doppler-Effekts gelangt man anhand des Hubble-Gesetzes (siehe Seite 187) zur Entfernung von Galaxien.

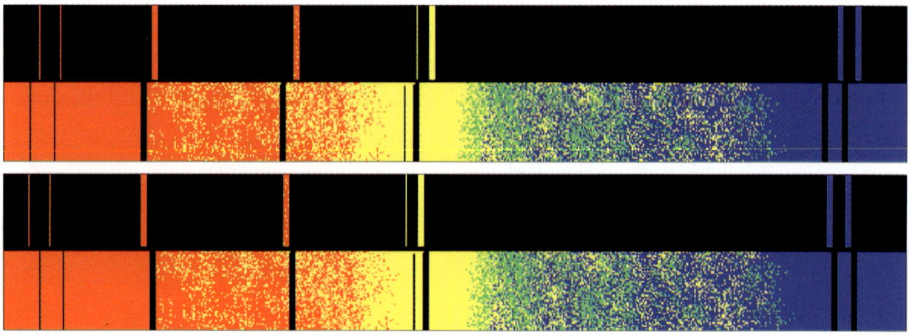

Oben: Schallwelle, von einem in Fahrt befindlichen Kran kenwagen ausgesendet.
Unten: Spektrallinien einer Lichtquelle, die sich entfernt (oben) bzw. nähert (unten).

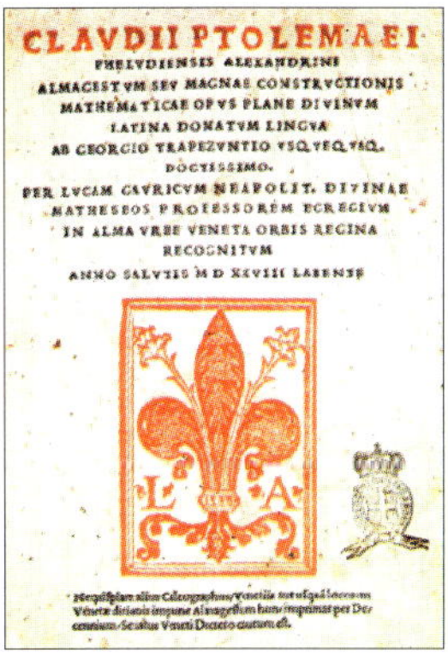

Die Sternhelligkeit

Die Einteilung der Sterne nach ihrer Helligkeit erfolgt in Größenklassen. Der erste Versuch, die Sterne aufgrund ihrer Helligkeit zu katalogisieren, geht auf den griechischen Astronomen **Hipparch** zurück, der im 2. Jahrhundert v. Chr. lebte. Sein Werk bildete die Grundlage für die Arbeit des Astronomen **Ptolemäus** (siehe Seite 13), der die Sterne in 6 Klassen einteilte; die hellsten wurden als Sterne der **1. Größenklasse** (bzw. **Magnitudo**) klassifiziert, die etwas weniger hellen fielen in die **2. Klasse,** bis hin zu jenen Sternen, die gerade noch mit freiem Auge sichtbar waren und die deshalb der **6. Größe** zugeordnet wurden.
Dieser Begriff der Größenklasse bzw. Magnitudo wird auch heute noch verwendet, und zwar nicht nur für die Helligkeit von Sternen, sondern auch für Nebel und Galaxien.

Verwandte Kapitel

Claudius Ptolemäus (Seite 13)

Das Hertzsprung-Russel-Diagramm (Seite 132)

Die Entfernungsmessung (Seite 204)

DIE GRÖSSENKLASSEN HEUTE: Die von Hipparch und Ptolemäus vorgenommene Einteilung der Sterne in Helligkeitsklassen wurde in der Mitte des 19. Jahrhunderts von dem englischen Astronomen **Norman Pogson** weiterentwickelt. Dieser entdeckte, dass die Sterne einer bestimmten Klasse **stets 2,5-mal** heller sind als jene der nachfolgenden Klasse. Daraus zog Pogson den Schluss, dass zwischen einem Stern der 1. und einem der 6. Größenklasse ein **Helligkeitsverhältnis von 100:1** bestehen müsse. Nach diesem System sind die Sterne einer bestimmten Klasse genau 2,512-mal heller als die der nachfolgenden; wenn man diesen Wert fünfmal mit sich selbst multipliziert, kommt man genau zum Verhältnis 100:1. Das System der Antike blieb somit erhalten, wurde jedoch auf eine präzise mathematische Grundlage gestellt.
Mit der Verbesserung der Beobachtungsinstrumente konnte man immer genauere Helligkeitsmessungen durchführen, sodass man die Größenklasse auf Zehntel und schließlich auch auf Hunderstel genau bestimmen konnte. Unter den besonders hellen Sternen sind beispielsweise **Deneb** von 1,25. Größe, **Aldebaran** von 0,85. und **Wega** von 0,04. Größe. Die hellsten Sterne haben sogar negative Werte: **Sirius** –1,47, **Kanopus** –0,72 und **Arktur** –0,04.

SCHEINBARE UND ABSOLUTE HELLIGKEIT: Wenn man die Helligkeit eines Sterns mit dem Photometer misst, so erfährt man dadurch, wie viel Licht von dem Stern zur Erde gelangt. Grundsätzlich kann man sagen, dass das Leuchten eines Sterns uns umso schwächer erscheint, **je weiter** er von uns entfernt ist. Bei dem gemessenen Wert handelt es sich deshalb um die **scheinbare Helligkeit** des Sterns. Wenn alle Sterne gleich hell wären, würden wir von diesen Messwerten auch ablesen können, wie weit entfernt die verschiedenen Sterne von uns sind. Dies ist aber, wie wir wissen, nicht der Fall. Damit man auch die tatsächliche Helligkeit der Sterne unabhängig von ihrer Entfernung zur Erde feststellen kann, wurde die so genannte **absolute Helligkeit** eingeführt. Darunter versteht man jene Helligkeit, die ein Stern haben würde, wenn er sich in einer Einheitsentfernung von 10 Parsec befinden würde (1pc = 3,26 Lichtjahre).
Die scheinbare und die absolute Helligkeit sind durch folgenden Zusammenhang verbunden: $m - M = 5 \log r - 5$. Dabei steht **r** für die Entfernung des Sterns; **»m – M«** wird als Entfernungsmodul bezeichnet. Zwischen der absoluten Helligkeit und der Entfernung eines Sterns besteht also ein enger Zusammenhang; wenn man die eine Größe kennt, kann man daraus stets auf die andere schließen.

Oben: Titelseite des Almagest von Ptolemäus.
Links: Der Rosettennebel; im Falle von nicht-punktförmigen Objekten drückt die Größenklasse die Helligkeit des gesamten Objekts aus.

Die Entfernungsmessung

Verwandte Kapitel

Die Cepheiden (Seite 162)
Die RR-Lyrae-Sterne (Seite 164)
Supernovae (Seite 166)

Ein besonders schwieriges Unterfangen in der Astronomie ist die Messung der Entfernungen der Himmelskörper. Die Sterne sind stets nur als leuchtende Punkte am Himmel zu sehen, scheinbar alle gleich weit von uns entfernt. Auch mit den leistungsstärksten Teleskopen **kann man keinerlei Details erkennen,** die eine Messung der Distanz ermöglichen. Erst gegen Mitte des 19. Jahrhunderts wurden allmählich Techniken und Instrumente entwickelt, die zumindest für einige Sterne eine einigermaßen genaue Entfernungsbestimmung zuließen.

MASSEINHEITEN: Die Maßeinheiten, die für Entfernungen auf der Erde verwendet werden, sind völlig ungeeignet für die Distanzen, mit denen wir es bei den Himmelskörpern zu tun haben. Aus diesem Grund wurden in der Astronomie eigene Einheiten eingeführt.
Innerhalb des Sonnensystems verwendet man die so genannte **Astronomische Einheit.** 1 AE entspricht dabei der mittleren Entfernung zwischen Erde und Sonne, also 149.600.000 km. So ist etwa der **Mars** 1,52 Astronomische Einheiten von der Sonne entfernt. Zur Messung der Distanz der Sterne gibt es zwei Maßeinheiten: **Lichtjahr** und **Parsec.** Unter einem Lichtjahr versteht man jene Distanz, die das Licht in einem Jahr zurücklegt, wobei es bekanntlich mit einer Geschwindigkeit von ca. 300.000 km/s unterwegs ist. 1 Lichtjahr (Lj) entspricht etwas mehr als 9400 Mrd. km. Einer der uns am nächsten gelegenen Sterne, **Alpha Centauri,** ist beispielsweise ca. 4,3 Lj von uns entfernt. In der professionellen Astronomie wird anstelle des Lichtjahrs oft die Einheit Parsec verwendet. 1 Parsec (pc) ist so viel wie 3,26 Lichtjahre, das sind ca. 30.000 Mrd. km. Für extragalaktische Objekte verwendet man Kiloparsec (1 kpc = 1000 pc) und Megaparsec (1 Mpc = 1 Million pc). So ist etwa der **Andromedanebel** rund 2,2 Mio. Lichtjahre oder 675 kpc von uns entfernt.

DIE JÄHRLICHE PARALLAXE: Die grundlegende Methode zur Messung von astronomischen Distanzen ist die so genannte jährliche Parallaxe. Die Idee dahinter ist relativ einfach: Ein relativ naher Stern scheint sich, von verschiedenen Orten des Raums aus beobachtet, vor dem Hintergrund der weiter entfernten Sterne zu bewegen. Zur Beobachtung wählt man nun **zwei Orte,** die möglichst weit voneinander entfernt liegen. Zu diesem Zweck bedient man sich der Umlaufbewegung der Erde; nachdem die mittlere Entfernung Erde–Sonne knapp 150 Mio. km beträgt, erfolgen **zwei Beobachtungen,** die im Abstand von 6 Monaten durchgeführt werden, von Orten im Raum aus, die ca. 300 Mio. km voneinander entfernt sind, was

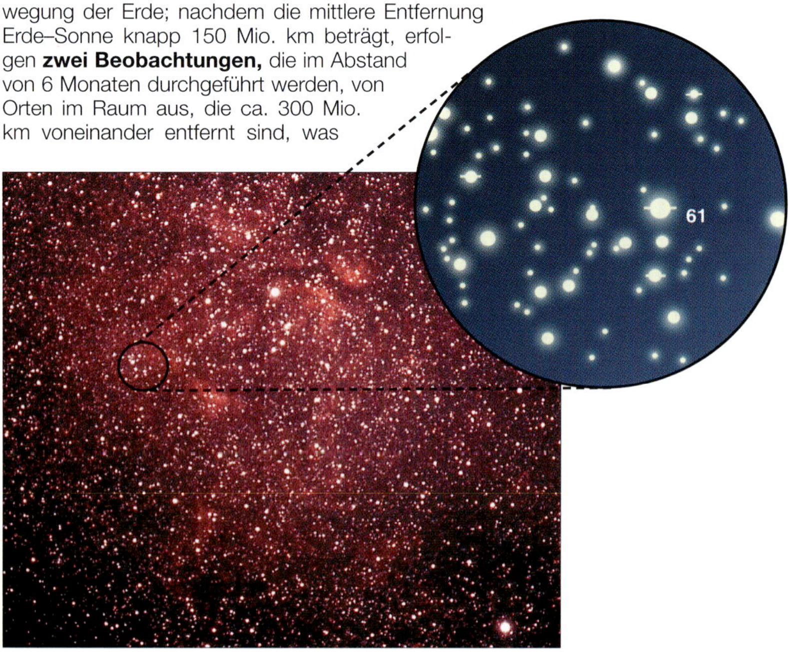

Der Stern 61 Cygni war der erste, dessen Distanz man messen konnte.

dem Durchmesser der Erdumlaufbahn entspricht. Wenn man nun den relativ nahen Stern auf den weit entfernten Fixsternhintergrund projiziert, so erscheint uns seine Position um einen bestimmten Winkel verändert. Da der Radius der Erdumlaufbahn bekannt ist, lässt sich so die Entfernung des Sterns ermitteln. Als **Parallaxe** bezeichnet man den Winkel, unter dem der Erdbahnradius vom Stern aus gesehen würde.

Von dieser Messmethode ist die Einheit **Parsec** abgeleitet. Ein Stern hat die Entfernung 1 pc, wenn von ihm aus gesehen die mittlere Entfernung Erde–Sonne unter dem Winkel (Parallaxe) von einer Bogensekunde erscheint. Der erste Stern, dessen Distanz man messen konnte, war **61 Cygni** im Jahr 1838. Mit Hilfe der Methode der Parallaxe kam der deutsche Astronom **Wilhelm Bessel** auf einen Wert von 10 Lichtjahren, wobei der heute als gültig angesehene Wert bei 11,4 Lj liegt.

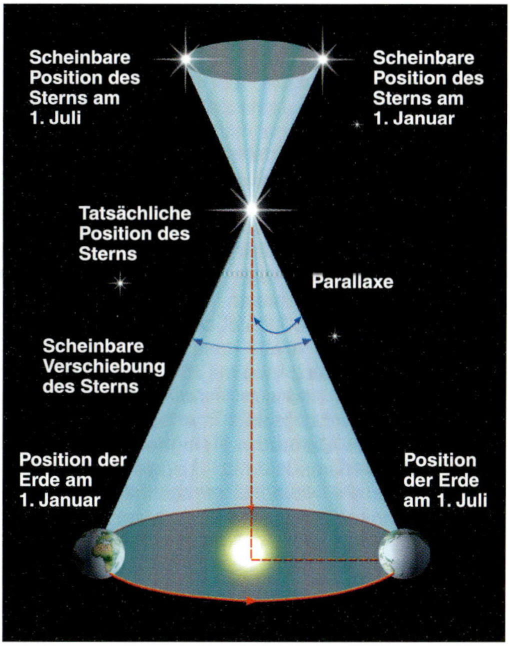

Schematische Darstellung der Parallaxen-Methode.

Der Vorteil dieser Methode liegt darin, dass sie auf rein geometrischen Gegebenheiten beruht und man keine Kenntnisse über die Objekte haben muss, deren Distanz man messen will. Dies ändert jedoch nichts daran, das die Ausführung der Messung oft sehr schwierig ist, was daran liegt, dass die zu messenden Winkel aufgrund der gewaltigen Entfernungen sehr klein sind. Im Falle des Sterns **Proxima Centauri,** der uns von allen am nächsten liegt, beträgt dieser Winkel nur 0,76 Bogensekunden. Dieser Winkel ist umso kleiner, je weiter entfernt das betreffende Objekt ist. Aus diesem Grund werden mit dieser Methode nur Entfernungen bis zu 100 Lj gemessen.

ANDERE METHODEN: Es gibt eine ganze Reihe anderer Methoden zur Entfernungsmessung innerhalb der Milchstraße, insbesondere für Sternhaufen. Die verschiedenen Methoden bilden dabei die Stufen einer Treppe, wobei jede Methode die Basis für die nachfolgende darstellt. Die Ausgangsbasis bildet dabei die **Methode der Parallaxe.** Eine der wichtigsten Methoden ist die, die auf der **Perioden-Leuchtkraft-Beziehung** der **Pulsationsveränderlichen** beruht, welche im Kapitel über die **Cepheiden** (siehe Seite 162) behandelt ist.

EXTRAGALAKTISCHE DISTANZEN: Es gibt verschiedene Methoden zur Bestimmung von Entfernungen außerhalb unserer Galaxis. Dabei stützt man sich oft auf so genannte **Standard-Sterne.**

Generell kann man sagen, dass das Licht, das uns von einem Himmelskörper erreicht, uns umso schwächer erscheint, je weiter entfernt der Körper ist. Dabei gilt, dass die Lichtintensität umgekehrt proportional zum Quadrat der Entfernung ist. So hat beispielsweise eine Galaxie, die 20 Mio. Lj von uns entfernt ist, **nur noch ein Viertel** der Lichtintensität, wie sie eine Galaxie von gleicher Leuchtkraft in 10 Mio. Lj Entfernung aufweist.

Die Leuchtkraft eines Himmelskörpers drückt sich in seiner absoluten Helligkeit **M** aus (siehe Seite 203). Helligkeit und Entfernung sind in folgendem Ausdruck in Beziehung gesetzt: $\mathbf{m - M = 5 \log r - 5}$. Wenn man folglich Himmelskörper hätte, deren absolute Helligkeit bekannt wäre, so könnte man anhand dieser Formel auf die Entfernung kommen. Solche Himmelskörper bezeichnet man als Standard-Sterne. Dabei geht man davon aus, dass alle Objekte, die derselben Klasse von Standard-Sternen angehören, dieselbe **absolute Helligkeit** haben. Zu diesem Zweck verwendet man außer den **Cepheiden** auch die Veränderlichen des Typs **W-Virginis** und die **RR-Lyrae-Sterne** (siehe Seite 164), weiters die **Roten Riesen** und die **Blauen Überriesen,** die von ho-

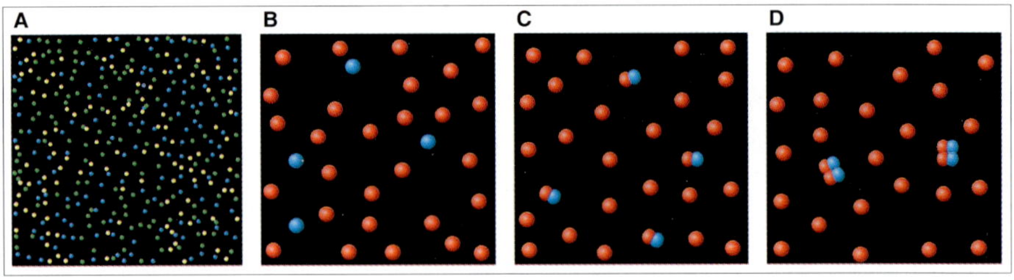

ander treffen, so bilden sich zwei Wasserstoffkerne sowie ein herkömmlicher Heliumkern ^{4}He, der aus zwei Protonen und zwei Neutronen aufgebaut ist.
Es gibt noch einen anderen Weg, wie sich in einer Reihe von komplexen Reaktionen aus Wasserstoffkernen Helium bilden kann – ein Prozess, der als **Kohlenstoff-Stickstoff-Sauerstoff-Zyklus** bezeichnet wird. Dieser Vorgang benötigt etwas höhere Temperaturen als die zuvor geschilderte Kernfusion, sodass er in massereicheren Sternen zum Tragen kommt. Dazu ist außerdem das Vorhandensein anderer chemischer Elemente wie Kohlenstoff notwendig, die als Katalysatoren fungieren.
In weiteren Reaktionen kommt es in besonders massereichen Sternen zur Bildung weiterer chemischer Elemente, wie Sauerstoff, Schwefel, Chlor usw. bis hin zu **Eisen.** An diesem Punkt endet die Serie der Kernreaktionen; um noch schwerere Elemente als Eisen zu bilden, müsste Wärmeenergie zugeführt werden; es wäre also eine **endotherme Reaktion** nötig – im Gegensatz zu den zuvor abgelaufenen **exothermen Reaktionen,** die unter Wärmefreisetzung ablaufen.

DIE ELEMENTE NACH EISEN: Die Bildung der Elemente, die im Periodensystem nach Eisen kommen, dürfte im Zuge von **Supernova-Explosionen** (siehe Seite 166) erfolgen, und zwar durch einen Vorgang, der als **Neutroneneinfang** bezeichnet wird. Dabei fangen die Kerne der bereits gebildeten schweren Elemente Neutronen ein, wodurch die Kerne noch schwerer werden. Infolge von Elektron-Emissionen durch die Neutronen können sich stabile schwerere Kerne bilden.
Was wir heute sehen, ist somit das Ergebnis von komplexen Umwandlungsprozessen, die sich im Inneren der Sterne vollziehen oder durch Explosion von besonders massereichen Sternen ausgelöst werden. Im Zuge dieser Explosionen werden die neu gebildeten Elemente **im Weltraum verstreut.** Die Welt, in der wir leben, ist ebenfalls das Ergebnis solcher Umwandlungsprozesse der ursprünglichen Materie.
Unser Weltall ist somit **in ständigem Wandel** begriffen, und das auch in chemischer Hinsicht, da ständig schwere Elemente gebildet und leichte abgebaut werden. Die Erforschung der Häufigkeit der verschiedenen Elemente sollte es uns ermöglichen, **einen immer besseren Einblick** in die Geschichte unseres Universums zu bekommen.

Oben: Schematische Darstellung der Nukleosynthese. Aus den Quarks (A) bilden sich (B) die Protonen (rot) und Neutronen (blau), die sich anschließend vereinigen (C) und das Deuterium bilden. Aus den Deuteriumkernen wiederum bildet sich Helium (D). Unten: Die Kernreaktionen, aus denen schwerere Elemente als Helium hervorgehen.

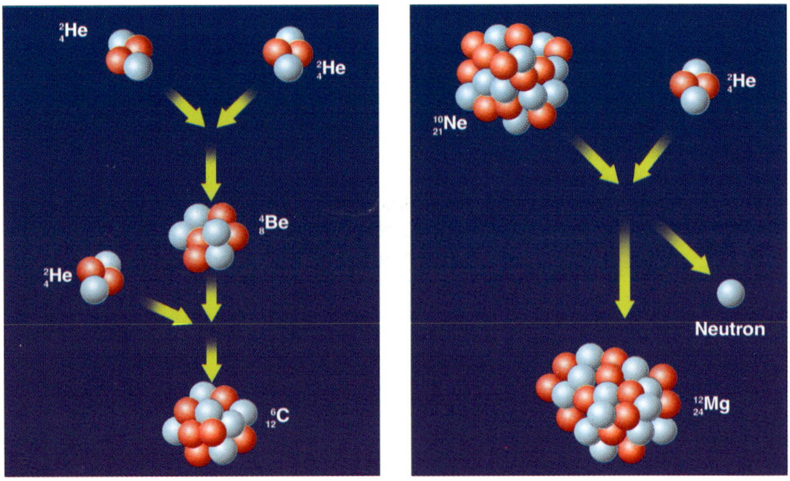

Interstellare Extinktion

Auf seinem Weg zur Erde durchquert das Licht der Sterne immer wieder Regionen, die besonders reich an Gas und Staub sind. In solchen Gebieten wird stets ein Teil des Lichts absorbiert, sodass es auf der Erde nur noch **in verminderter Intensität** wahrgenommen wird. Dieses Phänomen wird in der Astronomie als Extinktion bezeichnet. Es ist sehr schwierig, das Ausmaß dieser Extinktion zu bestimmen – und doch ist dies unerlässlich, wenn man in der **Entfernungsmessung** (siehe Seite 204) verlässliche Ergebnisse erzielen will. Wenn man ein Objekt beobachtet, das innerhalb unserer Galaxis liegt, ist es leichter, die Extinktion zu bestimmen, da die Verteilung von Gas und Staub in der Milchstraße **einigermaßen bekannt ist.** Handelt es sich jedoch um ein Objekt in einer fernen Galaxie, so gilt es neben der Extinktion, die das Licht auf seinem Weg durch die Milchstraße erfährt, auch die Extinktion innerhalb der fremden Galaxie zu berücksichtigen, was naturgemäß um vieles schwieriger ist.

Verwandte Kapitel

Nebelflecken (Seite 139)

Entfernungsmessung (Seite 204)

RÖTUNG: Dass im interstellaren Raum Gas und Staub vorhanden sind, die das Licht absorbieren, führt noch zu einem anderen Effekt, der Rötung des Lichts. Dies bedeutet, dass die Farbe von Sternen, deren Licht durch interstellare Extinktion geschwächt wird, deutlich röter erscheint als die von nahen Vergleichssternen derselben Spektralklasse. Die Ursache dieses Phänomens liegt darin, dass die Extinktion abhängig von der Wellenlänge ist, d. h., sie steigt zum UV-Bereich an, sodass kurzwelligeres Licht stärker unterdrückt wird als langwelliges. **Violettes und blaues Licht wird somit stärker gestreut und beeinträchtigt als rotes Licht,** was zu einer Rötung des Lichts führt. Die Beeinträchtigung bzw. Schwächung des Lichts durch die interstellare Materie erfolgt somit sowohl durch die Absorption des Lichts als auch durch dessen Streuung.

Die Rötung des Lichts wird als **Farbexzess E** gemessen: $E\,(B\text{-}V) = (B\text{-}V)_B - (B\text{-}V)_0$, d. h. **E** ist die Differenz aus dem beobachteten Farbindex des Objekts und dem Farbindex der Spektralklasse. Daraus erhält man einen brauchbaren Wert für die Rötung und somit für die **Staubmenge,** von der das Licht auf seinem Weg beeinträchtigt wurde. Dies wiederum lässt darauf schließen, um wie viel das Licht des Sterns auf seinem Weg schwächer wurde.

Die Extinktion **Dm** des Lichts einer bestimmten Farbe wird durch folgenden Zusammenhang ausgedrückt: $\Delta m = \gamma . E(B\text{-}V)$, wobei γ zwischen 3 und 4 liegt.

Für relativ nahe Sterne, die innerhalb von 1000 Parsec zur Sonne liegen, macht der Farbexzess durchschnittlich 0,5 Größenklassen aus, was aufgrund der oben erwähnten Formel bedeutet, dass die scheinbare Strahlung um **1,5 bis 2 Größenklassen** vermindert wird.

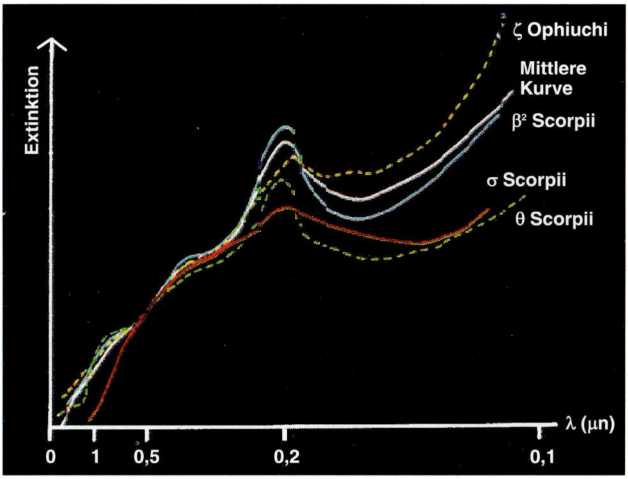

Oben: Die Dunkelwolke »Kohlensack« absorbiert das Licht der dahinter liegenden Sterne, deren Licht dadurch auf ein Drittel des Ausgangswertes vermindert wird.
Unten: Die Extinktion einiger Sterne, in Abhängigkeit von der Wellenlänge.

Die Rotverschiebung

Verwandte Kapitel

Die Spektren der Sterne (Seite 131)
Der Urknall (Seite 175)
Der Hubble-Effekt (Seite 187)
Der Doppler-Effekt (Seite 202)

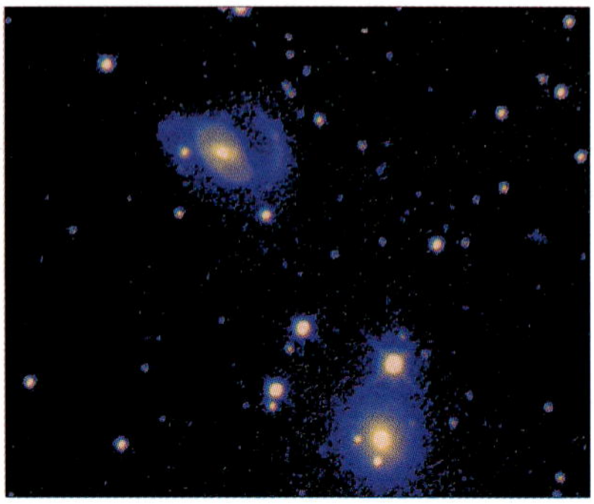

Die Bestimmung der Geschwindigkeit, mit der sich Himmelskörper wie Sterne und Galaxien von uns entfernen, erfolgt mit Hilfe von **spektroskopischen Messungen.** Dabei wird das Spektrum des Lichts untersucht, das von dem betreffenden Himmelskörper zu uns gelangt – und zwar im Hinblick auf seine Emissions- und Absorptionslinien (siehe Seite 131), die auf das Vorhandensein bestimmter chemischer Elemente zurückzuführen sind.

Wenn sich nun ein Objekt, welches Licht aussendet, von einem Beobachter weg- oder auf ihn zubewegt, kommt es zum so genannten **Doppler-Effekt** (siehe Seite 202). Demnach nimmt die Frequenz der Lichtwellen ab, wenn sich das Objekt entfernt, wodurch die Spektrallinien sich zum roten Ende des Spektrums verschieben, da rotes Licht eine niedrigere Frequenz, d. h. eine größere Wellenlänge als andersfarbiges Licht aufweist. Wenn sich das Objekt nähert, erhöht sich die Frequenz der Lichtwellen und es zeigt sich eine Verschiebung zum blauen Bereich des Spektrums.

Im ersten Fall spricht man von einer Rotverschiebung (englisch *redshift*). Aufgrund der Expansion des Universums (siehe Seite 175) kann man, wenn man die Strahlung von weit entfernten Objekten untersucht, stets eine Rotverschiebung wahrnehmen.

Zahlenmäßig lässt sich die Rotverschiebung **z** in folgendem Zusammenhang ausdrücken: $\mathbf{z} = \Delta\lambda_{\text{Galaxie}} / \lambda_{\text{Laboratorium}}$, wobei $\Delta\lambda$ die Verschiebung einer bestimmten Spektrallinie einer Galaxie ist und λ die Wellenlänge derselben Spektrallinie, im Labor beobachtet.

DIE ENTDECKUNG DER ROTVERSCHIEBUNG DER GALAXIEN: Die Tatsache, dass sich die Spektrallinien von weiter entfernten Galaxien immer zum roten Ende des Spektrums verschieben, wurde von **Milton Humason** und **Edwin Hubble** in der ersten Hälfte der 20er-Jahre entdeckt. Diese Beobachtungen führten dazu, dass Hubble 1928 jenes Gesetz formulierte, das später nach ihm benannt wurde und das einen Zusammenhang zwischen der Fluchtgeschwindigkeit einer Galaxie und ihrer Entfernung herstellt (siehe Seite 187).

Die Rotverschiebung wurde als Doppler-Effekt gedeutet, der durch die Expansion des Universums bedingt ist – eine Hypothese, die heute weithin als gültig anerkannt wird. Es gibt jedoch eine kleine Gruppe von Wissenschaftlern um **Halton Arp,** die aufgrund von Beobachtungen die Expansion des Universums in Frage stellen und damit auch die Urknall-Theorie ablehnen.

Oben: Die Galaxie NGC 4319, die, wie die Rotverschiebung nahelegt, mit dem Quasar Markarian 205 verbunden sein dürfte.
Unten: M 51 gehört zu den Galaxien, die von Halton Arp untersucht wurden.

DIE GRAVITATIONS-ROTVERSCHIEBUNG: In der Natur gibt es noch eine andere Form der Rotverschiebung, die so genannte Gravitations-Rotverschiebung, wie sie von **Albert Einstein** im Rahmen seiner allgemeinen Relativitätstheorie (siehe Seite 218) vorhergesagt wurde. Diese Erscheinung äußert sich ebenfalls als Verschiebung der Spektrallinien des Lichts zum roten Ende des Spektrums – der Unterschied zur zuvor besprochenen Rotverschiebung liegt jedoch in ihrer Ursache. Wenn das Licht aus einem starken Gravitationsfeld entweicht, **verliert es Energie;** nachdem die Energie einer elektromagnetischen Welle mit zunehmender Wellenlänge (bzw. abnehmender Frequenz) abnimmt, wird dieser Energieverlust als Rötung des Lichts wahrgenommen.

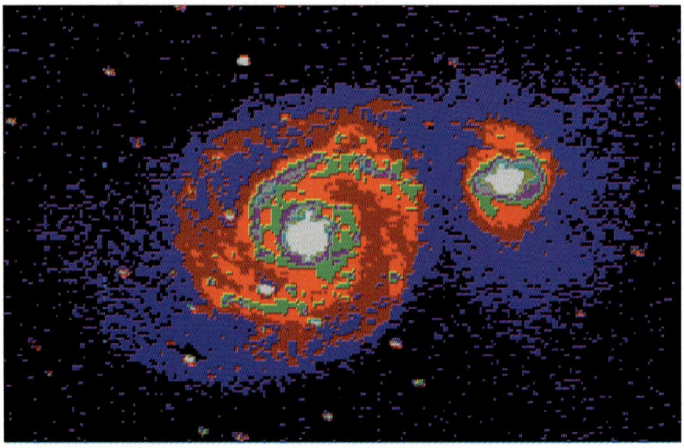

Nicht-optische Astronomie

Mit der Entwicklung von immer besseren technischen Hilfsmitteln ab den 30er-Jahren konnte die Astronomie ihren Beobachtungshorizont über den **sichtbaren Bereich** hinaus auch auf alle anderen Wellenlängen des elektromagnetischen Spektrums (siehe Seite 201) ausdehnen. Somit erfolgen die Beobachtungen heute in den verschiedenen Wellenlängen-Bereichen, dem der **Radiowellen,** der **Infrarotstrahlen, UV-Strahlen, Röntgenstrahlen** und **Gammastrahlen.** Nicht selten kommt es vor, dass Astronomen sich heute auf einen Bereich des Spektrums spezialisieren – doch um wirklich alle Informationen über ein bestimmtes Objekt zu erhalten, ist ein koordiniertes Vorgehen notwendig.
Die Instrumente, deren sich die Astronomen zur Beobachtung außerhalb des sichtbaren Bereichs bedienen, unterscheiden sich oft grundlegend von herkömmlichen Teleskopen. Sehr oft befinden sie sich an **Bord von Satelliten,** die in einer Umlaufbahn um die Erde wandern (siehe Seite 41). Dies ist deshalb von Vorteil, weil die Erdatmosphäre einen Großteil der elektromagnetischen Strahlung absorbiert, der aus dem Weltall zu uns gelangt – außer dem sichtbaren Licht und einem Teil der Infrarotstrahlung und der Radiowellen.

RADIOASTRONOMIE: Die Radioastronomie entstand in den 30er-Jahren und wird mit Hilfe von **Radioteleskopen** betrieben (siehe Seite 214).

INFRAROT-ASTRONOMIE: Die Infrarotstrahlen liegen jenseits des sichtbaren Bereichs und weisen Wellenlängen von bis zu 100 Mikrometer (1 Mikrometer = 1 Tausendstel Millimeter) auf. Die Infrarotstrahlen werden in den unteren Schichten der Erdatmosphäre absorbiert, und zwar vor allem vom **Wasserdampf.** Um von der Erde aus Beobachtungen im Infrarotbereich durchführen zu können, muss man die entsprechenden Teleskope in großer Höhe installieren. Sehr oft werden Infrarotteleskope auch in Ballons, Flugzeugen und Satelliten eingerichtet.
Die ersten Beobachtungen im Infrarotbereich wurden eher durch Zufall von **William Herschel** im Jahr 1800 gemacht. Er erkannte nämlich, dass ein Thermometer jenseits des roten Bereichs im Sonnenspektrum eine Temperaturerhöhung anzeigte. Wie man weiß, ist die Infrarotstrahlung mit **Wärme** verbunden.
Die Entwicklung der modernen Infrarotastronomie begann nach dem Zweiten Weltkrieg, in dessen Verlauf bereits entsprechende Detektoren zur Nachtsicht eingesetzt worden waren.
Da vor allem **kühle Objekte** starke Infrarotstrahler sind, findet die Beobachtung im Infrarotbereich besonders im Falle von Planeten, Staubwolken und Sternen der Spektral-

Verwandte Kapitel

Astronomie-Satelliten (Seite 41)

Elektromagnetisches Spektrum (Seite 201)

Radioastronomie (Seite 214)

Die Neutrinos (Seite 216)

Der Infrarot-Astronomie-Satellit ISO (Infrared Space Observatory).

klassen K und M (siehe Seite 131) Anwendung. Alle relativ kühlen Objekte, wie auch der menschliche Körper, senden vor allem im Infrarotbereich Strahlung aus. Die Emission ist mit Rotations- und Schwingungsbewegungen der Moleküle verbunden, aus denen der entsprechende Körper besteht.

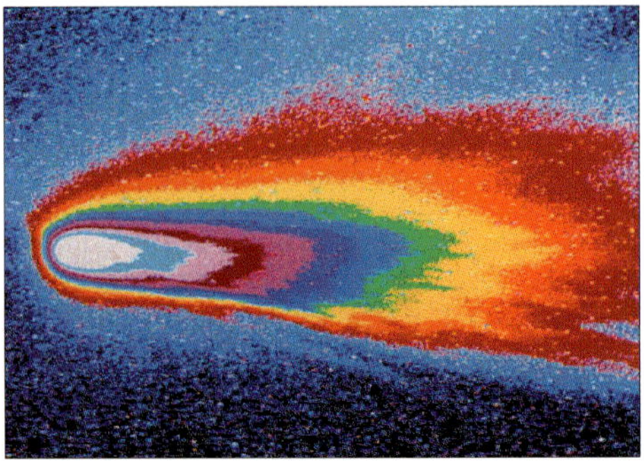

ULTRAVIOLETTASTRONOMIE: Beobachtungen im ultravioletten Bereich werden fast ausschließlich vom Weltraum aus durchgeführt. Die ersten derartigen Beobachtungen erfolgten in den 50er-Jahren mit Hilfe von Instrumenten, die auf Raketen montiert waren. Dies erschien deshalb notwendig, da die UV-Strahlung **von der Atmosphäre absorbiert** wird, insbesondere vom **Ozon** bzw. dem **Sauerstoff.** Der UV-Bereich bewegt sich zwischen 3000 und 100 Å.
Die ersten Beobachtungen im UV-Bereich hatten die Sonne zum Gegenstand. Erst ab den 60er-Jahren war es möglich, auch andere Sterne auf diese Weise zu untersuchen. Leider konnten die Raketen ihre Maximalhöhe von ca. 150 km nur für wenige Minuten halten, sodass die Beobachtungen nur über kurze Zeiträume möglich waren. Für Beobachtungen im Bereich der typischen UV-Wellenlängen werden Instrumente verwendet, die den **optischen Teleskopen** ähnlich sind. Dadurch konnte man diesen Bereich des elektromagnetischen Spektrums als ersten nach dem des sichtbaren Lichts erforschen.
Zu den **Satelliten,** die in den vergangenen Jahrzehnten wichtige Projekte im UV-Bereich durchführten, zählen **OAO-2** (1970), **IUE** (*International Ultraviolet Explorer,* 1978) und **EUVE** (*Extreme Ultraviolet Explorer,* 1992). Auch das Hubble-Weltraumteleskop, das zwar vorwiegend im optischen Bereich arbeitet, trug einiges zur UV-Beobachtung bei.
Zu den wichtigsten Ergebnissen der Ultraviolettastronomie zählen die Untersuchung des **Halos,** der die Milchstraße ebenso wie andere Galaxien umgibt, die Entdeckung des bei Sternen auftretenden Materieverlusts in Form von **Sternwind** sowie die Erforschung der Entwicklungsprozesse bei Doppelsternsystemen. Daneben konnte man auf diese Weise die Wasserdampfemissionen von Kometen sowie das Spektrum der Supernova SN 1987A untersuchen.
Im UV-Bereich zwischen 900 und 100 Ångström ist es jedoch nicht möglich, herkömmliche Teleskope zu verwenden, weil die Photonen aufgrund ihrer hohen Energie vom Spiegel **nicht reflektiert, sondern absorbiert** werden. In diesem Fall bedient man sich einer Technik, bei der die UV-Photonen in einem sehr großen bzw. streifenden Winkel auf den Spiegel auftreffen.

Oben: Der Halleysche Komet, vom Satelliten IUE im UV-Bereich abgebildet.
Rechts: Der UV-Satellit EUVE.

RÖNTGENASTRONOMIE: Der Bereich der Röntgenstrahlen lässt sich in die **weichen** (1 bis 10 nm) und die **harten** Röntgenstrahlen (0,01 bis 1nm) unterteilen. Auch in diesem Fall kann bei nicht allzu großen Energien die Technik des streifenden Einfalls angewendet werden, da die Strahlen nur bei sehr großem Einfallswinkel reflektiert werden. Bei den harten Röntgenstrahlen bestehen die Instrumente (die auf Satelliten angebracht sind), aus zwei verschiedenen Teilen – einem Teleskop, mit dessen Hilfe man ein Bild erhält, und

einem Detektor, der die Energie des Röntgenphotons in ein **elektronisches Signal** umwandelt, das die Messung verschiedener Parameter wie z. B. der Energiemenge ermöglicht. Die Röntgenastronomie wurde anfangs mit Hilfe von Ballons (in ca. 40 km Höhe) betrieben, später mit Raketen und schließlich mit Satelliten. 1948 wurde unter Einsatz einer V2-Rakete die Röntgenstrahlung der Sonne entdeckt und 1960 erhielt man die erste Abbildung unseres Sterns im Röntgenbereich. 1962 installierte eine Gruppe von Wissenschaftlern einen Geigerzähler auf einer Rakete, der 350 Sekunden in Betrieb war und dabei die Röntgenquelle **Sco-X1** entdeckte. 1966 stieß man auf die erste extragalaktische Röntgenquelle; es war dies die Riesenellipsengalaxie **M 87.** Im Jahr 1970 wurde der erste Satellit für Röntgenastronomie, **Uhuru** genannt, gestartet, gefolgt von den Satelliten **Einstein** (1978), **HEAO-2** und einigen anderen mehr. Mit modernen Röntgenteleskopen erreicht man bereits eine Auflösung von 0,5 Bogensekunden.

Galaktische Röntgenquellen sind oft mit Doppelsternsystemen verbunden, wobei ein Stern von hoher Dichte (z. B. ein Neutronenstern) beteiligt ist. Bei den extragalaktischen Quellen sind vor allem die aktiven galaktischen Kerne, aber auch normale Galaxien und Galaxienhaufen zu nennen.

GAMMA-ASTRONOMIE: Auch die Gammastrahlen aus dem Weltraum werden in **weiche** (0,001 bis 0,01 nm) und **harte** (unter 0,001 nm) Strahlen unterteilt. Zur Erfassung dieser Strahlen werden, so wie im Fall der Röntgenstrahlen, spezielle Detektoren eingesetzt. Der erste Satellit für Gammastrahlung war **COS-B,** der 1975 gestartet wurde und im Verlauf der Mission eine Reihe von Strahlungsquellen aufspürte. Eine dieser Quellen war der **Krebsnebel,** ein Supernova-Überrest im Sternbild Stier, in dessen Innerem sich ein Pulsar befindet. Ebenfalls entdeckt wurde die Strahlungsquelle **Geminga,** deren Beschaffenheit noch ungeklärt ist.

1991 startete die NASA den Satelliten **GRO** *(Gamma Ray Observer),* der für verschiedene wissenschaftliche Untersuchungen eingesetzt wird. Zu den wichtigsten Entdeckungen der Gamma-Astronomie zählen die diffusen Emissionen unserer Galaxis und die besonders intensiven Strahlungsquellen in den Sternbildern **Segel** und **Schwan.** Unter den extragalaktischen Gamma-Strahlungsquellen sind vor allem **Quasare** wie **3C273** zu nennen.

NEUTRINO-ASTRONOMIE: Die Neutrinos sind Teilchen, die in großen Mengen während der Kernreaktionen gebildet werden, wie sie in der Sonne und anderen Sternen vor sich gehen. Angesichts der Tatsache, dass Neutrinos kaum Wechselwirkungen mit der Materie eingehen, verwendet man zur Erfassung dieser Teilchen spezielle **Chlordetektoren.** Bei der Wechselwirkung mit den Neutrinos wandeln sich die Chloratome in **Argon** um, wodurch die Neutrinos nachgewiesen werden.

Oben: Der Gamma-Astronomie-Satellit GRO. Links: XMM, der neue europäische Röntgenastronomie-Satellit, der Ende 1999 gestartet wurde.

Neutrinos

Verwandte Kapitel

Supernovae (Seite 166)

Die Entstehung der Elemente (Seite 207)

Nicht-optische Astronomie (Seite 211)

Neutrinos sind **Elementarteilchen ohne elektrische Ladung.** Ihre Existenz wurde 1931 vom österreichischen Physiker **Wolfgang Pauli** vorhergesagt und 1956 experimentell nachgewiesen. Derzeit sind verschiedene Experimente im Gange, um Gewissheit darüber zu erlangen, ob diese Teilchen eine **Masse** besitzen oder nicht. Jüngste Ergebnisse scheinen für eine gewisse Neutrino-Masse zu sprechen, wenngleich diese in jedem Fall geringer als 1/25.000 der Elektronenmasse ist.

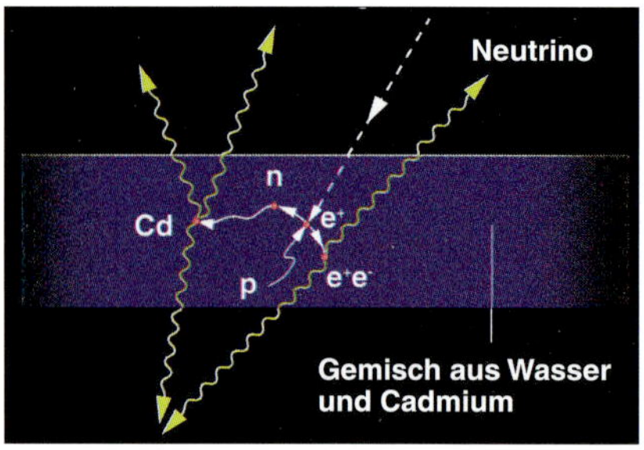

BEDEUTUNG DES NEUTRINOS: Aus astrophysikalischer Sicht kommt den Neutrinos besonders große Bedeutung zu. Diese Teilchen werden in großen Mengen bei den **Kernreaktionen** im Inneren der Sterne erzeugt (siehe Seite 207). Neutrinos von der **Sonne** erreichen die Erde in großer Zahl, auch wenn diese kleiner ist als theoretisch angenommen; so wird jeder Quadratzentimeter der Erdoberfläche ständig von Milliarden Neutrinos durchdrungen. Da die im Inneren der Sonne erzeugten Neutrinos nicht von der umgebenden Materie absorbiert werden, können sie unbehelligt entweichen und erreichen in kürzester Zeit die Erde. Durch diese Teilchen können wir somit direkte Informationen über den Kern unseres Zentralgestirns erhalten.
Neutrinos werden aber auch bei **Supernova-Explosionen** (siehe Seite 166) erzeugt, wobei auch hier Kernreaktionen ausschlaggebend sind. In der Kosmologie könnten die Neutrinos – vorausgesetzt, ihre Masse ist nicht gleich null – einen Teil der **dunklen Materie** bilden (siehe Seite 188).
Auf der Erde können wir lediglich die Neutrinos von der Sonne auffangen; der einzige Fall, dass Neutrinos einer anderen Quelle wahrgenommen werden konnten, war die Explosion der **Supernova 1987A** in der Großen Magellanschen Wolke.

Oben: Schematische Darstellung einer Reaktion, die den Nachweis von Neutrinos ermöglicht.
Unten: Der Neutrino-Detektor Kamiokande in Japan.

BEOBACHTUNG DER NEUTRINOS: Die Neutrinos **gehen nur schwache Wechselwirkungen mit der Materie ein,** d. h., sie können problemlos Körper vom Durchmesser der Erde durchdringen, ohne absorbiert zu werden. Aufgrund dieser Eigenschaft sind sie natürlich nur **schwer nachzuweisen.** Versucht wird dies mit Hilfe von speziellen Neutrino-Detektoren, die – um Einflüsse anderer Teilchen zu vermeiden, die das Ergebnis verfälschen würden – oft in Bergen oder unter der Meeresoberfläche installiert werden. Auf diese Weise werden kosmische Strahlen, die Wechselwirkungen mit der Materie eingehen, aufgehalten, während die Neutrinos ungehindert passieren können. Solche Detektoren werden mit so genannten **Zielscheiben (Targets)** z. B. aus Eisen ausgestattet, die die Neutrinos »einfangen« sollen. Trotz dieses Aufwandes bleibt der gemessene Neutrinofluss eher gering.

Das Gravitationsgesetz

1787 formulierte **Isaac Newton** seine *Philosophiae naturalis principia mathematica,* in der er seine Forschungen über die Gravitationskraft zusammenfasste. Damit antwortete Newton auf die Frage von **Edmond Halley,** der von ihm wissen wollte, welchen Umlaufbahnen ein Objekt folgen würde, das einem Kraftfeld ausgesetzt ist, welches umgekehrt proportional zum Quadrat der Entfernung von einem bestimmten Punkt sei.

NEWTONS SCHLUSSFOLGERUNGEN: Es waren verschiedene Ideen, die Newton zur Formulierung seines allgemeinen Gravitationsgesetzes brachten. Von großer Bedeutung waren **Keplers Planetengesetze** (siehe Seite 46); was jedoch fehlte, war eine Erklärung, warum diese drei Gesetze die Bewegungen der Planeten korrekt beschrieben. Von besonderer Bedeutung war auch die von **Galilei** (siehe Seite 16) begründete Dynamik. Das von Newton als Grundgesetz der Mechanik erkannte Beharrungsgesetz besagt, dass sich kein Planet ohne die ständige Wirkung einer Kraft auf einer krummen Bahn bewegen kann. Gemäß der dynamischen Kraftdefinition **$F = m . a$** ist die auf einen Körper wirkende Kraft **F** das Produkt aus der Masse des Körpers und der an ihm erzielten Beschleunigung. Die Bedeutung Newtons liegt darin, dass er verschiedene Phänomene in einer **einheitlichen Theorie** verband. Seine Gesetze der Mechanik beschreiben die Bewegung der Körper auf der Erde; der darauf folgende Schritt bestand darin, diese Gesetze auch für die Planetenbewegungen anzuwenden.

DAS ALLGEMEINE GRAVITATIONSGESETZ: Ausgehend von der Annahme, dass die Sonne eine Kraft ausübt, die umgekehrt proportional zum Quadrat der Entfernung von ihr ist, zeigte Newton, dass die Umlaufbahn eines Planeten oder eines beliebigen anderen Himmelskörpers eine Ellipse bzw. generell eine Kegelschnittslinie sein müsse. Newton erarbeitete sich auch entsprechende mathematische Hilfsmittel, u. a. die **Fluxionenrechnung,** wie er seine Form der Infinitesimalrechnung nannte. Eines seiner wichtigsten methodischen Hilfsmittel war die Reihenentwicklung von Funktionen.

Die **Keplerschen Gesetze,** die bis dahin ohne Erklärung geblieben waren, wurden nun auf die Wirkung einer einzigen Kraft zurückgeführt, die im Sonnensystem wirkt und die zum Zentrum, also zur Sonne hin gerichtet ist. Allgemein gesagt, gilt das Gravitationsgesetz für jedes Paar von Himmelskörpern im Universum – für Sterne ebenso wie für Galaxien und Galaxienhaufen.

Dieses Gesetz, das die Massenanziehung zwischen zwei Körpern von der Masse **m_1** und **m_2** ausdrückt, lautet: **$F = G m_1 m_2/r^2$**. **G** ist dabei die universelle **Gravitationskonstante,** deren Zahlenwert $6{,}67 \cdot 10^{-11}$ m^3 kg^{-1} s^{-2}.

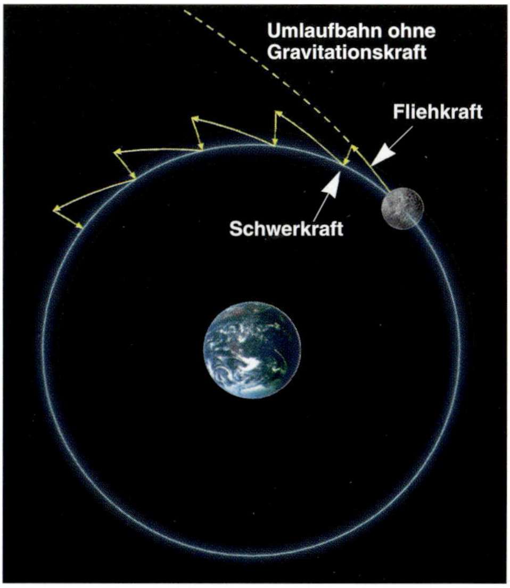

Oben: Porträt von Isaac Newton. Links: Die Gravitationskraft hält einen Körper (in diesem Fall den Mond) in seiner Umlaufbahn.

Verwandte Kapitel

Galileo Galilei (Seite 16)

Die Keplerschen Gesetze (Seite 46)

Das Olbers'sche Paradoxon

Verwandte Kapitel

Der Urknall (Seite 175)

Der Hubble-Effekt (Seite 187)

Das Licht, das von eventuellen Objekten außerhalb des sichtbaren Horizonts H ausgeht, ist noch nicht auf der Erde angelangt.

Warum ist der Nachthimmel dunkel? Diese scheinbar banale Frage wirft andere, sehr komplexe Fragen über das Alter und die Größe des Universums auf. Erst in den letzten Jahren gelang es der Kosmologie, eine überzeugende Antwort auf das Rätsel zu finden.

DIE VORGESCHICHTE: Bereits **Johannes Kepler** verwarf die Möglichkeit, dass das Universum unendlich sein könnte, weil dann nämlich in jeder Richtung das Licht eines Sterns zu sehen sein müsste und der Nachthimmel dann taghell wäre. Es müsste, um einen Vergleich des zeitgenössischen Astronomen **Harrison** zu gebrauchen, genauso sein wie in einem Wald, wo man in jeder Richtung Bäume sieht, ohne etwas außerhalb des Waldes erkennen zu können.
Nach Kepler beschäftigten sich auch **Newton** und **Halley** mit dieser Frage. Letzterer kam zu der Auffassung, dass der Nachthimmel deshalb nicht hell sei, weil von den weiter entfernten Sternen so wenig Licht zu uns käme, dass man sie mit keinem Teleskop beobachten könne; demnach wäre nur ein gewisser Teil der Sterne **tatsächlich sichtbar.** Seine Argumentation war jedoch insofern nicht zutreffend, als kein Stern **unsichtbar** ist; früher oder später müssen die abgestrahlten Photonen zum Beobachter gelangen und sich zu denen von allen anderen Sternen gesellen.
Das Problem war immer noch ungelöst, als der Bremer Amateurastronom **W. Olbers** 1823 es aufgriff und als Lösung von der Existenz eines Materials ausging, das die Strahlung absorbiere. Dieselbe Erklärung wurde 1844 von **Cheseaux** vertreten.
1848 widerlegte **William Herschel** diese These, indem er zeigte, dass absorbierte Energie zur Gänze wieder abgestrahlt wird, wenn auch in unterschiedlichen Richtungen. Egal, ob es ein absorbierendes Material gäbe oder nicht – es müsste den Beobachter stets die gleiche Lichtmenge erreichen. Seit damals war dieses Problem als »Olbers'sches Paradoxon« bekannt.

DIE LÖSUNG: Zur Lösung des Paradoxons muss man sich vergegenwärtigen, dass das Universum nicht unendlich alt ist und dass in seinem Inneren sich **keine Strahlung schneller als mit Lichtgeschwindigkeit,** d. h. mit ca. 300.000 km/s, ausbreiten kann. Wenn man nun von dem Begriff des **sichtbaren Horizonts** ausgeht, so bestünde dieser im Falle eines Waldes, um den Vergleich von vorhin wieder aufzugreifen, bei einigen Dutzend Metern; dies wäre die maximale Distanz, bis zu der man noch etwas erkennen kann, ehe der Blick völlig von Bäumen verstellt wäre. Im Falle des Weltalls müsste dieser Wert bei 10^{23} Lichtjahren liegen; innerhalb dieser Entfernung müssten theoretisch 10^{60} Sterne zu erkennen sein.

Modernen Theorien zufolge kann das Universum jedoch nicht älter als **13 bis 14 Mrd. Jahre** sein, d. h., die am weitesten entfernten Objekte sind demnach 13 bis 14 Mrd. (10^{10}) Lichtjahre entfernt. Wenn man die beiden Werte, nämlich 10^{23} und 10^{10} vergleicht, so sieht man, um wie viel weniger hell der Nachthimmel ist als die Oberfläche eines Sterns, nämlich um 10^{13}, d. h. **10 Millionen Millionen Mal.** Dies ist der Grund, warum der nächtliche Himmel so dunkel ist.

Das anthropische Prinzip

Die Entdeckungen der Astronomie haben den Menschen Stück für Stück seiner zentralen Position im Universum beraubt, die er in früheren Zeiten innezuhaben glaubte. Man denke nur an die **kopernikanische Revolution** (siehe Seite 14), durch die das Zentrum des Sonnensystems sich von der Erde zur Sonne verschob, aber auch an spätere Entdeckungen, wie etwa die, dass die Sterne nicht symmetrisch rund um die Erde angeordnet sind, sondern in Form der **Milchstraße,** in deren Randbereich sich unser Sonnensystem befindet (siehe Seite 129). Weiters stellte sich heraus, dass auch die Milchstraße **nur eine von Milliarden Galaxien** ist, die das Universum bevölkern, das im übrigen keinen zentralen Ort besitzt.
All diese Enthüllungen, die seit Kopernikus erfolgten, bestimmten das Denken in der Naturwissenschaft, bis sich vor wenigen Jahrzehnten eine Art Gegenbewegung bemerkbar machte. Infolge von verschiedenen Ideen, die von Wissenschaftlern wie dem amerikanischen Physiker **Robert Dicke** geäußert wurden, kam immer stärker der Gedanke auf, dass die menschliche Existenz untrennbar mit dem uns umgebenden Universum verknüpft sein müsse. Dieser Gedanke wird als anthropisches Prinzip bezeichnet.

SCHWACHES UND STARKES ANTHROPISCHES PRINZIP: Die schwächere Version dieses Prinzips (1961 von **R. Dicke** formuliert) geht davon aus, dass die **kosmologischen Parameter,** wie z. B. Alter des Universums, Hubble-Konstante usw. so und nicht anders sein müssen, weil sich sonst das Leben nicht hätte entwickeln können. Wäre das Universum viel jünger, so hätten sich nicht all die chemischen Elemente bilden können, die für die Entwicklung des Lebens in all seinen Formen notwendig sind. Das schwache anthropische Prinzip geht somit von folgender Annahme aus: Weil es im Universum Beobachter gibt, **muss das Universum Eigenschaften haben,** die die Existenz dieser Beobachter zulassen.
Eine weiter gehende Version, das so genannte starke anthropische Prinzip (1973 von dem britischen Physiker **B. Carter** formuliert), geht davon aus, dass das Universum **in all seinen Naturgesetzen so beschaffen sein muss,** dass es irgendwann unweigerlich einen Beobachter hervorbringt.
Nun ist es aber so, dass wir nicht wissen, durch welche Verkettung von Ursachen sich das Universum in seiner heutigen Form gebildet hat, sodass darin Leben möglich ist. Es gibt jedoch zwei Hypothesen zu dieser Frage. Die erste lautet, dass es nicht **bloß** ein Universum gibt, sondern **unendlich viele,** wobei sich alle in ihren Eigenschaften voneinander unterscheiden. Von all diesen Universen, mit denen wir wahrscheinlich nie in Kontakt treten bzw. die wir auch nie beobachten werden können, verfügt nur eines über die Bedingungen, die Leben zulassen, zumindest Leben in der uns bekannten Form, und das ist das Universum, **in dem wir leben.**
Die andere Hypothese geht davon aus, dass unser Universum das einzige ist und dass hier genau die Bedingungen herrschen mussten, um die Entwicklung von intelligentem Leben zu ermöglichen. Auch diese Erklärung ist jedoch insofern problematisch, als es rein wissenschaftlich gesehen schwer vorstellbar erscheint, dass die Entstehung des Universums von vornherein an der Entwicklung des Lebens orientiert gewesen sei.

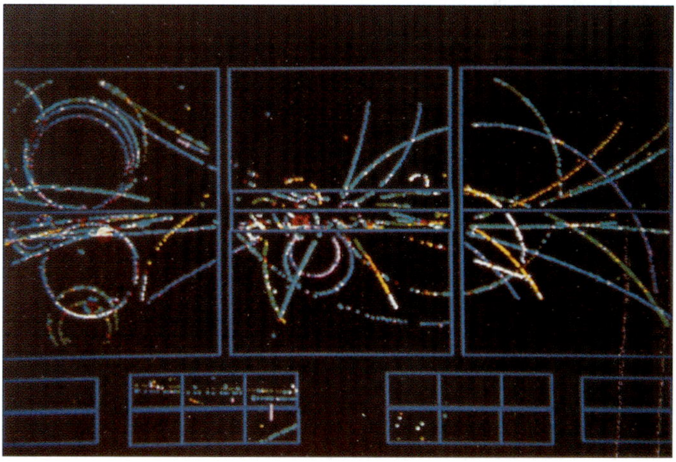

Spuren von Elementarteilchen im Detektor.

Verwandte Kapitel

Nikolaus Kopernikus (Seite 14)

Suche nach »Außerirdischen« (Seite 199)

Index